山东省高等教育名校建设工程课程改革教材

传感器与检测技术应用

主　编　宋雪臣　单振清
副主编　殷镜波　宋凡峰　李艳红
主　审　崔振才

黄河水利出版社
·郑州·

内 容 提 要

本书是山东省高等教育名校建设工程课程改革教材，是本着高职教育的特色，依据中央财政支持专业建设方案和山东省特色名校建设方案要求进行编写的。全书共分十六个教学项目。每个项目共分项目描述、相关知识与技能、项目实施、项目拓展、项目小结和项目训练六个部分。教学内容以教学项目为载体，主要介绍了经典传统传感器、现代新型传感器以及当前比较先进的智能传感器，还介绍了传感器和微机接口技术等。本书内容丰富精炼，以传感器的应用为目的，突出了现代新型传感器及检测技术，列举了较多的应用实例。书中适当插入了一些传感器实物照片和工作现场，增加了内容的直观性和真实感。

本书可作为高职高专机电一体化技术专业和电气自动化技术专业，以及相近专业的教学用书，同时可作为工程检测技术人员的参考书。

图书在版编目(CIP)数据

传感器与检测技术应用/宋雪臣，单振清主编．—郑州：黄河水利出版社，2015. 8 （2018.8 重印）

山东省高等教育名校建设工程课程改革教材

ISBN 978-7-5509-1217-5

Ⅰ.①传… Ⅱ.①宋… ②单… Ⅲ.①传感器-检测-高等学校-教材 Ⅳ.①TP212

中国版本图书馆 CIP 数据核字(2015)第 205388 号

组稿编辑：王路平 电话：0371-66022212 E-mail：hhslwlp@ 163. com

出 版 社：黄河水利出版社 网址：www.yrcp.com

地址：河南省郑州市顺河路黄委会综合楼 14 层 邮政编码：450003

发行单位：黄河水利出版社

发行部电话：0371-66026940、66020550、66028024、66022620(传真)

E-mail：hhslcbs@ 126.com

承印单位：河南承创印务有限公司

开本：787 mm×1 092 mm 1/16

印张：17

字数：390 千字 印数：2 001—4 000

版次：2015 年 8 月第 1 版 印次：2018 年 8 月第 2 次印刷

定价：38.00 元

前言

本书是依据中央财政支持提升社会服务能力重点建设专业和山东省高等教育名校建设工程重点建设专业人才培养方案和课程建设目标要求,并按照国家及行业有关自动检测技术的新规范、新法规、新标准编写完成的。在吸收有关教材和技术文献资料精华的基础上,充实了新思想、新理论、新方法和新技术;以"工学结合"为主线,以培养学生的实践动手能力为目标,不过分苛求学科的系统性和完整性,注重学生职业能力训练和综合素质培养,体现了高等职业教育的特点,突出了适用性、实践性、创新性的教材特色。

在编写过程中注重项目教学的特点,既符合教育教学的规律,又满足企业的岗位需求。全书共分十六个教学项目,每个项目共分项目描述、相关知识与技能、项目实施、项目拓展、项目小结和项目训练六个部分。项目描述中提出了实施的具体项目、项目实施的原理和项目特点,以及通过本项目的学习所达到的要求;相关知识与技能中对项目实施所用到的相关知识进行了详细介绍,为项目的实施打下理论基础;项目实施是利用相关知识和项目要求进行安装、调试和设计;项目拓展则是对本项目所涉及的知识进行延伸,介绍了和项目知识相关的其他方面的应用以及当今最新的发展、应用;项目小结和项目训练供同学们复习、巩固之用。

本书由山东水利职业学院主持编写工作,编写人员及编写分工如下:宋雪臣和日照裕鑫动力有限公司赵启林编写项目一至项目五,单振清和淄博三品电子科技公司刘涛编写项目六至项目十,殷镜波、宋凡峰、李艳红和日照瑞安机电有限公司张念峰编写项目十一至项目十六。本书由宋雪臣、单振清担任主编,宋雪臣负责全书统稿;由殷镜波、宋凡峰、李艳红担任副主编;由崔振才教授担任主审。

感谢日照裕鑫动力有限公司、日照瑞安机电有限公司、淄博三品电子科技公司和杭州英联科技有限公司的参与和支持!

由于编者水平有限,编写时间仓促,书中难免存在不足之处,恳请读者批评指正,提出宝贵意见。

编　者

2015 年 5 月

目 录

项目一　汽车衡称重系统功能分析

【项目描述】

本项目要求分析汽车衡称重系统的功能。

汽车衡也被称为地磅,是厂矿、商家等用于大宗货物计量的主要称重设备。本项目通过对汽车衡称重系统功能分析,让大家熟悉传感器的概念、检测系统的组成以及测量误差的表示方法等基本知识。

【相关知识与技能】

任务一　传感器基本知识

传感器是人类五官的延伸,又称之为电五官。它已广泛应用于工业自动化、航天技术、机器人开发、环境检测、医疗卫生、家电行业等各学科和工程领域。据有关资料统计,大型发电机组需要 3 000 台传感器及配套仪表;大型石油化工厂需要 6 000 台传感器;一个钢铁厂需要 20 000 台传感器;一个电站需要 5 000 台传感器;阿波罗宇宙飞船用了 1 218台传感器,运载火箭部分用了 2 077 台传感器;一辆现代化汽车装备的传感器也有几十种。

传感器技术是现代科技的前沿技术,是现代信息技术的三大支柱之一。传感器技术的水平是衡量一个国家科技发展水平的主要标志之一。

一、传感器的定义、组成和分类

(一)传感器的定义

传感器是能感受规定的被测量并按照一定的规律将其转换成可用信号的器件或装置。它获取的信息可以是各种物理量、化学量和生物量,而转换后的信息也可以有各种形式。但目前,传感器转换后的信号大多为电信号,因而从狭义上讲,传感器是把外界输入的非电信号转换成电信号的装置。一般也称传感器为变换器、换能器和探测器,其输出的电信号陆续输送给后续配套的测量电路及终端装置,以便进行电信号的调理、分析、记录或显示等。

传感器通常由直接响应于被测量的敏感元件、产生可用信号的转换元件以及相应的测量转换电路组成,如图 1-1 所示。

敏感元件是传感器的核心,它在传感器中直接感受被测量,并转换成与被测量有确定关系、更易于转换的非电量。如图 1-2 中弹簧管就属于敏感元件。当被测压力 p 增大时,

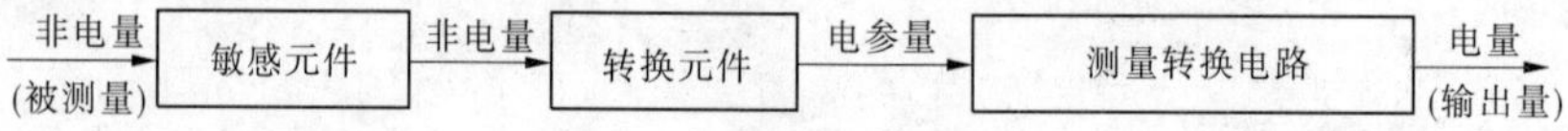

图 1-1　传感器组成框图

弹簧管撑直,通过齿条带动齿轮转动,从而带动电位器的电刷产生角位移。

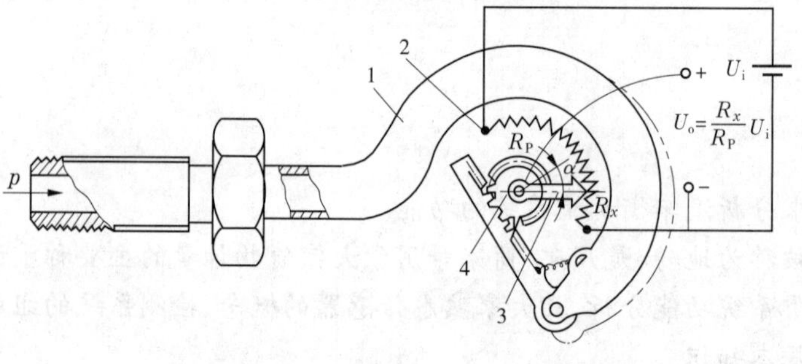

1—弹簧管;2—电位器;3—指针;4—齿轮

图 1-2　测量压力的电位器式压力传感器

被测量通过敏感元件转换后,再经转换元件转换成电参量,如图 1-2 中的电位器,通过机械传动结构将角位移转换成电阻的变化。

测量转换电路的作用是将转换元件输出的电参量转换成易于处理的电压、电流或频率量。在图 1-2 中,当电位器的两端加上电源后,电位器就组成分压比电路,它的输出量是与压力成一定关系的电压 U_o。

(二)传感器分类

传感器的种类繁多,分类不尽相同。常用的分类方法如下:

(1)按被测量分类,可分为位移、力、力矩、转速、振动、加速度、温度、压力、流量、流速等传感器。这种方法明确表明了传感器的用途,便于使用者选用。图 1-2 所示的压力传感器,用于测量压力信号。

(2)按测量原理分类,可分为电阻、电容、电感、光栅、热电耦、超声波、激光、红外、光导纤维等传感器。这种方法表明了传感器的工作原理,有利于传感器的设计和应用。

(3)按传感器转换能量供给形式分类,可分为能量变换型(发电型)和能量控制型(参量型)两种。能量变换型传感器在进行信号转换时不需另外提供能量,就可将输入信号的能量变换为另一种形式的能量输出,例如热电偶传感器(见图 1-3)、压电式传感器等。能量控制型传感器工作时必须有外加电源,例如电阻、电感、电容、霍尔式传感器(见图 1-4)等。

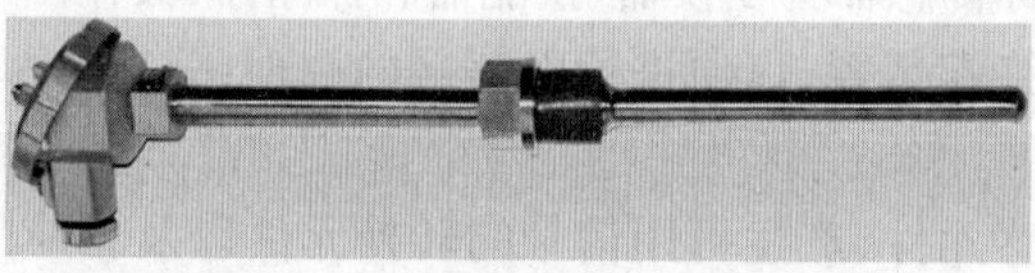

图 1-3　能量变换型热电偶传感器

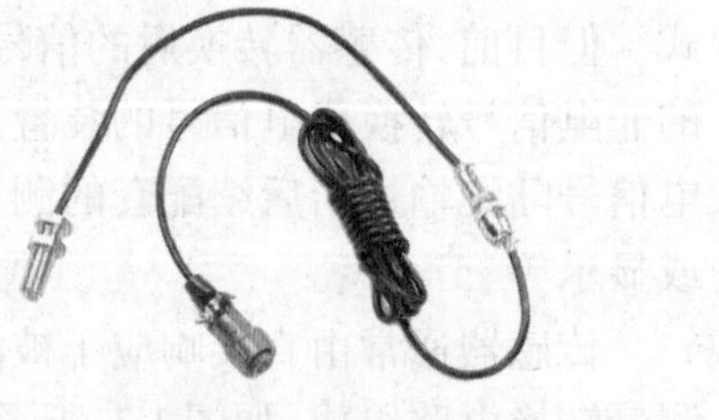

图 1-4　霍尔式传感器

(4)按传感器工作机理分类,可分为结构型传感器和物性型传感器。结构型传感器是指被测量变化时引起了传感器结构发生改变,从而引起输出电量变化。如图1-5所示的电容式压差变送器就属于这种传感器,外加压力变化时,电容极板发生位移,结构改变引起电容值变化,输出电压也发生变化。物性型传感器是利用物质的物理或化学特性随被测参数变化的原理构成的,一般没有可动结构部分,易小型化,例如各种半导体传感器。如图1-6所示的物性型光电管就是物性型传感器。

图1-5 结构型电容式压差变送器

图1-6 物性型光电管

习惯上常把工作原理和用途结合起来命名传感器,如电容式压力传感器、电感式位移传感器等。

本书采用第二种分类法。

(三)传感器的命名和代号

1. 传感器的命名

传感器的命名由主题词加四级修饰语构成。

主题词——传感器。

第一级修饰语——被测量,包括修饰被测量的定语。

第二级修饰语——转换原理,一般可后续以“式”字。

第三级修饰语——特征描述,指必须强调的传感器结构、性能、材料特征、敏感元件及其他必要的性能特征,一般可后续以“型”字。

第四级修饰语——主要技术指标(量程、精确度、灵敏度等)。

2. 传感器的代号

传感器的代号为主称(传感器) - 被测量 - 转换原理 - 序号。

主称——传感器,代号C。

被测量——用一个或两个汉语拼音的第一个大写字母标记。

转换原理——用一个或两个汉语拼音的第一个大写字母标记。

序号——用一个阿拉伯数字标记,厂家自定,用来表征产品设计特性、性能参数、产品系列等。

例如C - WY - YB - 20传感器,其中C:传感器主称;WY:被测量是位移;YB:转换原理是应变式;20:传感器序号。

二、传感器的基本特性

传感器的特性主要是指输出与输入之间的关系,它有静态和动态之分。静态特性是指当输入量为常量或变化极慢时,即被测量各个值处于稳定状态时的输入输出关系。动态特性是指输入量随时间变化的响应特性。由于动态特性的研究方法与控制理论中介绍的研究方法相似,故在本书中不再介绍,这里仅介绍传感器静态特性的一些指标。

研究传感器总希望输入与输出成线性关系,但由于存在着误差因素、外界影响等,输入与输出不会完全符合所要求的线性关系。输入输出作用图如图1-7所示。传感器输入输出作用图中的误差因素就是衡量传感器静态特性的主要技术指标。

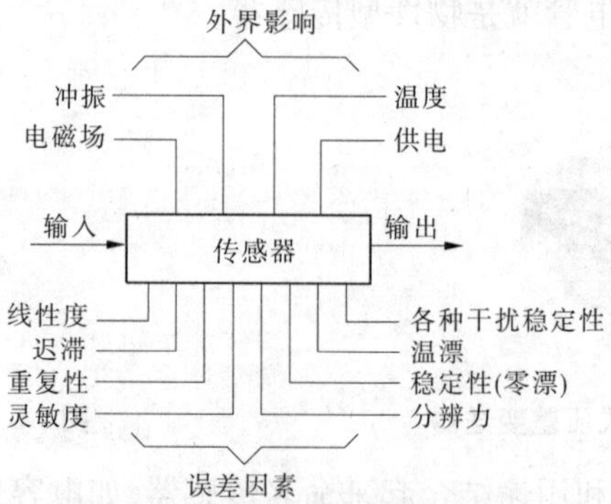

图1-7 传感器的输入输出作用图

(一)线性度

传感器的线性度是指传感器的输出与输入之间关系的线性程度。输出与输入关系可分为线性特性和非线性特性。从传感器的性能看,希望具有线性关系,即具有理想的输出输入关系。但实际遇到的传感器大多为非线性,如果不考虑迟滞和蠕变等因素,传感器的输出与输入关系可用一个多项式表示:

$$y = a_0 + a_1x + a_2x^2 + \cdots + a_nx^n \tag{1-1}$$

式中 a_0——输入量 x 为零时的输出量;

a_1、a_2、…、a_n——非线性项系数。

各项系数不同,决定了特性曲线的具体形式各不相同。

静特性曲线可通过实际测试获得。在实际使用中,为了标定和数据处理的方便,希望得到线性关系,因此引入各种非线性补偿环节。如采用非线性补偿电路或计算机软件进行线性化处理,从而使传感器的输出与输入关系为线性或接近线性。但如果传感器非线性的次方不高,输入量变化范围较小,则可用一条直线(切线或割线)近似地代表实际曲线中的一段,使传感器输出—输入特性线性化。所采用的直线称为拟合直线。实际特性曲线与拟合直线之间的偏差称为传感器的非线性误差(或线性度),通常用相对误差 r_L 表示,即

$$r_L = \pm \frac{\Delta L_{\max}}{Y_{FS}} \times 100\% \tag{1-2}$$

式中 $\Delta L_{\max}$——最大非线性绝对误差;

Y_{FS}——满量程输出。

图1-8所示是常用的几种直线拟合方法。从图中可以看出,即使是同类传感器,拟合直线不同,其线性度也是不同的。选取拟合直线的方法很多,用最小二乘法求取的拟合直线的拟合精度最高。

(二)灵敏度

灵敏度 S 是指传感器的输出量增量 Δy 与引起输出量增量 Δy 的输入量增量 Δx 的比

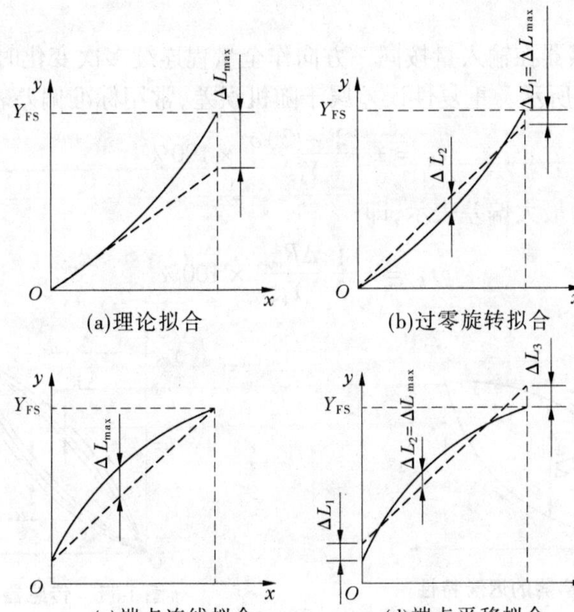

(a)理论拟合　(b)过零旋转拟合

(c)端点连线拟合　(d)端点平移拟合

图 1-8　几种直线拟合方法

值,即

$$S = \Delta y/\Delta x \tag{1-3}$$

对于线性传感器,它的灵敏度就是它的静态特性的斜率,即 $S=\Delta y/\Delta x$,S 为常数,而非线性传感器的灵敏度为一变量,用 $S=\mathrm{d}y/\mathrm{d}x$ 表示。传感器的灵敏度如图 1-9 所示。

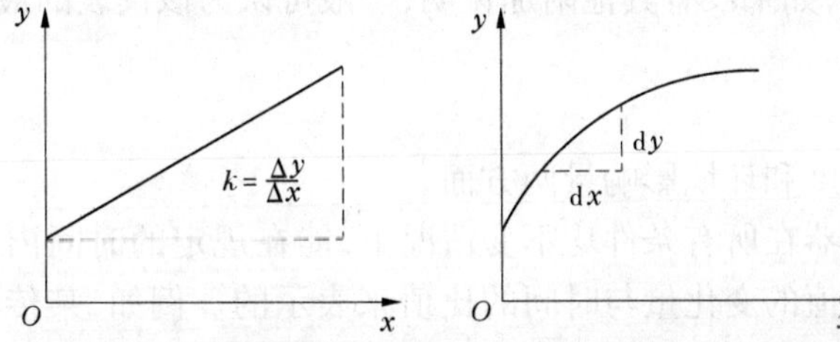

(a)线性测量系统　(b)非线性测量系统

图 1-9　传感器的灵敏度

(三)迟滞

传感器在正(输入量增大)反(输入量减小)行程期间,其输出—输入特性曲线不重合的现象称为迟滞,如图 1-10 所示。也就是说,对于同一大小的输入信号,传感器的正反行程输出信号大小不相等。这种现象主要是由于传感器敏感元件材料的物理性质和机械零部件的缺陷所造成的,例如弹性敏感元件的弹性滞后、运动部件摩擦、传动机构的间隙、紧固件松动等。

迟滞大小通常由实验确定。迟滞误差 γ_H 可由下式计算:

$$\gamma_H = \pm \frac{\Delta H_{max}}{Y_{FS}} \times 100\% \tag{1-4}$$

(四)重复性

重复性是指传感器在输入量按同一方向作全量程连续多次变化时所得特性曲线不一致的程度,如图 1-11 所示。重复性误差属于随机误差,常用标准偏差表示,即

$$r_R = \pm \frac{(2 \sim 3)\sigma}{Y_{FS}} \times 100\% \tag{1-5}$$

也可用正反行程中的最大偏差表示,即

$$r_R = \pm \frac{1}{2} \frac{\Delta R_{max}}{Y_{FS}} \times 100\% \tag{1-6}$$

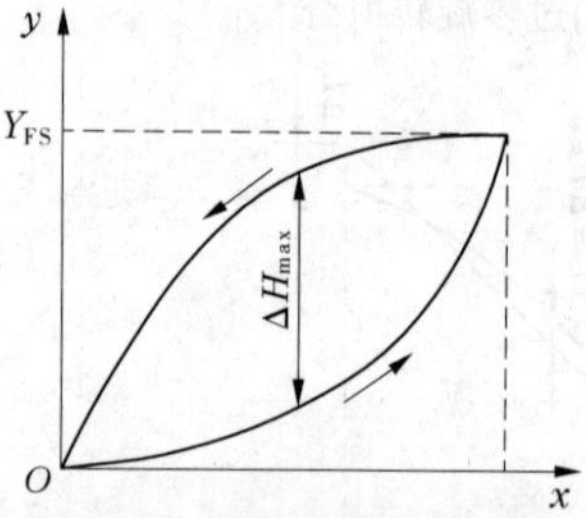

图 1-10　传感器的迟滞特性

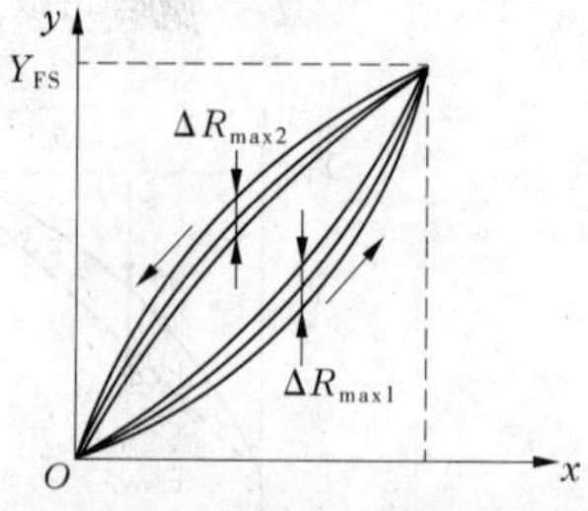

图 1-11　传感器的重复性

(五)分辨力与阈值

分辨力是指传感器能检测到被测量的最小增量。分辨力可用绝对值表示,也可用与满量程之比的百分数表示。当被测量的变化小于分辨力时,传感器对输入量的变化无任何反应。

在传感器输入零点附近的分辨力称为阈值。

对数字仪表而言,如果没有其他附加说明,一般可认为该仪表的最末位的数值就是该仪表的分辨力。

(六)稳定性

稳定性包括稳定度和环境影响量两方面。

稳定度是指传感器在所有条件均不变情况下,能在规定的时间内维持其示值不变的能力。稳定度是用示值的变化量与时间的比值来表示的。例如,某传感器中仪表输出电压在 4 h 内的最大变化量为 1.2 mV,则用 1.2 mV/(4 h)表示稳定度。

环境影响量是指由于外界环境变化而引起的示值的变化量。示值变化由两个因素组成:零点漂移和灵敏度漂移。零点漂移是指在受外界环境影响后,已调零的仪表的输出不再为零。一定漂移的现象,在测量前是可以发现的,应重新调零,但在不间断测量过程中,零点漂移是附加在读数上的,因而很难发现。灵敏度漂移是指灵敏度随时间或环境温度变化而产生的缓慢变化。

任务二　自动检测系统

一、检测的基本概念

所谓检测,就是人们借助于仪器、设备,利用各种物理效应,采用一定的方法,将客观

世界的有关信息通过检查与测量获取定性或定量信息的认识过程。这些仪器和设备的核心部件就是传感器,传感器是感知被测量(多为非电量),并把它转换为电量的一种器件或装置。检测包含检查与测量两个方面,检查往往是获取定性信息,而测量则是获取定量信息。

二、自动检测系统

在现代的自动检测系统中,各个组成部分常常以信息流的过程来划分,一般可分为信息的获得、信息的转换、信息的处理和信息的输出等几个部分。作为一个完整的自动检测系统,首先应获得被测量的信息,并通过信息的转换把获得的信息变换为电量,然后进行一系列的处理,再用指示仪或显示仪将信息输出,或用计算机对数据进行处理等。

自动检测系统的组成如图 1-12 所示。

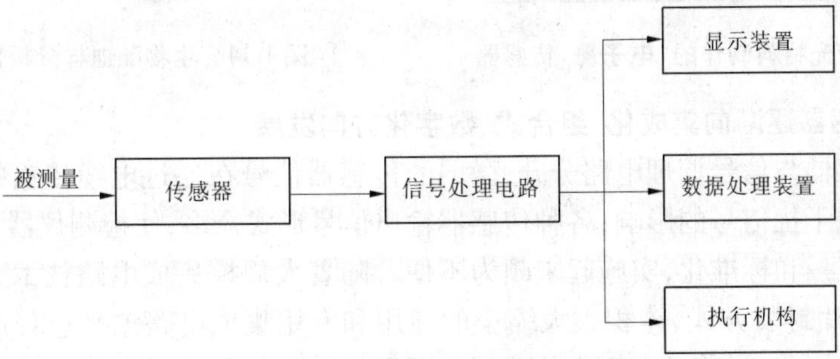

图 1-12　自动检测系统的组成

任务三　传感器检测技术发展趋势

一、传感器的发展方向

当今,传感器技术的主要发展方向:一是开展基础研究,重点研究传感器的新材料和新工艺;二是实现传感器的智能化;三是向集成化方向发展,传感器集成化的一个方向是具有同样功能的传感器集成化,从而使对一个点的测量变成对一个平面和空间的测量。

(一)利用新发现的材料和新发现的生物、物理、化学效应开发出的新型传感器

基于开发新型传感器的紧迫性,目前国际上凡出现一种新材料、新元件或新工艺,就会很快地应用于传感器,并研制出一种新的传感器。例如,半导体材料与工艺的发展,出现了一批能测很多参数的半导体传感器;大规模集成电路的设计成功,发展了有测量、运算、补偿功能的智能传感器;生物技术的发展,出现了利用生物功能的生物传感器。这说明各个学科技术的发展,促进了传感器技术的不断发展,而各种新型传感器的问世,又不断为各个部门的科学技术服务,促使现代科学技术进步。它们是相互依存、相互促进的。例如,利用某些材料的化学反应制成的能识别气体的"电子鼻"传感器,如图 1-13 所示;利用生物效应制成的生物酶血样分析传感器,如图 1-14 所示。

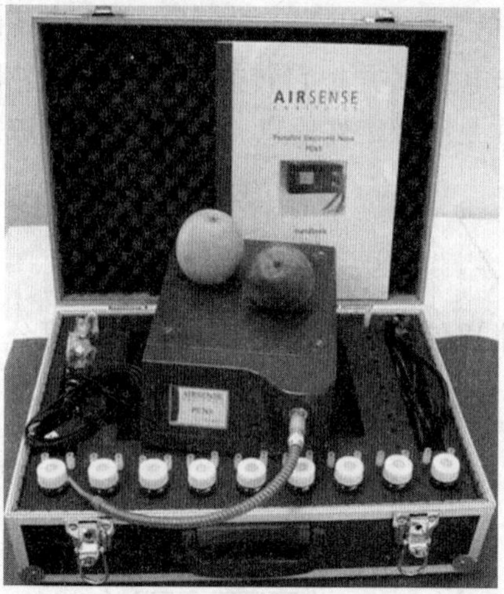

图 1-13　荧光材料制作的“电子鼻”传感器

图 1-14　生物酶血样分析传感器

(二)传感器逐渐向集成化、组合式、数字化方向发展

鉴于传感器与信号调理电路分开,微弱的传感器信号在通过电缆传输的过程中容易受到各种电磁干扰信号的影响,各种传感器输出信号形式众多,使检测仪器与传感器的接口电路无法统一和标准化,实施起来颇为不便。随着大规模集成电路技术与产业的迅猛发展,采用贴片封装方式、体积大大缩小的通用和专用集成电路愈来愈普遍,如图 1-15、图 1-16所示。因此,目前已有不少传感器实现了敏感元件与信号调理电路的集成和一体化,对外直接输出标准的 4 ~ 20 mA 电流信号,成为名符其实的变送器。这给检测仪器整机研发与系统集成提供了很大的方便,从而使得这类传感器身价倍增。

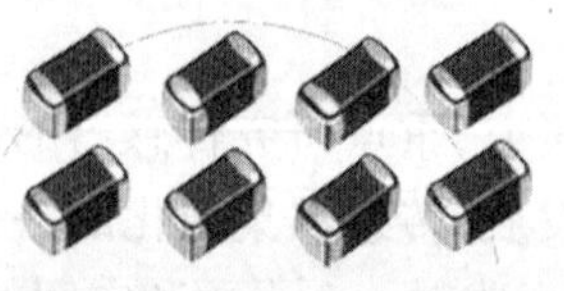

图 1-15　贴片式 NTC 热敏电阻

图 1-16　集成温度传感器 AD590

此外,一些厂商把两种或两种以上的敏感元件集成于一体,组成可实现多种功能的新型组合式传感器。例如,将热敏元件、湿敏元件和信号调理电路集成在一起,一个传感器可同时完成温度和湿度的测量,如图 1-17 所示。

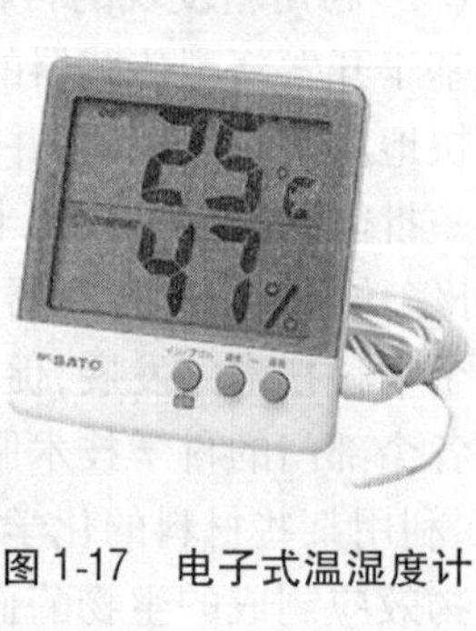

图 1-17　电子式温湿度计

(三)发展智能型传感器

智能型传感器是一种带有微处理器并兼有检测和信息处理功能的传感器。智能型传感器被称为第四代传感器,具备感觉、辨别、判断、自诊断等功能,是传感器发展的主要方向,如图 1-18、图 1-19 所示。

图1-18 智能压力网络传感器

图1-19 全智能点钞机

实践证明,传感器技术与计算机技术在现代科学技术的发展中有着密切的关系。目前,计算机在很多方面已具有大脑的思维功能,甚至在有些方面的功能已超过了大脑。与此相比,传感器就显得比较落后。也就是说,现代科学技术在某些方面因电子计算机技术与传感器技术未能取得协调发展而面临许多问题。正因为如此,世界上许多国家都在努力研究各种新型传感器,改进传统的传感器。开发和利用各种新型传感器已成为当前发展科学技术的重要课题。

在我国近20年来,传感器虽然有了较快的发展,有不少传感器已走上市场,但大多数只能用于测量常用的参数,具有常用的量程、中等的精度,远远满足不了经济建设的要求。而与国际水平相比,我国的传感器在品种、数量、质量等方面,都有较大的差距。为此,努力开发各种新型传感器,以满足我国经济建设的需要,是摆在我国科技工作者面前的紧迫任务。

二、检测技术的发展趋势

随着世界各国现代化步伐的加快,对检测技术的大量需求与日俱增,而科学技术,尤其是大规模集成电路技术、微型计算机技术、机电一体化技术、微机械和新材料技术的不断进步,则大大促进了现代检测技术的发展。目前,现代检测技术总的发展趋势大体有以下几个方面。

(一)不断提高检测系统的测量精度、扩大量程范围、延长使用寿命、提高可靠性

随着科学技术的不断发展,人们对检测系统的测量精度要求也相应地提高。近年来,人们研制出许多高精度和宽量程的检测仪器以满足各种需要。人们还对传感器的可靠性和故障率的数学模型进行了大量的研究,使得检测系统的可靠性及寿命有了大幅度的提高。现在,许多检测系统可以在极其恶劣的环境下连续工作数十万小时。目前,人们正在不断努力进一步提高检测系统的各项性能指标。

各行各业随着自动化程度的不断提高,其高效率的生产更依赖于各种检测、控制设备的安全可靠。努力研制在复杂和恶劣测量环境下能满足用户所需精度要求且能长期稳定工作的检测仪器和检测系统,将是检测技术的发展方向之一。例如,对于数控机床的检测仪器,要求在振动的环境中可靠地工作,如图1-20所示;在人造卫星上安装的检测仪器,不仅要求体积小、质量轻,而且既要能耐高温,又要能在极低温和强辐射的环境下长期稳定工作,如图1-21所示。因此,所有检测仪器都应有极高的可靠性和尽可能长的使用寿命。

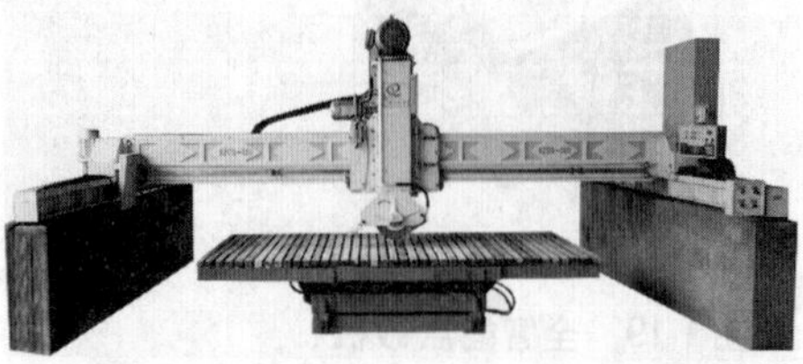

图 1-20 装有磁栅传感器的数控磨床

图 1-21 人造卫星

(二)重视非接触式检测技术研究

在检测过程中,把传感器置于被测对象上,灵敏反映被测参量的变化,这种接触式检测方法通常比较直接、可靠,测量精度较高。但在某些情况下,因传感器加入会对被测对象的工作状态产生干扰,影响测量的精度。而在有些被测对象上,根本不允许或不可能安装传感器,例如测量高速旋转轴的振动、转矩等。因此,各种可行的非接触式检测技术的研究愈来愈受到重视,目前已商品化的光电式传感器、电涡流式传感器、超声波检测仪表、红外检测仪表等正是在这些背景下不断发展起来的,如图 1-22、图 1-23 所示。今后不仅需要继续改进和克服非接触式(传感器)检测仪器易受外界干扰及绝对精度较低等问题,而且相信对一些难以采用接触式检测或无法采用接触方式进行检测,尤其是那些具有重大军事、经济或其他应用价值的非接触检测技术课题的研究投入会不断增加,非接触检测技术的研究、发展和应用步伐都将明显加快。

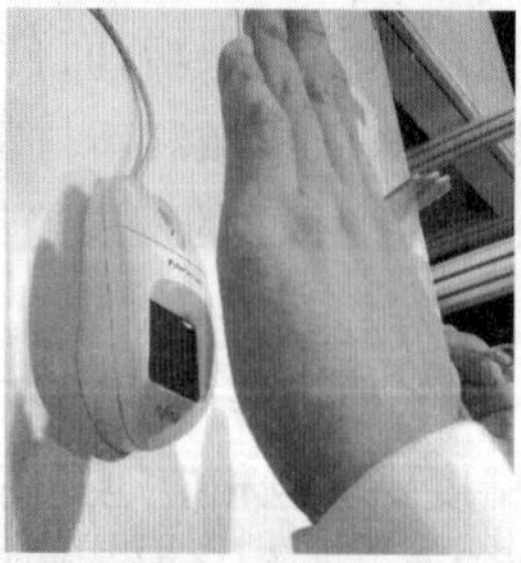

图 1-22 非接触型手掌静脉身份识别

图 1-23 红外测温仪

(三)检测系统智能化

近 10 年来,由于包括微处理器、单片机在内的大规模集成电路的成本和价格不断降低,功能和集成度不断提高,许许多多以单片机、微处理器或微型计算机为核心的现代检测仪器(系统)实现了智能化,这些现代检测仪器通常具有系统故障自测、自诊断、自调零、自校准、自选量程、自动测试和自动分选功能、自校正功能、强大数据处理和统计功能、远距离数据通信和输入、输出功能,可配置各种数字通信接口,传递检测数据和各种操作命令等,可方便地接入不同规模的自动检测、控制与管理信息网络系统。与传统检测系统相比,智能化的现代检测系统具有更高的精度和性能/价格比。如智能楼宇,为使建筑物成为安全、健康、舒适、温馨的生活、工作环境,并能保证系统运行的经济性和管理的智能化，在楼宇中应用了许多监测技术，如闯入监测、空气监测、温度监测、电梯运行状况监测等，如图 1-24 所示。

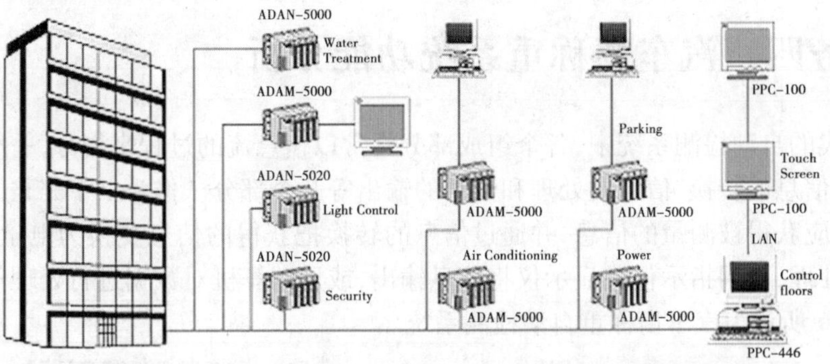

图 1-24　楼宇自动化系统

（四）检测系统网络化

总线和虚拟仪器的应用使得组建集中和分布式测控系统比较方便，可满足局部或分系统的测控要求，但仍然满足不了远程和范围较大的检测与监控的需要。近 10 年来，随着网络技术的高速发展，网络化检测技术与具有网络通信功能的现代网络检测系统应运而生。例如，基于现场总线技术的网络化检测系统，由于其组态灵活、综合功能强、运行可靠性高，已逐步取代相对封闭的集中和分散相结合的集散检测系统。又如，面向 Internet 的网络化检测系统，利用 Internet 丰富的硬件和软件资源，实现远程数据采集与控制、高档智能仪器的远程实时调用及远程监测系统的故障诊断等功能，如图 1-25 所示。

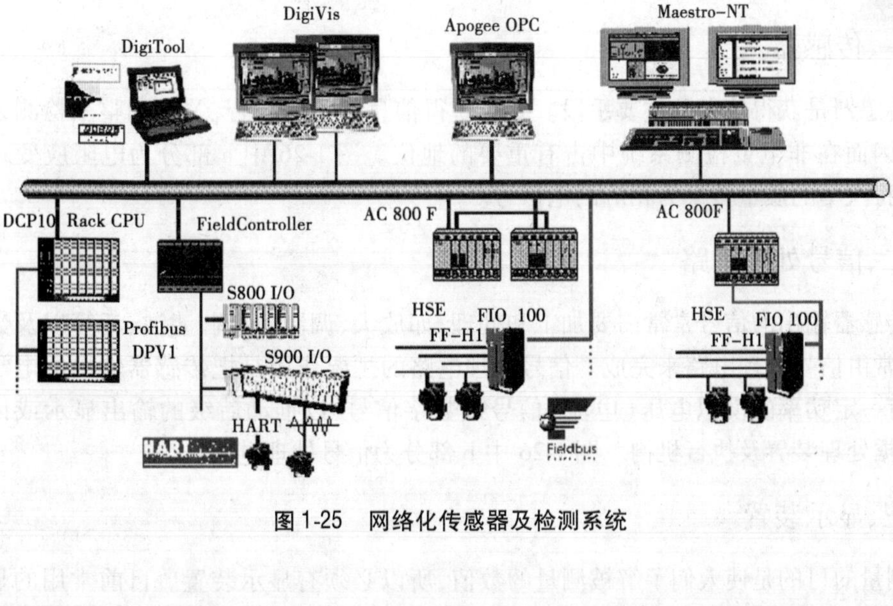

图 1-25　网络化传感器及检测系统

【项目实施】

任务四 汽车衡称重系统功能分析

在现代的自动检测系统中,各个组成部分常常以信息流的过程来划分,一般可分为信息的获得、信息的转换、信息的处理和信息的输出等几个部分。作为一个完整的自动检测系统,首先应获得被测量的信息,并通过信息的转换把获得的信息变换为电量,然后进行一系列的处理,再用指示仪或显示仪将信息输出,或用计算机对数据进行处理等。

图 1-26 所示为汽车衡称重自动检测系统。

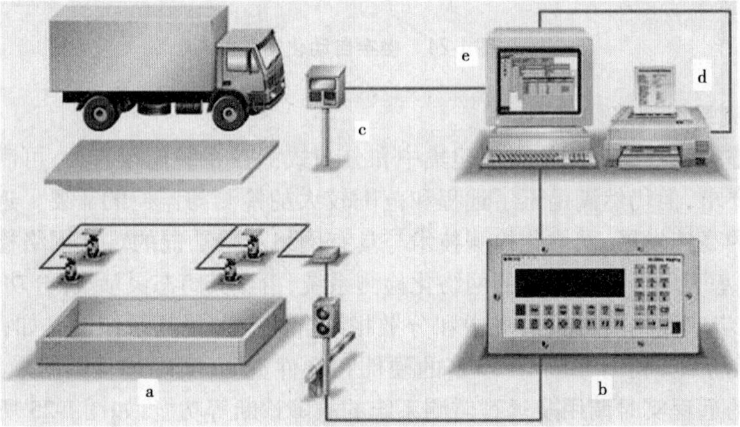

图 1-26 汽车衡称重自动检测系统

一、传感器

传感器是获得信息的重要手段。它所获得信息的正确与否,关系到整个检测系统的精度,因而在非电量检测系统中占有重要的地位。图 1-26 中 a 部分为电阻应变式传感器,它将汽车的质量转换为相应的电信号。

二、信号处理电路

传感器输出的信号常常需要加工和处理,如放大、调制、解调、滤波、运算以及数字化等,通常由信号处理电路来完成。信号处理电路的主要作用是把传感器输出的电学量变成具有一定功率的模拟电压(电流)信号或数字信号,以推动后级的输出显示或记录设备、数据处理装置及执行机构。图 1-26 中 b 部分为信号处理电路。

三、显示装置

测量的目的是使人们了解被测量的数值,所以必须有显示装置。目前常用的显示装置有四种:模拟显示、数字显示、图像显示和记录仪。模拟显示是指利用指针对标尺的相对位置来表示读数,如毫伏表、毫安表等;数字显示是指用数字形式来显示读数,目前大多用 LED 或 LCD 数码管来显示;图像显示是指用屏幕显示(CRT)读数或被测参数变化的曲线;记录仪主要用来记录被测量的动态过程的变化情况,如笔式记录仪、光线示波器、打印机等。图 1-26 中 c 部分为显示装置,d 部分为打印机。

四、数据处理装置和执行机构

数据处理装置用来对被测结果进行处理、运算、分析,对动态测试结果作频谱分析、能量谱分析等,完成这些工作必须采用计算机技术。图 1-26 中 e 部分为数据处理装置(微机)。

在自动控制系统中,经信号处理电路输出的与被测量对应的电压或电流信号还可以驱动某些执行机构动作,为自动控制系统提供控制信号。

随着计算机技术的飞速发展,微机在自动检测系统中已经得到广泛的应用。微机在检测系统中可以控制信号采集,实施快速、多点巡回检测,记录被测信号,处理被测数据,还可以根据要求和被测数据对被测对象进行自动控制等。

【项目拓展】

任务五 测量误差

测量是人们借助于专门的技术和设备,通过实验的方法,把被测量与单位标准量进行比较,以确定出被测量是标准量的多少倍数的过程,所得的倍数就是测量值。测量结果可用一定的数值表示,也可以用一条曲线或某种图形表示。但无论其表现形式如何,测量结果应包括两部分:比值和测量单位。测量过程的核心就是比较。

一、测量方法

将被测量与标准量比较得出比值的方法,称为测量方法。针对不同的测量任务进行具体分析以找出切实可行的测量方法,对测量工作是十分重要的。

对于测量方法,从不同角度,有不同的分类方法,下面介绍几种常用的分类方法。

(一)按测量手续分类

按测量手续不同可分为直接测量、间接测量和联立测量。

(1)直接测量。直接测量就是用预先标定好的测量仪表直接读取被测量的测量结果。例如,用万用表测量电压、电流、电阻等。这种测量方法的优点是简单而迅速,缺点是精度一般不高,这种测量方法在工程上广泛采用。

(2)间接测量。间接测量就是利用被测量与某中间量的函数关系,先测出中间量,然后通过相应的函数关系计算出被测量的数值。例如,导线电阻率的测量就是间接测量,由于 $\rho = R\pi d^2/(4l)$,其中 R、l、d 分别表示导线的电阻值、长度和直径。这时,只有先经过直接测量,得到导线的 R、l、d 以后,再代入 ρ 的表达式,经计算才能得到最后所需要的 ρ 值。在这种测量过程中,手续较多,花费时间较长,有时可以得到较高的测量精度。间接测量多用于科学实验中的实验室测量。

(3)联立测量。联立测量又叫组合测量。如果被测量有多个,而被测量又与其他量存在一定的函数关系,则可先测量这几个量,再求解函数关系组成的联立方程组,从而得到多个被测量的数值。显然,它是一种兼用直接测量和间接测量的方式。例如,在研究热电阻 R_t 随温度 t 变化的规律时,在一定的温度范围内有下列关系式:

$$R_t = R_{20} + \alpha(t - 20) + \beta(t - 20)^2 \tag{1-7}$$

式中 R_{20}——电阻在 20 ℃时的数值;

α、β——电阻的温度系数。

依据此关系式,测出在 t_1、t_2、t_3 三个不同测试温度时导体的电阻 R_{t1}、R_{t2}、R_{t3},得到联立方程组,通过求解联立方程组便可得到 R_{20}、α、β 的数值。

(二)按测量时是否与被测对象接触分类

根据测量时是否与被测对象相互接触可分为接触式测量和非接触式测量。

(1)接触式测量。传感器直接与被测对象接触,承受被测参数的作用,感受其变化,从而获得信号,并测量其信号大小的方法,称为接触式测量。例如,用体温计测体温等。

(2)非接触式测量。传感器不与被测对象直接接触,而是间接承受被测参数的作用,感受其变化,从而获得信号,并测量其信号大小的方法,称为非接触式测量。例如,用辐射式温度计测量温度,用光电转速表测量转速等。非接触式测量不干扰被测对象,既可对局部点检测,又可对整体扫描。特别是对于运动对象、腐蚀性介质及危险场合的参数检测,它更方便、安全和准确。

(三)按被测信号的变化情况分类

根据被测信号的变化情况不同可分为静态测量和动态测量。

(1)静态测量。静态测量是测量那些不随时间变化或变化很缓慢的物理量。如超市中物品的称重属于静态测量,温度计测气温也属于静态测量。

(2)动态测量。动态测量是测量那些随时间而变化的物理量。如地震仪测量振动波形属于动态测量。

(四)按输出信号的性质分类

根据输出信号的性质不同可分为模拟式测量和数字式测量。

(1)模拟式测量。模拟式测量是指测量结果可根据仪表指针在标尺上的定位进行连续读取的测量方式,如指针式电压表测电压。

(2)数字式测量。数字式测量是指以数字的形式直接给出测量结果的测量方式,如数字式万用表的测量。

(五)按测量方式分类

按测量方式不同可分为偏差式测量、零位式测量与微差式测量。

(1)偏差式测量。用仪表指针的位移(偏差)决定被测量的量值,这种测量方法称为偏差式测量。应用这种方法测量时,仪表刻度事先用标准器具标定。在测量时,输入被测量,按照仪表指针在标尺上的示值,决定被测量的数值。如指针式电压表测电压,指针式电流表测电流。这种方法测量过程比较简单、迅速,但测量结果精度较低。

(2)零位式测量。用指零仪表的零位指示检测测量系统的平衡状态,在测量系统平衡时,用已知标准量确定被测量的量值,这种测量方法称为零位式测量。在测量时,已知标准量直接与被测量相比较,已知标准量应连续可调,指零仪表指零时,被测量与已知标准量相等,例如物理天平、电位差计等。零位式测量可以获得比较高的测量精度,但测量过程比较复杂,费时较长,不适用于测量迅速变化的信号。

(3)微差式测量。微差式测量是综合了偏差式测量与零位式测量的优点而提出的一种测量方法。它将被测量与已知的标准量相比较,取得差值后,再用偏差法测得此差值。应用这种方法测量时,不需要调整标准量,只需测量两者的差值。例如,设 N 为标准量,x 为被测量,Δx 为两者之差,则 $x = N + \Delta x$。由于 N 是标准量,其误差很小,因此可选用高灵敏度的偏差式仪表测量 Δx,即使测量 Δx 的精度较低,但因 Δx 值较小,它对总测量值的影响较小,故总的测量精度仍很高。微差式测量的优点是反应快,测量精度高,特别适用于在线控制参数的测量。

二、测量误差及表达方式

在一定条件下被测物理量客观存在的实际值,称为真值,真值是一个理想的概念。在实际测量时,由于实验方法和实验设备的不完善、周围环境的影响以及人们认识能力所限等因素,测量值与其真值之间不可避免地存在着差异。测量值与真值之间的差值称为测量误差。

测量误差可用绝对误差表示,也可用相对误差表示。

(一)绝对误差

绝对误差是指测量值与真值之间的差值,它反映了测量值偏离真值的多少,即

$$\Delta x = A_x - A_0 \tag{1-8}$$

式(1-8)中 A_0 为被测量真值,A_x 为被测量实际值。由于真值的不可知性,在实际应用时,常用实际真值(或约定真值)A 代替,即用被测量多次测量的平均值或上一级标准仪器测得的示值作为实际真值,故有

$$\Delta x = A_x - A \tag{1-9}$$

(二)相对误差

相对误差能够反映测量值偏离真值的程度,用相对误差通常比用绝对误差能更好地说明不同测量的精确程度。它有以下三种常用形式:

(1)实际相对误差。实际相对误差是指绝对误差 Δx 与被测量真值 A_0 的百分比,用 γ_A 表示,即

$$\gamma_A = \frac{\Delta x}{A_0} \times 100\% \tag{1-10}$$

(2)示值(标称)相对误差。示值相对误差是指绝对误差 Δx 与被测量实际值 A_x 的百分比,用 γ_x 表示,即

$$\gamma_x = \frac{\Delta x}{A_x} \times 100\% \tag{1-11}$$

(3)引用(满度)相对误差。引用相对误差是指绝对误差 Δx 与仪表满度值 A_m 的百分比,用 γ_m 表示,即

$$\gamma_m = \frac{\Delta x}{A_m} \times 100\% \tag{1-12}$$

由于 γ_m 是用绝对误差 Δx 与一个常量 A_m（量程上限）的比值来表示的，所以实际上给出的是绝对误差，这也是应用最多的表示方法。当 $|\Delta x|$ 取最大值时，其满度相对误差常用来确定仪表的精度等级 S，精度等级数值就是取 γ_m 绝对值并省略百分号得到的。例如，若 $\gamma_m = 1.5\%$，则精度等级 $S = 1.5$ 级。为统一和方便使用，国家标准 GB 776—76《测量指示仪表通用技术条件》规定，测量指示仪表的精度等级 S 分为 0.1、0.2、0.5、1.0、1.5、2.5、5.0 七个等级，这也是工业检测仪器（系统）常用的精度等级。例如，用 5.0 级的仪表测量，其绝对误差的绝对值不会超过仪表量程的 5%。满度相对误差中的分子、分母均由仪表本身性能决定，所以它是衡量仪表性能优劣的一种简便实用的方法。

【例 1-1】 某温度计的量程范围为 0～500 ℃，校验时该表的最大绝对误差为 6 ℃，试确定该仪表的精度等级。

解：根据题意知 $|\Delta x|_m = 6$ ℃，$A_m = 500$ ℃，代入式（1-12）中可得

$$\gamma_m = \frac{|\Delta x|_m}{A_m} \times 100\% = \frac{6}{500} \times 100\% = 1.2\%$$

该温度计的基本误差介于 1.0%～1.5%，因此该表的精度等级应定为 1.5 级。

【例 1-2】 现有 0.5 级的 0～300 ℃和 1.0 级的 0～100 ℃的两个温度计，欲测量 80 ℃的温度，试问选用哪一个温度计好？为什么？

解：0.5 级温度计测量时可能出现的最大绝对误差、测量 80 ℃可能出现的最大示值相对误差分别为

$$|\Delta x|_{m1} = \gamma_{m1} A_{m1} = 0.5\% \times (300 - 0) = 1.5(℃)$$

$$\gamma_{x1} = \frac{|\Delta x|_{m1}}{A_x} \times 100\% = \frac{1.5}{80} \times 100\% = 1.875\%$$

1.0 级温度计测量时可能出现的最大绝对误差、测量 80 ℃时可能出现的最大示值相对误差分别为

$$|\Delta x|_{m2} = \gamma_{m2} A_{m2} = 1.0\% \times (100 - 0) = 1(℃)$$

$$\gamma_{x2} = \frac{|\Delta x|_{m2}}{A_x} \times 100\% = \frac{1}{80} \times 100\% = 1.25\%$$

根据计算结果，显然用 1.0 级温度计和 0.5 级温度计测量时，前者示值相对误差反而小，所以选用 1.0 级温度计好。因此，在选用仪表时，不能单纯追求高精度，而是应兼顾精度等级和量程。

对于同一仪表，所选量程不同，可能产生的最大绝对误差也不同。而当仪表准确度等级选定后，测量值越接近满度值，测量相对误差越小，测量越准确。因此，一般情况下应尽量使指针处在仪表满度值的 2/3 以上区域。但该结论只适用于正向线性刻度的一般电工仪表。对于万用表电阻挡等非线性刻度电工仪表，应尽量使指针处于满度值的 1/2 左右的区域。

三、测量误差的分类

（一）按误差表现的规律划分

根据测量数据中的误差所呈现的规律，将误差分为三种，即系统误差、随机误差和粗

大误差。这种分类方法便于测量数据的处理。

(1)系统误差。对同一被测量进行多次重复测量时,若误差固定不变或者按照一定规律变化,这种误差称为系统误差。

系统误差是有规律性的。按其表现的特点可分为固定不变的恒值系差和遵循一定规律变化的变值系差。系统误差一般可通过实验或分析的方法,查明其变化的规律及产生的原因,因此它是可以预测的,也是可以消除的,例如标准量值的不准确及仪表刻度的不准确而引起的误差。

(2)随机误差。对同一被测量进行多次重复测量时,若误差的大小随机变化、不可预知,这种误差称为随机误差。随机误差是测量过程中许多独立的、微小的、偶然的因素引起的综合结果。

对随机误差的某个单值来说,是没有规律、不可预料的,但从多次测量的总体上看,随机误差又服从一定的统计规律,大多数服从正态分布规律。因此,可以用概率论和数理统计的方法,从理论上估计其对测量结果的影响。

(3)粗大误差。测量结果明显地偏离其实际值所对应的误差,称为粗大误差或疏忽误差,又称为过失误差。这类误差是由于测量者疏忽大意或环境条件的突然变化而引起的。例如,测量人员工作时疏忽大意,出现了读数错误、记录错误、计算错误或操作不当等。另外,测量方法不恰当、测量条件的突然变化,也可能造成粗大误差。

含有粗大误差的测量值称为坏值或异常值。坏值应从测量结果中剔除。

(二)按被测量与时间关系划分

(1)静态误差。被测量稳定不变时所产生的测量误差称为静态误差。

(2)动态误差。被测量随时间迅速变化时,系统的输出量在时间上却跟不上输入的变化,这时所产生的误差称为动态误差。

此外,按测量仪表的使用条件分类,误差分为基本误差和附加误差;按测量技能和手段分类,误差又可分为工具误差和方法误差等。

【项目小结】

本项目主要学习有关传感器的概念、类型及其命名方法,检测技术的相关概念,误差理论等内容,重点是传感器的命名及性能特点、相对误差的概念。

传感器与检测技术几乎渗透到人类的一切活动领域,在国民经济中占有极其重要的地位。传感器是一种能够感觉外界信息并按一定规律将其转换成可用输出信号的器件或装置,一般由敏感元件、转换元件和转换电路三部分组成,有时还要加上辅助电源。传感器的静态特性反映了输入信号处于稳定状态时的输出输入关系。衡量静态特性的主要指标有精确度、稳定性、灵敏度、线性度、迟滞和可靠性等。传感器的动态特性是指传感器对于随时间变化的输入信号的响应特性。

作为一个完整的自动检测系统,首先应获得被测量的信息,并通过信息的转换把获得的信息变换为电量,然后进行一系列的处理,再用指示仪或显示仪将信息输出,或用计算机对数据进行处理等。

测量就是通过实验对客观事物取得定量数值的过程。测量方法有多种分类方法:直接测量、间接测量和联立测量；静态测量和动态测量；接触式测量和非接触式测量；模拟式测量和数字式测量等。测量误差是客观存在的，可用绝对误差、相对误差表示。按照误差的表现规律，主要包括系统误差、随机误差和粗大误差。

【项目训练】

一、单项选择

1. 某压力仪表厂生产的压力表满度相对误差均控制在0.4%～0.6%，该压力表的精度等级应定为______级。另一家仪器厂需要购买压力表，希望压力表的满度相对误差小于0.9%，应购买______级的压力表。

A. 0.2　　B. 0.5　　C. 1.0　　D. 1.5

2. 传感器中直接感受被测量的部分是______。

A. 转换元件　　B. 转换电路　　C. 敏感元件　　D. 调理电路

3. 属于传感器静态特性指标的是______。

A. 固有频率　　B. 临界频率　　C. 重复性　　D. 阻尼比

4. 重要场合使用的元器件或仪表，购入后需进行高、低温循环老化试验，其目的是______。

A. 提高精度　　B. 加速其衰老　　C. 测试其各项性能指标

D. 提高可靠性

5. 有一温度计，它的测量范围为0～200 ℃，精度为0.5级，该表可能出现的最大绝对误差为______。

A. 1 ℃　　B. 0.5 ℃　　C. 10 ℃　　D. 200 ℃

6. 某采购员分别在三家商店购买100 kg大米、10 kg苹果、1 kg巧克力，发现均缺少约0.5 kg，但该采购员对卖巧克力的商店意见最大，在这个例子中，产生此心理作用的主要因素是______。

A. 绝对误差　　B. 示值相对误差　　C. 满度相对误差　　D. 精度等级

7. 欲测240 V左右的电压，要求测量示值相对误差的绝对值不大于0.6%，若选用量程为250 V电压表，其精度应选______级。

A. 0.25　　B. 0.5　　C. 0.2　　D. 1.0

二、简答

1. 传感器由哪几部分组成？各自的作用是什么？
2. 传感器是如何分类的？
3. 传感器的型号由几部分组成？各部分有何意义？
4. 传感器静态特性主要有哪些？
5. 检测系统由哪几部分组成？说明各部分的作用。
6. 测量的定义是什么？如何表示测量结果？
7. 测量方法是如何分类的？它们各有什么特点？

8. 测量误差有哪几种表示方法？分别写出其表达式。

9. 根据误差呈现的规律,将误差分为几种？每种误差有什么特点？

三、计算

1. 某线性位移测量仪,当被测位移由4.5 mm变到5.0 mm时,位移测量仪的输出电压由3.5 V减至2.5 V,求该仪器的灵敏度。

2. 有一温度计,它的测量范围为0～200 ℃,精度为0.5级,求:

(1)该表可能出现的最大绝对误差。

(2)当示值分别为20 ℃、100 ℃时的示值相对误差。

3. 某测温系统由以下四个环节组成,各自的灵敏度如下:

铂电阻温度传感器:	0.45 Ω/℃
电桥:	0.02 V/Ω
放大器:	100(放大倍数)
笔式记录仪:	0.2 cm/V

求:(1)测温系统的总灵敏度。

(2)记录仪笔尖位移4 cm时,所对应的温度变化值。

四、分析

1. 现有精度为0.5级的电压表,有150 V和300 V两个量程,欲测量110 V的电压,问采用哪一个量程为宜？为什么？

2. 欲测240 V左右的电压,要求测量示值相对误差的绝对值不大于0.6%。问:若选用量程为250 V的电压表,其精度应选用哪一级？若选用量程为300 V和500 V的电压表,其精度应选用哪一级？

项目二　原始电子秤的安装、调试与标定

【项目描述】

本项目要求安装、调试与标定一台原始电子秤。

超市里面的电子秤是大家非常熟悉的称重设备，不但体积小，而且功能强，给超市工作人员提供了很大的方便。本项目通过安装、调试与标定原始电子秤，重点学习电阻应变式传感器的结构组成、工作原理和应用，它不仅能够组成电子秤称重系统，还可以测量机械、仪器及工程结构等的应力、应变，与某种形式的弹性敏感元件相配合专门制成各种应变式传感器，用来测量压力、扭矩、位移和加速度等物理量。

【相关知识与技能】

任务一　敏感元件

物体在外力作用下改变原来尺寸或形状的现象称为变形。若外力去掉后物体又能完全恢复其原来的尺寸或形状，则这种变形称为弹性变形。具有弹性变形特性的物体称为弹性元件。

弹性元件在传感器技术中占有极其重要的地位。它首先把力、力矩或压力转换成相应的应变或位移，然后配合各种形式的传感元件，将力、力矩或压力变换成电量。

根据弹性元件在传感器中的作用，可以分为两种类型：弹性敏感元件和弹性支承。前者感受力、力矩、压力等被测参数，并通过它将被测量变换为应变、位移等，也就是通过它把被测参数由一种物理状态转换为另一种所需要的物理状态，故称为弹性敏感元件。

一、弹性敏感元件的弹性特性

作用在弹性敏感元件上的外力与由该外力所引起的相应变形（应变、位移或转角）之间的关系称为弹性元件的弹性特性。主要特性如下。

（一）刚度

刚度是弹性敏感元件在外力作用下抵抗变形的能力。

$$k = \lim_{\Delta x \to 0} \frac{\Delta F}{\Delta x} = \frac{dF}{dx} \tag{2-1}$$

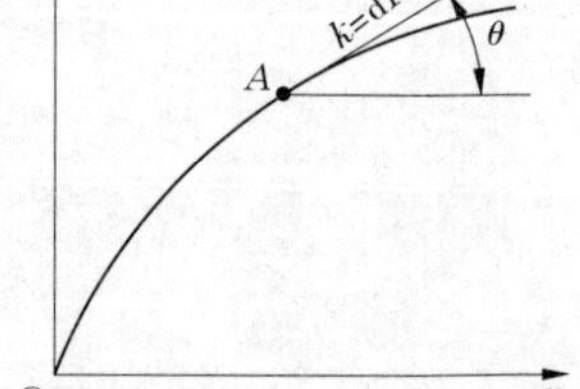

图 2-1　弹性元件的刚度特性

在图 2-1 中弹性特性曲线上某点 A 的刚度可通过 A 点作曲线的切线求得，此切线与水平线夹角的正切就代表该元件在 A 点处的刚度，即 $k = \tan\theta = dF/dx$。如果弹性特性

是线性的，则它的刚度是一个常数。当测量较大的力时，必须选择刚度大的弹性元件，使 x 不致太大。

（二）灵敏度

灵敏度就是弹性敏感元件在单位力作用下产生变形的大小。它是刚度的倒数，即

$$K = \frac{dx}{dF} \tag{2-2}$$

与刚度相似，如果元件弹性特性是线性的，则灵敏度为常数；若弹性特性是非线性的，则灵敏度为变数。

（三）弹性滞后

实际的弹性元件在加、卸载的正反行程中变形曲线是不重合的，这种现象称为弹性滞后现象，如图 2-2 所示。曲线 1 是加载曲线，曲线 2 是卸载曲线，曲线 1、2 所包围的范围称为滞环。产生弹性滞后的主要原因是弹性敏感元件在工作过程中分子间存在内摩擦，并造成零点附近的不灵敏区。

（四）弹性后效

弹性敏感元件所加载荷改变后，不是立即完成相应的变形，而是在一定时间间隔中逐渐完成变形的现象称为弹性后效现象。由于弹性后效存在，弹性敏感元件的变形不能迅速地随作用力的改变而改变，从而引起测量误差。如图 2-3 所示，当作用在弹性敏感元件上的力由零快速变到 F_0 时，弹性敏感元件的变形首先由零迅速增加至 x_1，然后在载荷未改变的情况下继续变形直到 x_0。由于弹性后效现象的存在，弹性敏感元件的变形始终不能迅速地跟上力的改变。

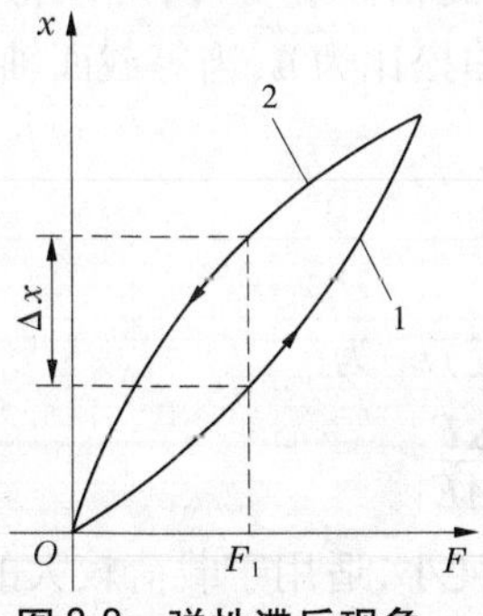

图 2-2　弹性滞后现象

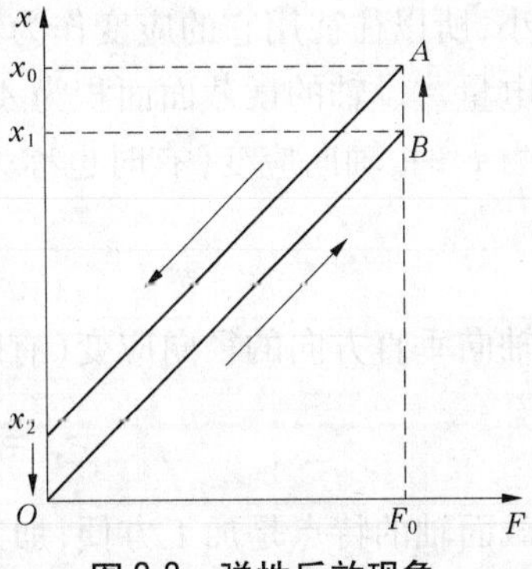

图 2-3　弹性后效现象

（五）固有振动频率

弹性敏感元件的动态特性与它的固有振动频率 f_0 有很大的关系，固有振动频率通常由实验测得。传感器的工作频率应避开弹性敏感元件的固有振动频率。

在实际选用或设计弹性敏感元件时，常常遇到线性度、灵敏度、固有振动频率之间相互矛盾、相互制约的问题，因此必须根据测量的对象和要求加以综合考虑。

二、弹性敏感元件的材料及基本要求

对弹性敏感元件材料的基本要求有以下几项：

(1)具有良好的机械特性(强度高、抗冲击、韧性好、疲劳强度高等)和良好的机械加工及热处理性能。

(2)良好的弹性特性(弹性极限高、弹性滞后和弹性后效小等)。

(3)弹性模量的温度系数小且稳定,材料的线膨胀系数小且稳定。

(4)抗氧化性和抗腐蚀性等化学性能良好。

国外选用的弹性敏感元件材料种类繁多,一般使用合金结构,例如中碳铬镍钼钢、中碳铬锰硅钢、弹簧钢等。我国通常使用合金钢,有时也使用碳钢、铜合金和铌基合金。其中,65Mn 锰弹簧钢、35CrMnSiA 合金结构钢、40Cr 铬钢都是常用材料,50CrMnA 铬锰弹簧钢和 50CrVA 铬钒弹簧钢由于具有良好的力学性能,可用于制作承受交变载荷的弹性敏感元件材料。此外,镍铬结构钢、镍铬钼结构钢、铬钼钒工具钢也是优良的弹性敏感元件材料。铍青铜具有优良的性能:弹性好、强度高、弹性滞后和蠕变小、抗磁性好、耐腐蚀、焊接性能好、使用温度可达 100 ~ 150 ℃,也是常用的材料。特殊情况下,也使用石英玻璃、单晶硅及陶瓷材料等。

三、变换力的弹性敏感元件

所谓变换力的弹性敏感元件,是指输入量为力 F,输出量为应变或位移的弹性敏感元件。常用的变换力的弹性敏感元件有实心轴、空心轴、等截面圆环、变形圆环、悬臂梁、扭转轴等,如图 2-4 所示。

(一)等截面轴

实心等截面轴又称为柱式弹性敏感元件,如图 2-4(a)所示。在力的作用下,它的位移量很小,所以往往用它的应变作为输出量,在它的表面粘贴应变片,可以将应变进一步变换为电量。设轴的横截面面积为 A,弹性模量为 E,泊松比为 μ,当等截面轴承受轴向拉力或压力 F 时,轴向应变(有时也称为纵向应变)ε_x 为

$$\varepsilon_x = \frac{\Delta l}{l} = \frac{F}{AE} \tag{2-3}$$

与轴向垂直方向的径向应变(有时也称为横向应变)ε_y 为

$$\varepsilon_y = \frac{\Delta r}{r} = -\mu\varepsilon_x = -\frac{\mu F}{AE} \tag{2-4}$$

等截面轴的特点是加工方便,加工精度高,但灵敏度小,适用于载荷较大的场合。

空心轴如图 2-4(b)所示,它在同样的截面面积下,轴的直径可加大,可提高轴的抗弯能力。

当被测力较大时,一般多用钢制作弹性敏感元件,钢的弹性模量约为 2×10^{11} N/m^2。当被测力较小时,可用铝合金或铜合金。铝的弹性模量约为 0.7×10^{11} N/m^2。材料越软,弹性模量越小,其灵敏度越高。

(二)环状弹性元件

环状弹性元件多做成等截面圆环,如图 2-4(c)、(d)所示。圆环受力后较易变形,因而它多用于测量较小的力。当力 F 作用在圆环上时,环上的 A_1、B_1 点处可产生较大的应变。当环的半径比环的厚度大得多时,A_1 点内外表面的应变大小相等、符号相反。

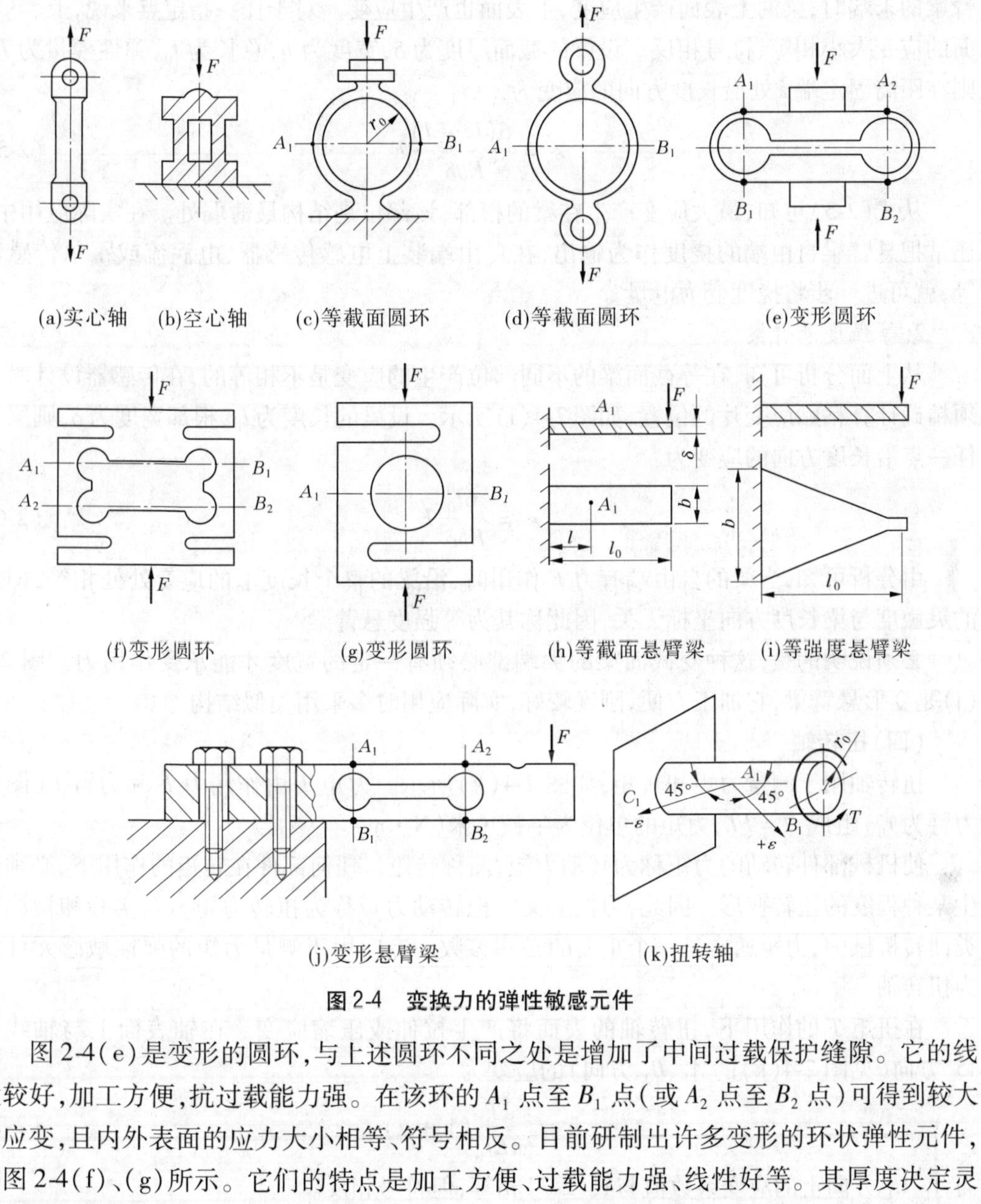

图2-4　变换力的弹性敏感元件

图2-4(e)是变形的圆环，与上述圆环不同之处是增加了中间过载保护缝隙。它的线性较好，加工方便，抗过载能力强。在该环的A_1点至B_1点(或A_2点至B_2点)可得到较大的应变，且内外表面的应力大小相等、符号相反。目前研制出许多变形的环状弹性元件，如图2-4(f)、(g)所示。它们的特点是加工方便、过载能力强、线性好等。其厚度决定灵敏度的大小。

(三)悬臂梁

悬臂梁是一端固定、一端自由的弹性敏感元件。它的特点是灵敏度高。它的输出可以是应变，也可以是挠度(位移)。由于它在相同力作用下的变形比等截面轴及圆环都大，所以多应用于较小力的测量。根据悬臂梁的截面形状，又可以分为等截面悬臂梁和等强度悬臂梁。

1. 等截面悬臂梁

图2-4(h)为等截面悬臂梁的侧视图及俯视图。当力F以如图所示的方向作用于悬

臂梁的末端时，梁的上表面产生应变，下表面也产生应变。对于任一指定点来说，上、下表面的应变大小相等、符号相反。设梁的截面厚度为δ，宽度为b，总长为l_0，弹性模量为E，则在距离固定端l处沿长度方向的应变为

$$\varepsilon = \frac{6(l_0 - l)}{Eb\delta^2}F \tag{2-5}$$

从式(2-5)可知，最大应变产生在梁的根部，该部位是结构最薄弱处。在实际应用中，还常把悬臂梁自由端的挠度作为输出，在自由端装上电感传感器、电涡流或霍尔传感器等，就可进一步将挠度变为电量。

2. 等强度悬臂梁

从上面分析可知，在等截面梁的不同部位产生的应变是不相等的，在传感器设计时必须精确计算粘贴应变片的位置，如图2-4(i)所示。设梁的长度为l_0，根部宽度为δ，则梁上任一点沿长度方向的应变为

$$\varepsilon = \frac{6l_0}{Eb\delta^2}F \tag{2-6}$$

由分析可知，当梁的自由端有力F作用时，沿梁的整个长度上的应变处处相等，即它的灵敏度与梁长度方向坐标无关，因此称其为等强度悬臂梁。

必须说明的是，这种变截面梁的尖端部必须有一定的宽度才能承受作用力。图2-4(j)是变形悬臂梁，它加工方便，刚度较好，实际应用时多采用类似结构。

(四)扭转轴

扭转轴用于测量力矩和转矩，如图2-4(k)所示。力矩T由作用力F和力臂L(图中力臂为r_0)组成，$T=FL$，力矩的单位为牛顿·米(N·m)。

使机械部件转动的力矩称为转动力矩，简称转矩。任何部件在转矩的作用下，必须产生某种程度的扭转变形。因此，习惯上又常把转动力矩称为扭转力矩。在实验和检测各类回转机械中，力矩通常是一个重要的必测参数。专门用于测量力矩的弹性敏感元件称为扭转轴。

在扭矩T的作用下，扭转轴的表面将产生拉伸或压缩应变。在轴表面上与轴线成45°方向(见图2-4(k)的A_1、B_1方向)的应变为

$$\varepsilon = \frac{2T}{\pi E r_0^3}(1+\mu) \tag{2-7}$$

而A_1、C_1方向上的应变系数值与式(2-7)相等，但符号相反。

四、变换压力的弹性敏感元件

在工业生产中，经常需要测量气体或液体的压力。变换压力的弹性敏感元件形式很多，如图2-5所示。由于这些元件的变形计算复杂，故本节只对它们定性地分析。

(一)弹簧管

弹簧管又称波登管(由法国人波登发明)，它是弯成各种形状(大多数弯成C形)的空心管子，其一端固定、一端自由，如图2-5(a)所示。弹簧管能将压力转换为位移，它的工作原理叙述如下：

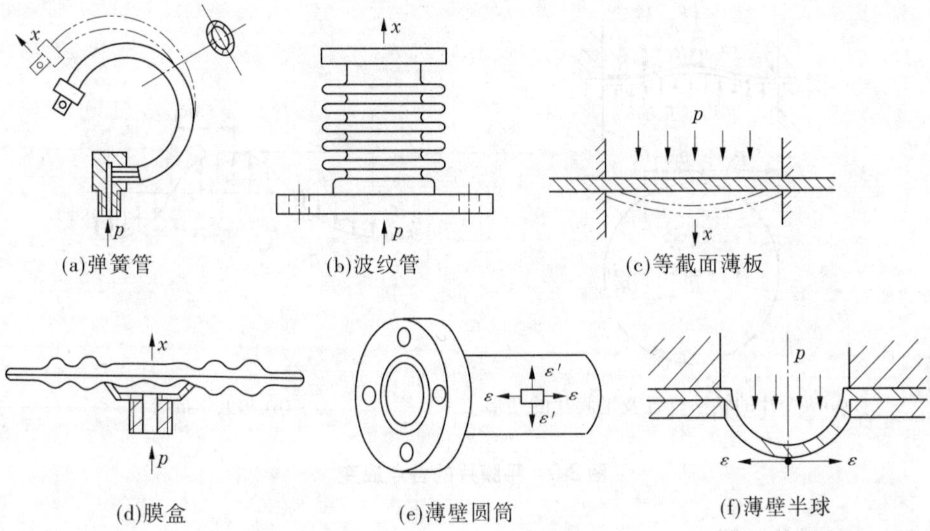

图 2-5　变换压力的弹性元件

弹簧管截面形状多为椭圆形或更复杂的形状，压力 p 通过弹簧管的固定端导入弹簧管的内腔，弹簧管的另一端（自由端）由盖子与传感器的传感元件相连。在压力作用下，弹簧管的截面力图变成圆形，截面的短轴力图伸长，长轴缩短。截面形状的改变导致弹簧管趋向伸直，直到与压力的作用相平衡，如图 2-5（a）中的双点画线所示。由此可见，利用弹簧管可以把压力变换为位移。C 形弹簧管的刚度较大，灵敏度较小，但过载能力较强，因此常作为测量较大压力的弹性敏感元件。

（二）波纹管

波纹管是一种表面上由许多同心环波纹构成的薄壁圆管。它的一端与被测压力相通，另一端密封，如图 2-5（b）所示。波纹管在压力作用下将产生伸长或缩短，所以利用波纹管可以把压力变换成位移，它的灵敏度比弹簧管高得多。在非电量测量中，波纹管的直径为 12 ~ 160 mm，被测压力范围为 $10^2 \sim 10^6$ Pa。

（三）等截面薄板

等截面薄板又称平膜片，如图 2-5（c）所示。它是周边固定的圆薄板。当它的上下两面受到均匀分布的压力作用时，薄板的位移或应变为零。将应变片粘贴在薄板表面，可以组成电阻应变式压力传感器，利用薄板的位移（挠度）可以组成电容式、霍尔式压力传感器。平膜片沿直线方向上各点的应变是不同的。设膜片的半径为 R_0，在 R 小于 $R_0/\sqrt{3}$ 处的圆心附近的径向应变 ε_R 是正的（拉应变），在 $R=R_0/\sqrt{3}=0.58R_0$ 处，$\varepsilon_R=0$。在 R 大于 $R_0/\sqrt{3}$ 边缘区域的径向应变 ε_R 是负的（压应变），如图 2-6 所示。圆心附近以及膜片的边缘区域的应变均较大，但符号相反，这一特性在压阻传感器中得到应用。

平膜片中心的位移与压力 p 之间成非线性关系。只有当位移量比薄板的厚度小得多时才能获得较小的非线性误差。例如，当中心位移量等于薄板厚度的 1/3 时，非线性误差可达 5%。

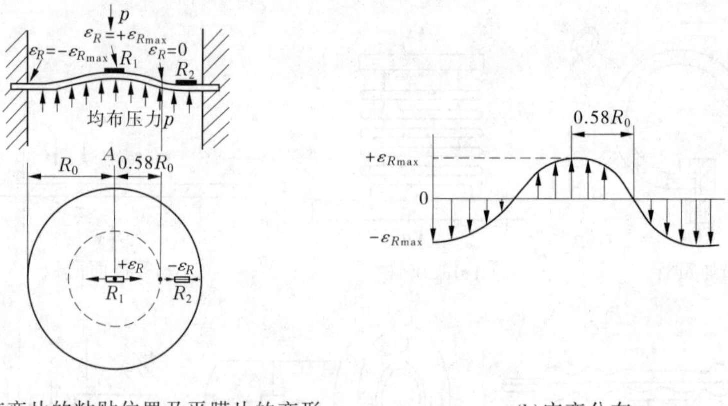

(a)应变片的粘贴位置及平膜片的变形　　(b)应变分布

图 2-6　平膜片的各点应变

(四)波纹膜片和膜盒

波纹膜片是一种压有同心波纹的圆形薄膜,如图 2-7 所示。为了便于和传感元件相连接,在膜片中央留有一个光滑的部分,有时还在中心上焊接一块圆形金属片,称为膜片的硬心。当膜片弯向压力低的一侧时,能够将压力变换为位移。波纹膜片比平膜片柔软得多,因此多用于测量较小压力的弹性敏感元件。

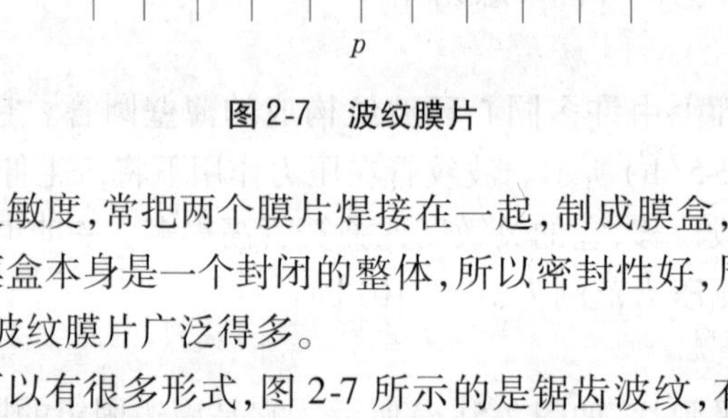

图 2-7　波纹膜片

为了进一步提高灵敏度,常把两个膜片焊接在一起,制成膜盒,它中心的位移量为单位膜片的 2 倍。由于膜盒本身是一个封闭的整体,所以密封性好,周边不需固定,给安装带来方便,它的应用比波纹膜片广泛得多。

膜片的波纹形状可以有很多形式,图 2-7 所示的是锯齿波纹,有时也采用正弦波纹。波纹的形状对膜片的输出特性有影响。在一定的压力作用下,正弦波纹膜片给出的位移最大,但线性较差;锯齿波纹膜片给出的位移最小,但线性较好;梯形波纹膜片的特性介于上述两者之间,膜片厚度通常为 0.05 ~0.5 mm。

(五)薄壁圆筒和薄壁半球

薄壁圆筒、薄壁半球的外形如图 2-5(e)、(f)所示,厚度一般约为直径的 1/20,内腔与被测压力相通,均匀地向外扩张,产生拉伸应力和应变。圆筒的应变在轴向和圆筒方向上是不相等的,而薄壁半球在轴向的应变是相同的。

任务二　电阻应变式传感器

一、应变效应与应变片

电阻应变片是能将被测试件的应变量转换成电阻变化量的敏感元件。它是基于电阻应变效应而制成的。

(一)电阻应变效应

导体、半导体材料在外力作用下发生机械形变,导致其电阻值发生变化的物理现象称为电阻应变效应。

设一根长度为 l、截面面积为 S、电阻率为 ρ 的金属丝,如图 2-8 所示,其电阻 R 的阻值为

$$R = \rho \frac{l}{S} \tag{2-8}$$

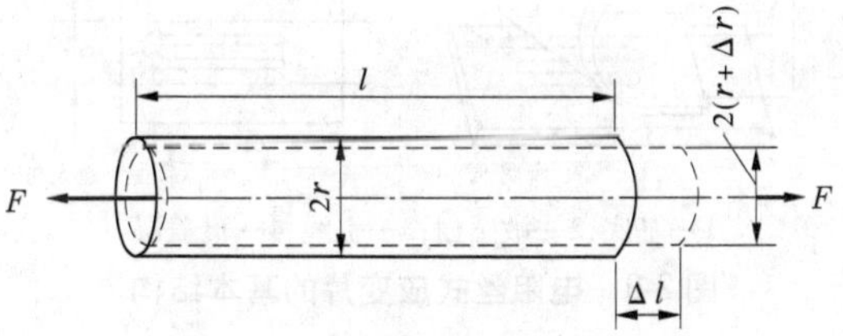

图 2-8　金属丝伸长后几何尺寸变化

当金属丝受拉时,其长度伸长 dl,横截面面积将相应减小 dS,电阻率也将改变 $d\rho$,这些量的变化必然引起金属丝电阻改变 dR,即

$$dR = \frac{\rho}{S}dl - \frac{\rho l}{S^2}dS + \frac{l}{S}d\rho \tag{2-9}$$

令 $\frac{dl}{l} = \varepsilon_x$,$\varepsilon_x$ 为金属丝的轴向应变量;$\frac{dr}{r} = \varepsilon_y$,$\varepsilon_y$ 为金属丝的径向应变量。

根据材料力学原理,金属丝受拉时,沿轴向伸长,而沿径向缩短,两者之间应变的关系为

$$\varepsilon_y = -\mu\varepsilon_x \tag{2-10}$$

$$\frac{dR}{R} = (1 + 2\mu)\varepsilon_x + \frac{d\rho}{\rho} \tag{2-11}$$

$$K = \frac{dR/R}{\varepsilon_x} = (1 + 2\mu) + \frac{d\rho/\rho}{\varepsilon_x} \tag{2-12}$$

式中,K 为金属丝的灵敏系数,表示金属丝产生单位变形时,电阻相对变化的大小。显然,K 值越大,单位变形引起的电阻相对变化越大,故灵敏度越高。

根据式(2-12)可知,金属丝的灵敏系数 K 受以下两个因素影响:

第 1 项 $(1+2\mu)$,是由于金属丝受拉伸后,材料的几何尺寸发生变化而引起的。

第 2 项 $\frac{d\rho/\rho}{\varepsilon_x}$,是由材料电阻率变化引起的。对于金属材料,该项要比 $(1+2\mu)$ 小得

多，可以忽略，即金属丝电阻的变化主要由材料的几何形变引起。所以，$K \approx 1 + 2\mu$。而半导体材料的$(d\rho/\rho)/\varepsilon_x$项的值比$(1+2\mu)$大得多。

实验证明，在金属丝变形的弹性范围内，电阻的相对变化$\Delta R/R$与应变ε_x成正比，即

$$\frac{\Delta R}{R} = K\varepsilon_x \tag{2-13}$$

（二）电阻应变片的结构与类型

1. 应变片基本结构

电阻应变片由敏感栅、基片、覆盖层和引线等部分组成。其中，敏感栅是应变片的核心部分，它是用直径约为 0.025 mm 的具有高电阻率的电阻丝制成的，为了获得高的电阻值，电阻丝排列成栅网状，故称为敏感栅。将敏感栅粘贴在绝缘的基片上，两端焊接引出导线，其上再粘贴上保护用的覆盖层，即可构成电阻丝式应变片。电阻丝式应变片的基本结构如图 2-9 所示。图中 L 为敏感栅沿轴向测量变形的有效长度（应变片的栅距），b 为敏感栅的宽度（应变片的基宽）。

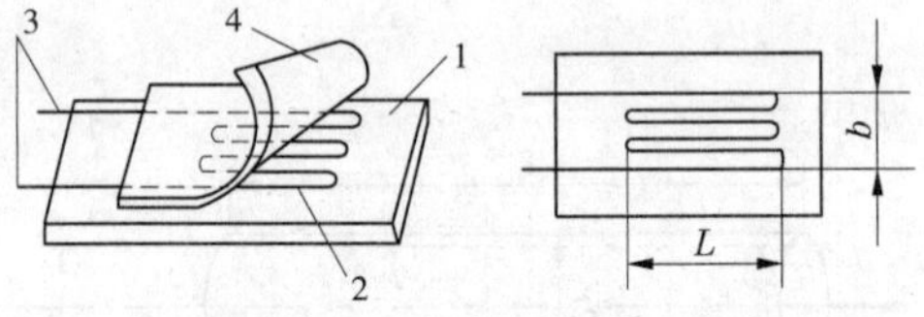

1—基底；2—敏感栅；3—引线；4—覆盖层

图 2-9　电阻丝式应变片的基本结构

2. 应变片类型

应变片主要有金属应变片和半导体应变片两类，其结构如图 2-10 所示。金属应变片有丝式、箔式、薄膜式三种。其中，金属丝式应变片使用最早，有纸基型、胶基型两种。金属丝式应变片蠕变较大，金属丝易脱落，但其价格便宜，广泛用于应变、应力的大批量、一次性低精度的实验。

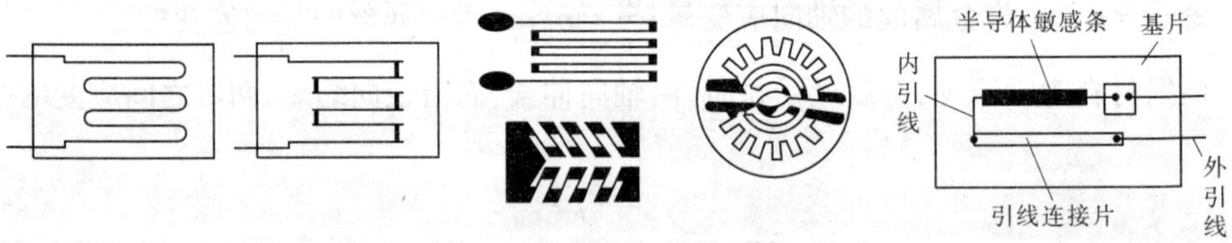

(a)金属丝式应变片　(b)金属箔式应变片　(c)半导体应变片

图 2-10　电阻应变片

金属箔式应变片是通过光刻、腐蚀等工艺，将电阻箔片在绝缘基片上制成各种图案而形成的应变片，其厚度通常为 0.001 ~ 0.01 mm。因其面积比丝式大得多，所以散热效果好，通过电流大，横向效应小、柔性好、寿命长、工艺成熟且适于大批量生产而得到广泛使用。

金属薄膜式应变片是薄膜技术发展的产物，它是采用真空蒸镀的方法成形的，因其灵敏系数高，又易于批量生产而备受重视。

半导体应变片是用半导体材料作为敏感栅而制成的，其灵敏度高（一般比金属丝式、

箔式高几十倍)，横向效应小，故它的应用日趋广泛。

(三)应变片参数

应变片的参数主要有以下几项：

(1)标准电阻值(R_0)。标准电阻值指的是在无应变(无应力)的情况下的电阻值，单位为欧姆(Ω)，主要规格有 60 Ω,90 Ω,120 Ω,150 Ω,350 Ω,600 Ω,1 000 Ω 等。

(2)绝缘电阻(R_G)。应变片绝缘电阻是指已粘贴的应变片的引线与被测试件之间的电阻值，通常要求在 50 ~ 100 MΩ 以上。R_G 的大小取决于粘合剂及基底材料的种类及固化工艺，在常温条件下要采取必要的防潮措施，而在中温或高温条件下，要注意选取电绝缘性能良好的粘合剂和基底材料。

(3)灵敏度系数(K)。灵敏度系数是指应变片安装到被测物体表面后，在其轴线方向上的单位应力作用下，应变片阻值的相对变化与被测物表面上安装应变片区域的轴向应变之比。

(4)应变极限(ε_{max})。在恒温条件下，使非线性达到 10% 时的真实应变值，称为应变极限。应变极限是衡量应变片测量范围和过载能力的指标。

(5)允许电流(I_e)。允许电流是指应变片允许通过的最大电流。

(6)机械滞后、蠕变及零漂。机械滞后是指所粘贴的应变片在温度一定时，在增加或减少机械应变过程中真实应变与约定应变(同一机械应变量下所指示的应变)之间的最大差值。蠕变是指已粘贴好的应变片，在温度一定并承受一定机械应变时，指示应变值随时间变化而产生变化。零漂是指已粘贴好的应变片，在温度一定且又无机械应变时，指示应变值发生变化。表 2-1 是几种国产金属电阻应变片的技术数据。

表 2-1 几种国产金属电阻应变片的技术数据

型号	PBD7 - 1 K 型	PBD6 - 350 型	PBD7 - 120 型	KSN - 6 - 350 - E3 - 23	KSP - 3 - F2 - 11	MS105 - 350
材料	P 型单晶硅	P 型单晶硅	P 型单晶硅	N 型单晶型	N 型 + P 型单晶硅	P 型单晶硅
硅条尺寸(mm × mm × mm)	7 × 0.4 × 0.05	6 × 0.4 × 0.08	7 × 0.4 × 0.08	6 × 0.25 (长 × 宽)	3 × 0.6(N) 3 × 0.3(P)	19 × 0.5 × 0.02
电阻值(Ω)	1 000 ± 5%	350 ± 5%	120 ± 5%	350	120	350
灵敏系数	140 ± 5%	150 ± 5%	120 ± 5%	- 110	210	127
基底材料	酚醛树脂	酚醛树脂	酚醛树脂	酚醛树脂	酚醛树脂	环氧树脂
基底尺寸(mm × mm)	10 × 7	10 × 7	10 × 7	10 × 4.5	10 × 4	25.4 × 12.7
电阻温度系数(1/℃)	< 0.4%	< 0.3%	< 0.16%	—	—	

续表 2-1

型号	PBD7－1 K 型	PBD6－350 型	PBD7－120 型	KSN－6－350－E3－23	KSP－3－F2－11	MS105－350
灵敏度温度系数(1/℃)	<0.3%	<0.28%	<0.17%	—	—	
极限工作温度(℃)	100	100	100			
允许电流(mA)	15	15	25			
生产国别	中国	中国	中国	日本	日本	美国
备注				温度自补偿型,适用于铝合金	两元件温度补偿型,适用于普通钢试件	硅片薄,挠性好,可贴在直径为 25 mm 的圆柱面上

(四)应变片的粘贴技术

应变片在使用时通常是用粘合剂粘贴在弹性元件或试件上,正确的粘贴工艺对保证粘贴质量、提高测试精度起着重要的作用。因此,应变片在粘贴时,应严格按粘贴工艺要求进行。

粘贴应变片的基本步骤如下:

(1)应变片的检查。对所选用的应变片进行外观和电阻的检查。观察线栅或箔栅的排列是否整齐、均匀,是否有锈蚀以及短路、断路和折弯现象。测量应变片的电阻值,检查阻值、精度是否符合要求,对于桥臂配对用的应变片,电阻值要尽量一致。

(2)试件的表面处理。为了保证一定的粘合强度,必须将试件表面处理干净,清除杂质、油污及表面氧化层等。粘贴表面应保持平整,表面光滑。最好在表面打光后,采用喷砂处理,面积为应变片的 3～5 倍。

(3)确定贴片位置。在应变片上标出敏感栅的纵、横向中心线,粘贴时应使应变片的中心线与试件的定位线对准。

(4)粘贴应变片。用甲苯、四氯化碳等溶剂清洗试件表面和应变片表面,然后在试件表面和应变片表面上各涂一层薄而均匀的粘合剂,将应变片粘贴到试件的表面上。同时在应变片上加一层玻璃纸或透明的塑料薄膜,并用手轻轻滚动压挤,将多余的胶水和气泡排出。

(5)固化处理。根据所使用的粘合剂的固化工艺要求进行固化处理和时效处理。

(6)粘贴质量检查。检查粘贴位置是否正确,粘合层是否有气泡和漏贴,有无短路、断路现象,应变片的电阻值有无较大的变化。应变片与被测物体之间的绝缘电阻应进行检查,一般应大于 200 MΩ。

(7)引出线的固定与保护。将粘贴好的应变片引出线用导线焊接好,为防止应变片电阻丝和引出线被拉断,需用胶布将导线固定在被测物体表面,且要处理好导线与被测物体之间的绝缘问题。

(8)防潮防蚀处理。为防止因潮湿引起绝缘电阻变小、粘合强度下降,或因腐蚀而损坏应变片,应在应变片上涂一层凡士林、石蜡、蜂蜡、环氧树脂、清漆等,厚度一般为 1 ~ 2 mm。

二、测量转换电路

(一)应变片测量应变的基本原理

用应变片测量应变或应力时,根据上述特点,在外力作用下,被测对象产生微小机械变形,应变片随着发生相同的变化,同时应变片电阻值也发生相应变化。当测得应变片电阻值变化量 ΔR 时,便可得到被测对象的应变值。根据应力与应变的关系,得到应力值 σ 为

$$\sigma = E\varepsilon \tag{2-14}$$

式中 σ——试件的应力;

ε——试件的应变;

E——试件材料的弹性模量。

由此可知,应力值 σ 正比于应变 ε,而试件应变 ε 正比于电阻值的变化,所以应力 σ 正比于电阻值的变化,这就是利用应变片测量应变的基本原理。

(二)测量转换电路

由于机械应变一般在 10 ~ 3 000 $\mu\varepsilon$,而应变灵敏度系数 K 值较小,因此电阻相对变化是很小的,用一般测量电阻的仪表难以直接测出来,必须用专门的电路来测量这种微弱的变化,最常用的电路为直流电桥和交流电桥。下面以直流电桥电路为例,简要介绍其工作原理及有关特性。

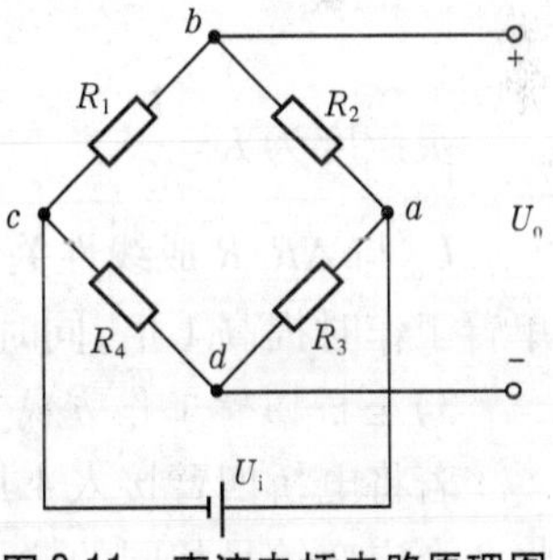

图 2-11 直流电桥电路原理图

1. 直流电桥电路

如图 2-11 所示,直流电桥电路的 4 个桥臂由 R_1、R_2、R_3、R_4 组成,其中 a、c 两端接直流电压 U_i,而 b、d 两端为输出端,其输出电压为 U_o。在测量前,取 $R_1R_3 = R_2R_4$,输出电压为 $U_o = 0$。当桥臂电阻发生变化,且 $\Delta R_i \ll R_i$,在电桥输出端的负载电阻为无限大时,电桥输出电压可近似表示为

$$U_o = \frac{R_1R_2}{(R_1+R_2)^2}\left(\frac{\Delta R_1}{R_1} - \frac{\Delta R_2}{R_2} + \frac{\Delta R_3}{R_3} - \frac{\Delta R_4}{R_4}\right)U_i \tag{2-15}$$

一般采用全等臂形式,即 $R_1 = R_2 = R_3 = R_4 = R$,式(2-15)可变为

$$U_o = \frac{U_i}{4}\left(\frac{\Delta R_1}{R_1} - \frac{\Delta R_2}{R_2} + \frac{\Delta R_3}{R_3} - \frac{\Delta R_4}{R_4}\right) \tag{2-16}$$

2. 电桥工作方式

根据可变电阻在电桥电路中的分布方式,电桥的工作方式有以下 3 种类型。

1）半桥单臂工作方式

半桥单臂工作方式只有一个应变片接入电桥，在工作时，其余 3 个桥臂电阻的阻值没有变化（$\Delta R_2=\Delta R_3=\Delta R_4=0$），如图 2-12（a）所示。设 R_1 为接入的应变片，测量时的变化为 ΔR，电桥的输出电压为

$$U_o=\frac{U_i}{4}\frac{\Delta R}{R} \tag{2-17}$$

灵敏度为 $K=\frac{U_i}{4}$。

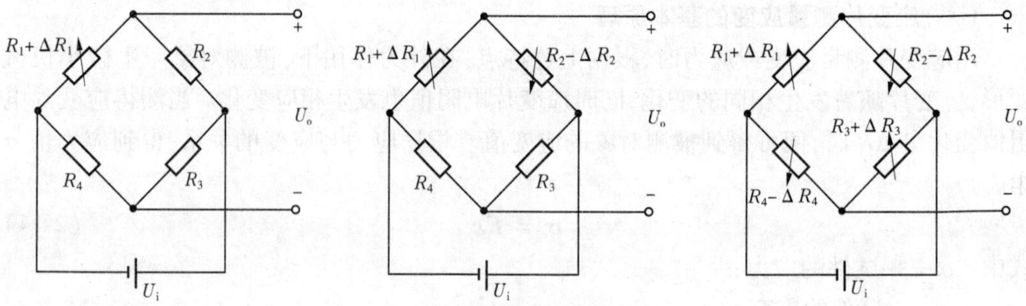

(a)半桥单臂　　(b)半桥双臂　　(c)全桥四臂

图 2-12　3 种桥式工作电路

2）半桥双臂工作方式

如图 2-12（b）所示，在试件上安装 2 片工作应变片，1 个受拉应变，1 个受压应变，接入电桥相邻桥臂，称为半桥差动电路。电桥的输出电压为

$$U_o=\frac{U_i}{2}\frac{\Delta R}{R} \tag{2-18}$$

灵敏度为 $K=\frac{U_i}{2}$。

U_o 与 $\Delta R/R$ 成线性关系，差动电桥无非线性误差，而且电桥电压灵敏度 $K=U_i/2$，比单臂工作时提高 1 倍，同时还具有温度补偿作用。

3）全桥四臂工作方式

若将电桥四臂接入 4 片应变片，如图 2-12（c）所示，即 2 个受拉应变，2 个受压应变，将 2 个应变符号相同的接入相对桥臂上，构成全桥差动电路。电桥的 4 个桥臂的电阻值都发生变化，电桥的输出电压为

$$U_o=\frac{\Delta R U_i}{R} \tag{2-19}$$

灵敏度为 $K=U_i$。

此时，全桥差动电路不仅没有非线性误差，而且电压灵敏度是单臂工作时的 4 倍，同时仍具有温度补偿作用。

3. 电桥的线路补偿

1）零点补偿

在无应变的状态下，要求电桥的 4 个桥臂电阻值相同是不可能的，这样就使电桥不能

满足初始平衡条件($U_o \neq 0$)。为了解决这一问题,可以在一对桥臂电阻乘积较小的任一桥臂中串联一个可调电阻进行调节补偿。如图 2-13 所示,当 $R_1R_3 < R_2R_4$ 时,可在 R_1 或 R_3 桥臂上接入 R_p,使电桥输出达到平衡。

2)温度补偿

环境温度的变化也会引起电桥电阻的变化,导致电桥的零点漂移,这种因温度变化产生的误差称为温度误差。产生温度误差的原因有:电阻应变片的电阻温度系数不一致;应变片材料与被测试件材料的线膨胀系数不同,使应变片产生附加应变。因此,有必要进行温度补偿,以减少或消除由此而产生的测量误差。电阻应变片的温度补偿方法通常有线路补偿法和应变片自补偿两种。

在只有一个应变片工作的桥路中,可用补偿片法。在另一块和被测试件结构材料相同而不受应力的补偿块上贴上和工作片规格完全相同的补偿片,使补偿块和被测试件处于相同的温度环境,工作片和补偿片分别接入电桥的相邻两臂,如图 2-14 所示。由于工作片和补偿片所受温度相同,则两者产生的热应变相等。因为是处于电桥的两臂,所以不影响电桥的输出。补偿片法的优点是简单、方便,在常温下补偿效果比较好。缺点是温度变化梯度较大时,比较难以掌握。

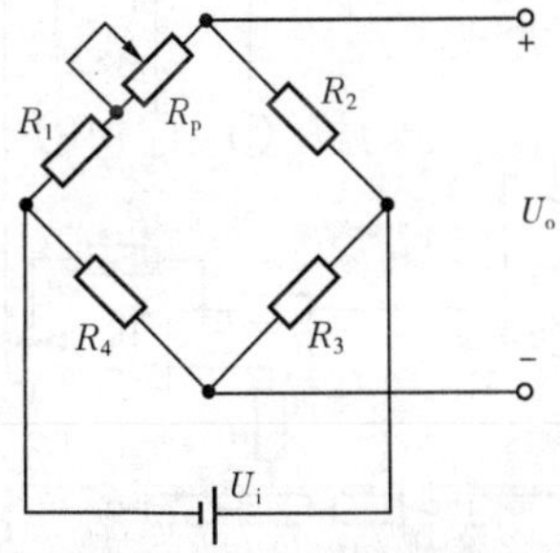

图 2-13　串联可调电阻补偿

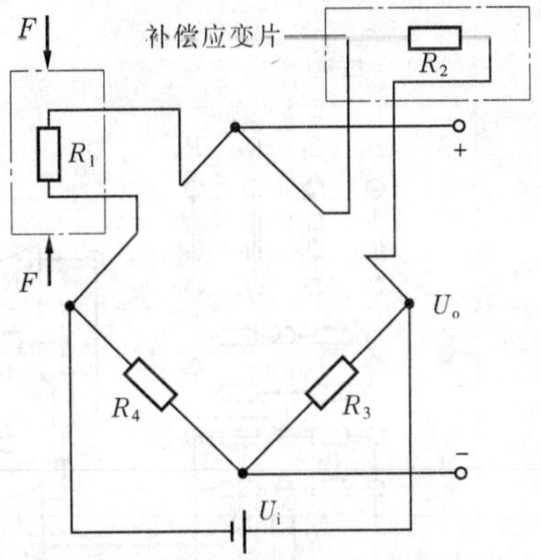

图 2-14　采用补偿应变片的温度补偿

当测量桥路处于双臂半桥和全桥工作方式时,电桥相邻两臂受温度影响,同时产生大小相等、符号相同的电阻增量而互相抵消,从而达到桥路温度自补偿的目的。

【项目实施】

任务三　原始电子秤的安装、调试与标定

电子秤实验原理为全桥测量原理,通过对电路调节使电路输出的电压值为质量对应值,电压量纲(V)改为质量量纲(g),即成为一台原始电子秤。

通过本任务的学习使大家进一步了解应变片直流全桥的应用及电路的标定。

本任务需用器件与单元:应变式传感器实验模块、应变式传感器、砝码、±15 V 电源、±4 V 电源、数显表(主控台电压表),如图 2-15 和图 2-16 所示。

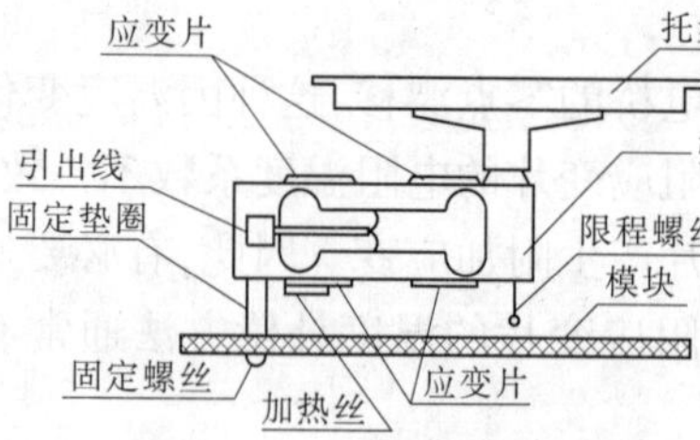

图 2-15　电子秤安装示意图

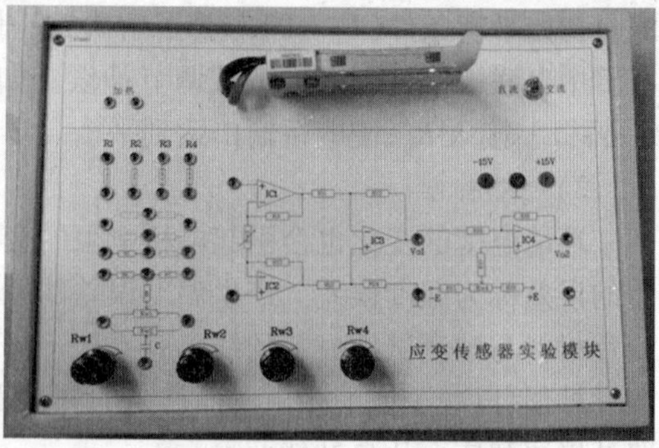

图 2-16　应变式传感器模块

(1)检查应变式传感器的安装。应变式传感器已装于应变式传感器实验模块上。传感器中各应变片已接入模块的左上方的 R_1、R_2、R_3、R_4，如图 2-17 所示。各应变片初始阻值 $R_1 = R_2 = R_3 = R_4 = 350\ \Omega$。

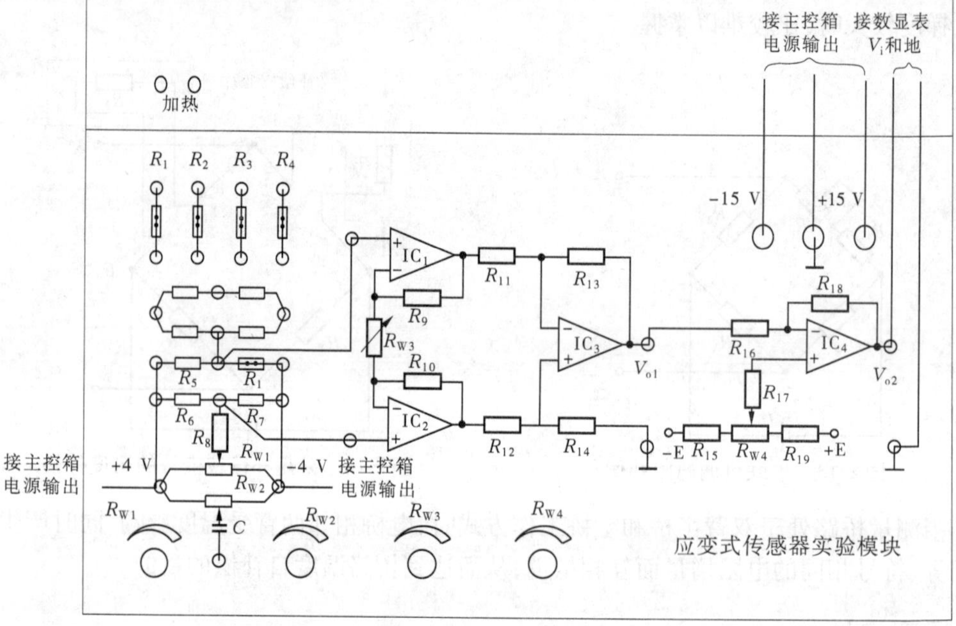

图 2-17　电子秤接线图

(2)差动放大器的调零。首先，将实验模块调节增益电位器 R_{W3} 顺时针到底，此时放大器增益最大。然后将差动放大器的正、负输入端相连并与地短接，输出端与主控台上的电压表输入端 V_i 相连。检查无误后从主控台上接入模块电源 ±15 V 以及地线。合上主控台电源开关，调节实验模块上的调零电位器 R_{W4}，使电压表显示为零(电压表的切换开关打到 2 V 挡)。关闭主控箱电源。(注意：R_{W4} 的位置一旦确定，就不能改变，直到任务完成)

(3)电桥调零。适当调小增益 R_{W3}(顺时针旋转 3 ~ 4 圈，电位器最大可顺时针旋转 5 圈)，按图 2-17 将应变式传感器的 4 个应变片(模块左上方的 R_1、R_2、R_3、R_4)接入电桥，接

上桥路电源 ±4 V(从主控箱引入)。同时,将模块左上方拨段开关拨至左边“直流”挡(直流挡和交流挡调零电阻阻值不同)。检查接线无误后,合上主控箱电源开关。调节电桥调零电位器 R_{W1},使数显表显示 0.000 V。

(4)将 10 只砝码全部置于传感器的托盘上,调节电位器 R_{W3}(增益即满量程调节),使数显表显示为 0.200 V(2 V 挡测量)或 -0.200 V。

(5)拿去托盘上的所有砝码,调节电位器 R_{W4}(零位调节),使数显表显示为 0.000 V 或 -0.000 V。

(6)重复(2)、(3)步骤的标定过程,直到精确,把电压量纲(V)改为质量量纲(g),就可称重,成为一台原始的电子秤。

(7)把砝码依次放在托盘上,填入表 2-2。

表 2-2　数据记录表

质量(g)								
电压(mV)								

【项目拓展】

任务四　应变式传感器的应用实例

电阻应变片除直接用于测量机械、仪器及工程结构等的应力、应变外,还常与某种形式的弹性敏感元件相配合专门制成各种应变式传感器,用来测量压力、扭矩、位移和加速度等物理量。

一、应变式测力与荷重传感器

电阻应变式传感器的最大用武之地是在称重和测力领域。这种测力传感器由应变计、弹性元件、测量电路等组成。根据弹性元件结构形式(柱形、筒形、环形、梁式、轮辐式等)和受载性质(拉、压、弯曲、剪切等)的不同,它们可分为许多种类。常见的应变式测力与荷重传感器有柱式、悬臂梁式、环式等,如图 2-18 所示。

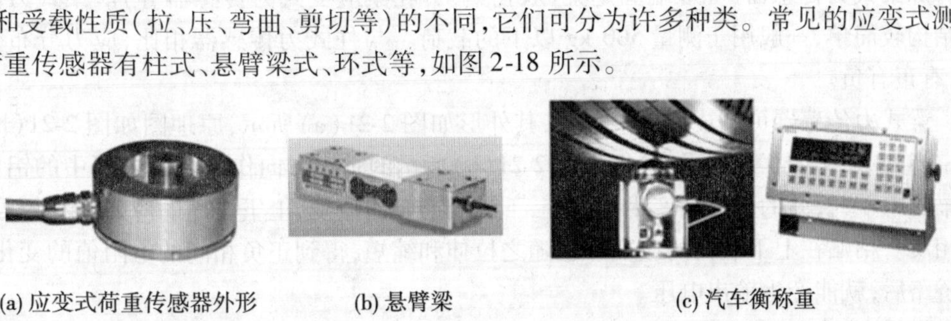

(a) 应变式荷重传感器外形　　(b) 悬臂梁　　(c) 汽车衡称重

图 2-18　应变式测力及荷重传感器实物图

(一)柱式力传感器

柱式力传感器,应变片粘贴在弹性体外壁应力分布均匀的中间部分,对称地粘贴多片,电桥连接时考虑减小载荷偏心和弯矩影响。横向贴片作温度补偿用。贴片在圆柱面上的展开位置及其在桥路中的连接如图 2-19 所示。柱式力传感器结构简单、紧凑,可承受很大载荷。用柱式力传感器可制成称重式料位计,如图 2-20 所示。

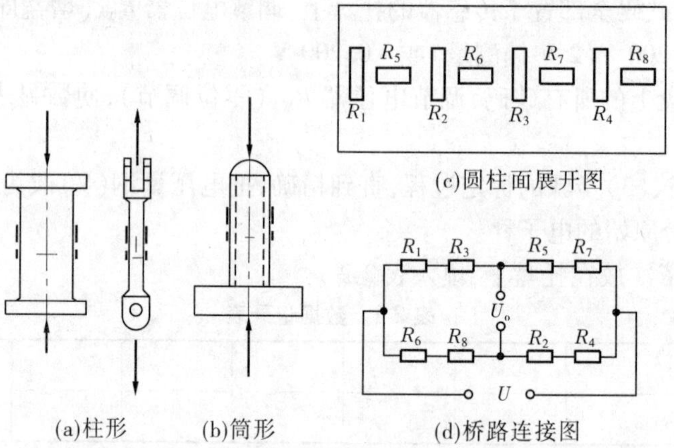

图 2-19　柱(筒)式力传感器

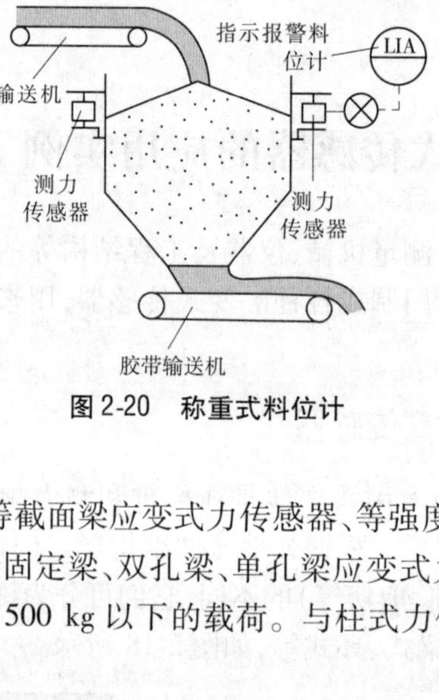

图 2-20　称重式料位计

(二)梁式力传感器

常用的梁式力传感器有等截面梁应变式力传感器、等强度梁应变式力传感器以及一些特殊梁式力传感器(如双端固定梁、双孔梁、单孔梁应变式力传感器等)。梁式力传感器结构较简单,一般用于测量 500 kg 以下的载荷。与柱式力传感器相比,应力分布变化大,有正有负。

梁式力传感器可制成称重电子秤,其外形如图 2-21(a)所示,原理图如图 2-21(b)所示。当力 F(例如苹果的重力)以如图 2-21(b)所示的垂直方向作用于电子秤中的铝质悬臂梁的末端时,梁的上表面产生拉应变,下表面产生压应变,上下表面的应变大小相等、符号相反。粘贴在上下表面的应变片也随之拉伸和缩短,得到正负相间的电阻值的变化,接入桥路后,就能产生输出电压。

二、压力传感器

压力传感器主要用于测量流体的压力。根据其弹性体的结构形式可分为单一式和组合式两种。如图 2-22 所示为筒式应变压力传感器。在流体压力 p 作用于筒体内壁时,筒

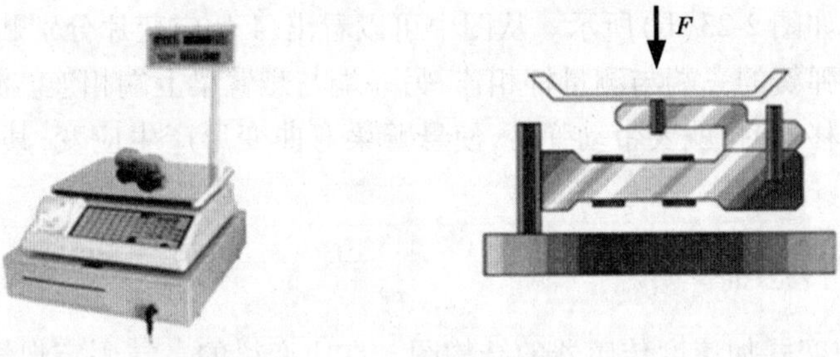

(a) 电子秤外形　　(b) 电子秤原理图

图 2-21　称重电子秤

体空心部分发生变形，产生周向应变 ε_i，测出 ε_i 即可算出压力 p。这种压力传感器结构简单，制造方便，常用于较大压力测量。

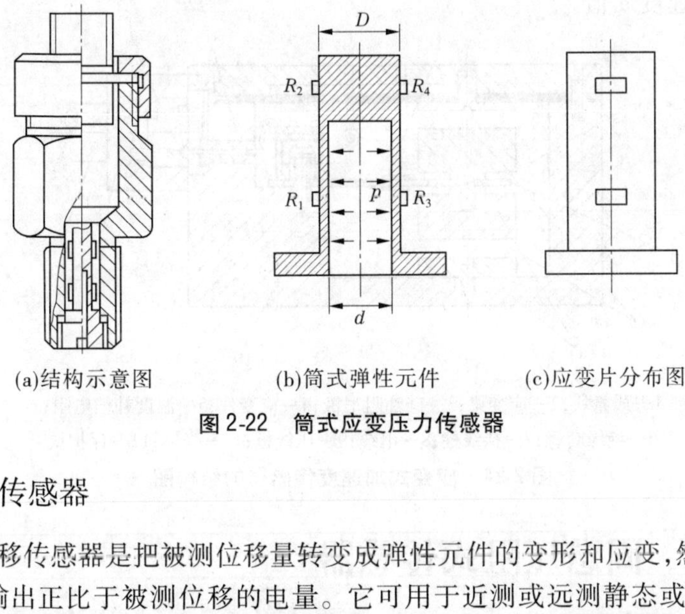

(a)结构示意图　　(b)筒式弹性元件　　(c)应变片分布图

图 2-22　筒式应变压力传感器

三、位移传感器

应变式位移传感器是把被测位移量转变成弹性元件的变形和应变，然后通过应变计和应变电桥，输出正比于被测位移的电量。它可用于近测或远测静态或动态的位移量。如图 2-23(a)所示为国产 YW 型应变式位移传感器的结构。由于这种传感器采用了悬臂梁－螺旋弹簧串联的组合结构，因此它适用于 10～100 mm 位移的测量。

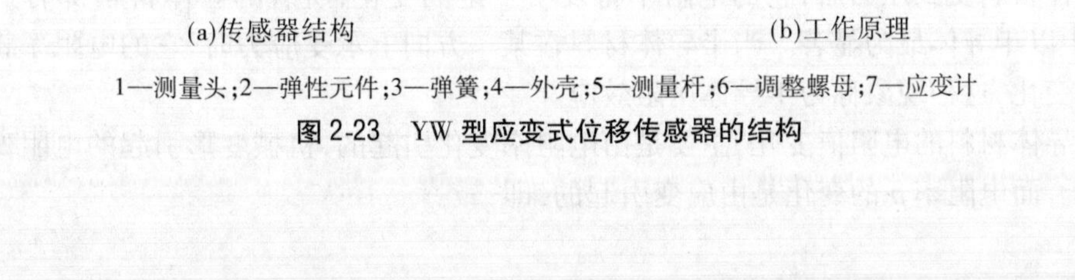

(a)传感器结构　　(b)工作原理

1—测量头；2—弹性元件；3—弹簧；4—外壳；5—测量杆；6—调整螺母；7—应变计

图 2-23　YW 型应变式位移传感器的结构

其工作原理如图 2-23(b)所示。从图中可以看出,4 片应变片分别贴在悬臂梁根部的正、反两面;拉伸弹簧的一端与测量杆相连,另一端与悬臂梁上端相连。测量时,当测量杆随被测件产生位移 d 时,就要带动弹簧,使悬臂梁弯曲变形产生应变;其弯曲应变量与位移量成线性关系。

四、加速度传感器

图 2-24 为应变式加速度传感器的结构图。在应变梁的一端固定惯性质量块,梁的上下粘贴应变片,传感器内腔充满硅油,以产生必要的阻尼。测量时,将传感器壳体与被测对象刚性连接,当被测对象以加速度 a 运动时,质量块受到一个与加速度方向相反的惯性力作用,使悬臂梁变形,该变形被粘贴在悬臂梁上的应变片感受到并随之产生应变,从而使应变片的电阻发生变化。电阻的变化引起应变片组成的桥路出现不平衡,从而输出电压,即可得出加速度 a 值。

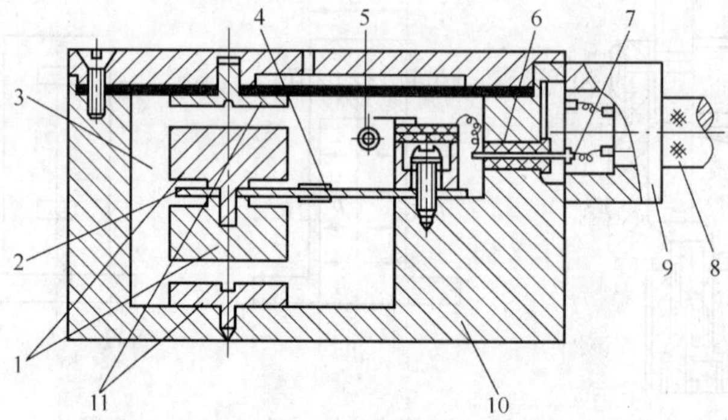

1—质量块;2—应变梁;3—硅油阻尼液;4—应变片;5—温度补偿电阻;
6—绝缘套管;7—接线柱;8—电缆;9—压线板;10—壳体;11—保护块

图 2-24　应变式加速度传感器的结构图

任务五　固态压阻式传感器

固态压阻式传感器是利用硅的压阻效应和集成电路技术制成的新型传感器。它具有灵敏度高、动态响应快、测量精度高、稳定性好、工作温度范围宽等特点,因此获得广泛的应用,而且发展非常迅速。同时由于它易于批量生产,能够方便地实现微型化、集成化,甚至可以在一块硅片上将传感器和计算机处理电路集成在一起,制成智能型传感器,因此这是一种具有发展前途的传感器。

一、半导体压阻效应

固体材料受到压力后,它的电阻率将发生一定的变化,所有的固体材料都有这个特点,其中以半导体最为显著。当半导体材料在某一方向上承受应力时,它的电阻率将发生显著的变化,这种现象称为半导体压阻效应。

半导体材料的电阻值变化,主要是由电阻率变化引起的,机械变形引起的电阻变化可以忽略。而电阻率 ρ 的变化是由应变引起的,即

$$\frac{\Delta R}{R} \approx \frac{\Delta \rho}{\rho} = \pi E \varepsilon = \pi \sigma \tag{2-20}$$

式中,π 为压阻系数。

用这种效应制成的电阻称为固态压敏电阻,也叫力敏电阻。用压敏电阻制成的器件有两种类型:一种是利用半导体材料制成粘贴式的应变片,它已在任务四中介绍过;另一种是在半导体的基片上用集成电路的工艺制成扩散型压敏电阻,用它作传感元件制成的传感器称为固态压阻式传感器,也叫扩散型压阻式传感器。

在弹性变形限度内,硅的压阻效应是可逆的,即在应力作用下硅的电阻发生变化,而当应力除去时,硅的电阻又恢复到原来的数值。硅的压阻效应因晶体的取向不同而不同,即对不同的晶轴方向其压阻系数不同。虽然半导体压敏电阻的灵敏系数比金属高很多,但有时还觉得不够高。因此,为了进一步增大灵敏度,压敏电阻常常扩散(安装)在薄的硅膜上,压力的作用先引起硅膜的形变,形变使压敏电阻承受应力,该应力比压力直接作用在压敏电阻上产生的应力要大得多,好像硅膜起了放大作用一样。

二、扩散型压阻式传感器

(一)扩散型压阻式压力传感器

压阻式压力传感器主要由外壳、硅杯、硅膜片和引线组成,其结构如图 2-25 所示。压阻式压力传感器的核心部分是一块圆形或方形的硅膜片。在硅膜片上,利用集成电路工艺制作了四个阻值相等的电阻。硅膜片的表面用 SiO_2 薄膜加以保护,并用铝质导线做全桥的引线;硅膜片底部被加工成中间薄(用于产生应变)、周边厚(起支撑作用)的形状,如图 2-25(b)、(c)所示。四个压敏电阻在膜片上的位置应满足两个条件:一是四个压敏电阻组成桥路的灵敏度最高,二是四个压敏电阻的灵敏系数相同。

硅杯在高温下用玻璃粘接剂粘贴在热胀冷缩系数相近的玻璃基板上。将硅杯和玻璃基板紧密地安装到壳体中,就制成了压阻式压力传感器,如图 2-25(a)所示。

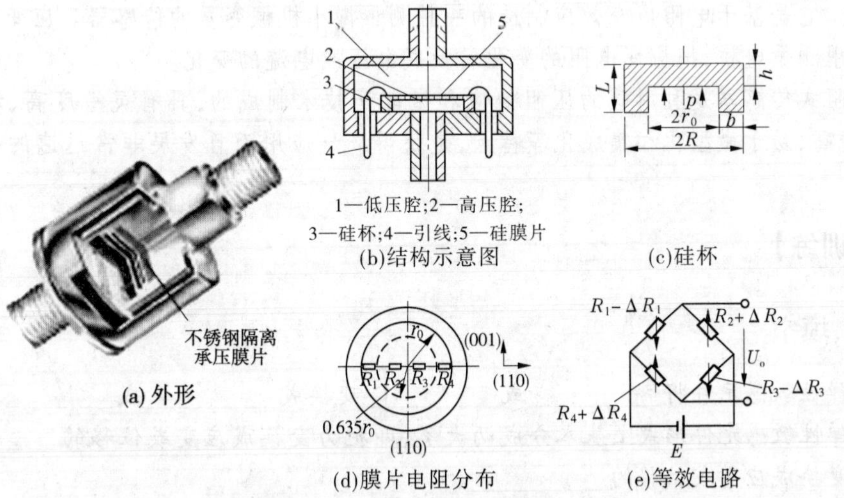

图 2-25　压阻式压力传感器

测量原理:在一块圆形的单晶硅膜片上, 布置四个扩散电阻, 组成一个全桥测量电路，如图 2-25(d)、(e)所示。膜片用一个圆形硅杯固定，将两个气腔隔开。一端接被测压力，为高压腔，另一端接参考压力，如图 2-25(b)所示。当存在压差时，膜片产生变形，使两对电阻的阻值发生变化，电桥失去平衡，其输出电压反映膜片承受的压差的大小。

压阻式压力传感器的主要优点有体积小、结构简单、动态响应好、灵敏度高、固有频率高、工作可靠、测量范围宽、重复性好等，能测出十几帕斯卡的微压。它是一种比较理想、目前发展和应用较为迅速的一种压力传感器，特别适合在中、低温度条件下的中、低压测量。

（二）压阻式加速度传感器

压阻式加速度传感器采用硅悬臂梁结构，在硅悬臂梁的自由端装有敏感质量块，在梁的根部，扩散四个性能一致的压敏电阻，四个压敏电阻连接成电桥，构成扩散硅压阻器件，见图 2-26。当悬臂梁自由端的质量块受到加速度作用时，悬臂梁受到弯矩的作用产生应力，该应力使扩散电阻阻值发生变化，使电桥产生不平衡，从而输出与外界的加速度成正比的电压值。

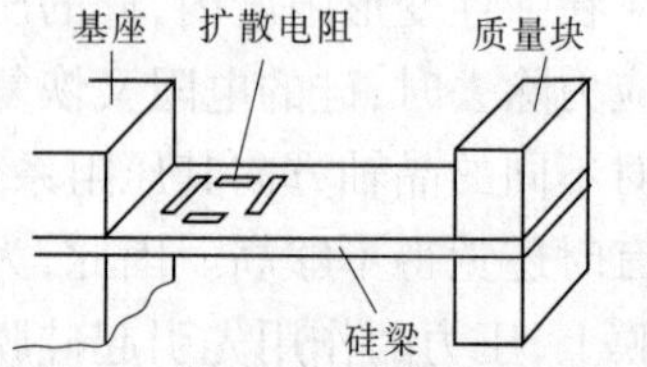

图 2-26　压阻式加速度传感器

在制作压阻式加速度传感器时，若恰当地选择尺寸和阻尼系数，可以用它测量低频加速度和直线加速度，这是它的一个优点。

由于固态压阻式传感器具有频率响应高、体积小、精度高、灵敏度高等优点，在航空、航海、石油、化工、动力机械、兵器工业以及医学等方面得到了广泛的应用。

【项目小结】

弹性敏感元件在传感器技术中占有极其重要的地位。它首先把力、力矩或压力转换成相应的应变或位移，然后配合各种形式的传感元件，将被测力、力矩或压力转换成电量。

应变式电阻传感器是目前用于测量力、力矩、压力、加速度、质量等参数最广泛的传感器之一。它是基于电阻应变效应制造的一种测量微小机械变量的传感器。应变式电阻传感器采用测量电桥，把应变电阻的变化转换成电压或电流的变化。

压阻式传感器是利用硅的压阻效应和微电子技术制成的，具有灵敏度高、动态响应好、精度高、易于微型化和集成化等特点，是获得广泛应用而且发展非常迅速的一种传感器。

【项目训练】

一、填空

1. 弹性敏感元件将__________或__________变换成__________或__________。

2. 弹性敏感元件形式上基本分成两大类，即把力变换成应变或位移的__________和把压力变换成应变或位移的__________。

3. 导体或半导体材料在外界力作用下产生机械变形，其__________发生变化的现象称为应变效应。

4. 按照敏感栅材料不同，应变片可分为__________和__________两种。

5. 金属应变片可分为__________、__________、__________三种。

6. 电桥电路可分为__________、__________、__________，属于差动工作方式的是__________和__________。

二、简答

1. 金属电阻应变片与半导体材料的电阻应变效应有什么不同？

2. 简述电阻式应变片的粘贴步骤。对于多个电阻式应变片的粘贴位置方向，应注意哪些问题？

三、计算

1. 采用阻值为 120 Ω、灵敏度系数 $K=2.0$ 的金属电阻应变片和阻值为 120 Ω 的固定电阻组成电桥，供桥电压为 4 V，并假定负载电阻无穷大。当应变片上的应变分别为 1 和 1 000 时，试求单臂、双臂和全桥工作时的输出电压，并比较三种情况下的灵敏度。

2. 如图 2-27 所示为一直流电桥，供电电源电动势 $E=3$ V，$R_3=R_4=100$ Ω，R_1 和 R_2 为同型号的电阻应变片，其电阻均为 50 Ω，灵敏度系数 $K=2.0$。两只应变片分别粘贴于等强度梁同一截面的正反两面。设等强度梁在受力后产生的应变为 5 000，试求此时电桥输出端电压 U_o。

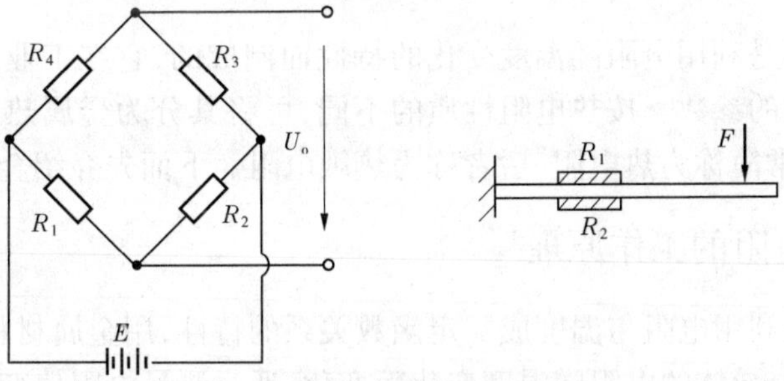

图 2-27　电路图

项目三　Pt100 热电阻测温传感器的安装与调试

【项目描述】

本项目要求安装与调试一台由 Pt100 热电阻构成的测温传感器。

热电阻用于测量时,要求其材料电阻温度系数大,稳定性好,电阻率高,电阻与温度之间最好成线性关系。常用铂热电阻和铜热电阻。

通过本项目的学习,掌握工业常用的温度检测方法,熟悉常用热电阻温度检测组件的基本组成、工作原理、安装和调试方法,掌握热电阻与显示仪表的连接方法,能够判断热电阻温度检测系统的简单故障。

【相关知识与技能】

任务一　热电阻传感器

热电阻传感器是利用电阻随温度变化的特性而制成的,它在工业上被广泛用于检测温度及与温度有关的参数。按热电阻性质的不同,可将其分为金属热电阻和半导体热电阻两大类,前者通常简称为热电阻,后者称为热敏电阻。下面先介绍金属热电阻传感器。

一、金属热电阻的工作原理

金属热电阻是利用电阻与温度成一定函数关系的特性,用金属材料制成的感温元件。当被测温度变化时,导体的电阻随温度变化而变化,通过测量电阻值变化的大小而得出温度变化的情况及数值大小,这就是热电阻测温的基本工作原理。

作为测温的热电阻应具有下列基本要求:电阻温度系数(温度每升高一摄氏度时,电阻增大的百分数,常用 α 表示)要大,以获得较高的灵感度;电阻率 ρ 要高,以便使元件尺寸小;电阻值随温度变化尽量成线性关系,以减小非线性误差;在测量范围内,物理、化学性能稳定;材料工艺性好、价格便宜等。

二、常用热电阻及特性

常用热电阻材料有铂、铜、铁和镍等,它们的电阻温度系数在 $(3\sim6)\times10^{-3}$ ℃$^{-1}$内,下面分别介绍它们的使用特性。

(一)铂热电阻

铂,银白色贵金属,Ⅷ族,原子序数 78,熔点 1 772 ℃,沸点 3 827 ℃,又称白金,是目前公认的制造热电阻的最好材料。它性能稳定,重复性好,测量精度高,其电阻值与温度之间有很近似的线性关系。缺点是电阻温度系数小，价格较高。铂热电阻主要用于制作标准电阻温度计，其测量范围一般为 -200 ~ +850 ℃。其结构如图 3-1 所示。

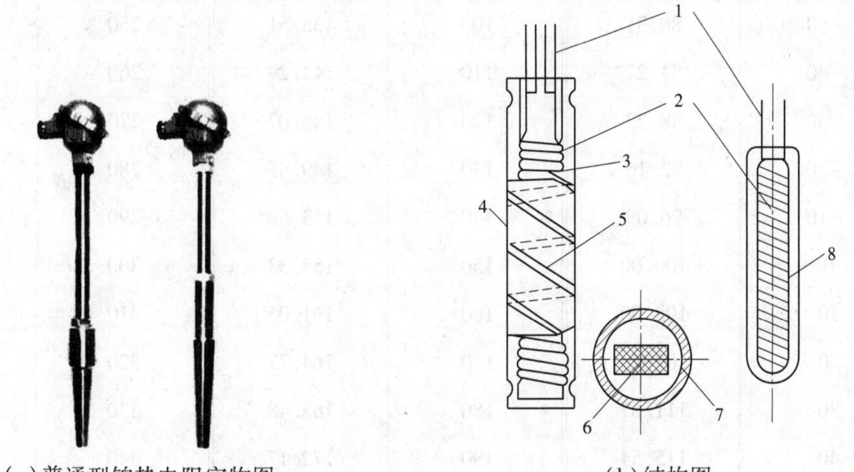

（a）普通型铂热电阻实物图　　（b）结构图

1—银引出线；2—铂丝；3—锯齿形云母骨架；4—保护用云母片；

5—银绑带；6—铂电阻横断面的阻；7—保护套管；8—石英骨架

图 3-1　铂热电阻的构造

当温度 t 在 -200 ~ 0 ℃时，铂的电阻值与温度的关系可表示为

$$R_t = R_0[1 + At + Bt^2 + C(t - 100)t^3] \tag{3-1}$$

当温度 t 在 0 ~ 850 ℃时，铂的电阻值与温度的关系为

$$R_t = R_0(1 + At + Bt^2) \tag{3-2}$$

式中　R_0——温度为 0 ℃时的电阻值，Ω；

R_t——温度为 t ℃时的电阻值，Ω；

A——常数，取 $3.968\ 47 \times 10^{-3}$ ℃$^{-1}$；

B——常数，取 -5.847×10^{-7} ℃$^{-2}$；

C——常数，取 -4.22×10^{-12} ℃$^{-4}$。

由式(3-1)和式(3-2)可知，热电阻 R_t 不仅与 t 有关，还与其在 0 ℃时的电阻值 R_0 有关，即在同样温度下，R_0 取值不同，R_t 的值也不同。目前国内统一设计的工业用铂热电阻的 R_0 值有 46 Ω 和 100 Ω 等几种，并将 R_0 与 t 相应关系列成表格形式，称为分度表，如表 3-1所示。上述两种铂热电阻的分度号分别用 BA1 和 BA2 表示，使用分度表时，只要知道热电阻 R_t 值，便可查得对应温度值。目前工业用铂热电阻分度号为 Pt10 和 Pt100，后者更常用。

（二）铜热电阻

铜热电阻的特点是价格便宜（而铂是贵重金属），纯度高，重复性好，电阻温度系数大，$\alpha = (4.25 \sim 4.28) \times 10^{-3}$ ℃$^{-1}$（铂的电阻温度系数在 0 ~ 100 ℃的平均值为 3.9×10^{-3} ℃$^{-1}$），其测温范围为 -50 ~ +150 ℃，当温度再高时，裸铜就氧化了。

表 3-1 铂热电阻分度表

工作端温度(℃)	Pt100(Ω)	工作端温度(℃)	Pt100(Ω)	工作端温度(℃)	Pt100(Ω)
-50	80.31	100	138.51	250	194.10
-40	84.27	110	142.29	260	197.71
-30	88.22	120	146.07	270	201.31
-20	92.16	130	149.83	280	204.90
-10	96.09	140	153.58	290	208.48
0	100.00	150	157.33	300	212.05
10	103.90	160	161.05	310	215.61
20	107.79	170	164.77	320	219.15
30	111.67	180	168.48	330	222.68
40	115.54	190	172.17	340	226.21
50	119.40	200	175.86	350	229.72
60	123.24	210	179.53	360	233.21
70	127.08	220	183.19	370	236.70
80	139.90	230	186.84	380	240.18
90	134.71	240	190.47	390	243.64

在上述测温范围内,铜的电阻值与温度成线性关系,可表示为

$$R_t = R_0(1 + \alpha t) \tag{3-3}$$

铜热电阻的主要缺点是电阻率小(仅为铂的一半左右),所以制成一定电阻时与铂材料相比,铜热电阻要细,造成机械强度不高,或要长则体积较大,而且铜热电阻容易氧化,测温范围小。因此,铜热电阻常用于介质温度不高、腐蚀性不强、测温元件体积不受限制的场合。铜热电阻的 R_0 值有 50 Ω 和 100 Ω 两种,分度号分别为 Cu50、Cu100。

(三)其他热电阻

除铂热电阻和铜热电阻外,还有镍和铁材料的热电阻。镍和铁的电阻温度系数大,电阻率高,可用于制成体积大、灵敏度高的热电阻。但由于容易氧化,化学稳定性差,不易提纯,重复性和线性度差,目前应用还不多。

近年来在低温和超低温测量方面,开始采用一些较为新颖的热电阻,例如铑铁热电阻、铟热电阻、锰热电阻、碳热电阻等。铑铁热电阻是用含 0.5% 铑原子的铑铁合金丝制成的,常用于测量 0.3 ~20 K 内的温度,具有较高的灵敏度和稳定性、重复性较好等优点。铟热电阻是一种高精度低温热电阻,铟的熔点约为 429 K,在 4.2 ~15 K 温域内其灵敏度比铂高 10 倍,故可用于铂热电阻不能使用的测温范围。

三、热电阻的测量电路

最常用的热电阻测温电路是电桥电路，如图 3-2 所示。图中 R_1、R_2、R_3 和 R_t（或 R_q、R_M）组成电桥的四个桥臂，其中 R_t 是热电阻，R_q 和 R_M 分别是调零和调满刻度的调整电阻（电位器）。测量时先将 S 扳到"1"位置，调节 R_q 使仪表指示为零，然后将 S 扳到"3"位置，调节 R_M 使仪表指示到满刻度，作这种调整后再将 S 扳到"2"位置，则可进行正常测量。由于热电阻本身电阻值较小（通常为 100 Ω 以内），而热电阻安装处（测温点）距仪表之间总有一定距离，则其连接导线的电阻也会因环境温度的变化而变化，从而造成测量误差。为了消除导线电阻的影响，一般采用三线制连接法，如图 3-3 所示。图 3-3(a)的热电阻有三根引出线，而图 3-3(b)的热电阻只有两根引出线，但都采用了三线制连接法。采用三线制连接法时，引线的电阻分别接到相邻桥臂上且电阻温度系数相同，因而温度变化时引起的电阻变化亦相同，使引线电阻变化产生的附加误差减小。

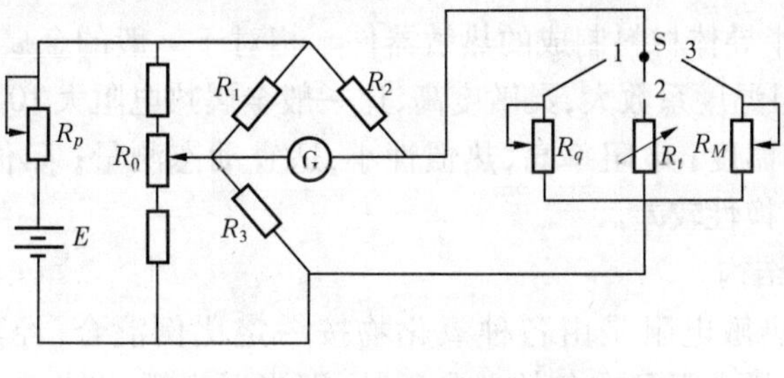

图 3-2　热电阻安装测温电路

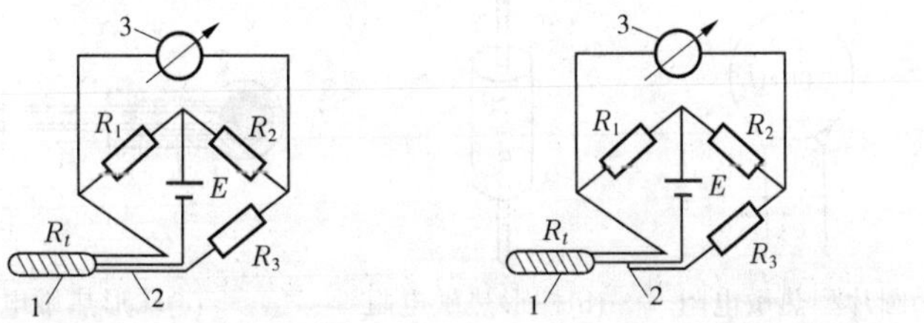

(a)三根引出线的三线制连接法　(b)两根引出线的三线制连接法

1—电阻体；2—引出线；3—显示仪表

图 3-3　热电阻三线制连接法测量桥路

在进行精密测量时，常采用四线制连接法，如图 3-4 所示。由图可知，调零电阻 R_q 分为两部分，分别接在两个桥臂上，其接触电阻与检流计 G 串联，接触电阻的不稳定不会影响电桥的平衡和正常工作状态，其测量电路常配用双电桥或电位差计。

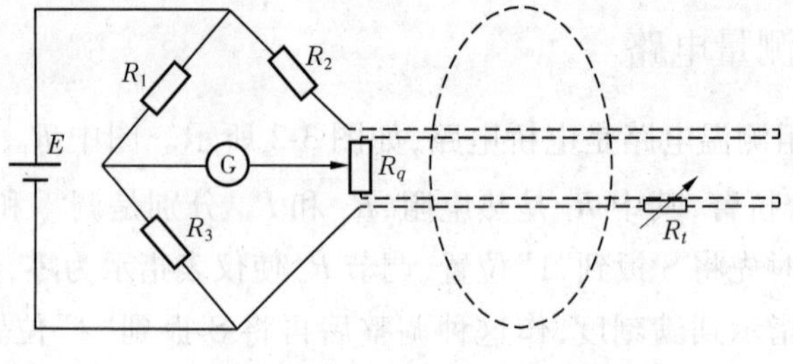

图 3-4　热电阻测温电路的四线制连接法

任务二　半导体热敏电阻和集成温度传感器

一、热敏电阻传感器

热敏电阻是用半导体材料制成的热敏器件。相对于一般的金属热电阻而言，它主要具备以下特点：电阻温度系数大，灵敏度高，比一般金属热电阻大 10 ~ 100 倍；结构简单，体积小，可以测量点温度；电阻率高，热惯性小，适宜动态测量；阻值与温度变化成非线性关系；稳定性和互换性较差。

（一）热敏电阻结构

大部分半导体热敏电阻是由各种氧化物按一定比例混合，经高温烧结而成的，如图 3-5所示。多数热敏电阻具有负的温度系数，即当温度升高时，其电阻值下降，同时灵敏度也下降。这个因素限制了它在高温下的使用。

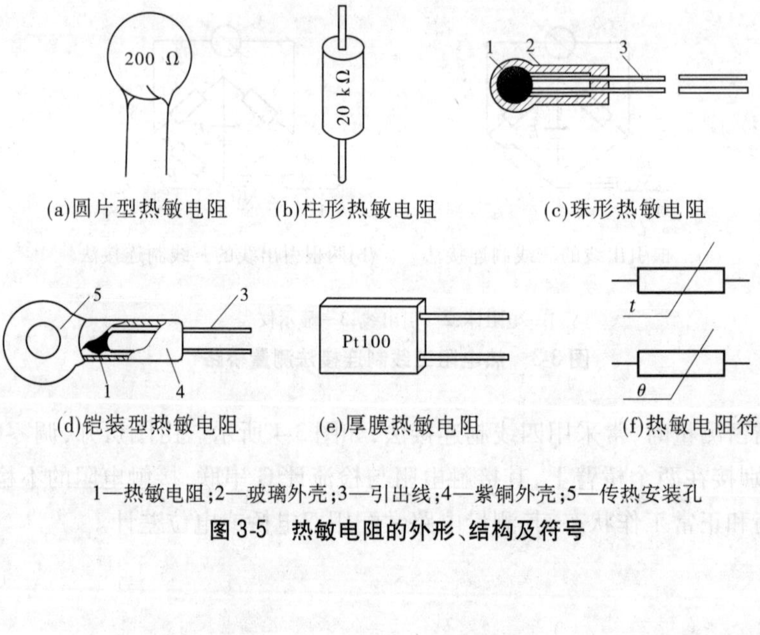

1—热敏电阻；2—玻璃外壳；3—引出线；4—紫铜外壳；5—传热安装孔

图 3-5　热敏电阻的外形、结构及符号

（二）热敏电阻的热电特性

热敏电阻是一种新型的半导体测温元件，它是利用半导体的电阻随温度变化的特性而制成的测温元件。按温度系数不同可分为正温度系数热敏电阻（PTC）和负温度系数热敏电阻（NTC）两种。NTC 又可分为两大类：第一类为负指数型，电阻值与温度之间成严格的负指数关系；第二类为突变型（CTR），当温度上升到某临界点时，其电阻值突然下降。PTC 分为正指数型和突变型（CTR）。热敏电阻的热电特性曲线如图 3-6所示。

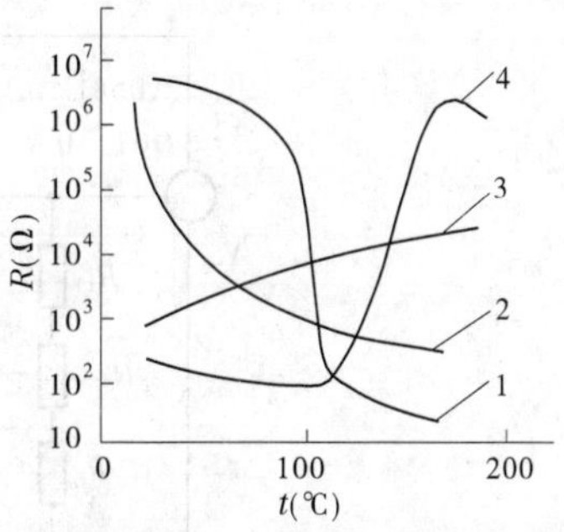

1—突变型 NTC；2—负指数型 NTC；
3—正指数型 PTC；4—突变型 PTC

图 3-6　热敏电阻的热电特性曲线

二、集成温度传感器

集成温度传感器就是在一块极小的半导体芯片上集成了包括敏感器件、信号放大电路、温度补偿电路、基准电源电路等在内的各个单元，它使传感器与集成电路融为一体。集成温度传感器的输出形式有电压型和电流型两种。

（一）AD590 系列集成温度传感器

AD590（美国 AD 公司生产）是电流输出型集成温度传感器，结构外形和电路符号如图 3-7 所示。器件电源电压 4 ~ 30 V，测温范围为 -55 ~ +150 ℃。国内同类产品有 SG590。AD590 伏安特性和温度特性曲线如图 3-8 所示。由 AD590 做成的可变温度控制电路如图 3-9 所示。此工作过程比较简单，读者可自行分析。

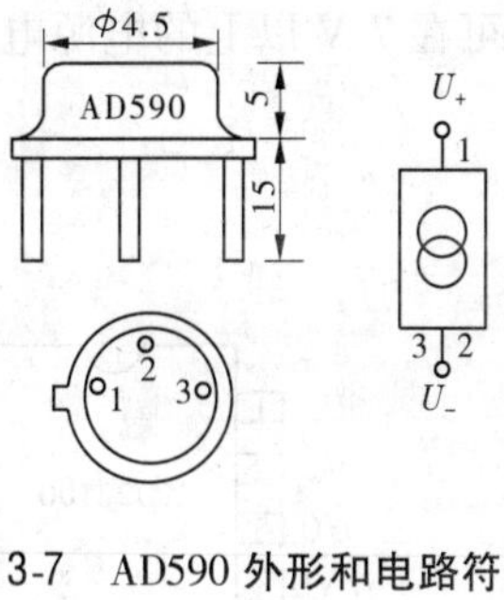

图 3-7　AD590 外形和电路符号

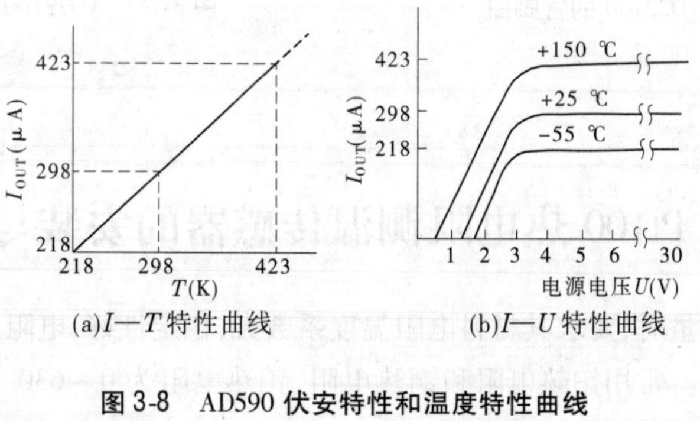

(a) I—T 特性曲线　　(b) I—U 特性曲线

图 3-8　AD590 伏安特性和温度特性曲线

（二）AD22100 集成温度传感器

AD22100 是美国 AD 公司生产的一种电压型单片式温度传感器，其管脚图如图 3-10 所示。U_+ 电源输入端，一般为 +5 V；*GND* 为接地端；*NC* 管脚在使用时连接在一起，并悬空；U_o 为电压输出端。图 3-11 为 AD22100 的应用电路。这种温度传感器的特点是灵敏

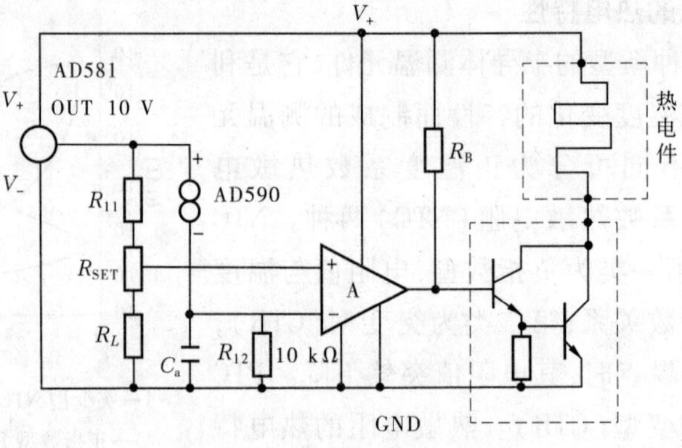

图 3-9　可变温度控制电路

度高、响应快、线性度好，工作温度范围为 -50 ~ +150 ℃。

此外，还有一些其他类型的国产集成温度传感器，如 SL134M 集成温度传感器，是一种电流型三端器件，它是利用晶体管的电流密度差来工作的；SL616ET 集成温度传感器，是一种电压输出型四端器件，由基准电压、温度传感器、运算放大器三部分电路组成，整个电路可在 7 V 以上的电源电压范围内工作。

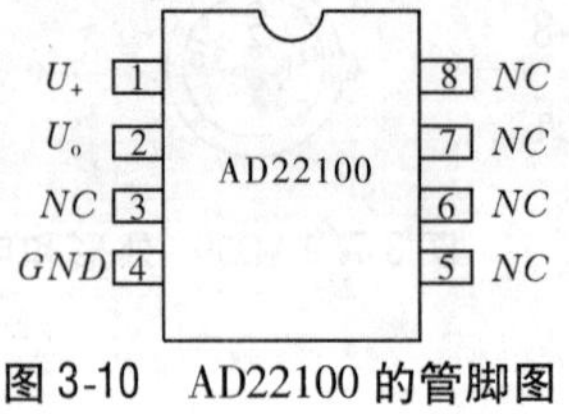

图 3-10　AD22100 的管脚图

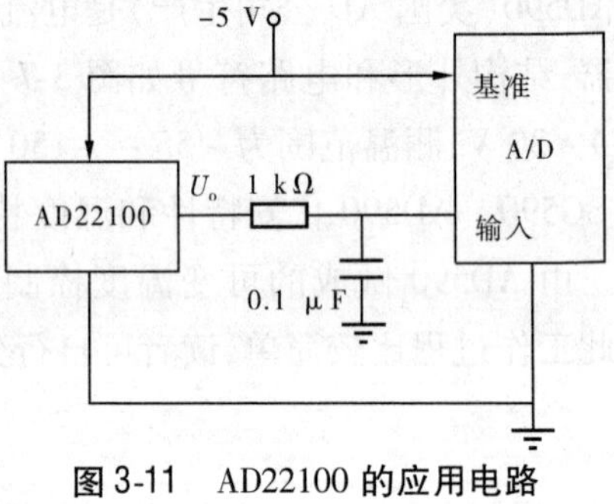

图 3-11　AD22100 的应用电路

【项目实施】

任务三　Pt100 热电阻测温传感器的安装与调试

热电阻用于测量时，要求其材料电阻温度系数大，稳定性好，电阻率高，电阻与温度之间最好成线性关系。常用铂热电阻和铜热电阻，铂热电阻为 0 ~ 630.74 ℃，电阻 R_t 与温度 t 的关系为

$$R_t = R_0(1 + At + Bt^2)$$

R_0 是温度为 0 ℃ 时的铂热电阻的电阻值。本实验 R_0 = 100 ℃，$A = 3.908\ 02 \times 10^{-3}$ ℃$^{-1}$，$B = -5.080\ 195 \times 10^{-7}$ ℃$^{-2}$。铂热电阻现是三线连接，其中一端接两根引线，主要是为了消除引线电阻对测量的影响。

通过本任务的学习使大家进一步了解热电阻的特性与应用。

本任务需用的器件与单元有 K 型热电偶、Pt100 热电阻、数显单元(主控台电压表)、万用表(自备)、直流稳压电源(±15 V 和 +2 V),如图 3-12 所示。

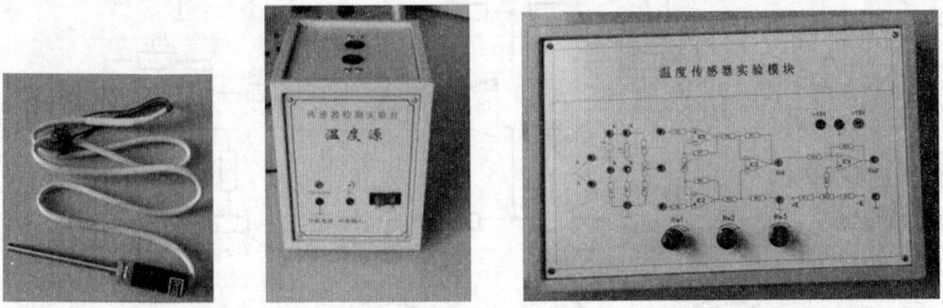

(a)Pt100 热电阻　(b) 专用温度源　(c) 温度传感器实验模块

图 3-12　需用的器件与单元

安装与调试步骤如下所述:

(1)差动电路调零。首先对温度传感器实验模块的三运放测量电路和后续的反相放大电路调零。具体方法是:把 R_5 和 R_6 的两个输入点短接并接地,然后调节 R_{W2} 使 V_{o1} 的输出电压为零,再调节 R_{W3},使 V_{o2} 的输出电压为零,此后不再调节 R_{W2} 和 R_{W3}。

(2)温控仪表的使用。首先根据温控仪表型号,仔细阅读温控仪表操作说明,学会基本参数设定(出厂时已设定完毕)。

(3)热电偶的安装。主控台温度控制单元中“加热”和“冷却”选择控制方式均为“内控”方式,同时将温度源的加热插头插入主控箱加热输出插座中,将 K 型热电偶温度感应探头插入“温度源”的上方两个传感器放置孔中的一个。将 K 型热电偶自由端引线插入主控台温度控制单元中热电偶传感器输入端子插孔,红线为正极。同时将传感器选择波段开关拨至“热电偶”(此时温度智能控制仪表的传感器输入类型参数“Sn”对应“0”,“0”代表当输入传感器为 K 型热电偶时智能控制仪显示正确的温度值)。

(4)温度源中“冷却输入”与主控箱中“冷却开关”连接,同时“风机电源”和主控箱中“+2 ~ +24 V”电源输出连接(此时电源旋钮打到最大值位置),同时打开温度源开关。

(5)将 Pt100 铂热电阻三根引线引入“Rt”输入的 a、b 上:用万用表欧姆挡测出 Pt100 三根引线中短接的两根线(蓝色和黑色)接 b 端,红色接 a 端。这样 Rt(Pt100)与 R_3、R_1、R_{W1}、R_4 组成直流电桥,是一种单臂电桥工作形式。R_{W1} 中心活动点与 R_6 相接,见图 3-13。

(6)测量记录。合上内控选择开关(“加热方式”和“冷却方式”均打到“内控”方式),设定温度控制值为 40 ℃,当温度控制在 40 ℃时开始记录电压表读数,重新设定温度值为 40 ℃ $+n\Delta t$,建议 $\Delta t=5$ ℃,$n=1$、2、…、7,到 75 ℃每隔 $1n$ 读出数显表输出电压与温度值。待温度稳定后记下数显表上的读数(若在某个温度设定值点的电压值有上下波动现象,则是由于控制温度在设定值的 +1 ℃范围波动的结果,这样可以记录波动时传感器信号变换模块对应输出的电压最小值和最大值,取其中间数值填入表 3-2。

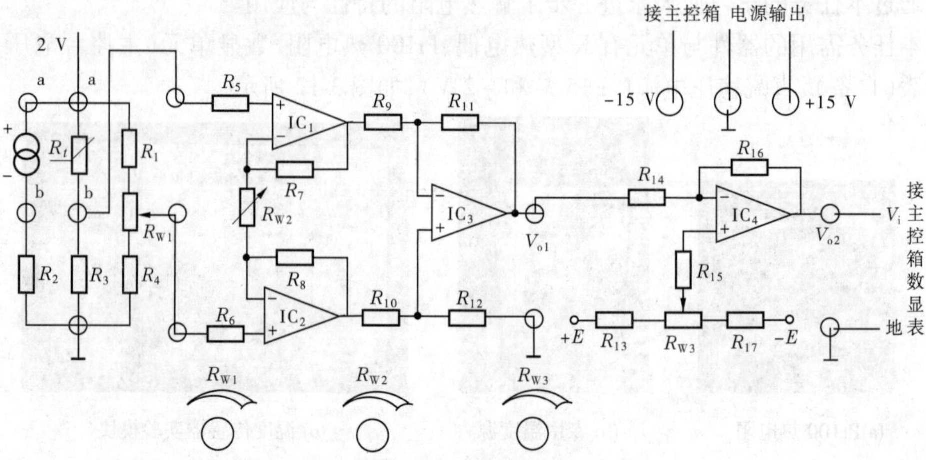

图 3-13　电路接线图

表 3-2　数据记录表

T(℃)									
U(mV)									

(7)根据数据结果，计算 $\Delta t = 5$ ℃时，Pt100 热电阻传感器对应变换电路输出的 ΔU 数值是否接近。

【项目拓展】

任务四　热电阻的应用

一、金属热电阻的应用

在工业上广泛应用金属热电阻传感器作为 −200 ~ +500 ℃范围内的温度测量，在特殊情况下，测量的低温端可达 3.4 K，甚至更低(1 K 左右)，高温端可达 1 000 ℃，甚至更高，而且测量电路也较为简单。金属热电阻传感器作温度测量的主要特点是精度高，适用于测低温(测高温时常用热电偶传感器)，便于远距离、多点、集中测量和自动控制。

(一)温度测量

利用热电阻的高灵敏度进行液体、气体、固体、固熔体等方面的温度测量，是热电阻的主要应用。工业测量中常用三线制连接法，标准或实验室精密测量中常用四线制连接法。这样不仅可以消除连接导线电阻的影响，而且可以消除测量电路中寄生电势引起的误差。在测量过程中需要注意的是，流过热电阻丝的电流不要过大，否则会产生过大的热量，影响测量精度。图 3-14 为热电阻的测量电路图。

(二)流量测量

利用热电阻上的热量消耗和介质流速的关系还可以测量流量、流速、风速等。图 3-15

就是利用铂热电阻测量气体流量的一个例子。图中热电阻探头 R_{t1} 放置在气体流路中央位置，它所耗散的热量与被测介质的平均流速成正比；另一热电阻 R_{t2} 放置在不受流动气体干扰的平静小室中，它们分别接在电桥的两个相邻桥臂上。测量电路在流体静止时处于平衡状态，桥路输出为零。当气体流动时，介质会将热量带走，从而使 R_{t1} 和 R_{t2} 的散热情况不一样，致使 R_{t1} 的阻值发生相应的变化，电桥失去平衡，产生一个与流量变化相对应的不平衡信号，并由检流计 P 显示出来，检流计的刻度值可以做成气体流量的相应数值。

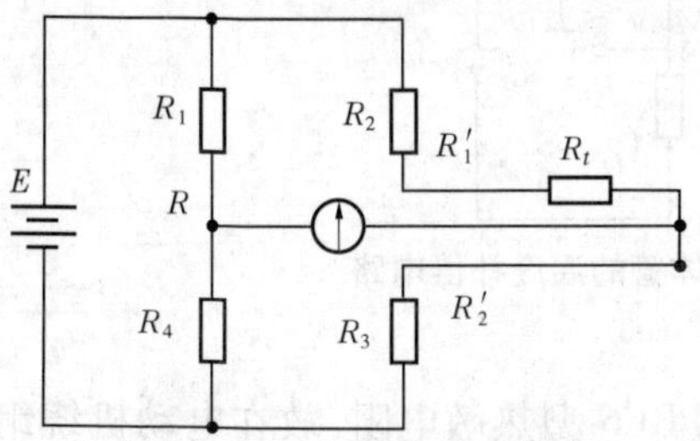

图 3-14 热电阻的测量电路

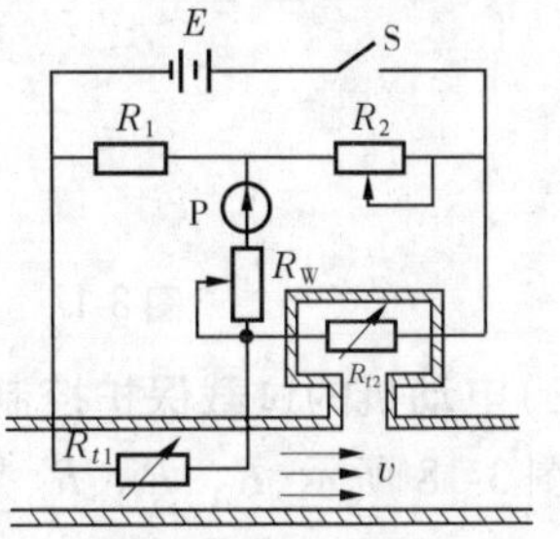

图 3-15 热电阻式流量计电路原理图

二、热敏电阻的应用

热敏电阻用途广泛，可以用作温度测量元件，还可以用于温度控制、温度补偿、过载保护等。一般正温度系数的热敏电阻主要用作温度测量，负温度系数的热敏电阻常用作温度控制与补偿，突变型（CTR）主要用作开关元件，组成温控开关电路。

（一）电加热器温度控制

利用热敏电阻作为测量元件可组成温度自动控制系统。图 3-16 是温度自动控制电加热器电路原理图。图中接在测温点附近（电加热器 R）的热敏电阻 R_t 作为差动放大器（VT_1、VT_2 组成）的偏置电阻。当温度变化时，R_t 的值亦变化，引起 VT_1 集电极电流的变化，经二极管 VD_2 引起电容 C 充电速度的变化，从而使单结晶体管 VJT 的输出脉冲移相，改变了晶闸管 V 的导通角，调整了加热电阻丝 R 的电源电压，达到了温度自动控制的目的。

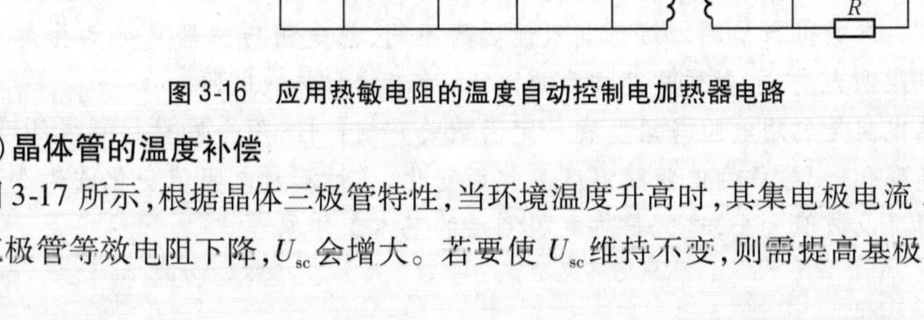

图 3-16 应用热敏电阻的温度自动控制电加热器电路

（二）晶体管的温度补偿

如图 3-17 所示，根据晶体三极管特性，当环境温度升高时，其集电极电流 I_C 上升，这等效于三极管等效电阻下降，U_{sc} 会增大。若要使 U_{sc} 维持不变，则需提高基极 b 点电位，减少三极管基流。为此选择负温度系数的热敏电阻 R_t，从而使基极电位提高，达到补偿目的。

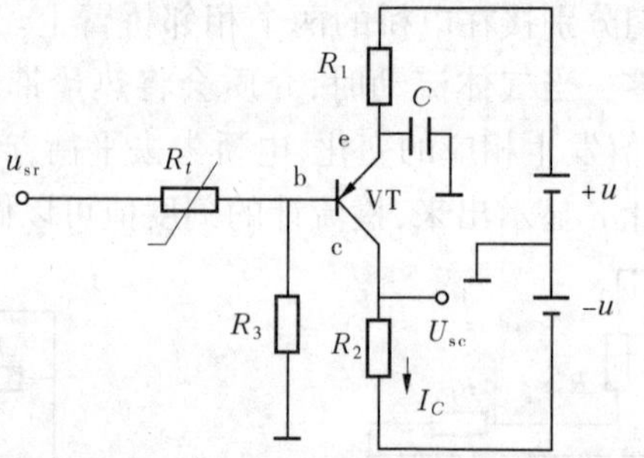

图 3-17　热敏电阻用于晶体管的温度补偿电路

（三）电动机的过载保护控制

如图 3-18 所示，R_{t1}、R_{t2}、R_{t3} 是特性相同的 PRC6 型热敏电阻，放在电动机绕组中，用万能胶固定。阻值在 20 ℃时为 10 kΩ，100 ℃时为 1 kΩ，110 ℃时为 0.6 kΩ。正常运行时，三极管 BG 截止，KA 不动作。当电动机过载、断相或一相接地时，电动机温度急剧升高，使 R_t 阻值急剧减小，到一定值时，BG 导通，KA 得电吸合，从而实现保护作用。根据电动机各种绝缘等级的允许温升来调节偏流电阻 R_2 值，从而确定 BG 的动作点，其效果好于熔丝及双金属片热继电器。

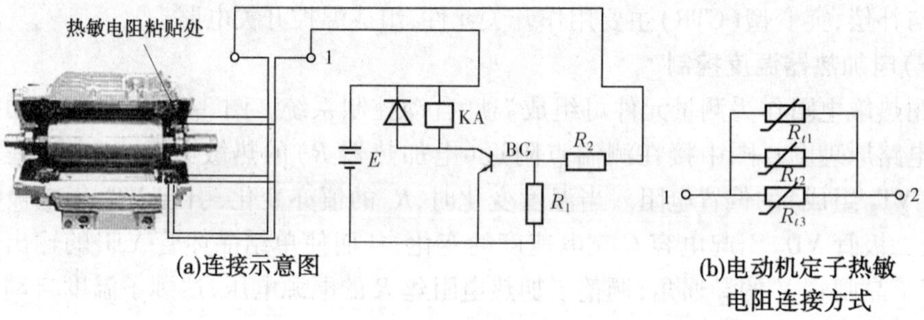

图 3-18　热敏电阻构成的电动机过载保护电路图

【项目小结】

电阻式传感器是一种应用较早的电参数传感器，它的种类繁多，应用十分广泛，其基本原理是将被测物理量的变化转换成与之有对应关系的电阻值的变化，再经过相应的测量电路转换成电压或电流量，反映被测物理量的变化。

热电阻传感器是利用电阻随温度变化的特性而制成的，它在工业上被广泛用来对温度和温度有关参数进行检测。按热电阻性质的不同，热电阻传感器可分为金属热电阻和半导体热电阻两大类，前者通常简称为热电阻，后者称为热敏电阻。

金属热电阻是利用电阻与温度成一定函数关系的特性，用金属材料制成的感温元件。当被测温度变化时，导体的电阻随温度变化而变化，通过测量电阻值变化的大小而得出温度变化的情况及数值大小，这就是热电阻测温的基本工作原理。

热敏电阻是用半导体材料制成的热敏器件。相对于一般的金属热电阻而言，它主要具备以下特点：电阻温度系数大，灵敏度高，比一般金属电阻大 10～100 倍；结构简单，体积小，可以测量点温度；电阻率高，热惯性小，适宜动态测量；阻值与温度变化成非线性关系；稳定性和互换性较差。

【项目训练】

一、填空

1. 按热电阻性质不同可分为__________和__________两大类，前者通常称为__________，后者称为__________。

2. 目前广泛应用的热电阻材料是__________和__________。

3. 热敏电阻是近几年来出现的一种新型__________测温元件。

4. 热敏电阻一般按温度系数可分为__________和__________。

5. AD590(美国 AD 公司生产)是__________输出型集成温度传感器。

6. AD22100 是美国 AD 公司生产的一种__________输出型单片式温度传感器。

二、简答

1. 热电阻测量时采用哪种测量电路？为什么要采用这种测量电路？说明这种电路的工作原理。

2. 图 3-19 给出了一种测温电路。其中，R_t 是感温电阻，$R_t = R_0(1+0.005t)$；R_B 为可调电阻；E 为工作电压。问：

(1) 这是什么测温电路？主要特点是什么？

(2) 电路中的 G 代表什么？如果要提高测温灵敏度，G 的内阻取大些好，还是小些好？

(3) 基于该电路的工作原理，说明调节电阻 R_B 随温度变化的关系。

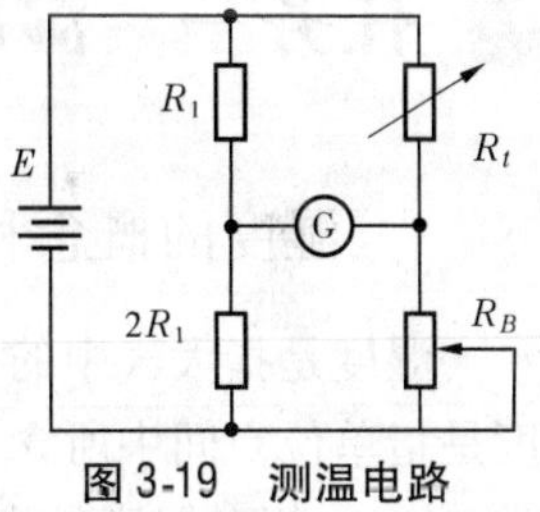

图 3-19　测温电路

3. 热敏电阻温度面板表如图 3-20 所示，请简述其工作原理。

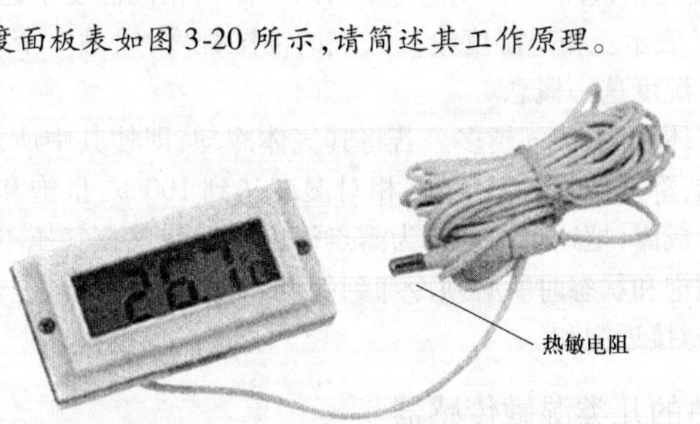

图 3-20　ZHL338 型数字温度计

项目四 湿敏电阻传感器的调试

【项目描述】

本项目调试一台湿敏电阻传感器。

湿敏元件是最简单的湿度传感器。湿敏元件主要有电阻式、电容式两大类。湿敏电阻的特点是在基片上覆盖一层用感湿材料制成的膜,当空气中的水蒸气吸附在感湿膜上时,元件的电阻率和电阻值都会发生变化,利用这一特性即可测量湿度。湿敏电容一般是用高分子薄膜电容制成的,常用的高分子材料有聚苯乙烯、聚酰亚胺、酪酸醋酸纤维等。当环境湿度发生改变时,湿敏电容的介电常数发生变化,使其电容量也发生变化,其电容变化量与相对湿度成正比。

通过本项目的学习,使大家能正确选择和调试湿敏电阻和气敏电阻传感器。

【相关知识与技能】

任务一 湿敏电阻传感器

一、湿度的概念和表示方法

湿度是指大气中的水蒸气含量,通常采用绝对湿度、相对湿度、露点等表示。绝对湿度是指单位空间中所含水蒸气的绝对含量或者浓度或者密度,一般用符号 AH 表示,单位为 g/m^3。相对湿度是指被测气体中蒸气压和该气体在相同温度下饱和水蒸气压的百分比,一般用符号 RH 表示。相对湿度给出大气的潮湿程度,它是一个无量纲的量,在实际使用中多使用相对湿度这一概念。

温度越高的气体,含水蒸气越多。若将其气体冷却,即使其中所含水蒸气量不变,相对湿度将逐渐增加,降低到某一温度时,相对湿度达到 100%,呈饱和状态,再冷却时,蒸气的一部分凝集生成露,把这个温度称为露点温度。即空气在气压不变的情况下为了使其所含水蒸气达到饱和状态时所必须冷却到的温度,称为露点温度。气温和露点温度的差越小,表示空气越接近饱和。

二、比较成熟的几类湿敏传感器

水是一种强极性的电解质。水分子极易吸附于固体表面并渗透到固体内部,引起半导体的电阻值降低,因此可以利用多孔陶瓷、三氧化二铝等吸湿材料制作湿敏电阻。

常用的湿敏电阻传感器主要有金属氧化物陶瓷湿敏电阻式传感器、金属氧化物膜型湿敏电阻式传感器、高分子材料湿敏电阻式传感器等。下面介绍一些至今发展比较成熟的几类湿敏电阻传感器。

(一)氯化锂湿敏电阻

氯化锂湿敏电阻是利用吸湿性盐类潮解,离子导电率发生变化而制成的测湿元件,该元件的结构如图4-1所示,由引线、基片、感湿层与电极组成。

氯化锂通常与聚乙烯醇组成混合体,在氯化锂(LiCl)溶液中,Li和Cl均以正负离子的形式存在,而Li^+对水分子的吸引力强,离子水合程度高,其溶液中的离子导电能力与浓度成正比。当溶液置于一定温湿场中,若环境相对湿度高,溶液将吸收水分,使浓度降低,因此其溶液电阻率增高;反之,环境相对湿度变低时,则溶液浓度升高,其电阻率下降,从而实现对湿度的测量。氯化锂湿敏元件的湿度—电阻特性曲线如图4-2所示。

由图4-2可知,在50%~80%相对湿度范围内,电阻与湿度的变化成线性关系。为了扩大湿度测量的线性范围,可以将多个氯化锂含量不同的器件组合使用,如将测量范围分别为(10%~20%)*RH*,(20%~40%)*RH*,(40%~70%)*RH*,(70%~90%)*RH*和(80%~99%)*RH*五种元件配合使用,就可自动地转换完成整个湿度范围的湿度测量。

1—引线;2—基片;3—感湿层;4—金属电极

图4-1　湿敏电阻结构示意图

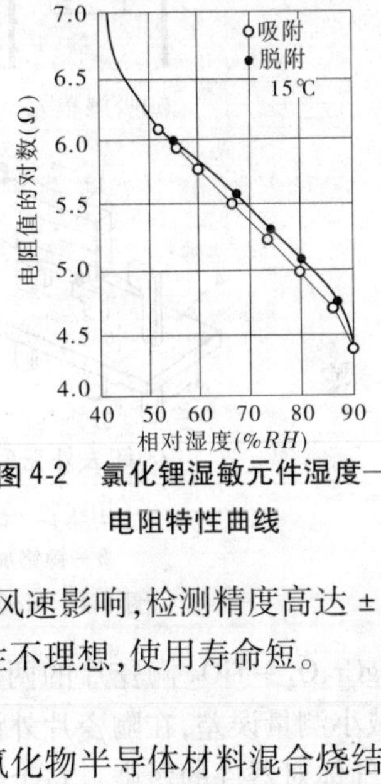

图4-2　氯化锂湿敏元件湿度—电阻特性曲线

氯化锂湿敏元件的优点是滞后小,不受测试环境风速影响,检测精度高达±5%,但其耐热性差,不能用于露点以下测量,器件性能的重复性不理想,使用寿命短。

(二)半导体陶瓷湿敏电阻

半导体陶瓷湿敏电阻通常是用两种以上的金属氧化物半导体材料混合烧结而成的多孔陶瓷。这些材料有$ZnO-LiO_2-V_2O_5$系、$Si-Na_2O-V_2O_5$系、$TiO_2-MgO-Cr_2O_3$系、Fe_2O_3等,前三种材料的电阻率随湿度增加而下降,故称为负特性湿敏半导体陶瓷,最后一种的电阻率随湿度增大而增大,故称为正特性湿敏半导体陶瓷。

(1)$ZnO-Cr_2O_3$陶瓷湿敏元件。$ZnO-Cr_2O_3$陶瓷湿敏元件的结构是将多孔材料的电极烧结在多孔陶瓷圆片的两表面上,并焊上铂引线,然后将敏感元件装入有网眼过滤的方形塑料盒中用树脂固定而做成的,其结构如图4-3所示。$ZnO-Cr_2O_3$传感器能连续稳定地测量湿度,无须加热除污装置,因此功耗低于0.5 W,体积小,成本低,是一种常用测湿传感器。

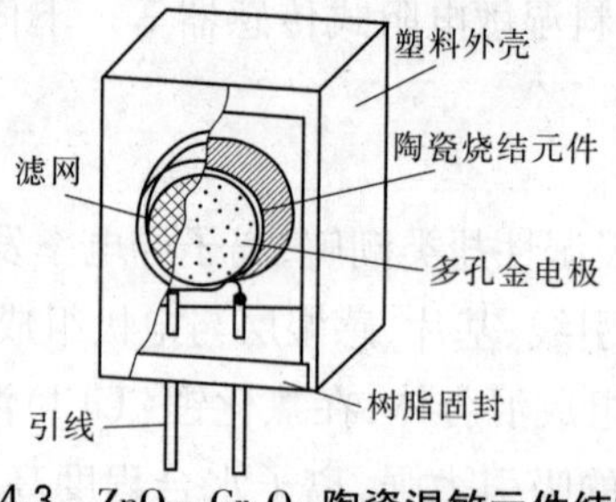

图 4-3　$ZnO-Cr_2O_3$ 陶瓷湿敏元件结构

(2) $MgCr_2O_4-TiO_2$ 陶瓷湿敏元件。$MgCr_2O_4-TiO_2$ 湿敏材料通常制成多孔陶瓷型“湿-电”转换器件，它是负特性半导瓷。$MgCr_2O_4-TiO_2$ 为 P 型半导体，它的电阻率低，阻值温度特性好，结构如图 4-4 所示。

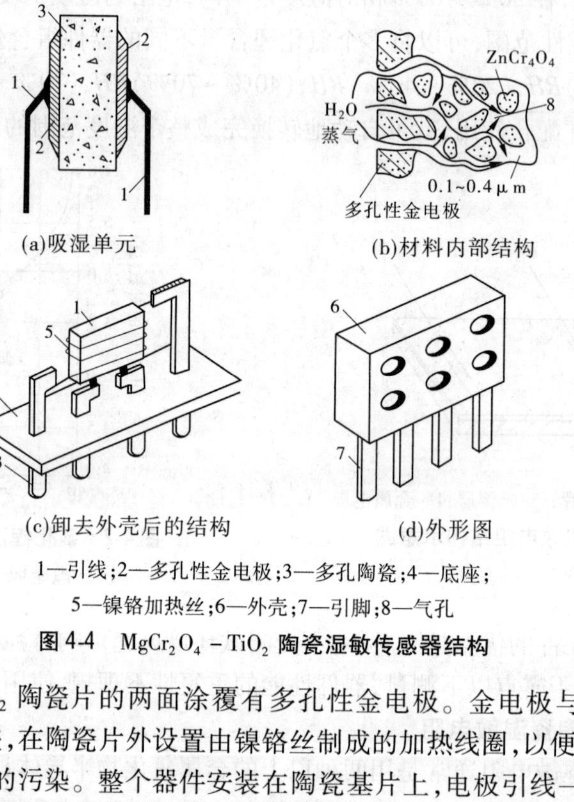

(a)吸湿单元　(b)材料内部结构　(c)卸去外壳后的结构　(d)外形图

1—引线；2—多孔性金电极；3—多孔陶瓷；4—底座；
5—镍铬加热丝；6—外壳；7—引脚；8—气孔

图 4-4　$MgCr_2O_4-TiO_2$ 陶瓷湿敏传感器结构

在 $MgCr_2O_4-TiO_2$ 陶瓷片的两面涂覆有多孔性金电极。金电极与引出线烧结在一起，为了减小测量误差，在陶瓷片外设置由镍铬丝制成的加热线圈，以便对器件加热清洗，排除恶劣气体对器件的污染。整个器件安装在陶瓷基片上，电极引线一般采用铂-铱合金。

传感器的电阻值既随所处环境的相对湿度的增加而减小，又随周围环境温度的变化而有所变化。

(三)金属氧化物膜型湿敏传感器

二氧化铁、三氧化二铝、氧化镁等金属氧化物的细粉吸附水分后有速干特性，利用这种特性可以研制生产出多种金属氧化物膜型湿敏电阻式传感器。将调制好的金属氧化物的糊状物加工在陶瓷基片及电极上，采用烧结或烘干的方法使其固化成膜。这种膜可以吸附或释放水分子而改变其电阻，如图 4-5 所示。

（四）高分子湿敏电容传感器

高分子湿敏电容传感器一般是用高分子薄膜电容制成的，与金属氧化物膜型湿敏传感器结构相似，如图 4-6 所示。常用的高分子材料有聚苯乙烯、聚酰亚胺、酪酸醋酸纤维等。当环境湿度发生改变时，湿敏电容的介电常数发生变化，使其电容量也发生变化，其电容变化量与相对湿度成正比。湿敏电容的主要优点是灵敏度高、产品互换性好、响应速度快、湿度的滞后量小、便于制造、容易实现小型化和集成化，其精度一般比湿敏电阻要低一些。

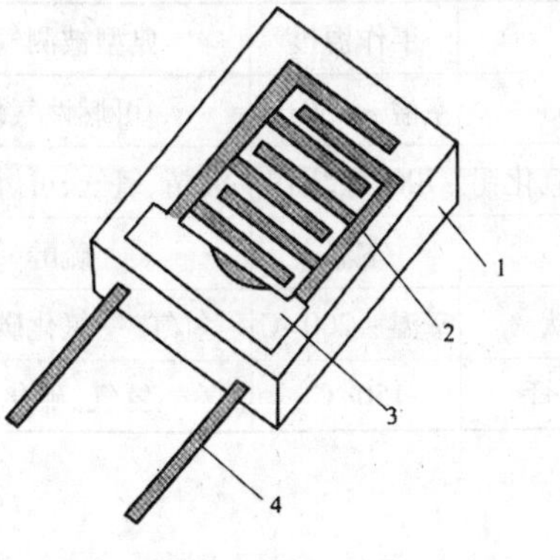

1—基片；2—电极；3—金属氧化物膜；4—引脚

图 4-5　金属氧化物膜型湿敏传感器结构

图 4-6　高分子湿敏电容传感器

高分子湿敏电容传感器具有体积小，感湿范围宽，响应速度快，抗污染能力强，抗结露，灵敏度高，性能稳定可靠，性价比高，低漂移，高精度，一致性好等特点。

任务二　气敏电阻传感器

一、气敏电阻传感器的材料及工作原理

所谓气敏电阻传感器，是利用半导体气敏元件同气体接触，造成半导体性质变化，借此来检测待定气体的成分或者浓度的传感器的总称。气敏电阻传感器主要用于工业上天然气、煤气、石油化工等部门的易燃、易爆、有毒、有害气体的监测、预报和自动控制。

气敏电阻的材料是金属氧化物，在合成材料时，通过化学计量比的偏离和杂质缺陷制成，金属氧化物半导体分 N 型半导体（如氧化锡、氧化铁、氧化锌、氧化钨等）、P 型半导体（如氧化钴、氧化铅、氧化铜、氧化镍等）。为了提高某种气敏元件对某些气体成分的选择性和灵敏度，合成材料有时还掺入了催化剂，如钯（Pd）、铂（Pt）、银（Ag）等。

金属氧化物在常温下是绝缘的，制成半导体后却显示气敏特性。通常器件工作在空气中，当 N 型半导体材料遇到离解能较小、易于失去电子的还原性气体（可燃性气体，如一氧化碳、氢气、甲烷、有机溶剂等）后，发生还原反应，电子从气体分子向半导体移动，半导体中的载流子浓度增加，导电性能增强，电阻减小。当 P 型半导体材料遇到氧化性气体（如氧、三氧化硫等）后就会发生氧化反应，半导体中的载流子浓度减小，导电性能减

弱,因而电阻增大。对于混合型材料,无论是吸附氧化性气体还是还原性气体,都将使载流子浓度减小,电阻增大。

按构成材料可将气敏电阻传感器分为半导体和非半导体两大类,目前使用最多的是半导体气敏电阻传感器。半导体气敏电阻传感器是根据气体在半导体表面的氧化和还原反应导致敏感元件阻值变化的原理而制成的。常用半导体气敏电阻传感器种类如表 4-1 所示。

表 4-1　半导体气敏电阻传感器的分类

类型	主要物理特性		传感器举例	工作温度	典型被测气体
电阻式	电阻	表面控制型	氧化银、氧化锌	室温 ~450 ℃	可燃性气体
		体控制型	氧化钛、氧化钴、氧化镁、氧化锡	700 ℃以上	酒精、氧气、可燃性气体
非电阻式	表面电位		氧化银	室温	硫醇
	二极管整流特性		铂/硫化镉、铂/氧化钛	室温 ~200 ℃	氢气、一氧化碳、酒精
	晶体管特性		铂栅 MOS 场效应晶体管	150 ℃	氢气、硫化氢

二、气敏元件的基本测量电路

气敏元件的基本测量电路如图 4-7 所示,图中 E_H 为加热电源,E_c 为测量电源,电路中气敏电阻值的变化引起电路中电流的变化,输出信号电压由电阻 R_o 上输出。气敏元件在低浓度下灵敏度高,在高浓度下趋于稳定值,因此常用来检查可燃性气体泄漏并报警等。

气敏元件一般由敏感元件、外壳、加热器三部分组成。常用电阻丝加热器,1 和 2 是加热电极,3 和 4 是气敏电阻的一对测量电极。加热器的作用是将附着在敏感元件表面上的尘埃、油雾等烧掉,加速气体的吸附,提高其灵敏度和响应速度。加热器的温度一般控制在 200 ~400 ℃,加热方式一般有直热式和旁热式两种。

氧化锡(SnO_2)、氧化锌(ZnO)材料气敏元件输出电压与温度的关系如图 4-8 所示。

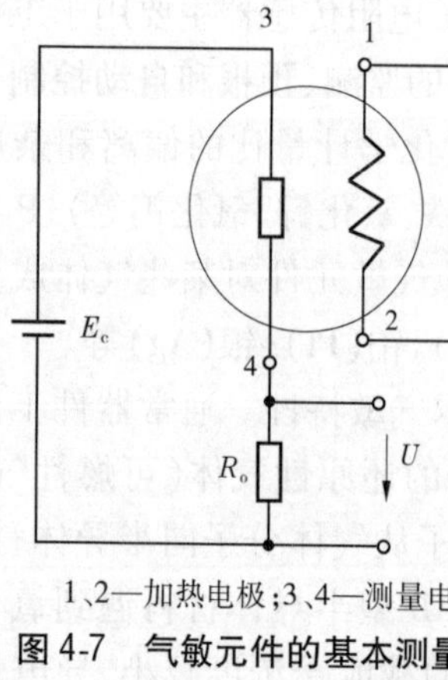

1、2—加热电极;3、4—测量电极

图 4-7　气敏元件的基本测量电路

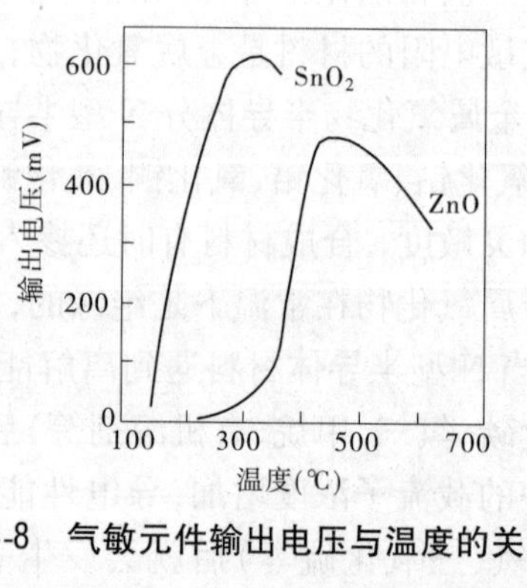

图 4-8　气敏元件输出电压与温度的关系

三、气敏电阻元件的种类

气敏电阻元件种类很多，按制造工艺不同可分为烧结型、薄膜型、厚膜型。

(一)烧结型气敏元件

将元件的电极和加热器均埋在金属氧化物气敏材料中，经加热成型后低温烧结而成。目前最常用的是氧化锡(SnO_2)烧结型气敏元件，用来测量还原性气体。它的加热温度较低，一般在 200 ~ 300 ℃，SnO_2 气敏半导体对许多可燃性气体，如氢气、一氧化碳、甲烷、丙烷、乙醇等都有较高的灵敏度。图 4-9 是 MQN 型气敏电阻的结构及测量转换电路简图。

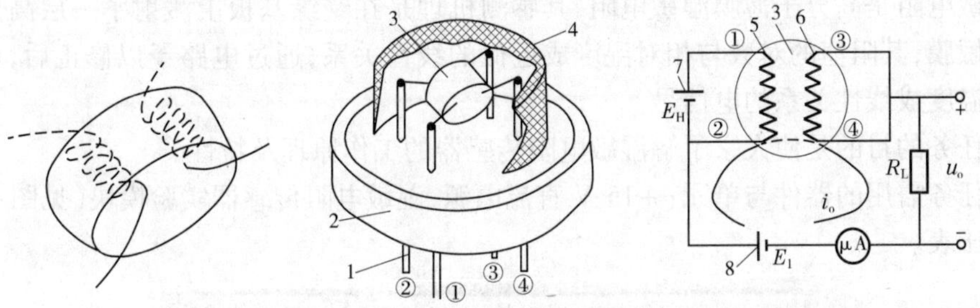

(a)气敏烧结体　(b)气敏电阻　(c)基本测量电路

1—引脚；2—塑料底座；3—烧结体；4—不锈钢网罩；5—加热电极；
6—工作电极；7—加热回路电源；8—测量回路电源

图 4-9　MQN 型气敏电阻结构及测量电路

(二)薄膜型气敏元件

采用真空镀膜或溅射方法，在石英或陶瓷基片上制成金属氧化物薄膜(厚度 0.1 μm 以下)，构成薄膜型气敏元件，如图 4-10(a)所示。

氧化锌(ZnO)薄膜型气敏元件以石英玻璃或陶瓷作为绝缘基片，通过真空镀膜在基片上蒸镀锌金属，用铂或钯膜作引出电极，最后将基片上的锌氧化。氧化锌敏感材料是 N 型半导体，当添加铂作催化剂，对丁烷、丙烷、乙烷等烷烃气体有较高的灵敏度，而对氢气、一氧化碳等气体灵敏度很低。若用钯作催化剂，对氢气、一氧化碳有较高的灵敏度，而对烷烃类气体灵敏度低。因此，这种元件有良好的选择性，工作温度在 400 ~ 500 ℃的较高温度。

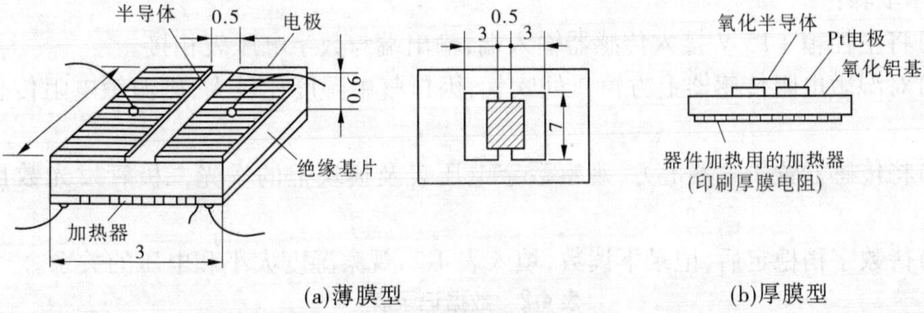

(a)薄膜型　(b)厚膜型

图 4-10　气敏传感器结构图　(单位：mm)

(三)厚膜型气敏元件

将气敏材料(如 SnO_2、ZnO)与一定比例的硅凝胶混制成能印刷的厚膜胶，把厚膜胶用丝网印刷到事先安装有铂电极的氧化铝(Al_2O_3)基片上,在 400 ~ 800 ℃的温度下烧结 1 ~ 2 h 便制成厚膜型气敏元件,如图 4-10(b)所示。用厚膜工艺制成的器件一致性较好,机械强度高,适于批量生产。

【项目实施】

任务三　湿敏电阻传感器的调试

湿敏电阻是高分子薄膜湿敏电阻,其感测机理是在绝缘基板上溅射了一层高分子电解质湿敏膜,其阻值的对数与相对湿度成近似的线性关系,通过电路予以修正后,可得出与相对温度成线性关系的电信号。

本任务的目的是使大家了解湿敏电阻传感器的工作原理及特性。

本任务需用的器件与单元:+15 V 直流电源、湿敏电阻传感器实验模块(见图 4-11)、数字电压表。

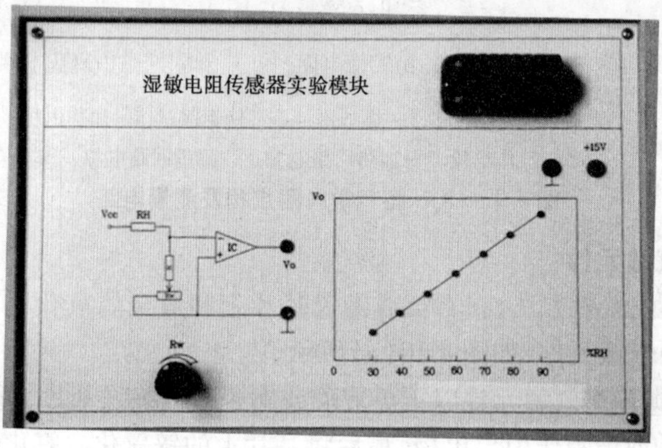

图 4-11　湿敏电阻传感器实验模块

本实验的湿敏电阻传感器已由内部放大器进行放大、校正,输出的电压信号与相对湿度成近似线性关系。

具体步骤:

(1)将主控箱 +15 V 接入传感器输入端,输出端与数字电压表相接。

(2)对湿敏电阻传感器上方窗口处吹气,因口气中湿度比较大,则湿敏电阻传感器会有感应。

(3)将传感器置于容器上方,观察数字电压表及模块上的发光二极管发光数目的变化。

(4)待数字稍稳定后,记录下读数,填入表 4-2,观察湿度大小和电压的关系。

表 4-2　数据记录表

U(mV)									
RH									

【项目拓展】

任务四 湿敏、气敏电阻传感器的应用

一、ZHG 型湿敏电阻及其应用

ZHG 型湿敏电阻为陶瓷湿敏电阻传感器，其阻值随被测环境湿度的升高而降低。ZHG 湿敏电阻有两种型号：ZHG－1 型和 ZHG－2 型，前者外形为长方形，外壳采用耐高温塑料，多用于家用电器；后者外形为圆柱体，外壳用铜材料制作，多用于工厂车间、塑料大棚、仓库和电力开关等场合的湿度控制。

ZHG 型湿敏电阻的特点是体积小、质量轻、灵敏度高、测量范围宽（(5% ~99%)*RH*）、温度系数小、响应时间短、使用寿命长。

图 4-12 所示电路为应用 ZHG 型湿敏电阻的湿度检测电路图，共由五部分组成：湿敏元件（R_3）、振荡器（由 IC_1、R_1、R_2、C_1 和 D_1 组成，R_1、R_2 和 C_1 的数值决定振荡频率，本电路频率约为 100 Hz）、对数变换器（由 IC_{2-1}、VD_2、VD_3 和 VD_4 组成）、滤波器（由 R_4、C_4 组成）、放大器（由 IC_{2-2}、R_P、R_5、R_6、R_7、R_8 和 VT_1 组成）。

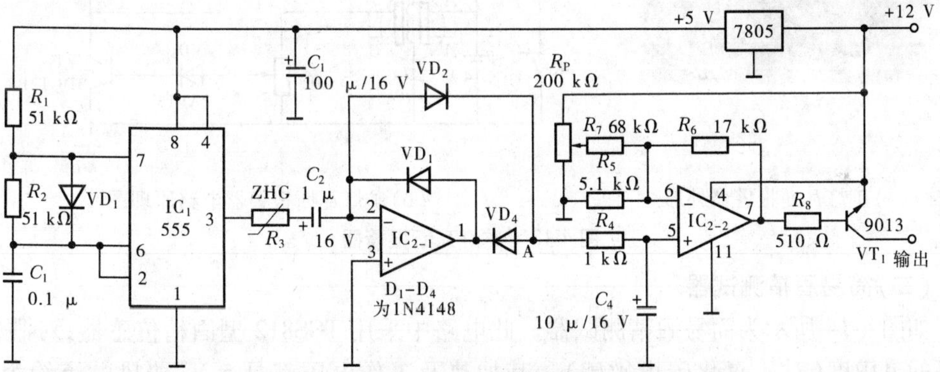

图 4-12　ZHG 型湿敏电阻的湿度检测电路

本传感器的测量电路由湿敏元件、电源（振荡器）和隔直电容 C_2 组成。ZHG 型湿敏电阻一般情况下需采用交流供电，否则湿度高时将有电泳现象，使阻值产生漂移。但在特殊场合，如工作电流小于 10 μA，湿度小于 60% *RH* 时，测量回路可以使用直流电源。

由于 ZHG 型湿敏电阻的湿度电阻特性为非线性关系，对数变换器用于修正其非线性，修正后仍有一定的非线性，但误差小于 ±5% *RH*。输出电路由放大器构成，输出信号为电压。该电路适用于测控精度要求不是很高的场合。

ZHG 型湿敏电阻抗短波辐射的能力差，不宜在阳光下使用。室外使用时应加百叶箱式防护罩，否则影响寿命。ZHG 型湿敏电阻一旦被污染可用无水乙醇或超声波清洗、烘干。烘干温度为 105 ℃，时间 4 h，然后重新标定使用。

二、气敏电阻传感器的应用

气敏电阻传感器主要用于制作报警器及控制器。作为报警器，超过报警浓度时，发出声光报警；作为控制器，超过设定浓度时，输出控制信号，由驱动电路带动继电器或其他元件完成控制动作。

（一）矿灯瓦斯报警器

矿灯瓦斯报警器外形如图4-13(a)所示。图4-13(b)为矿灯瓦斯报警器电路原理图，瓦斯探头由QM－N5型气敏元件、R_1 及4 V矿灯蓄电池等组成。R_P 为瓦斯报警设定电位器。当瓦斯浓度超过某一设定值时，R_P 输出信号通过二极管 VD_1 加到三极管 VT_1 基极上，VT_1 导通，VT_2、VT_3 便开始工作。VT_2、VT_3 为互补式自激多谐振荡器，通过它们的工作使继电器吸合与释放，信号灯闪光报警。

（a）矿灯瓦斯报警器外形

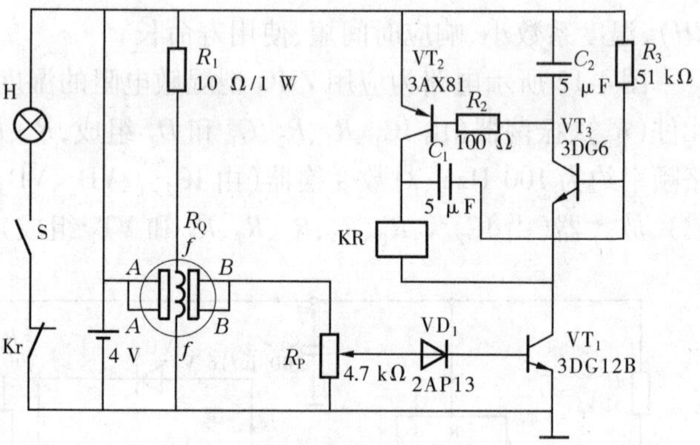

（b）矿灯瓦斯报警器电路原理图

图4-13　矿灯瓦斯报警器

（二）简易酒精测试器

如图4-14所示为简易酒精测试器。此电路中采用TGS812型酒精传感器，对酒精有较高的灵敏度（对一氧化碳也敏感）。其加热及工作电压都是5 V，加热电流约为125 mA。传感器的负载电阻为 R_1 及 R_2，其输出直接接LED显示驱动器LM3914。当无酒精蒸气时，其上的输出电压很低；随着酒精蒸气的浓度增加，输出电压也上升，则LM3914的LED（共10个）亮的数目也增加。此测试器工作时，人只要向传感器呼一口气，根据LED亮的数目可知是否喝酒，并可大致了解饮酒多少。调试方法是让在24 h内不饮酒的人呼气，调节 R_2 使LED中仅1个发光即可。

（三）自动空气净化换气扇

利用 SnO_2 气敏器件，可以设计用于空气净化的自动换气扇。图4-15是自动换气扇的电路原理图。当室内空气污浊时，烟雾或其他污染气体使气敏器件阻值下降，晶体管VT导通，继电器动作，接通风扇电源，可实现电扇自动启动，排放污浊气体，换进新鲜空气的功能；当室内污浊气体浓度下降到希望的数值时，气敏器件阻值上升，VT截止，继电器断开，风扇电源切断，风扇停止工作。

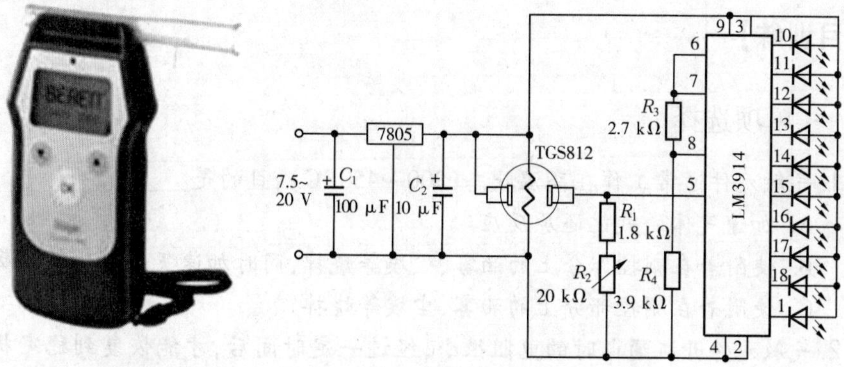

(a)实物图　　　　　　　　　　　　(b)电路原理图

图 4-14　简易酒精测试器

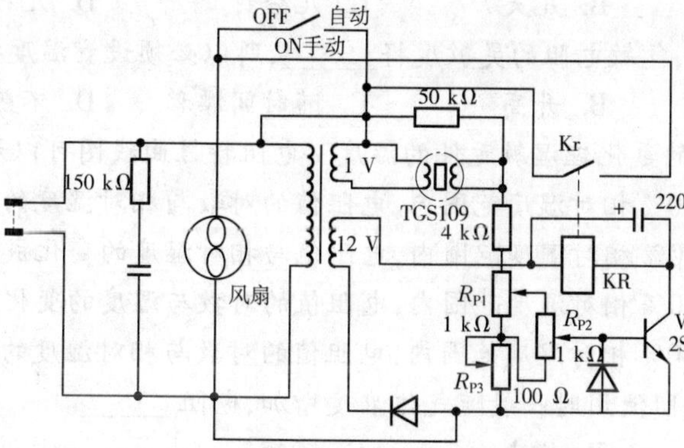

图 4-15　自动换气扇的电路原理图

【项目小结】

在现代社会的生产和生活中,人们往往会接触到各种各样的气体,需要对它们进行检测和控制,如化工生产中气体成分的检测与控制、煤矿瓦斯浓度的检测与报警、环境污染情况的监测、煤气泄漏、火灾报警、燃烧情况的检测与控制等。气敏电阻传感器就是一种将检测到的气体的成分和浓度转换为电信号的传感器。气敏电阻是一种半导体敏感器件,它是利用气体的吸附而使半导体本身的电导率发生变化这一机理来进行检测的。

湿敏电阻的特点是在基片上覆盖一层用感湿材料制成的膜,当空气中的水蒸气吸附在感湿膜上时,元件的电阻率和电阻值都发生变化,利用这一特性即可测量湿度。湿敏电容一般是用高分子薄膜电容制成的,常用的高分子材料有聚苯乙烯、聚酰亚胺、酪酸醋酸纤维等。当环境湿度发生改变时,湿敏电容的介电常数发生变化,使其电容量也发生变化,其电容变化量与相对湿度成正比。

【项目训练】

一、单项选择

1. 气敏元件通常工作在高温状态（200～450 ℃），目的是______。

A. 加速气体的氧化还原反应

B. 使附着在测控部分上的油雾、尘埃等烧掉，同时加速气体氧化还原反应

C. 使附着在测控部分上的油雾、尘埃等烧掉

2. 气敏元件开机通电时的电阻很小，经过一定时间后，才能恢复到稳定状态；另一方面也需要加热器工作，以便烧掉油雾、尘埃。因此，气敏检测装置需开机预热______后，才可投入使用。

A. 几小时　　B. 几天　　C. 几分钟　　D. 几秒钟

3. 当气温升高时，气敏电阻的灵敏度将______，所以必须设置温度补偿电路。

A. 减低　　B. 升高　　C. 随时间漂移　　D. 不确定

4. 从图 4-2 所示的氯化锂湿敏元件的湿度—电阻特性曲线图可以看出，______。

A. 在 50%～80% 相对湿度范围内，电阻值的对数与相对湿度的变化成线性关系

B. 在 50%～80% 相对湿度范围内，电阻值与相对湿度的变化成线性关系

C. 在 50%～80% 相对湿度范围内，电阻值的对数与湿度的变化成线性关系

D. 在 70%～80% 相对湿度范围内，电阻值的对数与相对湿度的变化成线性关系

5. TiO_2 型气敏电阻使用时一般随气体浓度增加，电阻______。

A. 减小　　B. 增大　　C. 不变

6. 湿敏电阻使用时一般随周围环境湿度增加，电阻______。

A. 减小　　B. 增大　　C. 不变

7. MQN 型气敏电阻可测量______。

A. CO_2　　B. N_2 的浓度　　C. 锅炉烟道中剩余的 O_2

8. 湿敏电阻利用交流电作为激励源是为了______。

A. 提高灵敏度　　B. 防止产生极化、电解作用　　C. 减小交流电桥平衡难度

9. MQN 型气敏电阻可测量______的浓度，TiO_2 型气敏电阻可测量______浓度。

A. CO_2　　B. N_2　　C. 气体打火机间的有害气体

D. 锅炉烟道中剩余的氧气

二、简答

1. 什么是绝对湿度和相对湿度？如何表示绝对湿度和相对湿度？

2. 简述氯化锂湿敏电阻的工作原理。

3. 为什么多数气敏器件都附有加热器？

项目五　电容式位移传感器的安装与调试

【项目描述】

本项目要求安装与调试一台电容式位移传感器(后文可简称为电容式传感器)。

电容式传感器是将位移变化量转化为电容变化量的一种传感器。它结构简单、分辨率高,可非接触测量,并能在高温、辐射和强烈震动等恶劣条件下工作,这是它独特的优点。随着集成电路技术和计算机技术的发展,电容式位移传感器成为一种很有发展前途的传感器。

通过本项目的学习,大家能够掌握电容式传感器的工作原理、基本结构和工作类型,掌握电容传感器常用信号处理电路的特点以及信号处理电路的调试方法和步骤,能分析和处理信号电路的常见故障。

【相关知识与技能】

任务一　电容式传感器的基本知识

一、电容式传感器工作原理及结构

由绝缘介质分开的两个平行金属板组成的平板电容器，如果不考虑边缘效应，其电容量为

$$C = \frac{\varepsilon A}{d} \tag{5-1}$$

式中　ε——电容极板间介质的介电常数,$\varepsilon = \varepsilon_0 \varepsilon_r$,其中 ε_0 为真空介电常数，一般取 $\varepsilon_0 = 8.854 \times 10^{-12}$ F/m ,ε_r 为极板间介质相对介电常数；

A——两平行板所覆盖的面积；

d——两平行板之间的距离。

当被测参数变化使得式(5-1)中的 A、d 或 ε 发生变化时，电容量 C 也随之变化。如果保持其中两个参数不变，而仅改变其中一个参数，就可把该参数的变化转换为电容量的变化，通过测量电路就可转换为电量输出。因此，电容式传感器按工作方式不同可分为变极距式、变面积式和变介电常数式三种类型。

(一)变极距式电容传感器

如果两极板的有效作用面积及极板间的介质保持不变,则电容量 C 随极距 d 按非线性关系变化,如图 5-1 所示。

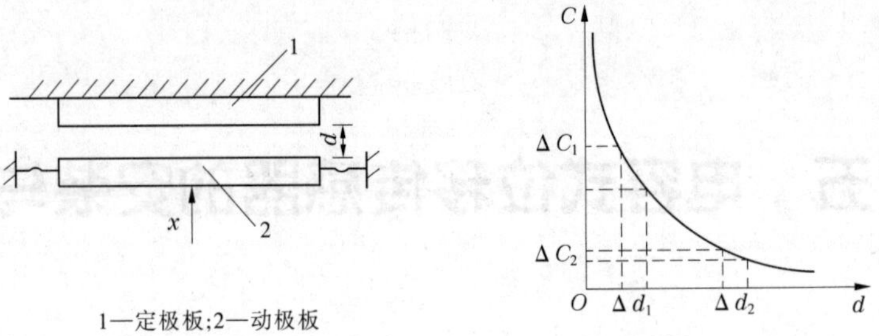

1—定极板;2—动极板

(a)结构示意图　　(b)电容量与极板距离的关系

图 5-1　变极距式电容传感器的特性曲线

设动极板 2 未动时，传感器初始电容为 $C_0\left(C_0=\dfrac{\varepsilon A}{d_0}\right)$。当动极板 2 移动 x 值后，其电容值 C_x 为

$$C_x=\frac{\varepsilon A}{d_0-x}=\frac{C_0}{1-\dfrac{x}{d_0}}=C_0\left(1+\frac{x}{d_0-x}\right) \tag{5-2}$$

式中，d_0 为两极板距离初始值。由式(5-2)可知，电容量 C_x 与 x 不是线性关系，其灵敏度也不是常数。

当 $x \ll d_0$ 时

$$C_x \approx C_0\left(1+\frac{x}{d_0}\right) \tag{5-3}$$

此时，C_x 与 x 近似成线性关系，但量程缩小很多，变极距式电容传感器的灵敏度为

$$K=\frac{\mathrm{d}C}{\mathrm{d}x}\approx\frac{C_0}{d_0}=\frac{\varepsilon A}{d_0^2} \tag{5-4}$$

由式(5-4)可见，变极距式电容传感器的灵敏度与极距的平方成正比，极距越小，灵敏度越高。但极距过小，容易引起电容器击穿或短路。为此，极板间可采用高介电常数的材料(云母、塑料膜等)作介质。

这种传感器由于存在原理上的非线性，灵敏度随极距变化而变化，当极距变动量较大时，非线性误差要明显增大。为限制非线性误差，通常是在较小的极距变化范围内工作，以使输入输出特性保持近似的线性关系。一般取极距变化范围 $\Delta x/d_0 \leqslant 0.1$。实际应用的变极距式传感器常做成差动式，如图 5-2 所示。上下两个极板为固定极板，中间极板为活动极板，当被测量使活动极板移动一个 Δx 时，由活动极板与两个固定极板所形成的两个平板电容的极距一个减小、一个增大，因此它们的电容量也都发生变化。若 $\Delta x \ll d_0$，则两个平板电容器的变换量大小相等、符号相反。利用后面的转换电路(如电桥等)可以检测出两电容的差

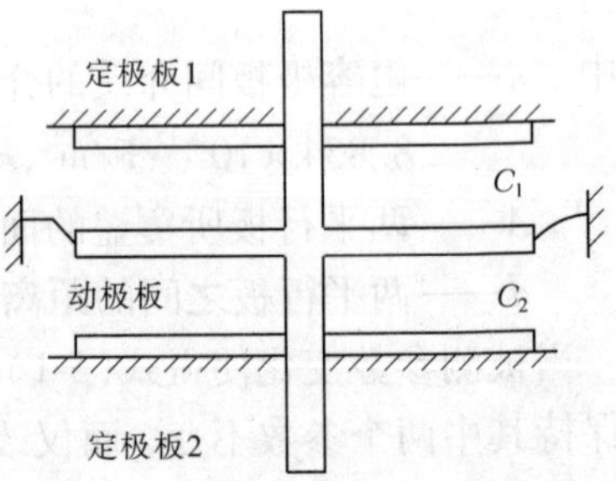

图 5-2　差动结构变极距式电容传感器

值，该差值是单个电容传感器电容变化量的两倍。

采用差动工作方式，电容传感器的灵敏度提高了一倍，非线性得到了很大的改善，某些因素（如环境温度变化、电源电压波动等）对测量精度的影响也得到了一定的补偿。

变极距式电容传感器的优点是可实现动态非接触测量，动态响应特性好，灵敏度和精度极高（可达 nm 级），适应于较小位移（1 nm ~1 μm）的精度测量。但传感器存在原理上的非线性误差，线路杂散电容（如电缆电容、分布电容等）的影响显著，为改善这些问题而需配合使用的电子电路比较复杂。

（二）变面积式电容传感器

变面积式电容传感器工作时极距、介质等保持不变，被测量的变化使其有效作用面积发生改变。变面积式电容传感器的两个极板中，一个是固定不动的，称为定极板；另一个是可移动的，称为动极板。

图 5-3 所示为几种变面积式电容传感器的原理示意图。在理想情况下，它们的灵敏度为常数，不存在非线性误差，即输入与输出为理想的线性关系。实际上由于电场的边缘效应等因数的影响，仍存在一定的非线性误差。

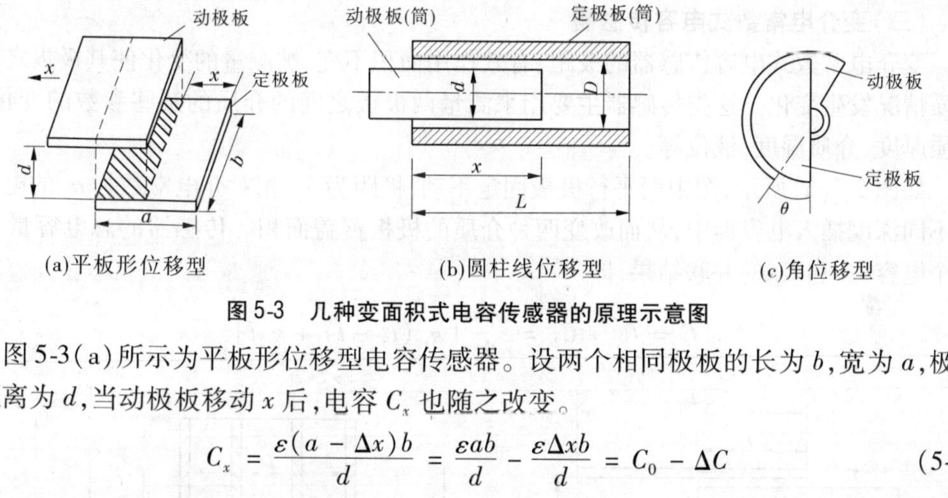

(a)平板形位移型　(b)圆柱线位移型　(c)角位移型

图 5-3　几种变面积式电容传感器的原理示意图

图 5-3(a)所示为平板形位移型电容传感器。设两个相同极板的长为 b，宽为 a，极板间距离为 d，当动极板移动 x 后，电容 C_x 也随之改变。

$$C_x = \frac{\varepsilon(a - \Delta x)b}{d} = \frac{\varepsilon ab}{d} - \frac{\varepsilon \Delta x b}{d} = C_0 - \Delta C \tag{5-5}$$

电容的相对变化量和灵敏度为

$$\frac{\Delta C}{C_0} = \frac{\Delta x}{a} \tag{5-6}$$

$$K = \frac{\Delta C}{\Delta x} = -\frac{\varepsilon b}{d} \tag{5-7}$$

图 5-3(b)为圆柱线位移型电容传感器。其灵敏度 K 也为一常数。

图 5-3(c)为角位移型电容传感器。当动片有一角位移 θ 时，两极板的相对面积 A 也发生改变，导致两极板间的电容量发生变化。

当 $\theta = 0$ 时，$C_0 = \frac{\varepsilon A_0}{d}$。

当 $\theta \neq 0$ 时

$$C_\theta = \frac{\varepsilon A_0\left(1-\frac{\theta}{\pi}\right)}{d} = C_0\left(1-\frac{\theta}{\pi}\right) \tag{5-8}$$

由式(5-8)可知,电容 C_θ 与角位移 θ 成线性关系。其灵敏度为

$$K = \frac{\mathrm{d}C_\theta}{\mathrm{d}\theta} = -\frac{\varepsilon A_0}{\pi d} \tag{5-9}$$

由以上分析可知,变面积式电容传感器的输出是线性的,灵敏度 K 是一常数。

在实际应用中，为了提高测量精度，减少动极板与定极板之间的相对面积变化而引起的测量误差，大都采用差动式结构。图5-4是改变极板间遮盖面积的差动电容的结构图。上、下两个金属圆筒是定极片,而中间的为动片,当动片向上移动时,与上极片的遮盖面积增大,而与下极片的遮盖面积减小,两者变化的数值相等,方向相反,实现两边的电容成差动变化。

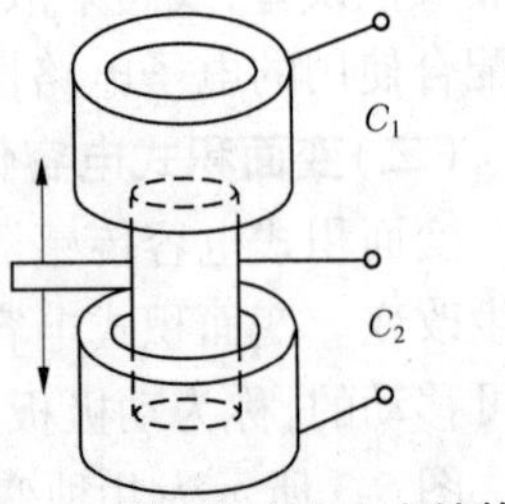

图5-4 金属圆筒差动电容结构

(三)变介电常数式电容传感器

变介电常数式电容传感器的极距、有效作用面积不变,被测量的变化使其极板之间的介质情况发生变化。这类传感器主要用来测量两极板之间的介质的某些参数的变化,如介质厚度、介质湿度、液位等。

如图5-5(a)所示,图中两平行极板固定不动,极距为 δ_0,相对介电常数为 ε_{r2} 的电介质以不同深度插入电容器中,从而改变两种介质的极板覆盖面积。传感器的总电容量 C 为两个电容 C_1 和 C_2 的并联结果,即

$$C = C_1 + C_2 = \frac{\varepsilon_0 b_0}{\delta_0}\left[\varepsilon_{r1}(l_0 - l) + \varepsilon_{r2} l\right] \tag{5-10}$$

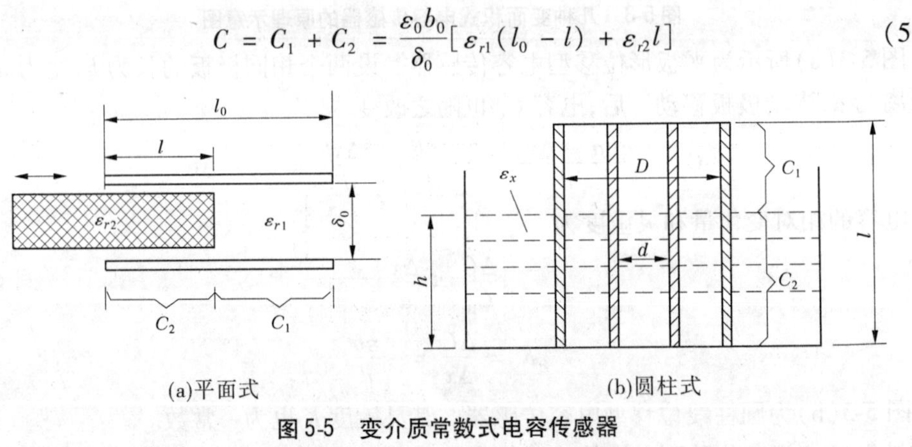

图5-5 变介质常数式电容传感器

式中 l_0、b_0——极板长度和宽度;

l——第二种电介质进入极间的长度。

若传感器的极板为两同心圆筒,如图5-5(b)所示,其液面部分介质为被测介质,相对介电常数为 ε_x;液面以上部分的介质为空气,相对介电常数近似为1。传感器的总电容 C 等于上、下部分电容 C_1 和 C_2 的并联,即

$$C = C_1 + C_2 = \frac{2\pi\varepsilon_0(l-h)}{\ln(D/d)} + \frac{2\pi\varepsilon_x\varepsilon_0 l}{\ln(D/d)}$$

$$= \frac{2\pi\varepsilon_0 l}{\ln(D/d)} + \frac{2\pi(\varepsilon_x - 1)\varepsilon_0}{\ln(D/d)}h = a + bh \tag{5-11}$$

其中

$$a = \frac{2\pi\varepsilon_0 l}{\ln(D/d)}, \quad b = \frac{2\pi(\varepsilon_x - 1)\varepsilon_0}{\ln(D/d)}$$

灵敏度

$$K = \frac{\mathrm{d}C}{\mathrm{d}h} = b \tag{5-12}$$

由此可见，这种传感器的灵敏度为常数，电容 C 理论上与液面 h 成线性关系，只要测出传感器电容 C 的大小，就可得到液位 h。

二、电容式传感器的转换电路

电容式传感器将被测量的变化转换成电容的变化后，还需由转换电路将电容的变化进一步转换成电压、电流或频率的变化。测量电路的种类很多，下面介绍常用的几种测量电路。

（一）交流电桥

这种转换电路是将电容式传感器的两个电容作为交流电桥的两个桥臂，通过电桥把电容的变化转换成电桥输出电压的变化。电桥通常采用由电阻－电容、电感－电容组成的交流电桥，图 5-6 所示为电感－电容电桥。变压器的两个二次绕组 L_1、L_2 与差动电容式传感器的两个电容 C_1、C_2 作为电桥的四个桥臂，由高频稳幅的交流电源为电桥供电。电桥的输出为一调幅值，经放大、相敏检波、滤波后，获得与被测量变化相对应的输出，最后由仪表显示记录。

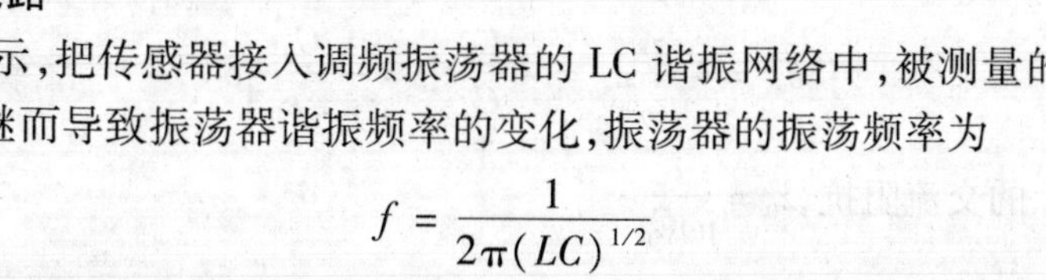

图 5-6　交流电桥转换电路

（二）调频电路

如图 5-7 所示，把传感器接入调频振荡器的 LC 谐振网络中，被测量的变化引起传感器电容的变化，继而导致振荡器谐振频率的变化，振荡器的振荡频率为

$$f = \frac{1}{2\pi(LC)^{1/2}} \tag{5-13}$$

式中　L——振荡回路的电感；

C——振荡回路的总电容，$C = C_1 + C_2 + C_0 \pm \Delta C$，其中 C_1 为振荡回路固有电容，C_2 为传感器引线分布电容，$C_0 \pm \Delta C$ 为传感器的电容。

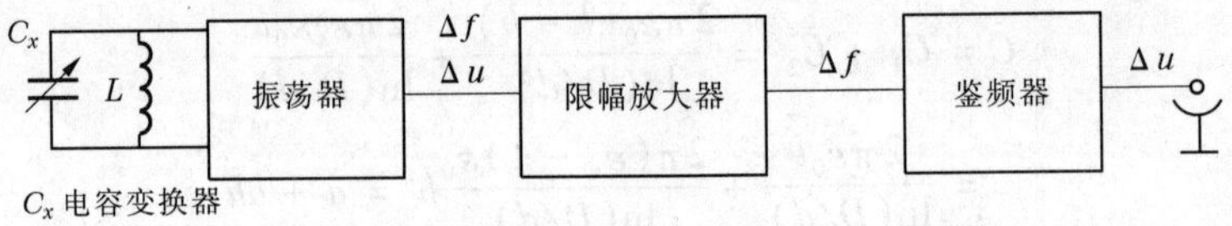

图 5-7　调频电路

当被测信号为 0 时，$\Delta C = 0$，则 $C = C_1 + C_2 + C_0$，所以振荡器有一个固有频率 f_0，即

$$f_0 = \frac{1}{2\pi[(C_1 + C_2 + C_0)L]^{1/2}} \tag{5-14}$$

当被测信号不为 0 时，$\Delta C \neq 0$，振荡器频率有相应变化，此时频率为

$$f = \frac{1}{2\pi[(C_1 + C_2 + C_0 \pm \Delta C)L]^{1/2}} = f_0 \pm \Delta f \tag{5-15}$$

频率的变化经过鉴频器转换成电压的变化，经过放大器放大后输出。这种测量电路的灵敏度很高，可测 0.01 μm 的位移变化量，抗干扰能力强（加入混频器后更强），缺点是电缆电容、温度变化的影响很大，输出电压 U_o 与被测量之间的非线性一般要靠电路加以校正，因此电路比较复杂。

（三）运算放大式电路

如前所述，变极距式电容传感器的电容与极距之间成反比关系，传感器存在原理上的非线性。利用运算放大器的反相比例运算可以使转换电路的输出电压与极距之间关系变为线性关系，从而使整个测试装置的非线性误差得到很大的减小。图 5-8 所示为电容式传感器的运算放大式电路。

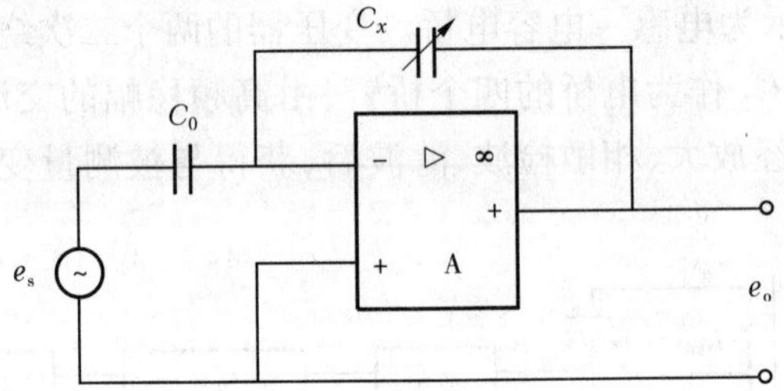

图 5-8　运算放大式电路

图中，e_s 为高频稳幅交流电源；C_0 为标准参比电容，接在运算放大器的输入回路中；C_x 为传感器电容，接在运算放大器的反馈回路中。根据运算放大器的反相比例运算关系，有

$$e_o = -\frac{z_f}{z_0}e_s = -\frac{C_0}{C_x}e_s = -\frac{C_0 e_s}{\varepsilon\varepsilon_0 A}\delta \tag{5-16}$$

式中　z_0——C_0 的交流阻抗，$z_0 = \frac{1}{j\omega C_0}$；

z_f——C_x 的交流阻抗，$z_f = \frac{1}{j\omega C_x}$，$C_x = \frac{\varepsilon\varepsilon_0 A}{\delta}$。

由式(5-16)可见，在其他参数稳定不变的情况下，电路输出电压的幅值 e_o 与传感器的极距 δ 成线性比例关系。该电路为一幅值电路，高频稳幅交流电源提供载波，极距变化的信号(被测量)为调制信号,输出为调幅波。与其他转换电路相比,运算放大式电路的原理较为简单,灵敏度和精度最高,但一般需用“驱动电缆”技术来消除电缆电容的影响,电路较为复杂且调整困难。

(四)脉冲宽度调制电路

脉冲宽度调制电路(PWM)是利用传感器的电容充放电使电路输出脉冲的占空比随电容传感器的电容量变化而变化,再通过低通滤波器得到对应于被测量变化的直流信号。

图5-9为脉冲宽度调制电路。它由电压比较器 A_1、A_2,双稳态触发器及电容充放电回路组成。其中,$R_1=R_2$,VD_1、VD_2 为特性相同的二极管,C_1、C_2 为一组差动电容传感元件,初始电容值相等,U_R 为比较器 A_1、A_2 的参考比较电压。

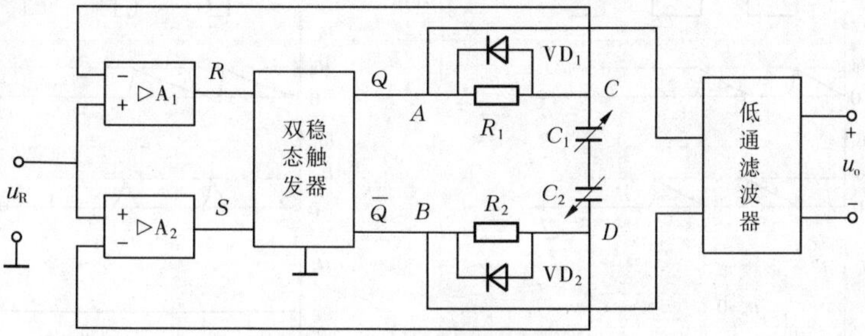

图5-9 脉冲宽度调制电路

在电路初始状态时,设电容 $C_1=C_2=C_0$,当接通工作电源后双稳态触发器的 R 端为高电平,S 端为低电平,双稳态触发器的 Q 端输出高电平,$\overline{Q}$ 端输出低电平,此时 U_A 通过 R_1 对 C_1 充电,C 点电压 U_C 升高,当 $U_C>U_R$ 时,电压比较器 A_1 的输出为低电平,即双稳态触发器的 R 端为低电平,此时电压比较器 A_2 的输出为高电平,即 S 端为高电平。双稳态触发器的 Q 端翻转为低电平,U_C 经二极管 VD_1 快速放电,很快由高电平降为低电平,$\overline{Q}$ 端输出为高电平,通过 R_2 对 C_2 充电,当 $U_D>U_R$ 时,电压比较器 A_2 的输出为低电平,即 S 端为低电平,电压比较器 A_1 的输出为高电平,即双稳态触发器的 R 端为高电平,双稳态触发器的 Q 端翻转为高电平,回到初始状态。如此周而复始,就可在双稳态触发器的两输出端各产生一宽度分别受 C_1、C_2 调制的脉冲波形,经低通滤波器后输出。当 $C_1=C_2$ 时,线路上各点波形如图5-10(a)所示,A、B 两点间的平均电压为零。但当 C_1、C_2 值不相等时,如 $C_1>C_2$,则 C_1 的充电时间大于 C_2 的充电时间,即 $t_1>t_2$,电压波形如图5-10(b)所示。

$$t_1 = R_1C_1\ln\frac{U_H}{U_H-U_R} \tag{5-17}$$

$$t_2 = R_2C_2\ln\frac{U_H}{U_H-U_R} \tag{5-18}$$

式中 U_H——触发器输出的高电平值;

t_1——电容 C_1 的充电时间;

t_2——电容 C_2 的充电时间。

设电阻 $R_1=R_2$,经低通滤波器后,获得的输出电压平均值为

$$U_o = \frac{C_1 - C_2}{C_1 + C_2} U_H \tag{5-19}$$

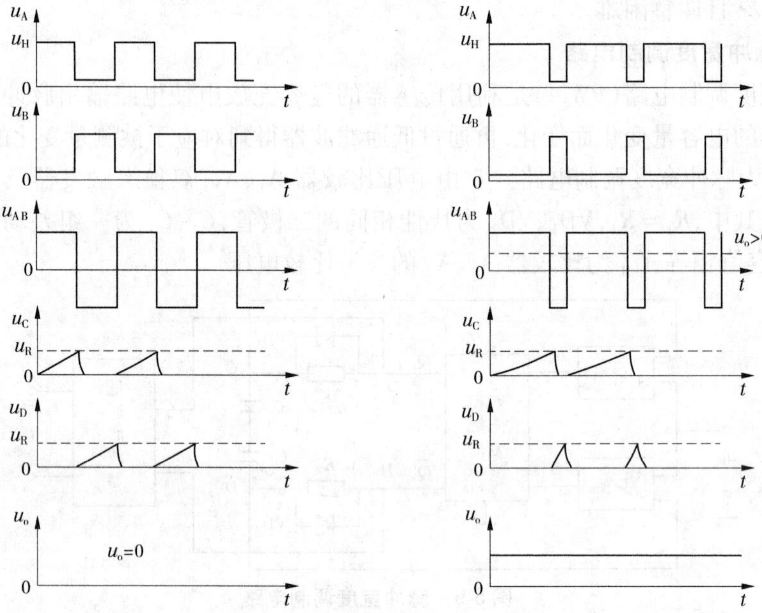

(a)$C_1=C_2$时的波形　　(b)$C_1>C_2$时的波形

图 5-10　各点的电压波形

由上述可知,差动电容的变化使充电时间 t_1、t_2 不相等,从而使双稳态触发器输出端的矩形脉冲宽度不等,即占空比不同。

脉冲宽度调制电路具有如下特点:能获得线性输出;双稳态输出信号一般为 100 kHz ~ 1 MHz 的矩形波,所以直流输出只需经滤波器简单引出,不需要解调器,即能获得直流输出。电路采用稳定度较高的直流电源,这比其他测量线路中要求高稳定度的稳频、稳幅的交流电源易于做到。如果将双稳态触发器 Q 端的电压信号送到计算机的定时、计数引脚,则可以用软件来测出占空比 q,从而计算出 ΔC 的数值。这种直接采用数字处理的方法不受电源电压波动的影响。

(五)二极管双 T 型交流电桥

图 5-11(a)所示是二极管双 T 型交流电桥电路原理图。e 是高频电源,它提供幅值为 U_i 的对称方波,VD_1、VD_2 为特性完全相同的两个二极管,$R_1=R_2=R$, C_1、C_2 为传感器的两个差动电容。

电路工作原理如下:

当 e 为正半周时,二极管 VD_1 导通、VD_2 截止,其等效电路如图 5-11(b)所示。电源经 VD_1 对电容 C_1 充电,并很快充至电压 E,且由 E 经 R_1 以电流 I_1 向负载 R_L 供电。与此同时,电容 C_2 通过电阻 R_2、负载电阻 R_L 放电(设 C_2 已充好电),放电电流为 I_2,则流经 R_L 的总电流 I_L 为 I_1 与 I_2 之和,极性如图 5-11(b)所示。

当 e 为负半周时,二极管 VD_1 截止、VD_2 导通,其等效电路如图 5-11(c)所示。此时 C_2 被很快充至电压 E,并经 R_2 以电流 I_2' 向负载 R_L 供电,电容 C_1 通过电阻 R_1 和负载电

阻 R_L 以电流 I_1' 放电，流经 R_L 的总电流 I_L' 为 I_1' 与 I_2' 之和，极性如图 5-11(c)所示。

由于 VD_1 与 VD_2 特性相同，且 $R_1=R_2$，所以当 $C_1=C_2$ 时，在 e 的一个周期内流过 R_L 的电流 I_L 和 I_L' 的平均值为零，即 R_L 上无信号输出。而当 $C_1\neq C_2$ 时，在 R_L 上流过的电流的平均值不为零，有电压信号输出。

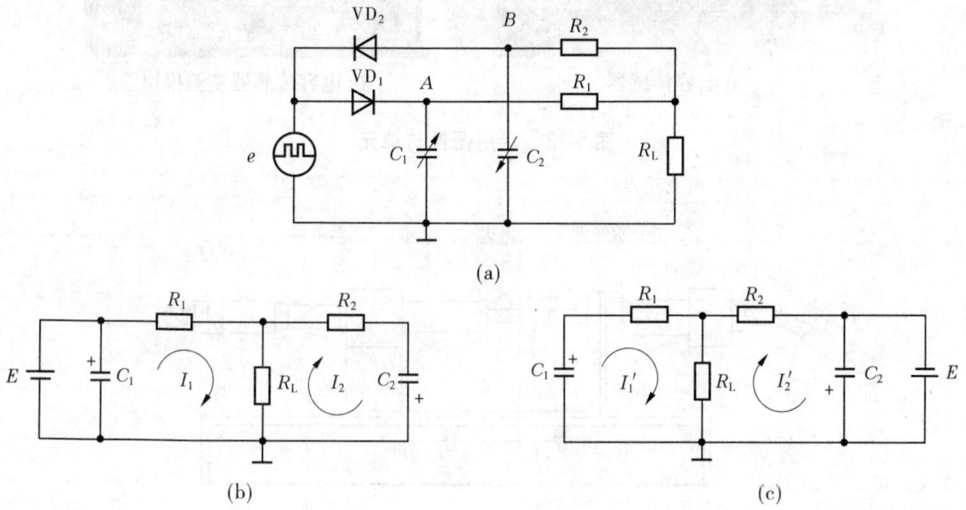

图 5-11　二极管双 T 型交流电桥

【项目实施】

任务二　电容式位移传感器的安装与调试

利用平板电容 $C=\varepsilon A/d$ 和其他结构的关系式通过相应的结构和测量电路可以选择 ε、A、d 三个参数，保持两个参数不变，而只改变其中一个参数，则可以有测谷物干燥度($\varepsilon_{变}$)、测微小位移($d_{变}$)和测量液位($A_{变}$)等多种电容传感器。

通过本任务的学习使大家了解电容式位移传感器结构及其特点。

本任务需用器件与单元：电容传感器(见图 5-12(a))、电容传感器实验模块(见图 5-12(b))、测微头、数显单元(主控台电压表)、直流稳压源。

安装与调试步骤如下所述：

(1)按图 5-13 安装示意图将电容式位移传感器装于电容传感器实验模块上。

(2)将电容传感器专用连线插入电容传感器实验模块专用接口，接线图如图 5-14 所示。

(3)将电容传感器实验模块的输出端 V_{o1} 与数显表单元(主控台电压表)V_i 相接(插入主控箱 V_i 孔)，R_W 调节到中间位置。

(4)接入 ±15 V 电源，旋动测微头推进电容传感器动极板位置，每隔 0.5 mm 记下位移 X 与输出电压值(此时电压挡位打在 20 V)，填入表 5-1。

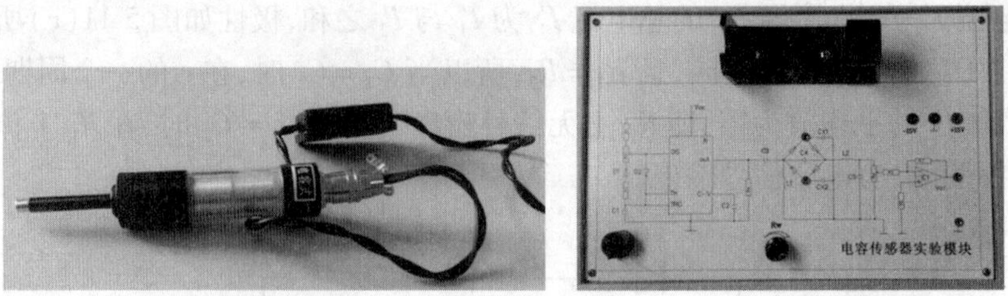

(a) 电容传感器　(b) 电容传感器实验模块

图 5-12　需用器件与单元

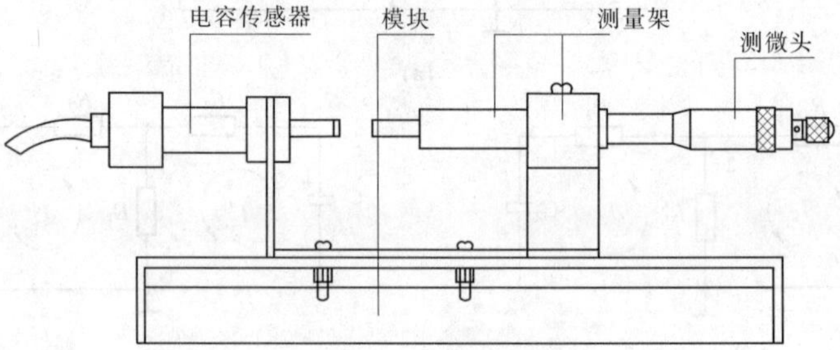

图 5-13　电容式位移传感器安装示意图

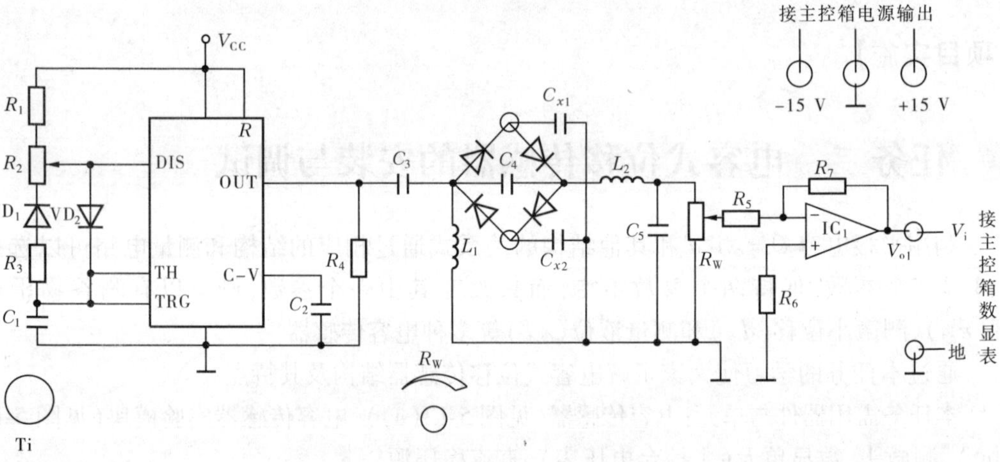

图 5-14　电容式位移传感器接线图

表 5-1　电容传感器位移 X 与输出电压值 U 数据记录表

X(mm)									
U(mV)									

(5) 根据表 5-1 数据计算电容传感器的系统灵敏度 S 和非线性误差 δ_f。

【项目拓展】

任务三 电容式传感器的应用

电容式传感器不但应用于位移、振动、角度、加速度及荷重等机械量的精密测量,还广泛应用于压力、差压力、液位、料位、湿度、成分含量等参数的测量。

一、电容式接近开关

图5-15所示为电容式接近开关的结构示意图。检测极板设置在接近开关的最前端,测量转换电路安装在接近开关壳体内,用介质损耗很小的环氧树脂填充、灌封。当没有物体靠近检测极板时,检测极板与大地间的电容量 C 非常小,它与电感 L 构成高品质因数(Q)的LC振荡电路,$Q=1/(\omega CR)$。当被检测物体为地电位的导电体(如与大地有很大分布电容的人体、液体等)时,检测极板对地电容 C 增大,LC振荡电路的 Q 值将下降,导致振荡器停振。

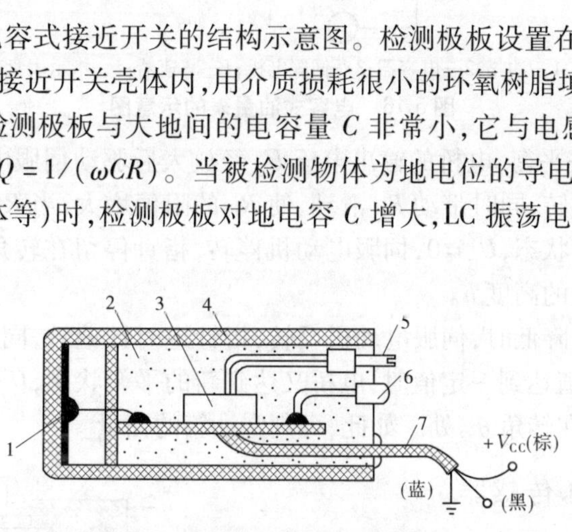

1—检测极板;2—充填树脂;3—测量转换电路;4—塑料外壳;
5—灵敏度调节电位器;6—工作指示灯;7—信号电缆

图5-15 圆柱形电容式接近开关的结构示意图

当不接地、绝缘被测物体接近检测极板时,由于检测极板上施加有高频电压,在它附近产生交变电场,被测物体就会受到静电感应而产生极化现象,正负电荷分离,使检测极板的对地等效电容量增大,使LC振荡电路的 Q 值降低。对于能量损耗较大的介质(如各种含水有机物),它在高频交变极化过程中是需要消耗一定能量的,该能量是由LC振荡电路提供的,必然使 Q 值进一步降低,振荡减弱,振荡幅度减小。当被测物体靠近到一定距离时,振荡器的 Q 值低到无法维持振荡而停振。根据输出电压 U_o 的大小,可大致判定被测物体接近的程度。

二、电容式油量表

图5-16所示为电容式油量表的示意图,可以用于测量油箱中的油位。在油箱无油时,电容传感器的电容量 $C_x=C_{x0}$,调节 R_P 的滑动臂位于0点,即 R_P 的电阻值为0,此时,电桥满足 $C_0/C_x=R_1/R_2$ 的平衡条件,电桥输出电压为零,伺服电动机不转动,油量表指针偏转角 $\theta=0$。

当油箱中注入油时,液位上升至 h 处,电容的变化量 ΔC_x 与 h 成正比,电容为 $C_x=C_{x0}+$

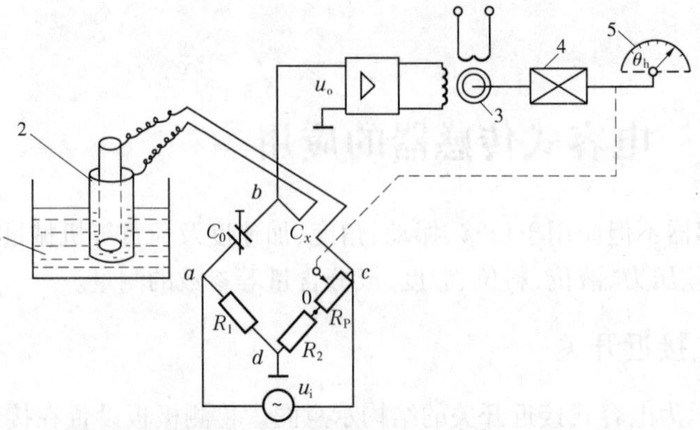

1—油料；2—电容器；3—伺服电机；4—减速器；5—指示表盘

图 5-16　电容式油量表的示意图

ΔC_x。此时，电桥失去平衡，电桥的输出电压 U_o 经放大后驱动伺服电动机，由减速箱减速后带动指针顺时针偏转，同时带动 R_P 滑动，使 R_P 的阻值增大，当 R_P 阻值达到一定值时，电桥又达到新的平衡状态，$U_o=0$，伺服电动机停转，指针停留在转角 θ_{X1} 处。可从油量刻度盘上直接读出油位的高度 h。

当油箱中的油位降低时，伺服电动机反转，指针逆时针偏转，同时带动 R_P 滑动，使其阻值减少。当 R_P 阻值达到一定值时，电桥又达到新的平衡状态，$U_o=0$，于是伺服电动机再次停转，指针停留在转角 θ_{X2} 处。如此，可判定油箱的油量。

三、电容式差压传感器

图 5-17 所示为电容式差压传感器的结构示意图。该传感器主要由一个活动电极、两个固定电极和三个电极的引出线组成。活动电极为圆形薄金属膜片，它既是动电极，又是压力的敏感元件；固定电极为两块中凹的玻璃圆片，在中凹内侧，即相对金属膜片侧镀上具有良好导电性能的金属层。

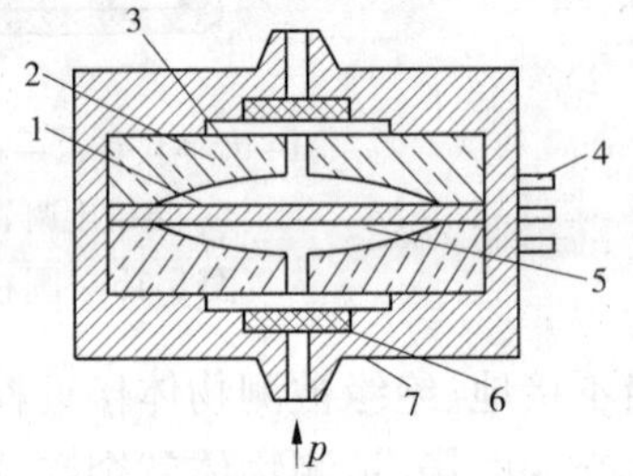

1—金属弹性膜片；2—镀金玻璃圆片；3—金属涂层；4—输出端子；5—空腔；6—过滤器；7—壳体

图 5-17　电容式差压传感器结构示意图

当被测压力通过过滤器进入空腔时，金属弹性膜片在两侧压力差作用下，将凸向压力低的一侧。膜片和两个镀金玻璃圆片之间的电容量便发生变化，由此便可测得压力差。这种传感器分辨率很高，常用于气、液的压力或压差及液位和流量的测量。

四、电容式测厚仪

电容式测厚仪是用来测量金属带材在轧制过程中的厚度的。它的变换器就是电容式厚度传感器，其工作原理如图 5-18 所示。在被测带材的上下两边各置一块面积相等、与带材距离相同的极板，这样极板带材就形成两个电容器（带材也作为一个极板）。把两块极板用导线连接起来成为一个极板，而带材则是电容器的另一个极板，其总电容 C 为

$$C = C_1 + C_2$$

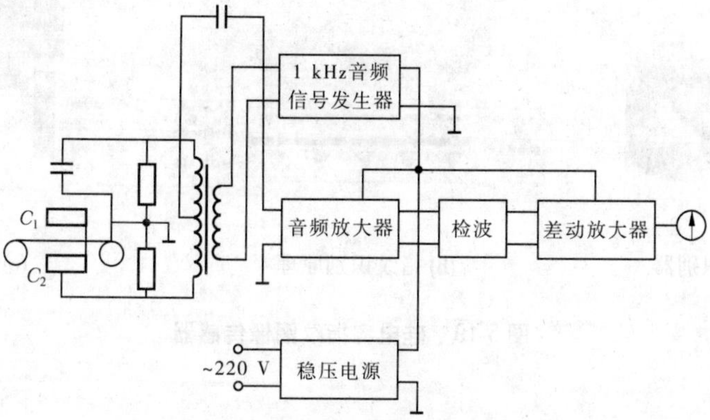

图 5-18　电容式测厚仪工作原理

金属带材在轧制过程中不断向前送进，如果带材厚度发生变化，将引起它与上下两个极板间距发生变化，即引起电容量的变化，如果总电容量 C 作为交流电桥的一个臂，电容变化 ΔC 引起电桥不平衡输出，经过放大、检波、再放大，最后在仪表上显示出带材的厚度。这种测厚仪的优点是带材的振动不影响测量精度。

五、电容指纹识别器

指纹识别目前最常用的是电容传感器，也被称为第二代指纹识别系统。它的优点是体积小、成本低、成像精度高，而且耗电量很小，因此非常适合在消费类电子产品中使用。

19 世纪初，科学研究发现了指纹的两个重要特征，一是两个不同手指的指纹纹脊的式样不同，二是指纹纹脊的式样终生不改变。这个研究成果使得指纹在犯罪鉴别中得以正式应用，1896 年阿根廷首次应用，其次是 1901 年的苏格兰，20 世纪初其他国家也相继应用到犯罪鉴别中。

指纹由多种“脊”状图形构成，类似于山脊。由于纹路不连续，脊状图形多种多样，诸如分岔、弧形、交叉、三角等。识别软件将这些脊状图形进行坐标定位，进而从坐标位置上标示出数据点，有点像初中几何画函数图的步骤。这些数据点同时具有 7 种以上的唯一性特征，由于通常情况下一枚指纹有 70 个节点，通过软件计算会产生大约 490 个数据。

硅电容指纹图像传感器是最常见的半导体指纹传感器，如图 5-19 所示，它通过电子度量来捕捉指纹。在半导体金属阵列上能结合大约 100 000 个电容传感器，其外面是绝缘的表面。传感器阵列的每一点是一个金属电极，充当电容器的一极，按在传感面上的手指头的对应点则作为另一极，传感面形成两极之间的介电层。指纹的脊和谷相对于另一极之间的距离不同（纹路深浅的存在），导致硅表面电容阵列的各个电容值不同，测量并记录各点的电容值，就可以获得具有灰度级的指纹图像。

指纹识别系统的电容式传感器发出电子信号，电子信号将穿过手指的表面和死性皮肤层，直达手指皮肤的活体层（真皮层），直接读取指纹图案。由于深入真皮层，传感器能够捕获更多真实数据，不易受手指表面尘污的影响，提高辨识准确率，有效防止辨识错误。

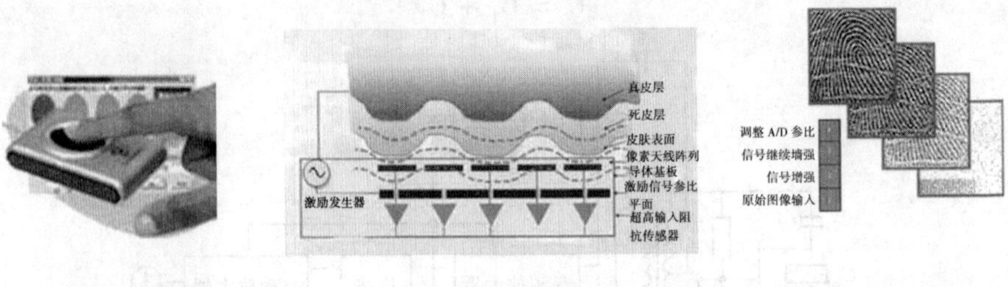

(a) 指纹识别器　　(b) 指纹识别原理　　(c) 指纹图

图 5-19　硅电容指纹图像传感器

【项目小结】

变电容式传感器是将被测量的变化转换为电容量变化的一种传感器。它具有结构简单、分辨率高、抗过载能力大、动态特性好等优点，且能在高温、辐射和强烈震动等恶劣条件下工作。

只要固定平行板电容器3个参量d、A、ε中的两个，改变另外一个参数，则电容量就将产生变化，所以电容式传感器可以分成3种类型：变面积式、变极距式与变介电常数式。

电容传感器的输出电容值一般十分微小，几乎都在几皮法至几十皮法之间，因而必须借助于一些测量电路，将微小的电容值成比例地转换为电压、电流或频率信号。选择测量电路时，可根据电容传感器的变化量，选择合适的电路。

由于温度、电场边缘效应、寄生电容等因素的影响，可能使电容传感器的特性不稳定，严重时甚至使其无法工作，因此使用时要引起注意。

当忽略边缘效应时，变面积式和变介电常数式电容传感器具有线性的输出特性，变极距式电容传感器的输出特性是非线性的，为此可采用差动结构以减小非线性。

【项目训练】

一、简答

1. 电容式传感器工作方式可分为哪三种类型？每种类型的工作原理和特点是什么？

2. 为什么变面积式电容传感器的测量位移范围大？

3. 为什么说变极距式电容传感器特性是非线性的？采取什么措施可改善其非线性特征？

二、分析

1. 图 5-20 所示是湿敏电容器结构示意图，它的两个上电极是梳状金属电极，下电极是一网状多孔金属电极，上下电极间是亲水性高分子介质膜。请简述这种电容传感器测量环境相对湿度的原理，并判断它属于哪种类型工作方式。

2. 加速度传感器安装在轿车上，可以作为碰撞传感器。当测得的负加速度值超过设定值时，微处理器据此判断发生了碰撞，于是就启动轿车前部的折叠式安全气囊迅速充气而膨胀，托住驾驶员及前排乘员的胸部和头部。图 5-21 所示是硅微加工加速度传感器

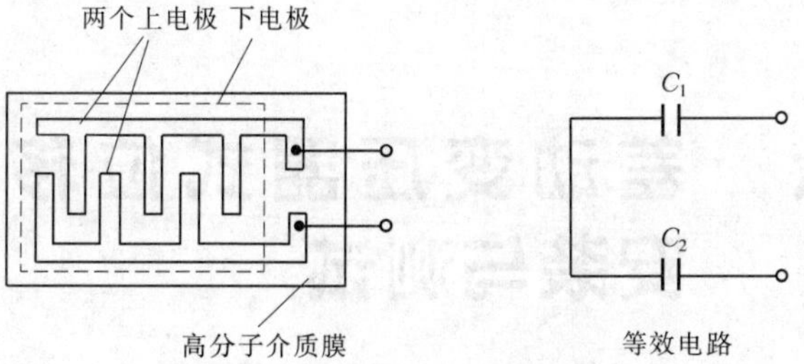

图 5-20　湿敏电容器结构示意图

的结构示意图。请简述这种加速度电容传感器的工作原理。

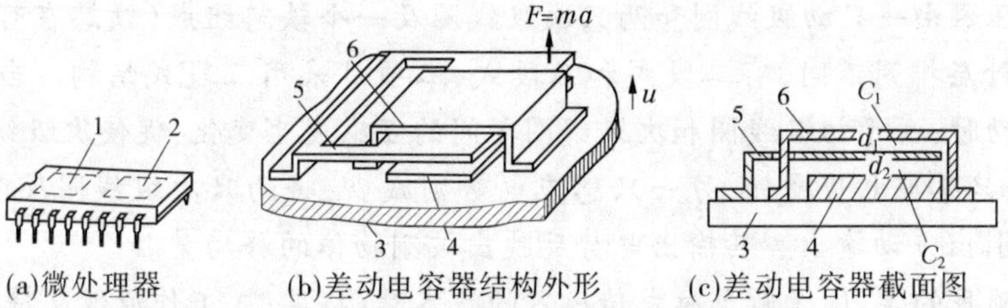

1—加速度测试单元;2—信号处理电路;3—衬底;4—底层多晶硅(下电极);
5—多晶硅悬臂梁;6—顶层多晶硅(上电极)

图 5-21　硅微加工加速度传感器的结构示意图

3. 图 5-22 所示是电容式接近开关在料位测量控制中的实例,请简述这种电容传感器的工作过程。

4. 图 5-23 所示是电容式荷重传感器,请简述这种电容传感器的工作过程。

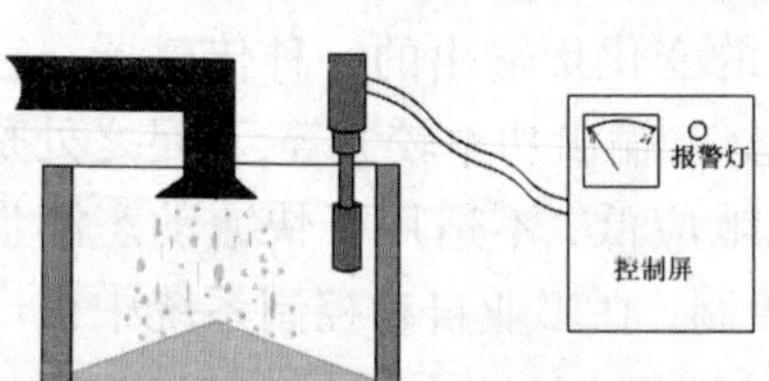

图 5-22　料位测量控制实例

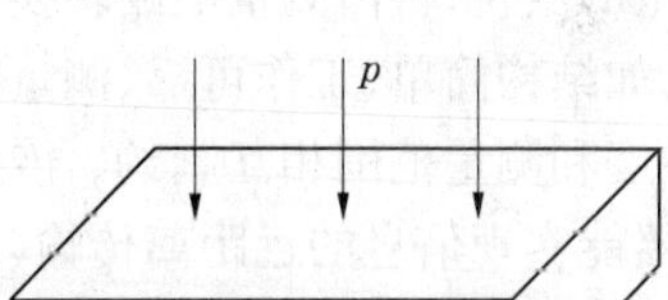

图 5-23　电容式荷重传感器

三、计算

变极距式电容传感器的测量电路为运算放大器电路,如图 5-24所示。$C_0=200$ pF,传感器的起始电容量 $C_{x0}=20$ pF,定动极板距离 $d_0=1.5$ mm,运算放大器为理想放大器($K\to\infty$,$Z_i\to\infty$),R_f 极大,输入电压 $u_i=5\sin\omega t$ V。求当电容传感动极板上输入一位移量 $\Delta x=0.15$ mm 使 d_0 减小时,电路输出电压 u_o 为多少?

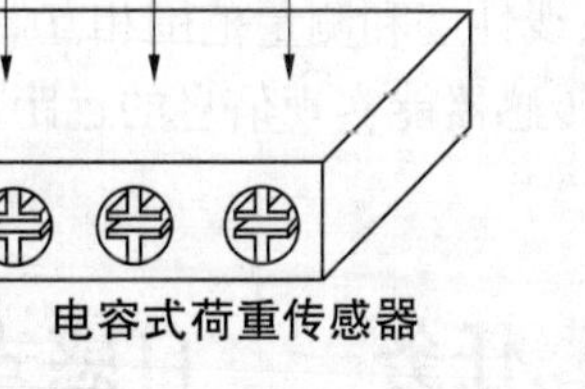

图 5-24　测量电路

项目六　差动变压器式位移传感器的安装与测试

【项目描述】

本项目要求安装与测试一台差动变压器式位移传感器。

差动变压器由一只初级线圈和两只次级线圈及一个铁芯组成(铁芯在可移动杆的一端),根据内外层排列不同,有二段式和三段式,本项目采用三段式结构。当传感器随着被测物体移动时,由于初级线圈和次级线圈之间的互感发生变化,促使次级线圈感应电势产生变化,一只感应电势增加,另一只感应电势则减少,将两只次级线圈反向串接(同名端连接),就引出差动输出。其输出电势反映出被测物体的移动量。

通过本项目的学习,了解电感式传感器的基本结构、类型、工作原理及特点;掌握差动电感的工作方式;能根据不同测量物理量选择合适的工作类型;了解电感式传感器测量转换电路的组成及其工作原理;正确分析由电感式传感器组成的检测系统的工作原理;能设计基本的电感检测系统。

【相关知识与技能】

电感式传感器是利用电磁感应原理将被测非电量(如位移、压力、流量、振动等)转换成电感量的变化,再由测量电路转换为电压或电流的变化量输出的一种传感器。它的优点很多,如结构简单、工作可靠、测量精度高、零点稳定、输出功率较大等,不足之处是灵敏度、线性度和测量范围相互制约,传感器自身频率响应低,不适用于快速动态测量。这种传感器能实现信息的远距离传输、记录、显示和控制,在工业自动控制系统中被广泛采用。

任务一　自感式传感器

自感式传感器(也叫变磁阻式电感传感器)是利用自感量随气隙变化而改变的原理制成的,可直接用来测量位移量,主要由线圈、铁芯、衔铁等部分组成。自感式传感器主要有闭磁路变气隙式和开磁路螺线管式,它们又都可以分为单线圈式与差动式两种结构形式。

一、工作原理

如图 6-1 所示,由电工知识可知,线圈的自感量等于线圈中通入单位电流所产生的磁链数,即线圈的自感系数 $L=\psi/I=N\phi/I$ (H),ψ 为磁链,$\psi=N\phi$,ϕ 为磁通(Wb),I 为流过线圈的电流(A),N 为线圈匝数。根据磁路欧姆定律:$\phi=\mu NIS/l$(μ 为磁导率,S 为磁路

截面面积，l 为磁路总长度)，令 $R_m = l/\mu S$(R_m 为磁路的磁阻)，可得线圈的电感量为

$$L = \frac{N\phi}{I} = \frac{\mu N^2 S}{l} = \frac{N^2}{R_m} \tag{6-1}$$

如铁芯和衔铁的磁阻可忽略不计，则式(6-1)可改写为

$$L = \frac{N^2}{R_m} \approx \frac{N^2 \mu_0 S_0}{2\delta_0} \tag{6-2}$$

式中 S_0——气隙的等效截面面积；

μ_0——空气的磁导率。

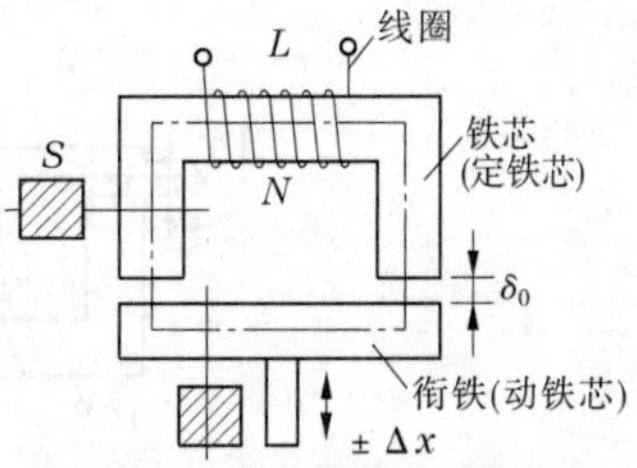

图 6-1 变磁阻式传感器

自感式传感器实质上是一个带气隙的铁芯线圈。按磁路几何参数变化，自感式传感器有变气隙式、变截面式与螺线管式三种，前两种属于闭磁路式，螺线管式属于开磁路式，如图 6-2 所示。

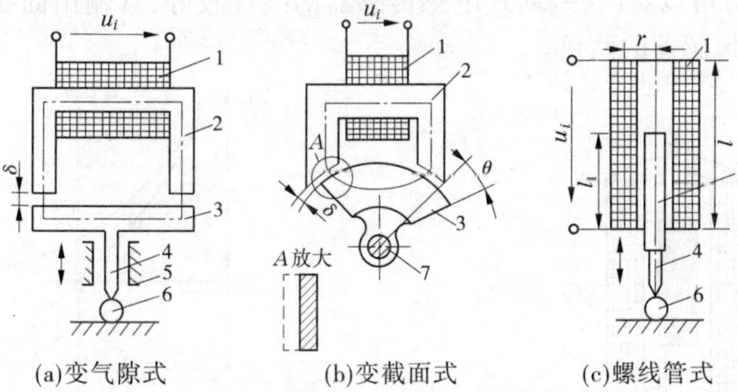

1—线圈；2—铁芯；3—衔铁；4—测杆；5—导轨；6—工件；7—转轴

图 6-2 自感式传感器的常见结构形式

(一)变气隙式(闭磁路式)自感式传感器

变气隙式自感式传感器的结构原理如图 6-3 所示。图 6-3(a)所示为单边式，由铁芯、线圈、衔铁、测杆及弹簧等组成。由式(6-2)可知，变气隙式自感式传感器的线性度差、示值范围窄、自由行程小，但在小位移下灵敏度很高，常用于小位移的测量。

同样由式(6-2)可知，变截面式传感器具有良好的线性度、自由行程大、示值范围宽，但灵敏度较低，通常用来测量比较大的位移。

为了扩大示值范围和减小非线性误差，可采用差动结构，如图 6-3(b)所示。将两个线圈接在电桥的相邻臂，构成差动电桥，不仅可使灵敏度提高一倍，而且使非线性误差大为减小。当 $\Delta x/l_0 = 10\%$ 时，单边式非线性误差小于 10%，而差动式非线性误差小于 1%。

(二)螺线管式(开磁路式)自感式传感器

螺线管式自感式传感器常采用差动式。如图 6-4 所示，它是在螺线管中插入圆柱形铁芯而构成的。其磁路是开放的，气隙磁路占很长的部分。有限长螺线管内部磁场沿轴线非均匀分布，中间强，两端弱。插入铁芯的长度不宜过短也不宜过长，一般以铁芯与线圈长度比为 0.5、半径比趋于 1 为宜。铁磁材料的选取取决于供桥电源的频率，500 Hz 以下多用硅钢片，500 Hz 以上多用薄膜合金，更高频率则选用铁氧体。从线性度考虑，匝数和铁芯长度有一最佳数值，应通过实验选定。

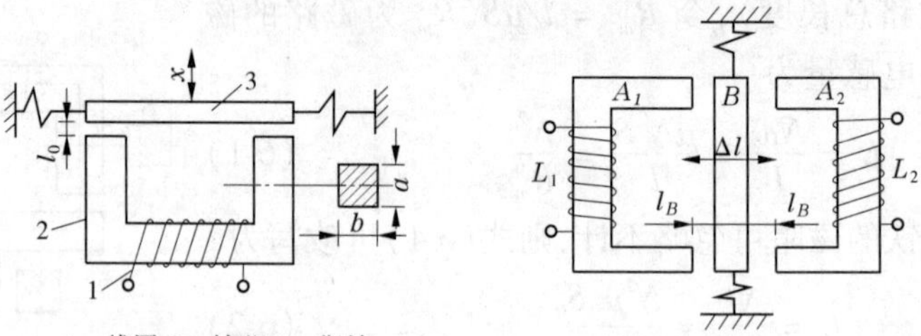

1—线圈;2—铁芯;3—衔铁
(a)单边式　　(b)差动式

图 6-3　变气隙式自感式传感器的结构原理

从结构图可以看出,差动式电感传感器对外界影响,如温度的变化、电源频率的变化等,基本上可以互相抵消,衔铁承受的电磁吸力也较小,从而减小了测量误差。从输出特性曲线(见图 6-5)可以看出,差动式电感传感器的线性较好,且输出曲线较陡,灵敏度约为非差动式电感传感器的两倍。

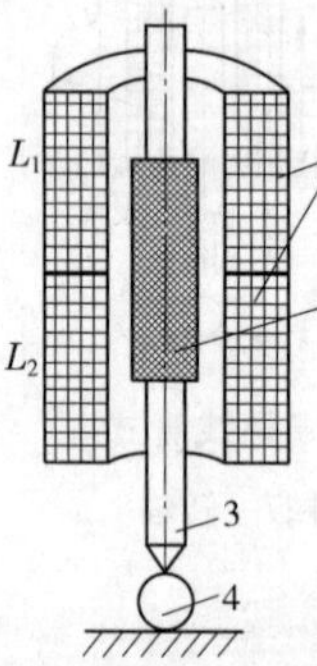

1—测杆;2—衔铁;3—线圈;4—构件

图 6-4　螺线管式自感式传感器的结构原理

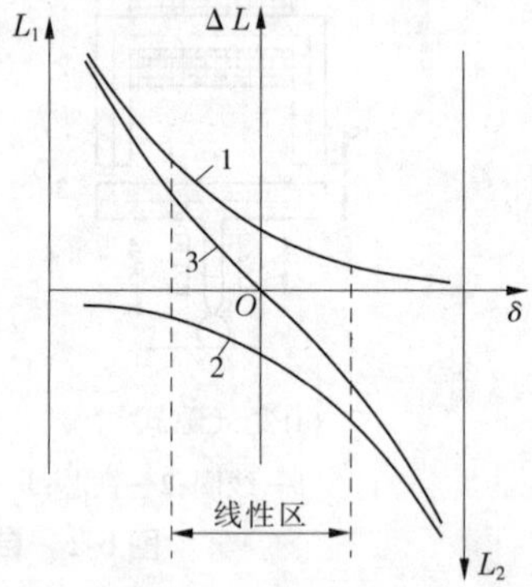

1、2—L_1、L_2 的特性;3—差动特性

图 6-5　差动式电感传感器输出特性曲线

二、自感式传感器的测量电路

自感式传感器的测量电路用来将电感量的变化转换成相应的电压或电流信号,以便供放大器进行放大,然后用测量仪表显示或记录。

自感式传感器的测量电路有交流分压式、交流电桥式和谐振式等多种,常用的差动式传感器大多采用交流电桥式。交流电桥的种类很多,差动式传感器工作时其电桥电路常采用双臂工作方式。两个差动线圈 Z_1 和 Z_2 分别作为电桥的两个桥臂,另外两个平衡臂可以是电阻或电抗,或者是带中心抽头的变压器的两个二次绕组或紧耦合线圈等。

(一)变压器交流电桥

采用变压器二次绕组作平衡臂的交流电桥如图 6-6 所示。因为电桥有两臂为传感器的差动线圈阻抗 Z_1 和 Z_2,所以该电路又称为差动交流电桥。

设 O 点为电位参考点,根据电路的基本分析方法,可得到电桥输出电压 $\dot{U}_o$ 为

$$\dot{U}_o = \dot{U}_{AB} = \dot{V}_A - \dot{V}_B = \left(\frac{Z_1}{Z_1 + Z_2} - \frac{1}{2}\right)\dot{U}_2 \tag{6-3}$$

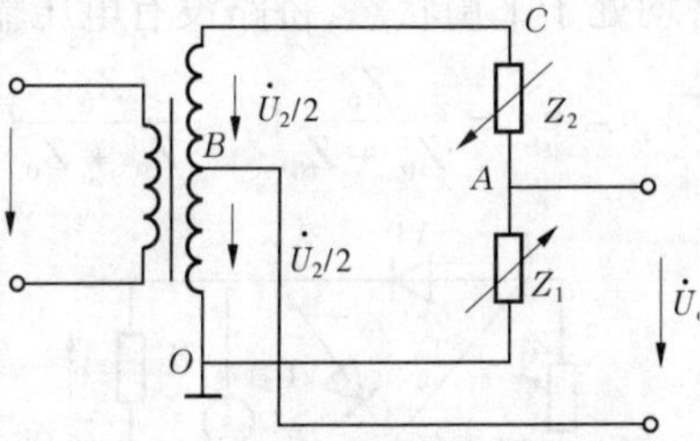

图 6-6 变压器式交流电桥电路图

当传感器的活动铁芯处于初始平衡位置时，两线圈的电感相等，阻抗也相等，即 $Z_{10}=Z_{20}=Z_0$，其中 Z_0 表示活动铁芯处于初始平衡位置时每一个线圈的阻抗。由式(6-3)可知，这时电桥输出电压 $\dot{U}_o=0$，电桥处于平衡状态。

当铁芯向一边移动时，则一个线圈的阻抗增加，即 $Z_1=Z_0+\Delta Z$，而另一个线圈的阻抗减小，即 $Z_2=Z_0-\Delta Z$，代入式(6-3)得

$$\dot{U}_o=\left(\frac{Z_0+\Delta Z}{2Z_0}-\frac{1}{2}\right)\dot{U}_2=\frac{\Delta Z}{2Z_0}\dot{U}_2 \tag{6-4}$$

当传感器线圈为高 Q 值时，则线圈的电阻远小于其感抗，即 $R\ll\omega L$，则根据式(6-4)可得到输出电压 $\dot{U}_o$ 的值为

$$\dot{U}_o=\frac{\Delta L}{2L_0}\dot{U}_2 \tag{6-5}$$

同理，当活动铁芯向另一边(反方向)移动时，则有

$$\dot{U}_o=-\frac{\Delta L}{2L_0}\dot{U}_2 \tag{6-6}$$

综合式(6-5)和式(6-6)可得知电桥输出电压 $\dot{U}_o$ 为

$$\dot{U}_o=\pm\frac{\Delta L}{2L_0}\dot{U}_2 \tag{6-7}$$

式(6-7)表明，差动自感式传感器采用变压器交流电桥为测量电路时，电桥输出电压既能反映被测体位移量的大小，又能反映位移量的方向，且输出电压与电感变化量成线性关系。

(二)带相敏整流的交流电桥

上述变压器式交流电桥中，由于采用交流电源($u_2=U_{2m}\sin\omega t$)，则不论活动铁芯向线圈的哪个方向移动，电桥输出电压总是交流的，即无法判别位移的方向。为此，常采用带相敏整流的交流电桥，如图 6-7 所示。图中电桥的两个臂 Z_1、Z_2 分别为差动式传感器中的电感线圈，另两个臂为平衡阻抗 Z_3、Z_4($Z_3=Z_4=Z_0$)，VD_1、VD_2、VD_3、VD_4 四只二极管组成相敏整流器，输入交流电压加在 A、B 两点之间，输出直流电压 U_o 由 C、D 两点输出，测量仪表可以为零刻度居中的直流电压表或数字电压表。下面分析其工作原理。

1. 初始平衡位置

当差动式传感器的活动铁芯处于中间位置时，传感器两个差动线圈的阻抗 $Z_1=Z_2=Z_0$，其等效电路如图 6-8 所示。由图可知，无论在交流电源的正半周(见图 6-8(a))还是

负半周(见图 6-8(b)),电桥均处于平衡状态,桥路没有电压输出,即

$$U_o = V_D - V_C = \frac{Z_0}{Z_0 + Z_0}U_i - \frac{Z_0}{Z_0 + Z_0}U_i = 0 \tag{6-8}$$

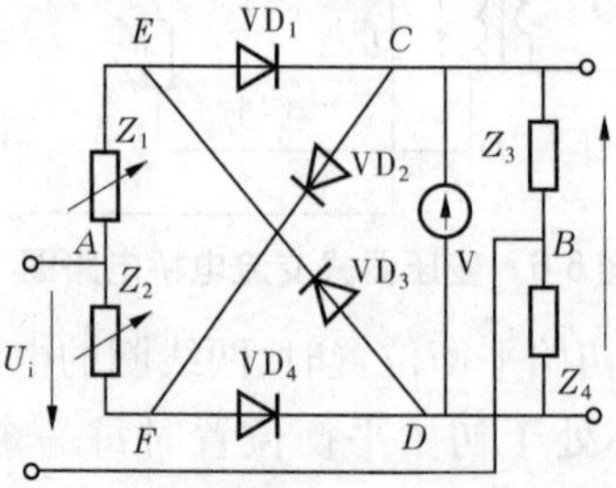

图 6-7 带相敏整流的交流电桥电路

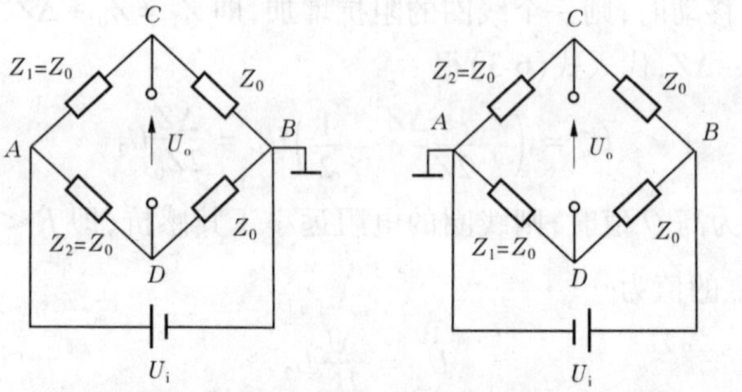

(a)交流电正半周等效电路 (b)交流电负半周等效电路

图 6-8 铁芯处于初始平衡位置时的等效电路

2. 活动铁芯向线圈的一个方向移动

当活动铁芯向线圈的一个方向移动时,传感器两个差动线圈的阻抗发生变化,等效电路如图 6-9 所示。

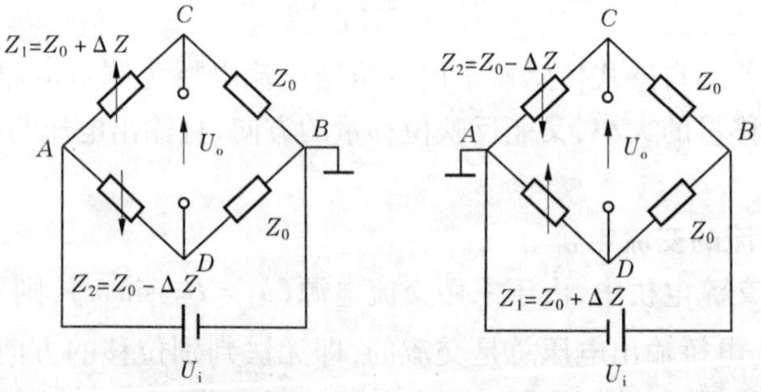

(a)交流电正半周等效电路 (b)交流电负半周等效电路

图 6-9 铁芯向线圈一个方向移动时的等效电路

此时,Z_1、Z_2 的值分别为

$$Z_1 = Z_0 + \Delta Z$$

$$Z_2 = Z_0 - \Delta Z$$

在 U_i 的正半周,由图 6-9(a)可知,输出电压为

$$U_o = V_D - V_C = \frac{\Delta Z}{2Z_0} \frac{1}{1-\left(\frac{\Delta Z}{2Z_0}\right)^2} U_i \tag{6-9}$$

当$(\Delta Z/Z_0)^2 \ll 1$时,式(6-9)可近似地表示为

$$U_o \approx \frac{\Delta Z}{2Z_0} U_i \tag{6-10}$$

同理,在U_i的负半周,由图6-9(b)可知

$$U_o = V_D - V_C = \frac{\Delta Z}{2Z_0} \frac{1}{1-\left(\frac{\Delta Z}{2Z_0}\right)^2} |U_i| \approx \frac{\Delta Z}{2Z_0} |U_i| \tag{6-11}$$

由此可知,只要活动铁芯向一个方向移动,无论是在交流电源的正半周还是负半周,电桥输出电压U_o均为正值。

3. 活动铁芯向相反方向移动

当活动铁芯向线圈的另一个方向移动时,用上述分析方法同样可以证明,无论是在U_i的正半周还是负半周,电桥输出电压U_o均为负值,即

$$U_o = -\frac{\Delta Z}{2Z_0} |U_i| \tag{6-12}$$

综上所述可知,采用带相敏整流的交流电桥,其输出电压既能反映位移量的大小,又能反映位移的方向,所以应用较为广泛。图6-10为相敏整流交流电桥输出特性曲线。

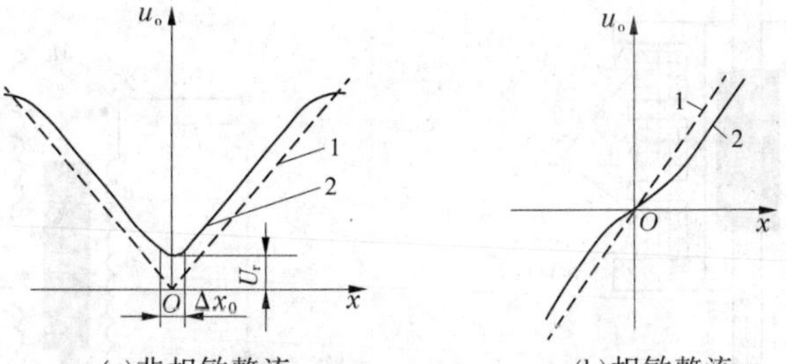

(a)非相敏整流　　(b)相敏整流

1—理想特性曲线;2—实际特性曲线

图6-10　相敏整流交流电桥输出特性曲线

任务二　差动变压器式传感器

把被测的非电量变化转换为线圈互感变化的传感器称为互感式传感器。因这种传感器是根据变压器的基本原理制成的,并且其二次绕组都用差动形式连接,所以又叫差动变压器式传感器,简称差动变压器。它的结构形式较多,有变隙式、变面积式和螺线管式等,但其工作原理基本一样。在非电量测量中,应用最多的是螺线管式差动变压器,它可以测量1~100 mm内的机械位移,并具有测量精度高,灵敏度高,结构简单,性能可靠等优点。

一、差动变压器的工作原理

如图 6-11 所示为螺线管式差动变压器的结构示意图。由图可知，它主要由绕组、活动衔铁和导磁外壳等组成。绕组包括一、二次绕组和骨架等部分。

图 6-12 所示是理想的螺线管式差动变压器的原理图。将两匝数相等的二次绕组的同名端反向串联，并且忽略铁损、导磁体磁阻和绕组分布电容的理想条件下，当一次绕组 N_1 加以励磁电压 $\dot{U}_i$ 时，则在两个二次绕组 N_{21} 和 N_{22} 中就会产生感应电动势 $\dot{E}_{21}$ 和 $\dot{E}_{22}$（二次开路时即为 $\dot{U}_{21}$、$\dot{U}_{22}$）。若工艺上保证变压器结构完全对称，则当活动衔铁处于初始平衡位置时，必然会使两二次绕组磁回路的磁阻相等，磁通相同，互感系数 $M_1 = M_2$。根据电磁感应原理，将有 $\dot{E}_{21} = \dot{E}_{22}$，由于两个二次绕组反向串联，因而 $\dot{U}_o = \dot{E}_{21} - \dot{E}_{22} = 0$，即差动变压器输出电压为零，即

$$\dot{E}_{21} = -j\omega M_1 \dot{I}_1; \quad \dot{E}_{22} = -j\omega M_2 \dot{I}_1 \tag{6-13}$$

式中　ω——激励电源角频率，rad/s；

M_1、M_2——一次绕组 N_1 与二次绕组 N_{21}、N_{22} 间的互感量，H；

$\dot{I}_1$——一次绕组的激励电流，A。

$$\dot{U}_o = \dot{E}_{21} - \dot{E}_{22} = -j\omega(M_1 - M_2)\dot{I}_1 = j\omega(M_2 - M_1)\dot{I}_1 = 0 \tag{6-14}$$

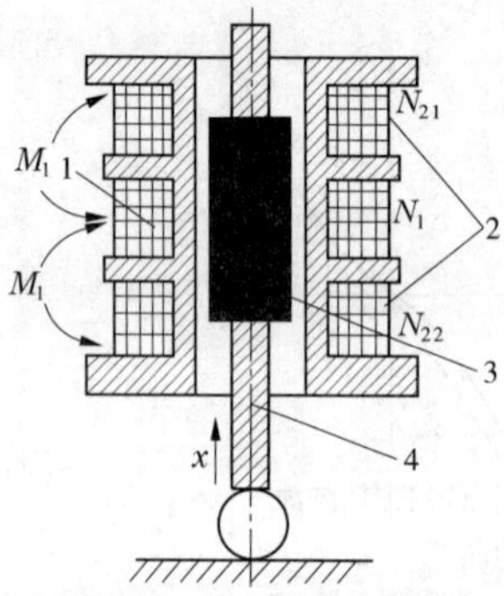

1——一次绕组；2—二次绕组；3—衔铁；4—测杆

图 6-11　螺线管式差动变压器的结构示意图

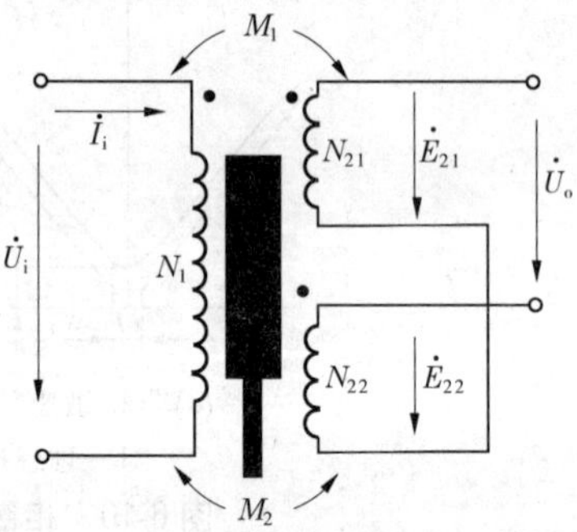

图 6-12　螺线管式差动变压器的原理图

当活动衔铁向二次绕组 N_{21} 方向（向上）移动时，由于磁阻的影响，N_{21} 中的磁通将大于 N_{22} 中的磁通，即可得 $M_1 = M_0 + \Delta M$、$M_2 = M_0 - \Delta M$，从而使 $M_1 > M_2$，因而必然会使 $\dot{E}_{21}$ 增加，$\dot{E}_{22}$ 减小。综上分析可得

$$\dot{U}_o = \dot{E}_{21} - \dot{E}_{22} = \pm 2j\omega \Delta M \dot{I}_1 \tag{6-15}$$

式中的正负号表示输出电压与励磁电压同相或者反相。

由于在一定的范围内，互感的变化 ΔM 与位移 x 成正比，所以输出电压的变化与位移的变化成正比。特性曲线如图 6-13 所示。实际上，当衔铁位于中心位置时，差动变压器的输出电压并不等于零，通常把差动变压器在零位移时的输出电压称为零点残余电压，如图6-13中 Δe 所示。它的存在使传感器的输出特性曲线不过零点，造成实际特性与理论特

性不完全一致。

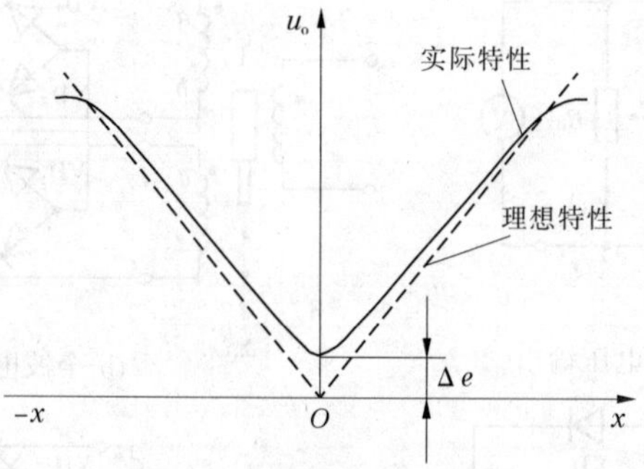

图 6-13　零点残余电动势

零点残余电动势使得传感器在零点附近的输出特性不灵敏，为测量带来误差。为了减小零点残余电动势，可采用以下方法：

(1)尽可能保证传感器尺寸、线圈电气参数和磁路对称。

(2)选用合适的测量电路。

(3)采用补偿线路减小零点残余电动势。

二、差动变压器测量电路

差动变压器输出的是交流电压，若用交流电压表测量，只能反映衔铁位移的大小，而不能反映移动方向。另外，其测量值中将包含零点残余电压。为了达到能辨别移动方向及消除零点残余电动势的目的，实际测量时，常常采用差动整流电路和差动相敏检波电路。

(一)差动整流电路

图 6-14 给出了几种典型电路形式。图 6-14(a)、(b)适用于高负载阻抗，图 6-14(c)、(d)适用于低负载阻抗，电阻 R_0 用于调整零点残余电压。这种电路是把差动变压器的两个次级输出电压分别整流，然后将整流的电压或电流的差值作为输出，这样二次电压的相位和零点残余电压都不必考虑。

差动整流电路同样具有相敏检波作用，图 6-14 中的两组(或两个)整流二极管分别将二次线圈中的交流电压转换为直流电，然后相加。由于这种测量电路结构简单，不需要考虑相位调整和零点残余电压的影响，且具有分布电容小和便于远距离传输等优点，因而获得广泛的应用。但是，二极管的非线性影响比较严重，而且二极管的正向饱和压降与反向漏电流对性能也会产生不利影响，只能在要求不高的场合下使用。

一般经相敏检波和差动整流后的输出信号还必须经过低通滤波器，把调制的高频信号衰减掉，只让衔铁运动产生的有用信号通过。

(二)差动相敏检波电路

差动相敏检波电路的种类很多，但基本原理大致相同。下面以二极管环形(全波)差动相敏检波电路为例说明其工作原理。

1. 电路组成

如图 6-15 所示，四个特性相同的二极管以同一方向串接成一个闭合回路，组成环形

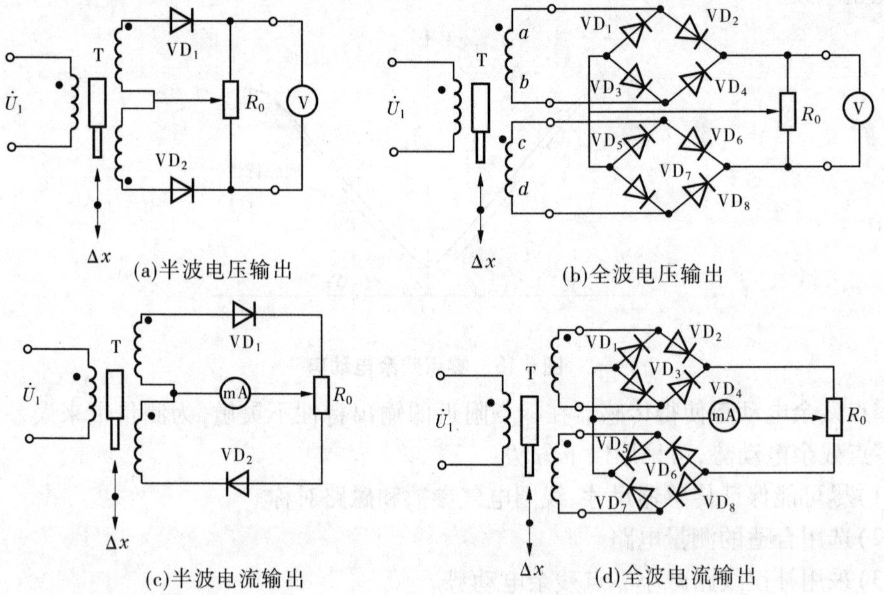

图 6-14 差动整流电路

电桥。差动变压器输出的调幅波 u_2 通过变压器 T_1 加入环形电桥的一个对角线,解调信号 u_o 通过变压器 T_2 加入环形电桥的另一个对角线,输出信号 u_L 从变压器 T_1 与 T_2 的中心抽头之间引出。平衡电阻 R 起限流作用,避免二极管导通时电流过大。R_L 为检波电路的负载。解调信号 u_o 的幅值要远大于 u_2,以便有效控制四个二极管的导通状态。u_o 与 u_1 由同一振荡器供电,以保证两者同频、同相(或反相)。

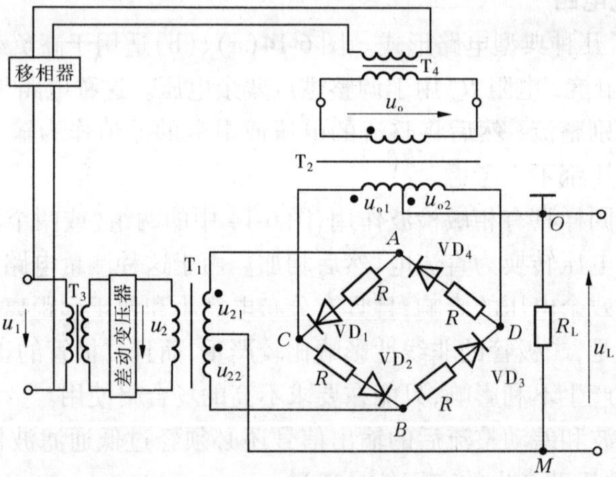

图 6-15 差动相敏检波电路

2. 工作原理

当 u_2 与 u_o 处于正半周时,VD_2、VD_3 导通,VD_1、VD_4 截止,形成两条电流通路,等效电路如图 6-16 所示。

电流通路 1 为

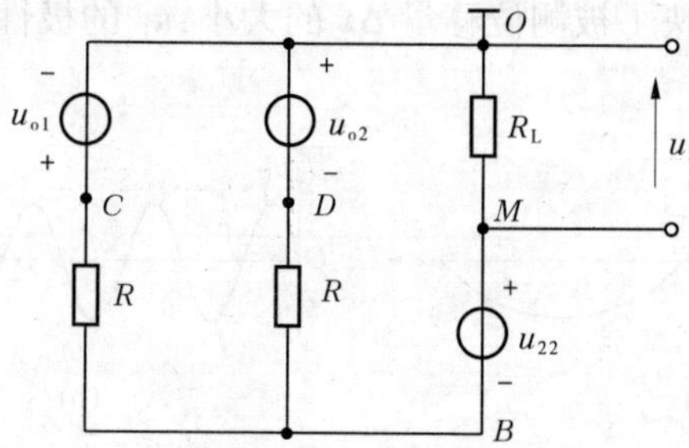

图 6-16　等效电路

$$u_{o1}^{+} \to C \to VD_2 \to B \to u_{22}^{-} \to u_{22}^{+} \to R_L \to u_{o1}^{-}$$

电流通路 2 为

$$u_{o2}^{+} \to R_L \to u_{22}^{+} \to u_{22}^{-} \to B \to VD_3 \to D \to u_{o2}^{-}$$

当 u_2 与 u_o 同处于负半周时，VD_1、VD_4 导通，VD_2、VD_3 截止，同样有两条电流通路，等效电路如图 6-17 所示。

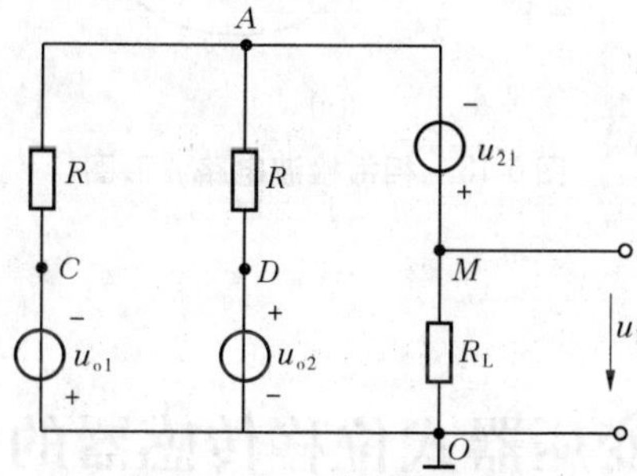

图 6-17　等效电路

电流通路 1 为

$$u_{o1}^{+} \to R_L \to u_{21}^{+} \to u_{21}^{-} \to A \to R \to VD_1 \to C \to u_{o1}^{-}$$

电流通路 2 为

$$u_{o2}^{+} \to D \to R \to VD_4 \to A \to u_{21}^{-} \to u_{21}^{+} \to R_L \to u_{o2}^{-}$$

传感器衔铁上移，输出电压为

$$u_L = \frac{R_L u_2}{n_1(R + 2R_L)} \tag{6-16}$$

传感器衔铁下移，输出电压为

$$u_L = -\frac{R_L u_2}{n_1(R + 2R_L)} \tag{6-17}$$

其中，n_1 为变压器 T_1 的变比。

3. 波形图

根据以上分析可画出输入输出电压波形，如图 6-18 所示。由于输出电压 u_L 是经二极管检波之后得到的，因此式(6-16)中的 u_2 为图 6-18(c)中的正包络线，而式(6-17)中的 u_2 为图 6-18(c)中的负包络线，它们共同形成的波形如图 6-18(e)所示。由图可知，图 6-18(a)、(e)变化规律完全相同。因此，电压 u_L 的变化规律充分反映了被测位移量的变化规律,即 u_L 的幅值反映了被测位移量 Δx 的大小,u_L 的极性反映了被测位移量 Δx 的方向。

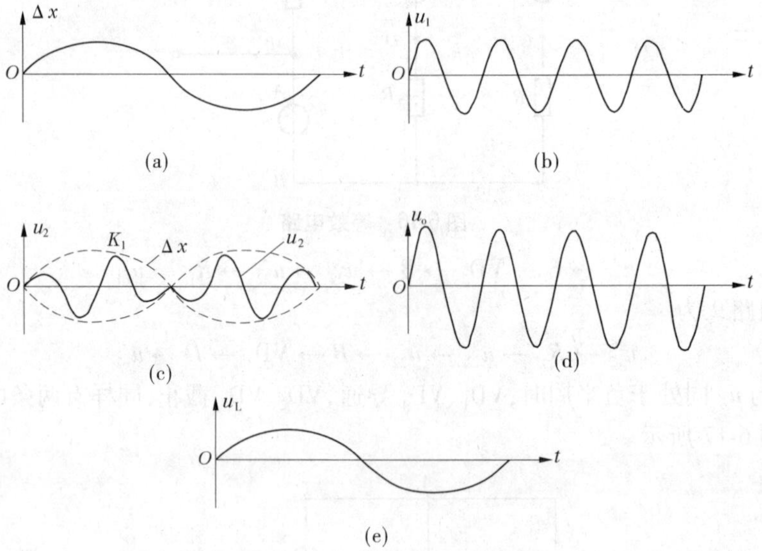

图 6-18 相敏检波电路波形图

【项目实施】

任务三 差动变压器式位移传感器的安装与测试

通过任务的学习使大家了解差动变压器的工作原理和特性。

本任务需用器件与单元:差动变压器实验模块、测微头、双线示波器、差动变压器、音频信号源(音频振荡器)、直流电源、万用表,如图 6-19 所示。

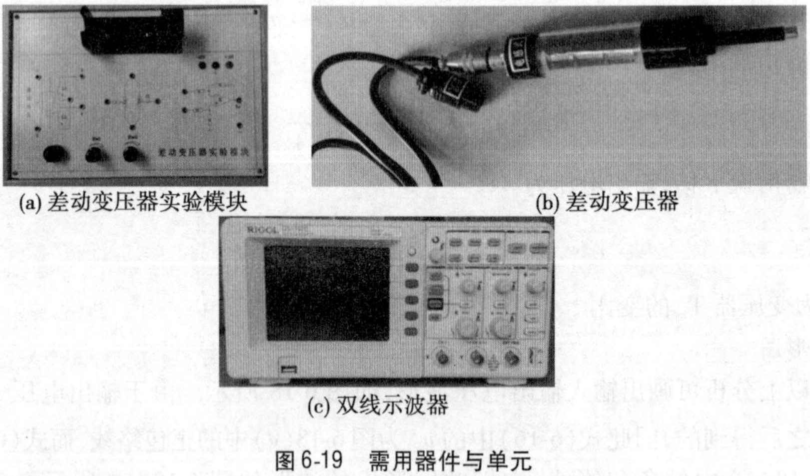

(a) 差动变压器实验模块 (b) 差动变压器

(c) 双线示波器

图 6-19 需用器件与单元

安装与测试步骤如下所述:

(1)根据图6-20,将差动变压器安装在差动变压器实验模块上。

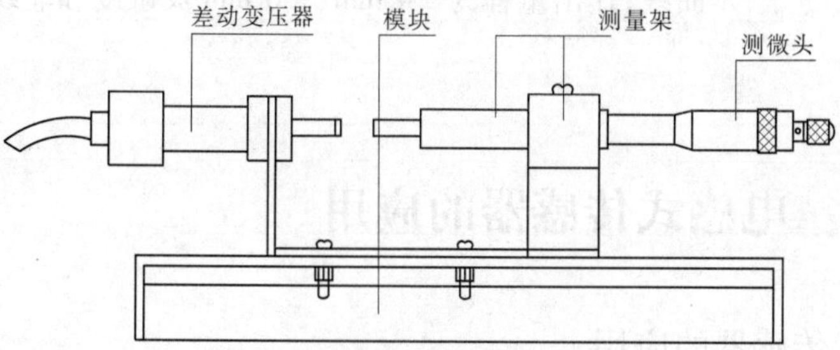

图6-20　差动变压器安装示意图

(2)在模块上按照图6-21接线,音频振荡器信号必须从主控箱中的Lv端子输出,调节音频振荡器的频率,输出频率为5~10 kHz(可用主控箱的数显表的频率挡f_i输入来监测,实训中可调节频率使波形不失真)。调节幅度使输出幅度为峰-峰值$V_{p-p}=2$ V(可用示波器监测:X轴为0.2 ms/div、Y轴CH_1为1 V/div、CH_2为0.2 V/div)。判别初级线圈及次级线圈同名端方法如下:设任一线圈为初级线圈(1和2插孔作为初级线圈),并设另外两个线圈的任一端为同名端,按图6-21接线。当铁芯左、右移动时,观察示波器中显示的初级线圈波形、次级线圈波形,当次级线圈波形输出幅值变化很大,基本上能过零点(3和4插孔),而且相位与初级线圈波形(Lv音频信号$V_{p-p}=2$ V波形)比较能同相和反相变化时,说明已连接的初、次级线圈及同名端是正确的,否则继续改变连接再判断,直到正确。图中1、2、3、4为模块中的插孔。

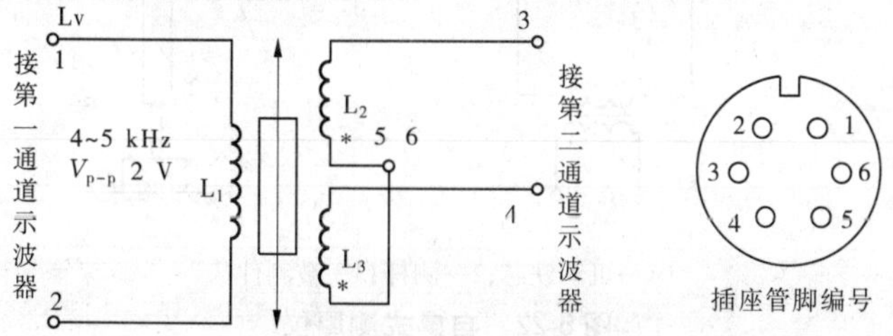

图6-21　双线示波器与差动变压器连接示意图

(3)旋动测微头,使示波器第二通道显示的波形峰-峰值V_{p-p}为最小。这时可以左右位移,假设其中一个方向位移为正,则另一个方向位移为负。从V_{p-p}最小开始旋动测微头,每隔0.5 mm从示波器上读出输出电压V_{p-p}值填入表6-1。再从V_{p-p}最小处做反向位移操作,在操作过程中,注意左、右位移时初、次级波形的相位关系。

表6-1　差动变压器位移X值与输出电压V_{p-p}数据记录表

X(mm)					– ←	0 mm	→ +			
U(mV)						V_{p-p}				

(4)实训过程中注意差动变压器输出的最小值即为差动变压器的零点残余电压值。根据表6-1画出 V_{p-p}—X 曲线,作出量程为 ±4 mm、±6 mm 灵敏度和非线性误差。

【项目拓展】

任务四　电感式传感器的应用

一、自感式传感器的应用

自感式传感器的应用很广泛,它不仅可直接用于测量位移,还可以用于测量振动、应变、厚度、压力、流量、液位等非电量。下面介绍两个应用实例。

(一)自感式测厚仪

图6-22所示为自感式测厚仪,它采用差动结构,其测量电路为带相敏整流的交流电桥。当被测物的厚度发生变化时,测杆上下移动,带动可动铁芯产生位移,从而改变了气隙的厚度,使线圈的电感量发生相应的变化。此电感变化量经过带相敏整流的交流电桥测量后,送测量仪表显示,其大小与被测件的厚度成正比。

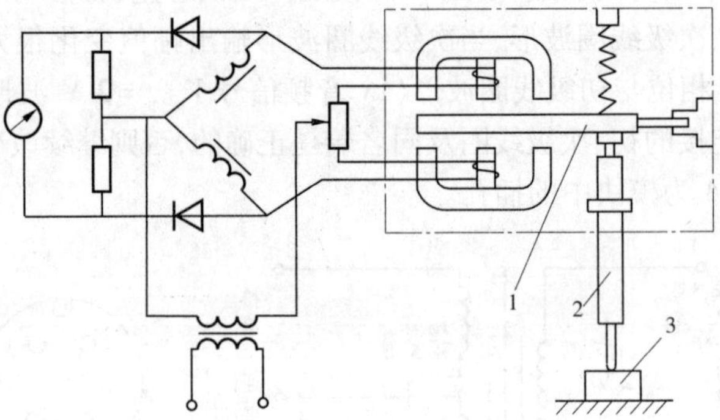

1—可动铁芯;2—测杆;3—被测件

图6-22　自感式测厚仪

(二)位移测量

图6-23(a)是轴向式测试头的结构示意图,图6-23(b)是电感测微仪的原理框图。测量时测头的测端与被测件接触,被测件的微小位移使衔铁在差动线圈中移动,线圈的电感值将产生变化,这一变化量通过引线接到交流电桥,电桥的输出电压就反映被测件的位移变化量。

二、差动变压器式传感器的应用

差动变压器式传感器不仅可以直接用于位移测量,而且可以测量与位移有关的任何机械量,如振动、加速度、应变、压力、张力、比重和厚度等。

(一)振动和加速度的测量

图6-24为测量振动与加速度的振动传感器结构及其测量电路图。它由悬臂梁和差

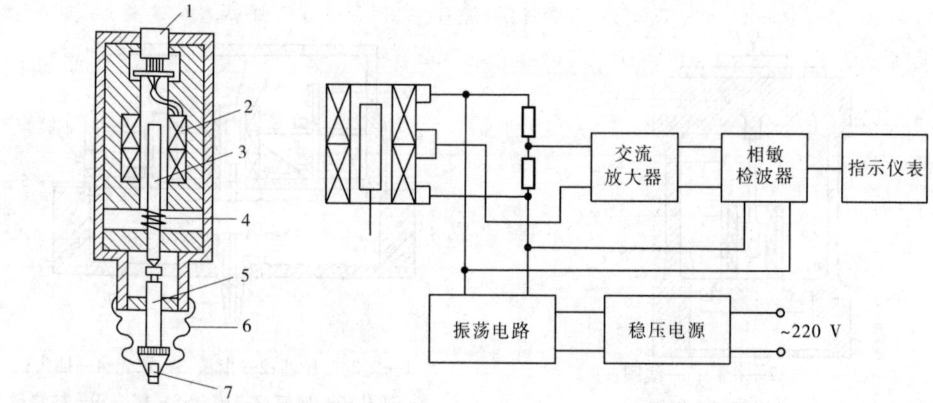

1—引线;2—线圈;3—衔铁; 4—测力弹簧;
5—导杆;6—密封罩;7—测头

(a)轴向式测试头的结构示意图 (b)电感测微仪的原理框图

图 6-23 电感测微仪及其测量电路框图

动变压器构成。测量时,将悬臂梁底座及差动变压器的线圈骨架固定,而将衔铁的 A 端与被测振动体相连,此时传感器作为加速度测量中的惯性元件,它的位移与被测加速度成正比,使加速度的测量转变为位移的测量。当被测体带动衔铁以 $\Delta x(t)$ 振动时,导致差动变压器的输出电压也按相同规律变化。

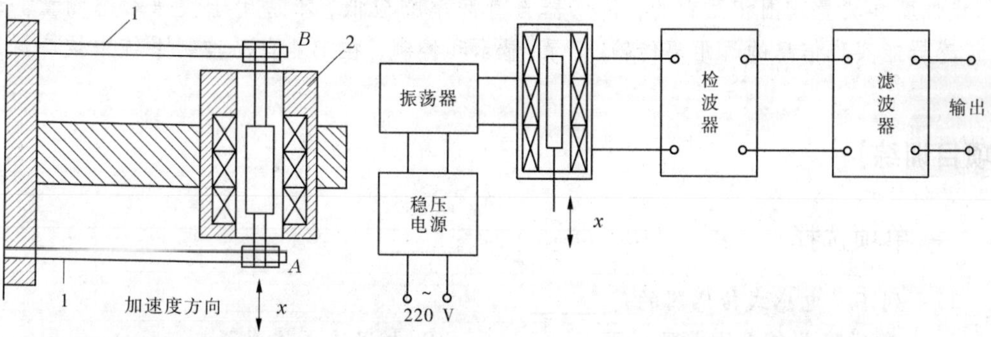

1—弹性支撑;2—差动变压器

(a)振动传感器结构示意图 (b)测量电路

图 6-24 振动传感器结构及其测量电路

(二)力和压力的测量

图 6-25 是差动变压器式力传感器。当力作用于传感器时,弹性元件产生变形,从而导致衔铁相对线圈移动。线圈电感量的变化通过测量电路转换为输出电压,其大小反映了受力的大小。

差动变压器和膜片、膜盒和弹簧管等相结合,可以组成压力传感器。图 6-26 是电感式微压力传感器的结构示意图。在无压力作用时,膜盒在初始状态,与膜盒连接的衔铁位于差动变压器线圈的中心部。当压力输入膜盒后,膜盒的自由端产生位移并带动衔铁移动,差动变压器产生一正比于压力的输出电压。

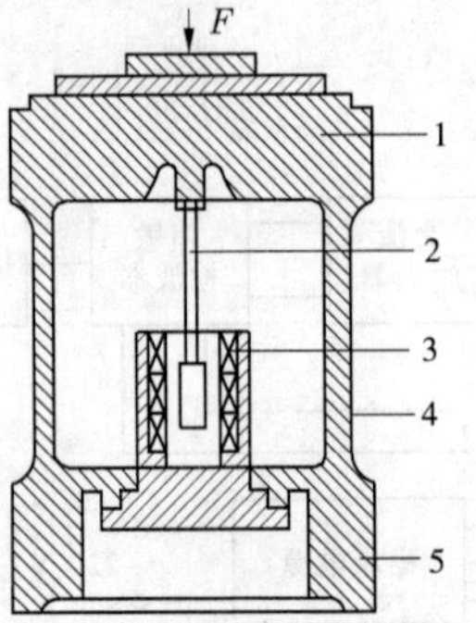

1—上部；2—衔铁；3—线圈；
4—变形部；5—下部

图6-25 差动变压器式力传感器

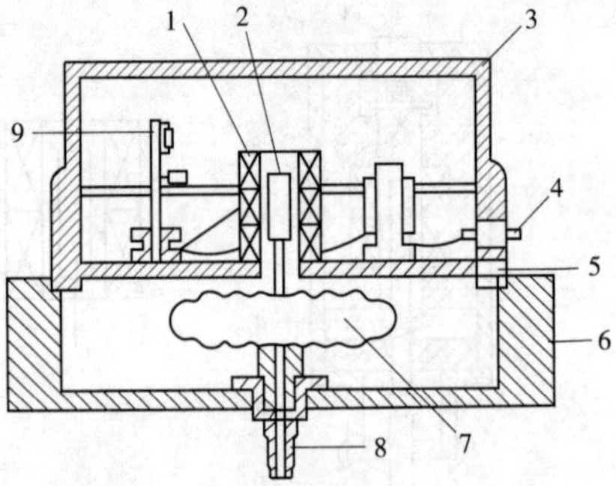

1—差动变压器；2—衔铁；3—罩壳；4—插头；
5—通孔；6—底座；7—膜盒；8—接头；9—线路板

图6-26 电感式微压力传感器

【项目小结】

差动变压器式传感器把被测非电量转换为线圈间互感量的变化。差动变压器的结构形式有变气隙式、变面积式和螺线管式等，其中应用最多的是螺线管式差动变压器。

电感式传感器是利用电磁感应原理将被测非电量（如位移、压力、流量、振动等）转换成电感量的变化，再由测量电路转换为电压或电流的变化量输出的一种传感器。它的优点很多，如结构简单、工作可靠、测量精度高、零点稳定、输出功率较大等，不足之处是灵敏度、线性度和测量范围相互制约，传感器自身频率响应低，不适用于快速动态测量。这种传感器能实现信息的远距离传输、记录、显示和控制，在工业自动控制系统中被广泛采用。

【项目训练】

一、单项选择

1. 下列不是电感式传感器的是______。

A. 变磁阻式自感传感器　　B. 电涡流式传感器

C. 变压器式互感传感器　　D. 霍尔式传感器

2. 下列传感器中不能采用差动结构的是______。

A. 电阻应变式　　B. 自感式　　C. 电容式　　D. 电涡流式

3. 自感式传感器或差动变压器式传感器采用相敏检波电路最重要的目的是______。

A. 将输出的交流信号转换成直流信号

B. 提高灵敏度

C. 减小非线性失真

D. 使检波后的直流电压能反映检波前交流信号的相位和幅度

二、简答

1. 电感式传感器的工作原理是什么？能够测量哪些物理量？

2. 变气隙式传感器主要是有哪几部分组成？有什么特点？

3. 为什么螺线管式电感传感器比变气隙式电感传感器有更大的测量位移范围？

4. 何谓零点残余电压？说明该电压产生的原因和消除方法。

5. 差动变压器式传感器的测量电路有几种类型？说明它们的组成和工作原理。为什么这类电路能消除零点残余电压？

6. 比较差动式自感传感器和差动变压器在结构上及工作原理上的异同之处。

7. 在电感式传感器中常采用相敏整流电路，其作用是什么？

三、分析

1. 图6-27是一种力平衡式差压计的结构原理图，请简述其工作过程。

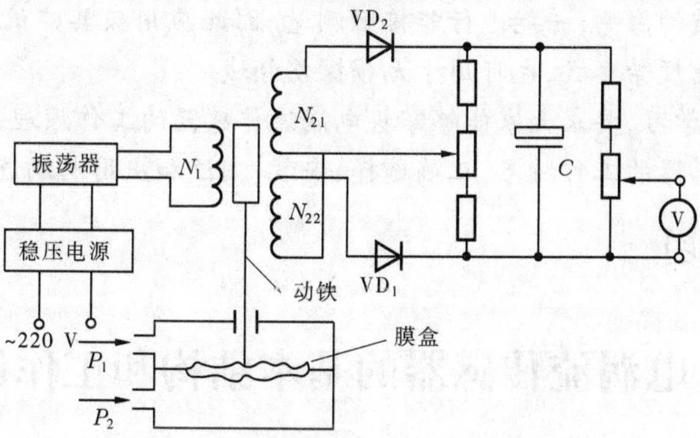

图6-27 力平衡式差压计的结构原理图

2. 图6-28所示为一差动整流电路，请分析电路的工作原理。

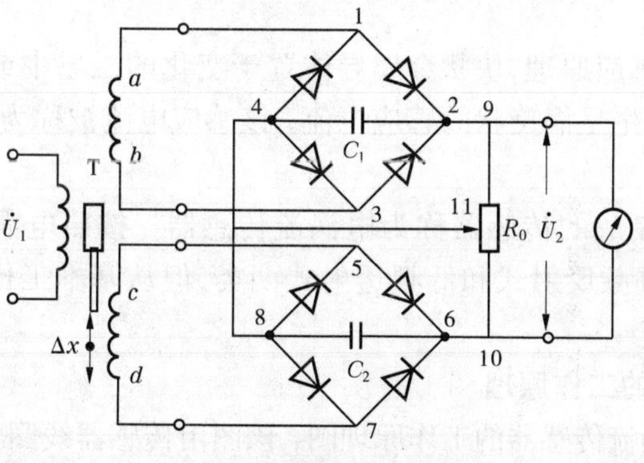

图6-28 差动整流电路

项目七　电涡流式位移传感器的安装与测试

【项目描述】

本项目要求会安装并测试一台电涡流式位移传感器(后文可简称电涡流传感器)。

电涡流传感器是利用电涡流效应进行工作的。由于其结构简单、灵敏度高、频响范围宽、不受油污等介质的影响,并能进行非接触测量,因此应用极其广泛,可用来测量位移、厚度、转速、温度、硬度等参数,也可用于无损探伤领域。

通过本项目的学习,要求大家能够掌握电涡流传感器的工作原理、基本结构和工作方式,熟悉电涡流传感器的工作特点,正确选择、安装、测试和应用电涡流传感器。

【相关知识与技能】

任务一　电涡流传感器的基本结构和工作原理

一、电涡流传感器的工作原理

(一)电涡流效应

根据法拉第电磁感应原理,块状金属导体置于变化的磁场中或在磁场中作切割磁力线运动时,导体内将产生呈涡旋状的感应电流,该感应电流被称为电涡流或涡流,这种现象被称为电涡流效应。

根据电涡流效应制成的传感器称为电涡流传感器。按照电涡流在导体内的贯穿情况,此传感器可分为高频反射式和低频透射式两类,但从基本工作原理上来说仍是相似的。

(二)涡流传感器的工作原理

图 7-1 所示为电涡流传感器的工作原理图,该图由传感器线圈和被测导体组成线圈－导体系统。根据法拉第定律,当传感器线圈通以正弦交变电流 $\dot{I}_1$ 时,线圈周围空间必然产生正弦交变磁场 $\dot{H}_1$,使置于此磁场中的金属导体中感应电涡流 $\dot{I}_2$,$\dot{I}_2$ 又产生新的交变磁场 $\dot{H}_2$。根据楞次定律,$\dot{H}_2$ 的作用将反抗原磁场 $\dot{H}_1$,导致传感器线圈的等效阻抗发生变化。由上可知,线圈阻抗的变化完全取决于被测金属导体的电涡流效应。而电涡流效应既与被测体的电阻率 ρ、磁导率 μ 以及几何形状有关,又与线圈几何参数、线圈中激磁电流频率 ω 有关,还与线圈与导体间的距离 x 有关。因此,传感器线圈受电涡流影响时的等效阻抗 Z 的函数关系式为

$$Z = F(\rho, \mu, R, \omega, x) \tag{7-1}$$

式中　R——线圈与被测体的尺寸因子。

如果保持式(7-1)中其他参数不变，而只改变其中一个参数，传感器线圈阻抗 Z 就仅仅是这个参数的单值函数。通过与传感器配用的测量电路测出阻抗 Z 的变化量，即可实现对该参数的测量。

若把导体等效成一个短路线圈，可画出图 7-1 所示等效电路图，如图 7-2 所示。图中 R_2 为电涡流短路环等效电阻。根据基尔霍夫第二定律，可列出如下方程：

$$\begin{cases} R_1\dot{I}_1 + j\omega L_1\dot{I}_1 - j\omega M\dot{I}_2 = \dot{U}_1 \\ -j\omega M\dot{I}_1 + R_2\dot{I}_2 + j\omega L_2\dot{I}_2 = 0 \end{cases} \tag{7-2}$$

式中　ω——线圈激磁电流角频率；

R_1、L_1——线圈电阻和电感；

L_2、R_2——短路环等效电感和等效电阻。

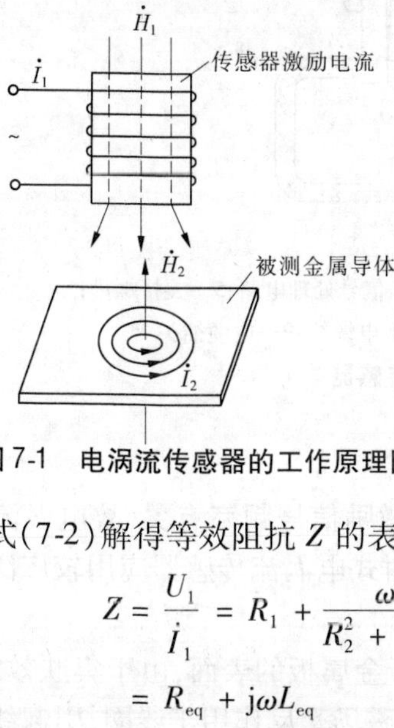

图 7-1　电涡流传感器的工作原理图

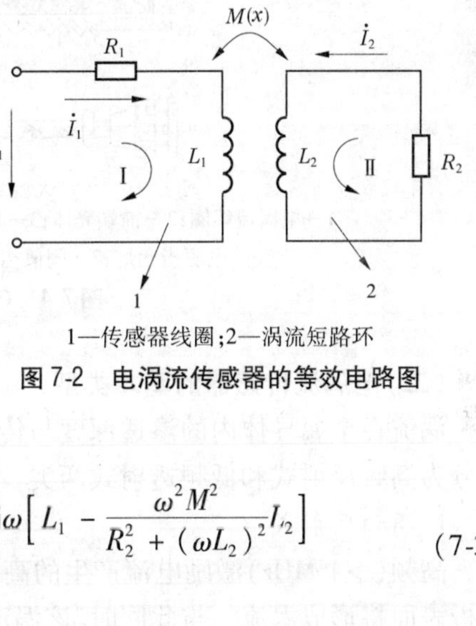

图 7-2　电涡流传感器的等效电路图

由式(7-2)解得等效阻抗 Z 的表达式为

$$\begin{aligned} Z = \frac{\dot{U}_1}{\dot{I}_1} &= R_1 + \frac{\omega^2 M^2}{R_2^2 + (\omega L_2)^2}R_2 + j\omega\left[L_1 - \frac{\omega^2 M^2}{R_2^2 + (\omega L_2)^2}L_2\right] \\ &= R_{eq} + j\omega L_{eq} \end{aligned} \tag{7-3}$$

式中　R_{eq}——线圈受电涡流影响后的等效电阻；

L_{eq}——线圈受电涡流影响后的等效电感。

线圈的等效品质因数 Q 值为

$$Q = \frac{\omega L_{eq}}{R_{eq}} \tag{7-4}$$

二、电涡流传感器的基本结构和类型

（一）电涡流传感器的基本结构

电涡流传感器的基本结构主要由线圈和框架组成。根据线圈在框架上的安置方法，传感器的结构可分为两种形式：一种是单独绕成一只无框架的扁平圆形线圈，由胶水将此线圈黏接于框架的顶部，如图 7-3 所示的 CZF3 型电涡流传感器；另一种是在框架的接近端面处开一条细槽,用导线在槽中绕成一只线圈,如图7-4所示的CZF1型电涡流传感器。

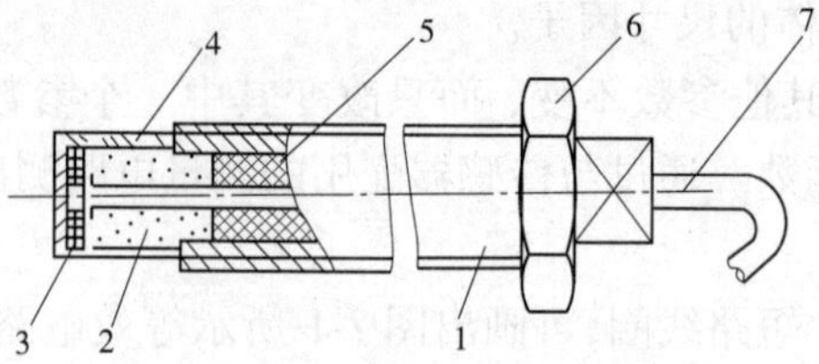

1—壳体;2—框架;3—线圈;4—保护套;
5—填料;6—螺母;7—电缆

图7-3　CZF3型电涡流传感器

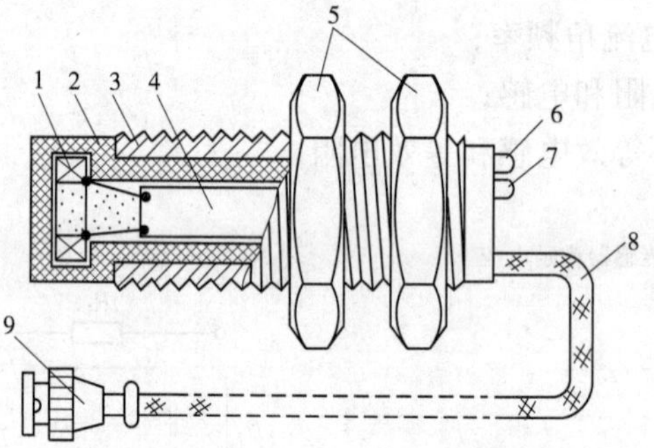

1—电涡流线圈;2—前端壳体;3—位置调节螺纹;4—信号处理电路;5—夹持螺母;
6—电源指示灯;7—阈值指示灯;8—输出屏蔽电缆;9—电缆插头

图7-4　CZF1型电涡流传感器

(二)电涡流传感器的基本类型

涡流在金属导体内的渗透深度与传感器线圈的激励信号频率有关,故电涡流传感器可分为高频反射式和低频透射式两类。目前高频反射式电涡流传感器应用较广泛。

1. 高频反射式

高频(>1 MHz)激励电流产生的高频磁场作用于金属板的表面,由于集肤效应,在金属板表面将形成涡流。与此同时,该涡流产生的交变磁场又反作用于线圈,引起线圈自感L或阻抗Z_L的变化。线圈自感L或阻抗Z_L的变化与金属板距离h、金属板的电阻率ρ、磁导率μ、激励电流i及角频率ω等有关,若只改变距离h而保持其他参数不变,则可将位移的变化转换为线圈自感的变化,通过测量电路转换为电压输出。高频反射式电涡流传感器多用于位移测量,如图7-5所示。

2. 低频透射式

如图7-6所示,发射线圈L_1和接收线圈L_2分置于被测金属板的上下方,由于低频磁场集肤效应小,渗透深,当低频(音频范围)电压u_1加到线圈L_1的两端后,所产生磁力线的一部分透过金属板使线圈L_2产生感应电动势u_2。但由于涡流消耗部分磁场能量,使感应电动势u_2减小,当金属板越厚时,损耗的能量越大,输出电动势u_2越小。因此,u_2的大小与金属板的厚度及材料的性质有关。试验表明,u_2随材料厚度h的增加按负指数规律减小。因此,若金属板材料的性质一定,则利用 u_2 的变化即可测厚度。

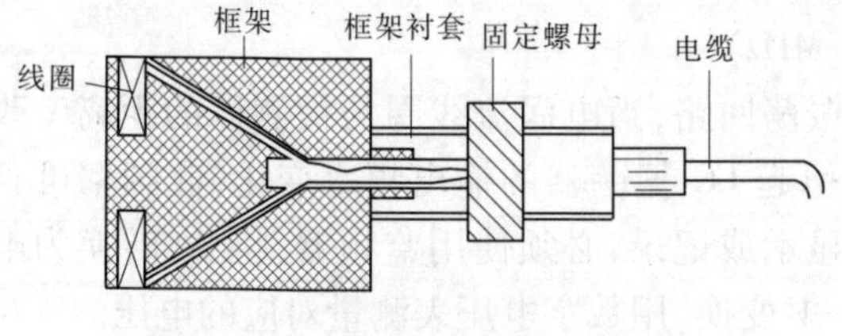

图 7-5　高频反射式电涡流传感器

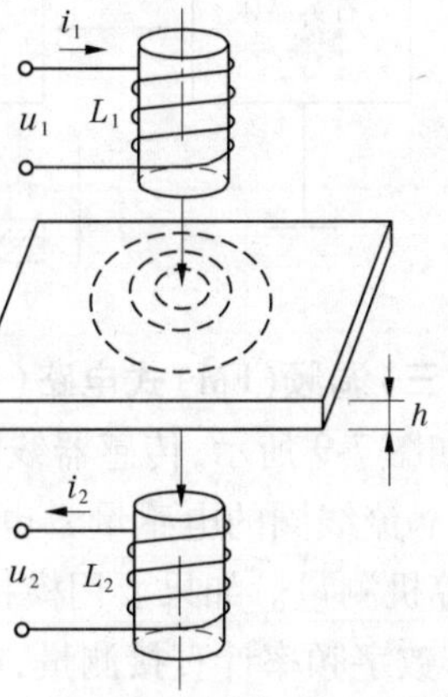

图 7-6　低频透射式电涡流传感器

三、涡流传感器测量电路

(一)电桥电路

如图 7-7 所示,图中 L_1 和 L_2 为传感器的两个线圈电感,分别与选频电容 C_1 和 C_2 并联组成两桥臂,电阻 R_1 和 R_2 组成另外两桥臂。静态时,电桥平衡,桥路输出 $U_{AB}=0$。工作时,传感器接近被测体,电涡流效应等效电感 L 发生变化,测量电桥失去平衡,即 $U_{AB}\neq 0$,经线性放大后送检波器检波后输出直流电压 U。显然此输出电压 U 的大小正比于传感器线圈的移动量,以实现对位移量的测量。

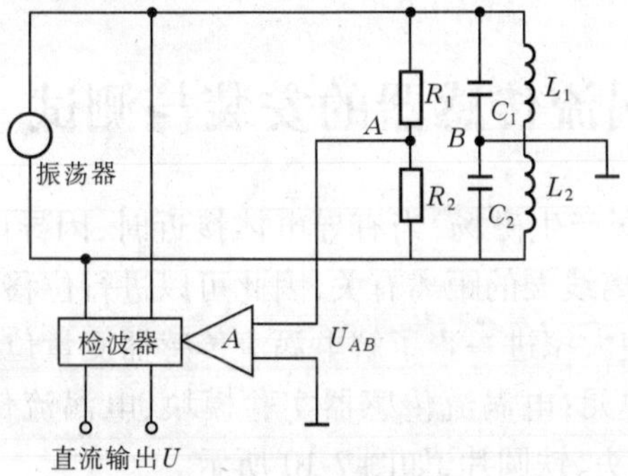

图 7-7　电桥电路

(二)调幅(AM)式电路

由传感器线圈 L_x、电容器 C_0 和石英晶体组成的石英晶体振荡电路如图 7-8 所示,石英晶体振荡器产生稳频(100 kHz ~ 1 MHz)、稳幅高频振荡电压用于激励电涡流线圈。当金属导体远离或去掉时,LC 并联谐振回路谐振频率即为石英振荡频率 f_o,回路呈现的阻抗最大,谐振回路上的输出电压也最大;当金属导体靠近传感器线圈时,线圈的等效电感 L 发生变化,导致回路失谐,从而使输出电压降低,L 的数值随距离 x 的变化而变化。因此,输出电压也随 x 而变化。输出电压经放大、检波后,由指示仪表直接显示出 x 的大小。

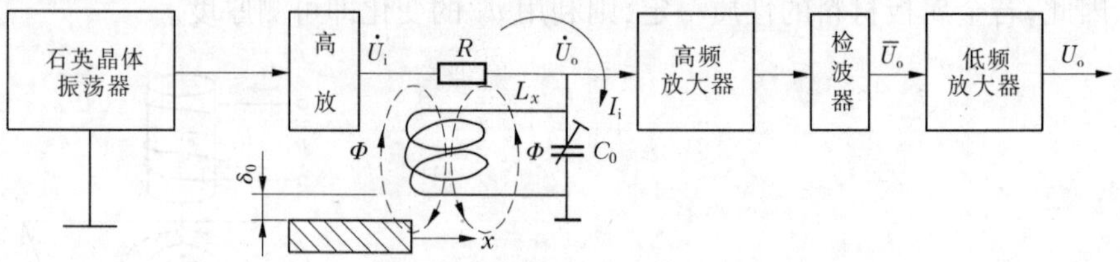

图 7-8　调幅(AM)式电路

(三)调频(FM)式电路(100 kHz～1 MHz)

如图 7-9 所示,传感器线圈接入 LC 振荡回路,当电涡流线圈与被测体的距离 x 改变时,电涡流线圈的电感量 L 也随之改变,引起 LC 振荡器的输出频率变化,此频率可直接用计算机测量。如果要用模拟仪表进行显示或记录,必须使用鉴频器,将 Δf 转换为电压 ΔU_o。数字频率计直接测量,或者通过 f—V 变换,用数字电压表测量对应的电压。

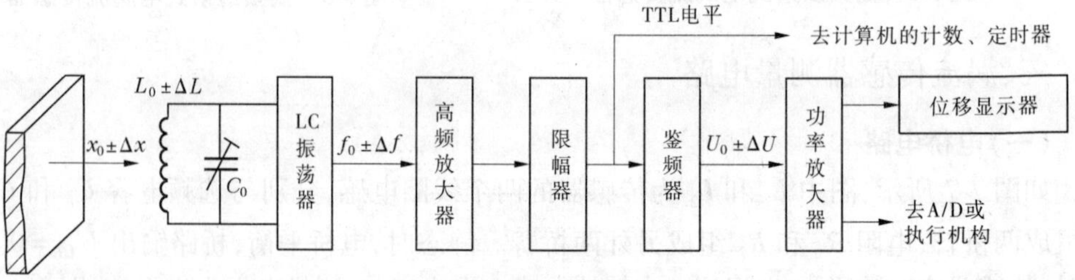

图 7-9　调频(FM)式电路

【项目实施】

任务二　电涡流传感器的安装与测试

通以高频电流的线圈产生磁场,当有导电体接近时,因导电体涡流效应产生涡流损耗,而涡流损耗与导电体离线圈的距离有关,因此可以进行位移测量。

通过本任务的学习使大家进一步了解电涡流传感器测量位移的工作原理和特性。

本任务需用器件与单元:电涡流传感器实验模块、电涡流传感器、直流电源、数显单元(主控台电压表)、测微头、铁圆片,如图 7-10 所示。

安装与测试步骤如下所述:

(1)根据图 7-11 所示安装电涡流传感器。

(2)观察传感器结构,这是一个扁平绕线圈。

(3)将电涡流传感器输出线接入实训模块上标有 Ti 的插孔中,作为振荡器的一个元件。

(4)在测微头端部装上铁质金属圆片,作为电涡流传感器的被测体。

(5)将实训模块输出端 V_o 与数显单元输入端 V_i 相接。数显表量程切换开关选择电压 20 V 挡,见图 7-12。

(6)用连接导线从主控台接入 +15 V 直流电源到模块上标有 +15 V 的插孔中,同时主控台的"地"与实验模块的"地"相连,见图 7-12。

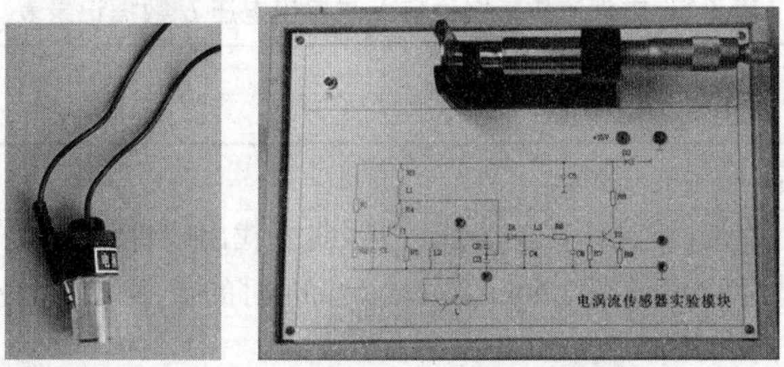

(a) 电涡流传感器　　(b) 电涡流传感器实验模块

图 7-10　需用器件与单元

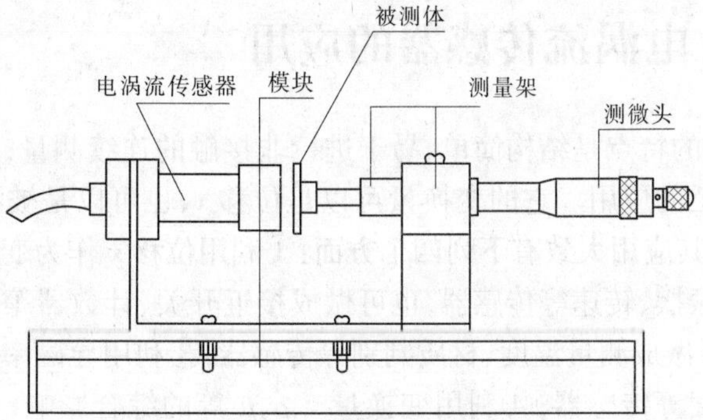

图 7-11　电涡流传感器的安装示意图

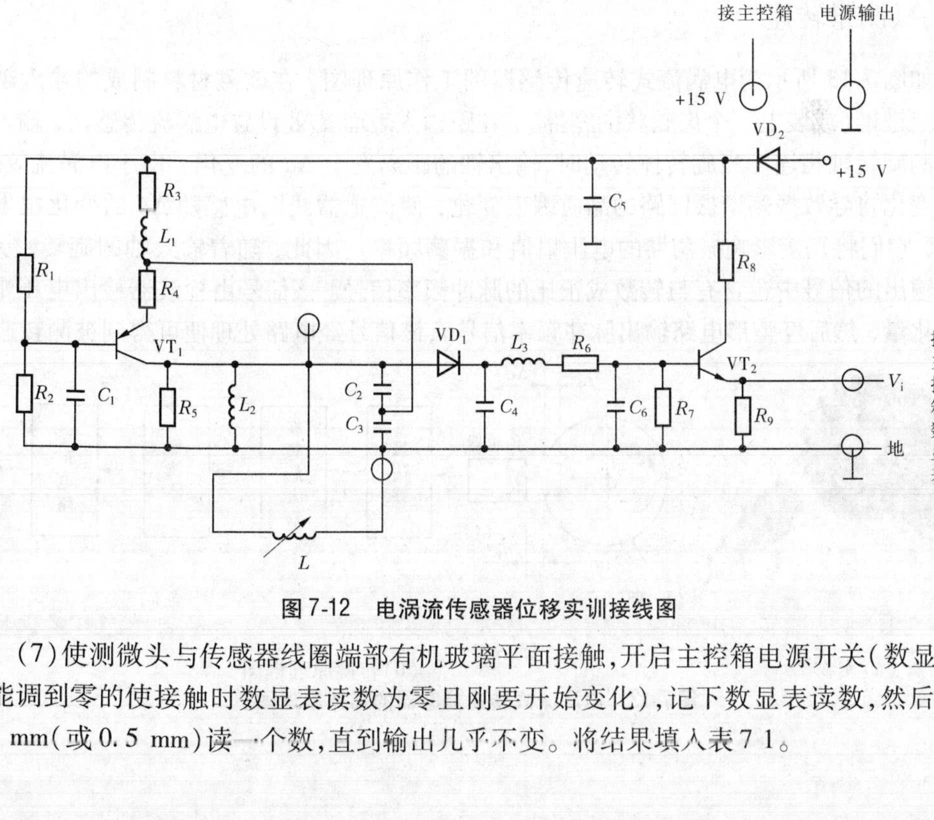

图 7-12　电涡流传感器位移实训接线图

(7)使测微头与传感器线圈端部有机玻璃平面接触，开启主控箱电源开关(数显表读数能调到零的使接触时数显表读数为零且刚要开始变化)，记下数显表读数，然后每隔0.2 mm(或0.5 mm)读一个数，直到输出几乎不变。将结果填入表7 1。

表 7-1　电涡流传感器位移 X 与输出电压 U 数据记录表

X(mm)								
U(V)								

(8)根据表 7-1 数据,画出 U—X 曲线,根据曲线找出线性区域及进行正、负位移测量时的最佳工作点,试计算量程为 1 mm、3 mm、5 mm 时的灵敏度和线性度(可以用端基法或其他拟合直线)。

【项目拓展】

任务三　电涡流传感器的应用

电涡流传感器的特点是结构简单,易于进行非接触的连续测量,灵敏度较高,适用性强,因此得到了广泛的应用。它的变换量可以是位移 x,也可以是被测材料的性质(电阻率 ρ 或磁导率 μ),其应用大致有下列四个方面:①利用位移 x 作为变换量,可以做成测量位移、厚度、振幅、振摆、转速等传感器,也可做成接近开关、计数器等;②利用材料电阻率 ρ 作为变换量,可以做成测量温度、材质判别等传感器;③利用导磁率 μ 作为变换量,可以做成测量应力、硬度等传感器;④利用变换量 x、ρ、μ 等的综合影响,可以做成探伤装置。下面举几例作简单介绍。

一、测量转速

如图 7-13 所示为电涡流式转速传感器的工作原理图。在软磁材料制成的输入轴上加工一键槽(或装上一个齿轮状的零件),在距输入表面 d_0 处设置电涡流传感器,输入轴与被测旋转轴相连。当旋转体转动时,输出轴的距离发生 Δd 的变化。由于电涡流效应,这种变化将导致振荡谐振回路的品质因素变化,使传感器线圈电感随 Δd 的变化也发生变化,它们将直接影响振荡器的电压幅值和振荡频率。因此,随着输入轴的旋转,从振荡器输出的信号中包含有与转数成正比的脉冲频率信号。该信号由检波器检出电压幅值的变化量,然后经整形电路输出脉冲频率信号 f,该信号经电路处理便可得到被测转速。

(a)实物图

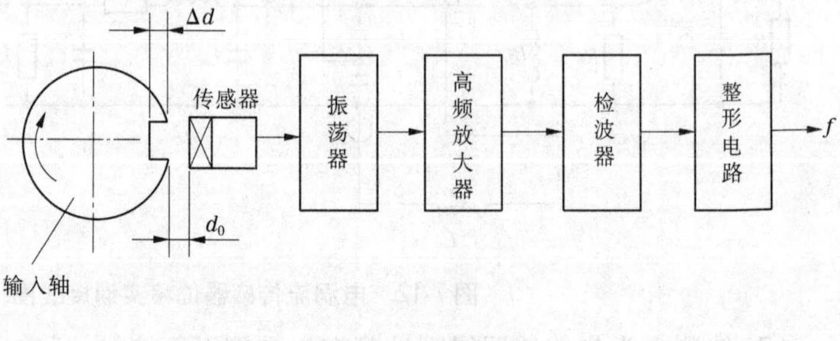

(b)转换原理框图

图 7-13　电涡流式转速传感器的工作原理图

二、低频透射式涡流厚度传感器

图 7-14 为低频透射式涡流厚度传感器的结构原理图。在被测金属板的上方设有发射传感器线圈 L_1，在被测金属板下方设有接收传感器线圈 L_2。当在 L_1 上加低频电压 $\dot{U}_1$ 时，L_1 上产生交变磁通 ϕ_1，若两线圈间无金属板，则交变磁通直接耦合至 L_2 中，L_2 产生感应电压 $\dot{U}_2$。如果将被测金属板放入两线圈之间，则 L_1 线圈产生的磁场将导致在金属板中产生电涡流，并将贯穿金属板，此时磁场能量受到损耗，使到达 L_2 的磁通将减弱为 ϕ_1'，从而使 L_2 产生的感应电压 $\dot{U}_2$ 下降。金属板越厚，涡流损失就越大，电压 $\dot{U}_2$ 就越小。因此，可根据 $\dot{U}_2$ 的大小得知被测金属板的厚度。透射式涡流厚度传感器的检测范围可达 1～100 mm，分辨率为 0.1 μm，线性度为 1% 。

三、测位移

如图 7-15 所示，接通电源后，在涡流探头的有效面（感应工作面）上将产生一个交变磁场。当金属物体接近此感应面时，金属表面将吸取电涡流探头中的高频振荡能量，使振荡器的输出幅度线性地衰减，根据衰减量的变化，可计算出与被检物体的距离、振动等参数。这种位移传感器属于非接触测量，工作时不受灰尘等非金属因素的影响，寿命较长，可在各种恶劣条件下使用。

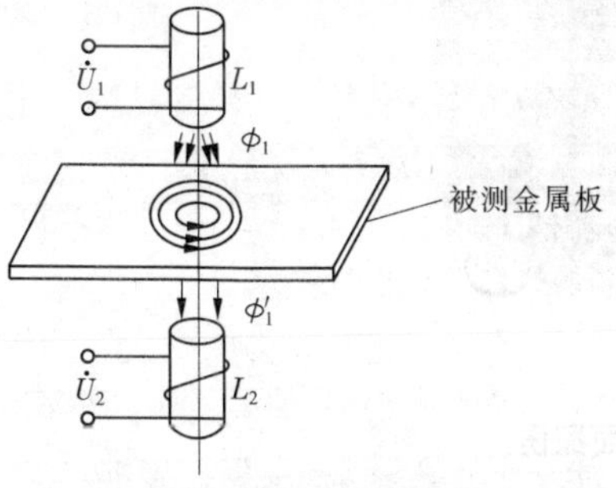

图 7-14 低频透射式涡流厚度传感器的结构原理图

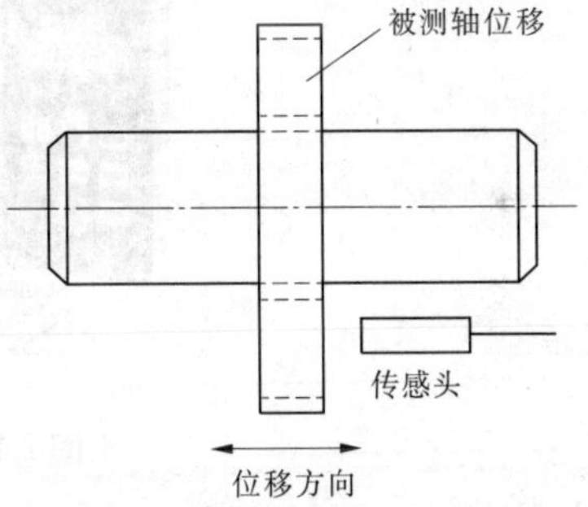

图 7-15 主轴轴向位移测量原理图

四、电涡流式接近开关

接近开关又称无触点行程开关。当有物体接近时，即发出控制信号。常用的接近开关有电涡流式（俗称电感接近开关）、电容式、磁性干簧开关、霍尔式、光电式、微波式、超声波式、多普勒式、热释电式等。在此以电涡流式为例加以简介。

电涡流式接近开关属于一种开关量输出的位置传感器，外形如图 7-16 所示，原理图如图 7-17 所示。它由 LC 高频振荡器和放大处理电路组成，利用金属物体在接近这个能产生交变电磁场的振荡感辨头时，使物体内部产生涡流。这个涡流反作用于接近开关，使接近开关振荡能力衰减，内部电路的参数发生变化，由此识别出有无金属物体接近，进而控制开关的通或断。这种接近开关所能检测的物体必须是导电性能良好的金属物体。

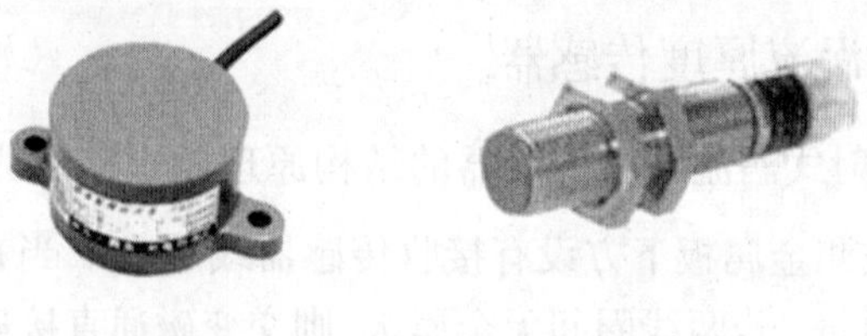

图7-16 电涡流式接近开关外形图

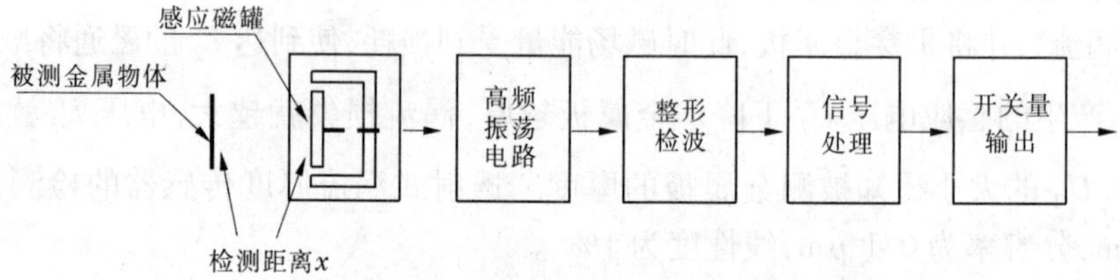

图7-17 电涡流式接近开关原理图

五、电涡流探伤

利用电涡流式传感器可以检查金属表面裂纹、热处理裂纹,以及焊接的缺陷等,以实现无损探伤,如图7-18所示。在探伤时,传感器应与被测导体保持距离不变。检测时,裂陷出现,将引起导体电导率、磁导率的变化,从而引起输出电压的突变。

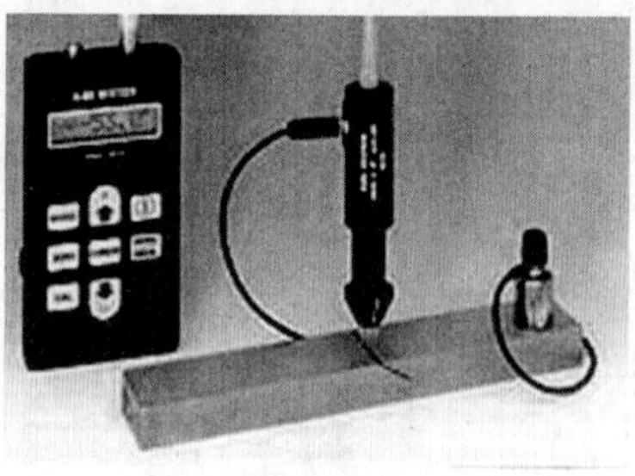

图7-18 电涡流表面探伤

【项目小结】

电涡流式传感器是利用电涡流效应进行工作的。由于其结构简单、灵敏度高、频响范围宽、不受油污等介质的影响,并能进行非接触测量,因此应用极其广泛,可用来测量位移、厚度、转速、温度、硬度等参数,也可用于无损探伤领域。

电涡流式传感器主要是由线圈和框架组成的。根据电涡流效应制成的传感器称为电涡流式传感器。按照电涡流在导体内的贯穿情况,此传感器可分为高频反射式和低频透射式两类,但从基本工作原理上来说仍是相似的。

电涡流式传感器的特点是结构简单,易于进行非接触的连续测量,灵敏度较高,适用性强,因此得到了广泛的应用。它的变换量可以是位移 x,也可以是被测材料的性质(电阻率 ρ 或磁导率 μ),其应用大致有下列四个方面:①利用位移 x 作为变换量,可以做成测量位移、厚度、振幅、振摆、转速等传感器,也可做成接近开关、计数器等;②利用材料电阻

率 ρ 作为变换量,可以做成测量温度、材质判别等传感器;③利用导磁率 μ 作为变换量,可以做成测量应力、硬度等传感器;④利用变换量 x、ρ、μ 等的综合影响,可以做成探伤装置。

【项目训练】

一、单项选择

1. 电涡流式接近开关可以利用电涡流原理检测出______的靠近程度。

A. 人体　　B. 水　　C. 黑色金属零件　　D. 塑料零件

2. 电涡流探头的外壳用______制作较为恰当。

A. 不锈钢　　B. 塑料　　C. 黄铜　　D. 玻璃

3. 当电涡流线圈靠近非磁性导体(铜)板材后,线圈的等效电感 L ______,调频转换电路的输出频率 f ______。

A. 不变　　B. 增大　　C. 减小

4. 欲探测埋藏在地下的金银财宝,应选择直径为______左右的电涡流探头。

A. 0.1 mm　　B. 5 mm　　C. 50 mm　　D. 500 mm

二、分析

用一电涡流式测振仪测量某机器主轴的轴向窜动,已知传感器的灵敏度为 2.5 mV/mm。最大线性范围(优于 1%)为 5 mm。现将传感器安装在主轴的右侧,使用高速记录仪记录下的振动波形如图 7-19 所示。试求:

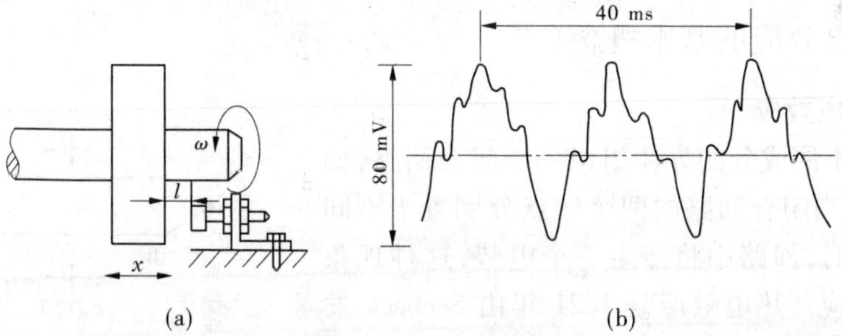

图 7-19　电涡流式测振仪的测量示意图

(1) 轴向振动 $a_m \sin\omega t$ 的振幅 a_m 为多少?

(2) 主轴振动的基频 f 是多少?

(3) 为了得到较好的线性度与最大的测量范围,传感器与被测金属的安装距离 l 多少毫米为佳?

项目八　热电偶测温传感器的安装与测试

【项目描述】

本项目主要讲的是安装并测试一台热电偶测温传感器。

把温度变化转换为电势的热电式传感器称为热电偶。热电偶测量精度高，测量范围广，构造简单，使用方便，在工业测温中得到了广泛应用。

通过本项目的学习，大家能够掌握热电效应及其基本定律，熟悉热电偶传感器的基本结构及应用场合；正确熟练查找热电偶分度表；能正确选择热电偶补偿导线，熟悉热电偶冷端补偿方法。

【相关知识与技能】

任务一　热电效应

热电偶传感器工作的基本原理是热电效应及其基本定律，掌握好热电效应的基本概念和基本定律是学好热电传感器的基础。

一、热电效应的基本概念

（一）热电效应

将两种不同成分的导体组成一个闭合回路，如图 8-1 所示，当闭合回路的两个结点分别置于不同的温度场中时，回路中将产生一个电势，这种现象称为热电效应。热电效应是 1821 年由 Seeback 发现的，故又称为赛贝克效应。两种导体组成的回路称为热电偶，这两种导体称为热电极，产生的电势则称为热电势。热电偶的两个结点，一个称为测量端（工作端或热端），另一个称为参考端（自由端或冷端）。

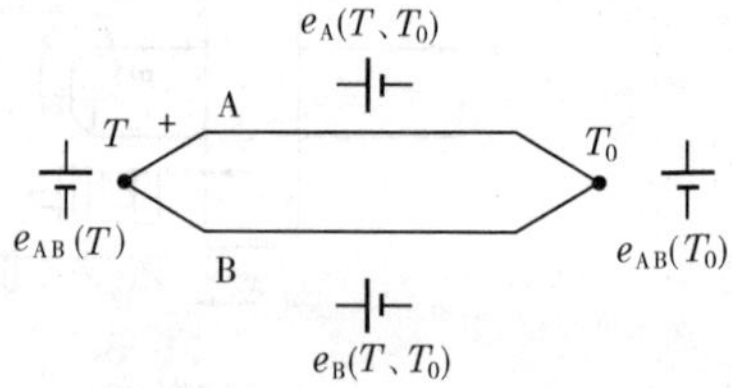

图 8-1　热电偶回路原理

热电势由两部分组成，一部分是两种导体的接触电势，另一部分是单一导体的温差电势。

（二）接触电势

当 A 和 B 两种不同材料的导体接触时，由于两者内部单位体积的自由电子数目不同（电子密度不同），因此电子在两个方向上扩散的速率就不一样。假设导体 A 的自由电子密度大于导体 B 的自由电子密度，则导体 A 扩散到导体 B 的电子数要比导体 B 扩散到导体A的电子数大。所以,导体A失去电子带正电荷,导体B得到电子带负电荷。于是,在A、B两导体的接触界面上便形成一个由A到B的电场,如图8-2(a)所示。该电场的方向与扩散进行的方向相反,它将引起反方向的电子转移,阻碍扩散作用的继续进行。当扩散作用与阻碍扩散作用相等时,即自导体A扩散到导体B的自由电子数与在电场作用下自导体B到导体A的自由电子数相等时,便处于一种动态平衡状态。在这种状态下,A与B两导体的接触处产生了电位差,称为接触电势。接触电势的大小与导体材料、结点的温度有关,与导体的直径、长度及几何形状无关。接触电势大小为

$$e_{AB}(T) = \frac{kT}{e}\ln\frac{n_A}{n_B} \tag{8-1}$$

式中 $e_{AB}(T)$——导体A、B在结点温度为T时形成的接触电动势;

T——接触处的绝对温度,K;

k——波尔兹曼常数,$k=1.38\times10^{-23}$ J/K;

e——单位电荷,$e=1.6\times10^{-19}$ C;

n_A、n_B——材料A、B在温度为T时的自由电子密度。

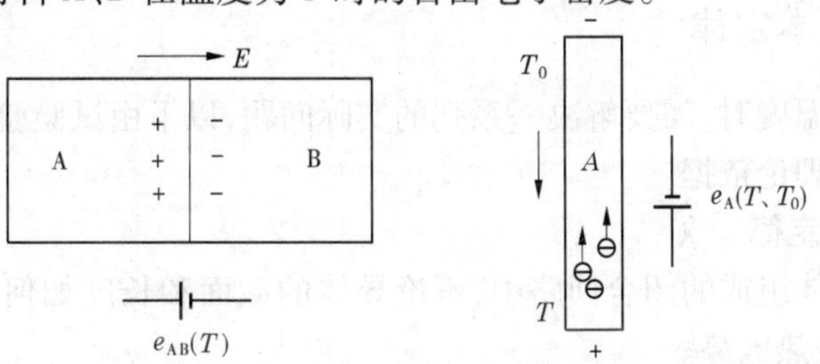

(a)接触电动势原理示意图 (b)温差电动势原理示意图

图8-2 热电动势示意图

(三)温差电动势

如图8-2(b)所示,将某一导体两端分别置于不同的温度场T、T_0中,在导体内部,热端自由电子具有较大的动能,向冷端移动,从而使热端失去电子带正电荷,冷端得到电子带负电荷。这样,导体两端便产生了一个由热端指向冷端的静电场,该静电场阻止电子从热端向冷端移动,最后达到动态平衡。这样,导体两端便产生了电势,称之为温差电动势,即

$$e_A(T、T_0) = \int_{T_0}^{T}\sigma_A \mathrm{d}T \tag{8-2}$$

式中 $e_A(T、T_0)$——导体A在两端温度分别为T和T_0时的温差电动势;

σ_A——导体A的汤姆逊系数,表示单一导体两端的温差为1 ℃时所产生的温差电动势。

(四)热电偶的电势

设导体A、B组成热电偶的两结点温度分别为T和T_0,热电偶回路所产生的总电动势$E_{AB}(T、T_0)$包括接触电动势$e_{AB}(T)$、$e_{AB}(T_0)$;温差电动势$e_A(T、T_0)$、$e_B(T、T_0)$,取$e_{AB}(T)$的方向为正,如图8-2所示,则

$$E_{AB}(T、T_0) = e_{AB}(T) - e_{AB}(T_0) - e_A(T、T_0) + e_B(T、T_0) \tag{8-3}$$

一般情况下，在热电偶回路中接触电动势远远大于温差电动势，所以温差电动势可以忽略不计，式(8-3)可改写成

$$E_{AB}(T、T_0) = e_{AB}(T) - e_{AB}(T_0) = \frac{kT}{e}\ln\frac{n_A}{n_B} - \frac{kT_0}{e}\ln\frac{n_A}{n_B} = \frac{k}{e}(T - T_0)\ln\frac{n_A}{n_B} \tag{8-4}$$

综上所述，可以得出以下结论：

(1)如果热电偶两材料相同，则无论结点处的温度如何，总热电势为零。

(2)如果两结点处的温度相同，尽管 A、B 材料不同，总热电势为零。

(3)热电偶热电势的大小，只与组成热电偶的材料和两结点的温度有关，而与热电偶的形状尺寸无关，当热电偶两电极材料固定后，热电势便是两结点电势差。

(4)如果使冷端温度 T_0 保持不变，则热电动势便成为热端温度 T 的单一函数。通常令 $T_0 = 0$ ℃，然后在不同的温差 $(T - T_0)$ 情况下，精确地测定出回路总热电动势，并将所测得的结果列成表格，供使用时查阅。

二、热电偶基本定律

热电偶在测量温度时，需要解决一系列的实际问题，以下由试验验证的几个定律为解决这些问题提供了理论依据。

(一)均质导体定律

由一种均质导体组成的闭合回路中，不论导体的截面和长度如何以及各处的温度分布如何，都不能产生热电势。

这一定律说明，热电偶必须由两种不用材料的导体组成，则热电偶的热电动势仅与两接点的温度有关，而与沿热电极的温度分布无关。如果热电偶的热电极是非匀质导体，在不均匀温度场中测温时将造成测量误差。所以，热电极材料的均匀性是衡量热电偶质量的重要技术指标之一。

(二)中间导体定律

在热电偶中接入第 3 种均质导体，只要第 3 种导体的两结点温度相同，则热电偶的热电势不变。

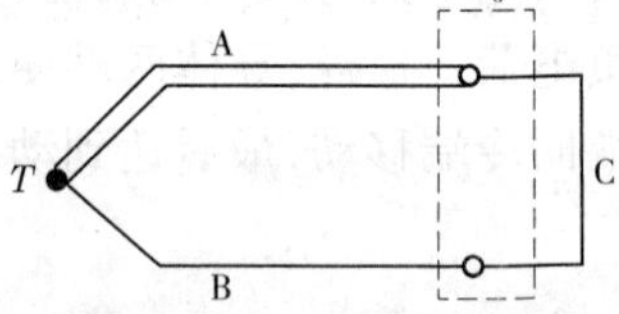

图 8-3　第 3 种导体接入热电偶回路

如图 8-3 所示，在热电偶中接入第 3 种导体 C，设导体 A 与 B 结点处的温度为 T，A 与 C、B 与 C 两结点处的温度为 T_0，则回路中的热电势为

$$\begin{aligned} E_{ABC}(T、T_0) &= e_{AB}(T) + e_{BC}(T_0) + e_{CA}(T_0) \\ &= e_{AB}(T) + \left(\frac{kT_0}{e}\ln\frac{n_B}{n_C} + \frac{kT_0}{e}\ln\frac{n_C}{n_A}\right) \\ &= e_{AB}(T) - \frac{kT_0}{e}\ln\frac{n_A}{n_B} \\ &= e_{AB}(T) - e_{AB}(T_0) \\ &= E_{AB}(T、T_0) \end{aligned}$$

即
$$E_{ABC}(T、T_0) = E_{AB}(T、T_0) \tag{8-5}$$

热电偶的这种性质在实际应用中有很重要的意义，它使我们可以方便地在回路中直接接入各种类型的显示仪表或调节器，也可以将热电偶的两端不焊接而直接插入液态金属中或直接焊在金属表面测量。

推论：在热电偶中接入第4、5、…种导体，只要保证插入导体的两结点温度相同，且是均质导体，则热电偶的热电势仍不变。

（三）标准电极定律（参考电极定律）

如图8-4所示，已知热电极A、B分别与标准电极C组成热电偶在结点温度为$(T、T_0)$时的热电动势分别为$E_{AC}(T、T_0)$和$E_{BC}(T、T_0)$，则在相同温度下，由A、B两种热电极配对后的热电动势为

$$E_{AB}(T、T_0) = E_{AC}(T、T_0) - E_{BC}(T、T_0) \tag{8-6}$$

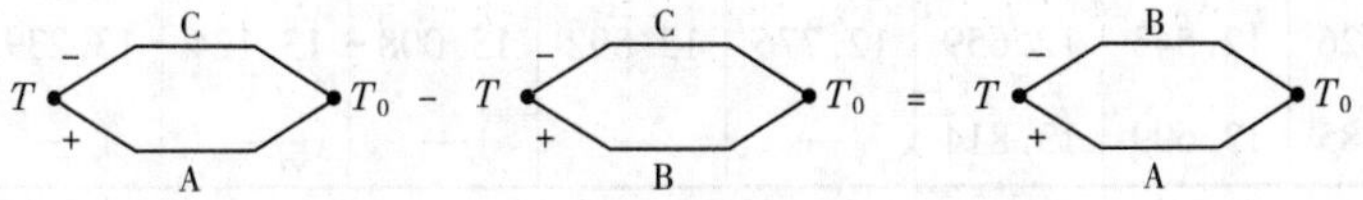

图8-4　三种导体分别组成的热电偶

参考电极定律大大简化了热电偶的选配工作。只要获得有关热电极与参考电极配对的热电动势，那么任何两种热电极配对时的热电动势均可利用该定律计算，而不需要逐个进行测定。在实际应用中，由于纯铂丝的物理化学性能稳定、熔点高、易提纯，所以目前常用纯铂丝作为标准电极。

【例8-1】 已知铂铑$_{30}$－铂热电偶的$E_{AC}(1\,084.5、0)=13.937$ mV，铂铑$_6$－铂热电偶的$E_{BC}(1\,084.5、0)=8.354$ mV。求铂铑$_{30}$－铂铑$_6$在相同温度条件下的热电动势（可参考表8-1）。

解：由标准电极定律可知，$E_{AB}(T、T_0)=E_{AC}(T、T_0)-E_{BC}(T、T_0)$，所以

$$E_{AB}(1\,084.5、0) = E_{AC}(1\,084.5、0) - E_{BC}(1\,084.5、0) = 13.937 - 8.354 = 5.583(\text{mV})$$

表8-1　铂铑$_{30}$－铂铑$_6$热电偶（B型）分度表（参考端温度为0℃）

工作端温度（℃）	0	10	20	30	40	50	60	70	80	90
	热电动势（mV）									
0	−0.000	−0.002	−0.003	0.002	0.000	0.002	0.006	0.110	0.017	0.025
100	0.033	0.043	0.053	0.065	0.078	0.092	0.107	0.123	0.140	0.159
200	0.178	0.199	0.220	0.243	0.266	0.291	0.317	0.344	0.372	0.401
300	0.431	0.462	0.494	0.527	0.516	0.596	0.632	0.669	0.707	0.746
400	0.786	0.827	0.870	0.913	0.957	1.002	1.048	1.095	1.143	1.192
500	1.241	1.292	1.344	1.397	1.450	1.505	1.560	1.617	1.674	1.732
600	1.791	1.851	1.912	1.974	2.036	2.100	2.164	2.230	2.296	2.363
700	2.430	2.499	2.569	2.639	2.710	2.782	2.855	2.928	3.003	3.078
800	3.154	3.231	3.308	3.387	3.466	3.546	2.626	3.708	3.790	3.873
900	3.957	4.041	4.126	4.212	4.298	4.386	4.474	4.562	4.652	4.742

续表 8-1

工作端温度(℃)	0	10	20	30	40	50	60	70	80	90
	热电动势(mV)									
1 000	4.833	4.924	5.016	5.109	5.202	5.299 7	5.391	5.487	5.583	5.680
1 100	5.777	5.875	5.973	6.073	6.172	6.273	6.374	6.475	6.577	6.680
1 200	6.783	6.887	6.991	7.096	7.202	7.038	7.414	7.521	7.628	7.756
1 300	7.845	7.953	8.063	8.172	8.283	8.393	8.504	8.616	8.727	8.839
1 400	8.952	9.065	9.178	9.291	9.405	9.519	9.634	9.748	9.863	9.979
1 500	10.094	10.210	10.325	10.441	10.588	10.674	10.790	10.907	11.024	11.141
1 600	11.257	11.374	11.491	11.608	11.725	11.842	11.959	12.076	12.193	12.310
1 700	12.426	12.543	12.659	12.776	12.892	13.008	13.124	13.239	13.354	13.470
1 800	13.585	13.699	13.814	—	—	—	—	—	—	—

(四)中间温度定律

热电偶在两结点温度分别为 T、T_0 时的热电势等于该热电偶在结点温度为 T、T_n 和 T_n、T_0 相应热电势的代数和，即

$$E_{AB}(T、T_0) = E_{AB}(T、T_n) + E_{AB}(T_n、T_0) \tag{8-7}$$

中间温度定律为在工业测量温度中使用补偿导线提供了理论基础。只要选配与热电偶热电特性相同的补偿导线，便可使热电偶的参考端延长，使之远离热源到达一个温度相对稳定的地方而不会影响测温的准确性。

该定律是参考端温度计算修正法的理论依据，其等效示意图如图 8-5 所示。

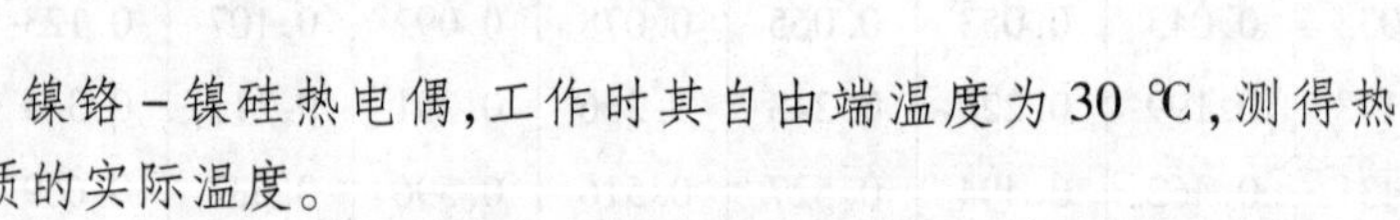

图 8-5 热电偶中间温度定律示意图

在实际热电偶测温回路中，利用热电偶这一性质，可对参考端温度不为 0 ℃的热电势进行修正。

【例 8-2】 镍铬－镍硅热电偶，工作时其自由端温度为 30 ℃，测得热电势为 39.17 mV，求被测介质的实际温度。

解：由 $t_0=0$ ℃，查镍铬－镍硅热电偶分度表(见表 8-2)，$E(30、0)=1.2$ mV，又知 $E(t、30)=39.17$ mV，所以 $E(t、0)=E(30、0)+E(t、30)=1.2\text{ mV}+39.17\text{ mV}=40.37$ mV。再用 40.37 mV 反查分度表得 977 ℃，即被测介质的实际温度。

表 8-2 镍铬 - 镍硅热电偶(K 型)分度表(参考端温度为 0 ℃)

工作端温度(℃)	0	10	20	30	40	50	60	70	80	90
	热电动势(mV)									
0	0.000	0.397	0.798	1.203	1.611	2.022	2.436	2.850	3.266	3.681
100	4.095	4.508	4.919	5.327	5.733	6.137	6.539	6.939	7.338	7.737
200	8.137	8.537	8.938	9.341	9.745	10.151	10.560	10.969	11.381	11.793
300	12.207	12.623	13.039	13.456	13.874	14.292	14.712	15.132	15.552	15.974
400	16.395	16.818	17.241	17.664	18.088	18.513	18.938	19.363	19.788	20.214
500	20.640	21.066	21.493	21.919	22.346	22.772	23.198	23.624	24.050	24.476
600	24.902	25.327	25.751	26.176	26.599	27.022	27.445	27.867	28.288	28.709
700	29.128	29.547	29.965	30.383	30.799	31.214	31.214	32.042	32.455	32.866
800	33.277	33.686	34.095	34.502	34.909	35.314	35.718	36.121	36.524	36.925
900	37.325	37.724	38.122	38.915	38.915	39.310	39.703	40.096	40.488	40.879
1 000	41.269	41.657	42.045	42.432	42.817	43.202	43.585	43.968	44.349	44.729
1 100	45.108	45.486	45.863	46.238	46.612	46.985	47.356	47.726	48.095	48.462
1 200	48.828	49.192	49.555	49.916	50.276	50.633	50.990	51.344	51.697	52.049
1 300	52.398	52.747	53.093	53.439	53.782	54.125	54.466	54.807	—	—

任务二 热电偶的基本结构

为了适应不同生产对象的测温要求和条件,热电偶的结构形式有普通型热电偶、铠装型热电偶、薄膜热电偶和表面热电偶等。热电偶的种类虽然很多,但通常由金属热电极、绝缘子、保护套管及接线装置等部分组成。

一、热电偶基本结构类型

(一)普通型热电偶

普通型热电偶工业上使用最多,它一般由热电极、绝缘套管、保护管和接线盒组成,其结构如图 8-6 所示。普通型热电偶按其安装时的连接形式可分为固定螺纹连接、固定法兰连接、活动法兰连接、无固定装置等多种形式。

(二)铠装型热电偶

铠装型热电偶又称套管热电偶。它是由热电偶丝、绝缘材料和金属套管三者经拉伸加工而成的坚实组合体,如图 8-7 所示。它可以做得很细很长,使用中根据需要能任意弯曲。铠装型热电偶的主要优点是测温端热容量小,动态响应快,机械强度高,挠性好,可安装在结构复杂的装置上,因此被广泛用在许多工业部门中。

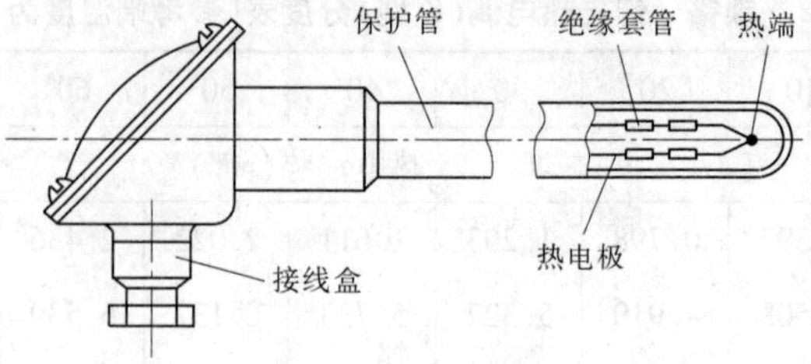

图 8-6　普通型热电偶结构

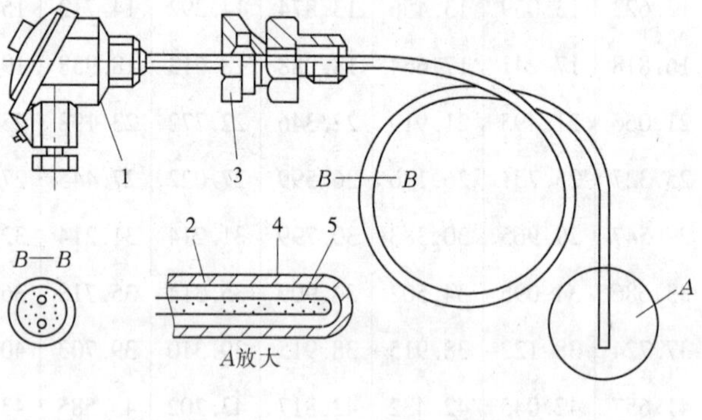

1—接线盒;2—金属套管;3—固定装置;4—绝缘材料;5—热电极

图 8-7　铠装型热电偶结构

(三)薄膜热电偶

薄膜热电偶是用真空蒸镀(或真空溅射)、化学涂层等工艺,将热电极材料沉积在绝缘基板上形成的一层金属薄膜。热电偶测量端既小又薄(厚度可达0.01 ~0.1 μm),因而热惯性小,反应快,可用于测量瞬变的表面温度和微小面积上的温度。铁 - 镍薄膜热电偶结构如图 8-8 所示。其结构有片状、针状和把热电极材料直接蒸镀在被测表面上等 3 种。所用的电极类型有铁 - 康铜、铁镍、铜 - 康铜、镍铬 - 镍硅等。测温范围为 - 200 ~300 ℃。

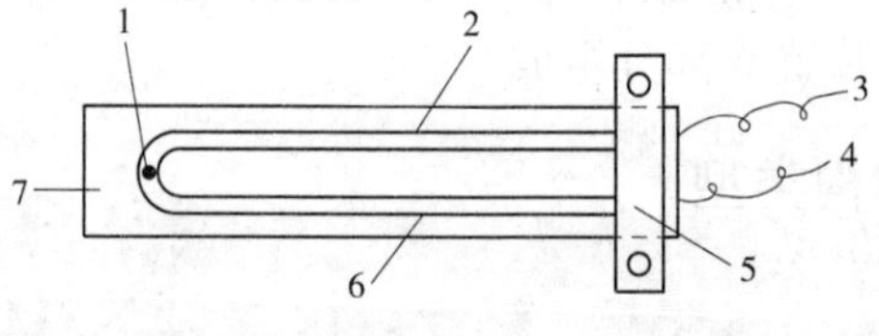

1—测量接点;2—铁膜;3—铁丝;4—镍丝;

5—接头夹具;6—镍膜;7—衬架

图 8-8　铁 - 镍薄膜热电偶结构

(四)表面热电偶

表面热电偶是用来测量各种状态的固体表面温度的,如测量轧辊、金属块、炉壁、橡胶筒和涡轮叶片等表面的温度。

此外,还有测量气流温度的热电偶、浸入式热电偶等。

二、热电偶材料

(一)对热电极材料的一般要求

(1)配对的热电偶应有较大的热电势,并且热电势与温度尽可能有良好的线性关系。

(2)能在较宽的温度范围内应用,并且在长时间工作后不会发生明显的物理及化学性能的变化。

(3)电阻温度系数小,电导率高。

(4)易于复制,工艺性与互换性好,便于制定统一的分度表,材料要有一定的韧性,焊接性能好,以利于制作。

(二)电极材料的分类

(1)一般金属:如镍铬-镍硅,铜-镍铜,镍铬-镍铝,镍铬-考铜等。

(2)贵金属:主要是由铂、铱、铑、钌、锇及其合金组成的,如铂铹-铂、铱铑-铱等。

(3)难熔金属:是由钨、钼、铌、铼、锆等难熔金属及其合金组成的,如钨铼-钨铼、铂铑-铂铑等热电偶。

(三)绝缘材料

热电偶测温时,除测量端外,热电极之间和连接导线之间均要求有良好的电绝缘,否则会有热电势损耗而产生测量误差,甚至无法测量。

(1)有机绝缘材料:具有良好的电气性能、物理及化学性能,以及工艺性,但耐高温、高频和稳定性较差。

(2)无机绝缘材料:具有较好的耐热性,常制成圆形或椭圆形的绝缘管,有单孔、双孔、四孔及其他特殊规格。其材料有陶瓷、石英、氧化铝和氧化镁等。除管材外,还可以将无机绝缘材料直接涂覆在热电极表面,或者把粉状材料经加压后烧结在热电极和保护管之间。

(四)保护管材料

对保护材料的要求如下:

(1)气密性好,可有效地防止有害介质深入而腐蚀结点和热电极。

(2)应有足够的强度及刚度,耐振、耐热冲击。

(3)物理及化学性能稳定,在长时间工作中不引起介质、绝缘材料和热电极互相作用,也不产生对热电极有害的气体。

(4)导热性能好,使结点与被测介质有良好的热接触。

三、常用热电偶

热电偶可分为标准化热电偶和非标准化热电偶两种类型。标准化热电偶是指国家已经定型批量生产的热电偶;非标准化热电偶是指特殊用途试生产的热电偶,非标准化热电偶包括铂铑系热电偶、铱铑系热电偶及钨铼系热电偶等。目前,工业上常用的有4种标准化热电偶,即铂铑$_{30}$-铂铑$_{6}$热电偶、铂铑$_{10}$-铂热电偶、镍铬-镍硅热电偶和镍铬-铜镍(我国通常称为镍铬-康铜)热电偶。下面简要介绍其性能。

（一）标准化热电偶

从 1988 年 1 月 1 日起，我国热电偶和热电阻的生产全部按国际电工委员会（IEC）的标准进行，并指定 S、B、E、K、R、J、T 7 种标准化热电偶为我国统一设计型热电偶。但其中的 R 型（铂铑$_{13}$ - 铂）热电偶，因其温度范围与 S 型（铂铑$_{10}$ - 铂）热电偶重合，我国没有生产和使用。

铂铑$_{30}$ - 铂铑$_{6}$热电偶：型号为 WRR，分度号是 B（旧的分度号是 LL - 2）。测量范围是 0 ~ 1 800 ℃，100 ℃时的热电势是 0.033 mV。主要特点有：使用温度高、性能稳定、精度高、易在氧化和中性介质中使用，但价格高、热电动势小、灵敏度低。

铂铑$_{10}$ - 铂热电偶：型号为 WRP，分度号是 S（旧的分度号是 LB - 3）。测温范围是 0 ~ 1 600 ℃，100 ℃时的热电势是 0.645 mV。主要特点有：使用温度范围广、性能稳定、精度高、复现性好，但热电动势较小、高温下铑易升华、污染铂极、价格高，一般用于较精密的测温中。

镍铬 - 镍硅热电偶：型号为 WRN，分度号是 K（旧的分度号是 EU - 2）。测温范围是 -200 ~ 1 300 ℃，100 ℃时的热电势是 4.095 mV。其特点有：热电势大、线性好、价廉，但材料较脆、焊接性能及抗辐射性能较差。

镍铬 - 康铜热电偶：型号为 WRK，分度号是 EA - 2，测温范围是 0 ~ 800 ℃，100 ℃时的热电势是 6.95 mV。其特点有：热电势大、线性好、价廉、测温范围小、康铜易受氧化而变质。

（二）非标准化热电偶

（1）铱和铱合金热电偶。如铱$_{50}$铑 - 铱$_{10}$钌热电偶、铱铑$_{40}$ - 铱热电偶、铱铑$_{60}$ - 铱热电偶。它能在氧化环境中测量高达 2 100 ℃的高温，且热电动势与温度关系线性好。

（2）钨铼热电偶。它是 60 年代发展起来的，是目前一种较好的高温热电偶，可在真空惰性气体介质或氢气介质中使用，但高温抗氧能力差。

国产钨铼$_{3}$ - 钨铼$_{25}$热电偶、钨铼 - 钨铼$_{20}$热电偶使用温度范围在 300 ~ 2 000 ℃，分度精度为 1%。主要用于钢水连续测温、反应堆测温等场合。

（3）金铁 - 镍铬热电偶。主要用于低温测量，可在 2 ~ 273 K 范围内使用，灵敏度约为 10 μV/℃。

（4）钯 - 铂铱$_{15}$热电偶。它是一种高输出性能的热电偶，在 1 398 ℃时的热电势为 47.255 mV，比铂铑$_{10}$ - 铂热电偶在同样温度下的热电势高出 3 倍，因而可配用灵敏度较低的指示仪表，常应用于航空工业。

（三）热电偶安装注意事项

热电偶主要用于工业生产中集中显示、记录和控制用的温度检测。在现场安装时要注意以下问题：

（1）插入深度要求。安装时热电偶的测量端应有足够的插入深度，管道上安装时应使保护套管的测量端超过管道中心线 5 ~ 10 mm。

（2）注意保温。为防止传导散热产生测温附加误差，保护套管露在设备外部的长度应尽量短，并加保温层。

（3）防止变形。为防止高温下保护套管变形，应尽量垂直安装。在有流速的管道中必须倾斜安装,如有条件应尽量在管道的弯管处安装,并且安装的测量端要迎向流速方向。若需水平安装,则应有支架支撑。

任务三 热电偶实用测温线路和温度补偿

热电偶在实际测温线路中有多种测温形式,为了减小误差、提高精度,还要对测温线路进行温度补偿。

一、热电偶实用测温线路

热电偶测温时,它可以直接与显示仪表(如电子电位差计、数字表等)配套使用,也可与温度变送器配套,转换成标准电流信号。合理安排热电偶测温线路,对提高测温精度和方便维修等方面都具有十分重要的意义。

(一)测量某点温度的基本电路

基本测量电路包括热电偶、补偿导线、冷端补偿器、连接用铜线、动圈式显示仪表。图8-9所示是一支热电偶配一台仪表的测量线路。显示仪表如果是电位差计,则不必考虑线路电阻对测温精度的影响;如果是动圈式显示仪表,就必须考虑测量线路电阻对测温精度的影响。

(二)测量温度之和——热电偶串联测量线路

将N支相同型号的热电偶正负极依次连接,如图8-10所示。若N支热电偶的各热电势分别为E_1、E_2、E_3、…、E_N,则总电势为

$$E_{串} = E_1 + E_2 + E_3 + \cdots + E_N = NE \tag{8-8}$$

式中 E——N支热电偶的平均热电势。

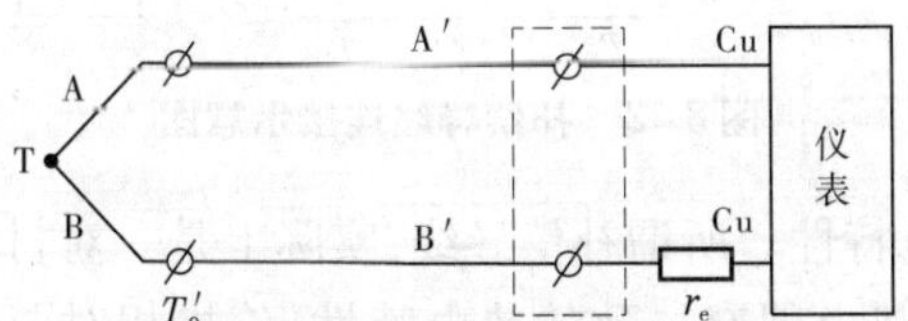

图8-9 热电偶基本测量线路

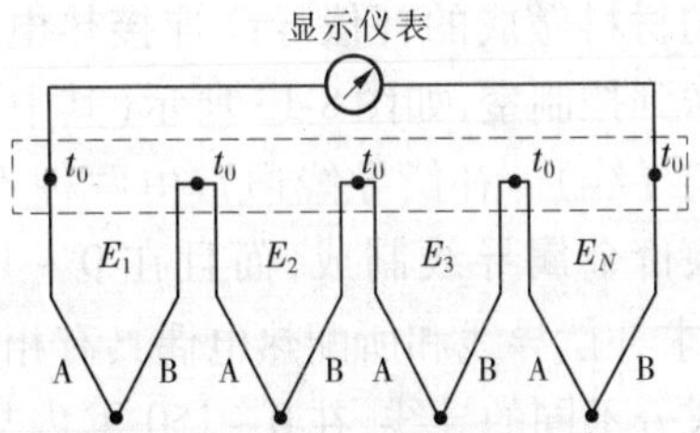

图8-10 热电偶串联测量线路

串联线路的总热电势为E的N倍,$E_{串}$所对应的温度可由$E_{串}—t$关系求得,也可根据平均热电势E在相应的分度表上查出。串联线路的主要优点是热电势大,精度比单支高;主要缺点是只要有一支热电偶断开,整个线路就不能工作,个别短路会引起示值显著偏低。

(三)测量平均温度——热电偶并联测量线路

将N支相同型号热电偶的正负极分别连在一起,如图8-11所示。

如果N支热电偶的电阻值相等,则并联电路总热电势等于N支热电偶的平均值,即

$$E_{并} = (E_1 + E_2 + E_3 + \cdots + E_N)/N \tag{8-9}$$

（四）测量两点之间的温度差

实际工作中常需要测量两处的温差，可选用两种方法测量温差：一种是两支热电偶分别测量两处的温度，然后求算温差；另一种是将两支同型号的热电偶反串连接，直接测量温差电势，然后求算温差，如图 8-12 所示。前一种测量较后一种测量精度差，对于要求精确的小温差测量，应采用后一种测量方法。

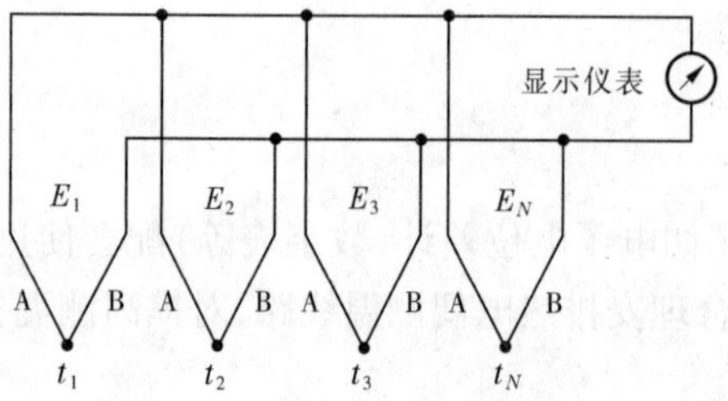

图 8-11　热电偶并联测量线路

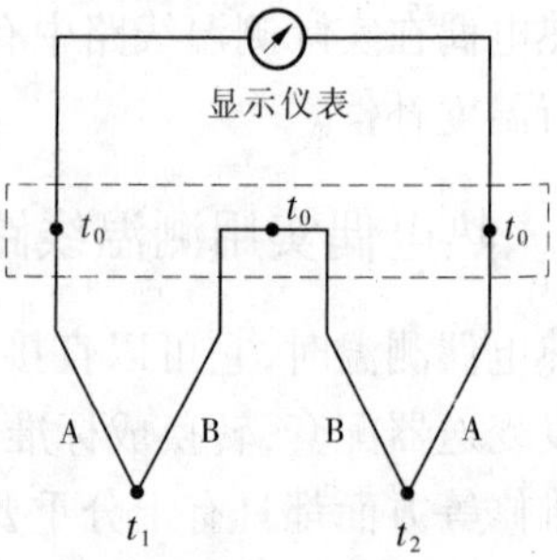

图 8-12　温差测量线路

二、热电偶的冷端迁移

实际测温时，由于热电偶长度有限，自由端温度将直接受到被测物温度和周围环境温度的影响。例如，热电偶安装在电炉壁上，而自由端放在接线盒内，电炉壁周围温度不稳定，波及接线盒内的自由端，造成测量误差。虽然可以将热电偶做得很长，但这将提高测量系统的成本，是很不经济的。工业中一般采用补偿导线来延长热电偶的冷端，使之远离高温区。将热电偶的冷端延长到温度相对稳定的地方。

由于热电偶一般都是较贵重的金属，为了节省材料，采用与相应热电偶的热电特性相近的材料做成的补偿导线连接热电偶，将信号送到控制室，如图 8-13 所示（其中 A′、B′为补偿导线）。补偿导线通常由两种不同性质的廉价金属导线制成，而且在 0～100 ℃内，要求补偿导线和所配热电偶具有相同的热电特性。所谓补偿导线，实际上是一对材料化学成分不同的导线，在 0～150 ℃内与配接的热电偶有一致的热电特性，价格相对要便宜。由此可知，不能用一般的铜导线传送热电偶信号，同时对不同分度号的热电偶所采用的补偿导线也不同。常用热电偶的补偿导线列于表 8-3。根据中间温度定律，只要热电偶和补偿导线的两个结点温度一致，是不会影响热电势输出的。

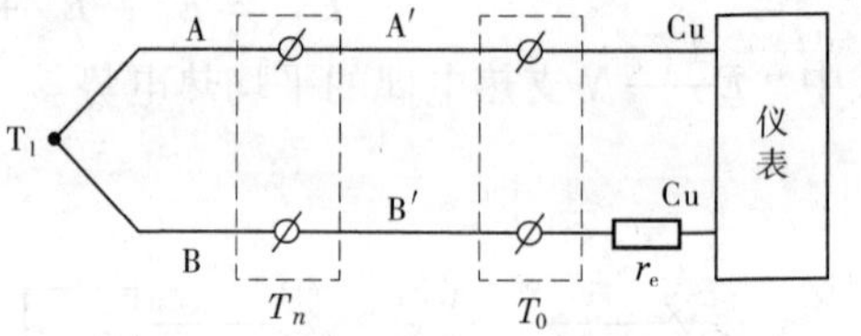

图 8-13　补偿导线连接示意图

表 8-3　常用热电偶的补偿导线

补偿导线型号	配用热电偶型号	补偿导线		绝缘层颜色	
		正极	负极	正极	负极
SC	S	SPC（铜）	SNC（铜镍）	红	绿
KC	K	KPC（铜）	KNC（廉铜）	红	蓝
KX	K	KPX（镍铬）	KNX（镍硅）	红	黑
EX	E	EPX（镍铬）	ENX（铜镍）	红	棕

使用补偿导线时必须注意以下几个问题：

(1)两根补偿导线与两个热电极的结点必须具有相同的温度。

(2)只能与相应型号的热电偶配用，而且必须满足工作范围。

(3)极性切勿接反。

三、热电偶的温度补偿

从热电效应的原理可知，热电偶产生的热电势与两端温度有关。只有将冷端的温度恒定，热电势才是热端温度的单值函数。由于热电偶分度表是以冷端温度为0 ℃时作出的，因此在使用时要正确反映热端温度，最好设法使冷端温度恒为0 ℃。但实际应用中，热电偶的冷端通常靠近被测对象，且受到周围环境温度的影响，其温度不是恒定不变的。为此，必须采取一些相应的措施进行补偿或修正，常用的方法有以下几种。

(一)冷端恒温法

(1)0 ℃恒温法。在实验室及精密测量中，通常把参考端放入装满冰水混合物的容器中，以便参考端温度保持在0 ℃，这种方法又称为冰浴法。

(2)其他恒温法。将热电偶的冷端置于各种恒温器内，使之保持恒定温度，避免由于环境温度的波动而引入误差。这类恒温器可以是盛有变压器油的容器，利用变压器油的热惰性恒温，也可以是电加热的恒温器，这类恒温器的温度不为0 ℃，故最后还需对热电偶进行冷端修正。

(二)计算修正法

上述两种方法解决了一个问题，即设法使热电偶的冷端温度恒定。但是，冷端温度并非一定为0 ℃，所以测出的热电势还是不能正确反映热端的实际温度。为此，必须对温度进行修正。修正公式如下：

$$E_{AB}(t、t_0) = E_{AB}(t、t_1) + E_{AB}(t_1、t_0) \tag{8-10}$$

式中 $E_{AB}(t、t_0)$——热电偶热端温度为t、冷端温度为0 ℃时的热电势；

$E_{AB}(t、t_1)$——热电偶热端温度为t、冷端温度为t_1时的热电势；

$E_{AB}(t_1、t_0)$——热电偶热端温度为t_1，冷端温度为0 ℃时的热电势。

【例8-3】 用镍铬－镍硅热电偶测某一水池内水的温度，测出的热电动势为2.436 mV，再用温度计测出环境温度为30 ℃(且恒定)，求池水的真实温度。

解：由镍铬－镍硅热电偶分度表查出$E(30、0) = 1.203$ mV。

所以

$$E(T、0) = E(T、30) + E(30、0) = 2.436 + 1.203 = 3.639(\text{mV})$$

查分度表知其对应的实际温度$T = 88$ ℃，即池水的真实温度是88 ℃。

(三)电桥补偿法

计算修正法虽然很精确，但不适合连续测温。为此，有些仪表的测温线路中带有补偿电桥，利用不平衡电桥产生的电势补偿热电偶因冷端温度波动引起的热电势的变化，如图8-14所示。

图8-14中，E为热电偶产生的热电势，U为回路的输出电压。回路中串接了一个补偿电桥。$R_1 \sim R_3$及R_{CM}均为桥臂电阻。R_{CM}是用漆包铜丝绕制成的，它和热电偶的冷端

感受同一温度。$R_1 \sim R_3$ 均用温度系数小的锰铜丝绕成，阻值稳定。在桥路设计时，使 $R_1 = R_2$，并且 R_1、R_2 的阻值要比桥路中其他电阻大得多。这样，即使电桥中其他电阻的阻值发生变化，左右两桥臂中的电流却差不多保持不变，从而认为其具有恒流特性。回路输出电压 U 为热电偶的热电势 E、桥臂电阻 R_{CM} 的压降 U_{RCM} 及另一桥臂电阻 R_3 的压降 U_{R3} 三者的代数和。

$$U = E + U_{RCM} - U_{R3} \tag{8-11}$$

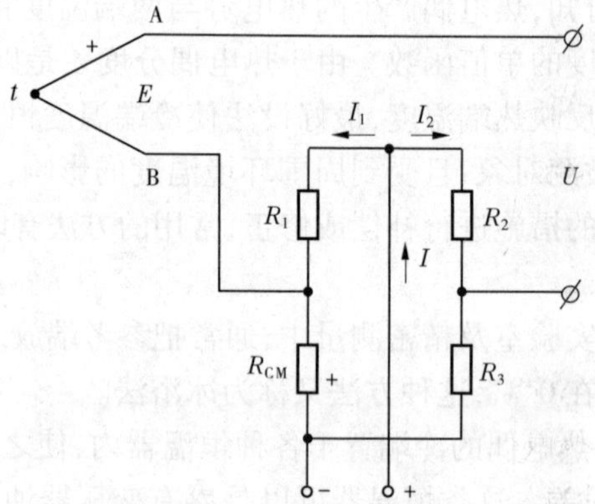

图 8-14　电桥补偿电路

当热电偶的热端温度一定、冷端温度升高时，热电势将会减小。与此同时，铜电阻 R_{CM} 的阻值将增大，使 U_{RCM} 增大，从而达到了补偿的目的。

自动补偿的条件应为

$$\Delta e = I_1 R_{CM} a \Delta t \tag{8-12}$$

式中　Δe——热电偶冷端温度变化引起的热电势的变化，它随所用的热电偶材料不同而异；

I_1——流过 R_{CM} 的电流；

a——铜电阻 R_{CM} 的温度系数，一般取 0.003 91 ℃$^{-1}$；

Δt——热电偶冷端温度的变化范围。

通过式(8-12)，可得

$$R_{CM} = \frac{1}{aI_1}\left(\frac{\Delta e}{\Delta t}\right) \tag{8-13}$$

需要说明的是，热电偶所产生的热电势与温度之间的关系是非线性的，每变化 1 ℃所产生的毫伏数并非都相同，但补偿电阻 R_{CM} 的阻值变化却与温度变化成线性关系。因此，这种补偿方法是近似的。在实际使用时，由于热电偶冷端温度变化范围不会太大，这种补偿方法常被采用。

（四）显示仪表零位调整法

当热电偶通过补偿导线连接显示仪表时，如果热电偶冷端温度已知且恒定，可预先将有零位调整器的显示仪表的指针从刻度的初始值调至已知的冷端温度值上，这时显示仪表的示值即为被测量的实际值。

（五）软件处理法

对于计算机系统，不必全靠硬件进行热电偶冷端处理。例如，冷端温度恒定但不为 0

℃的情况，只需在采样后加一个与冷端温度对应的常数即可。

对于 T_0 经常波动的情况，可利用热敏电阻或其他传感器把 T_0 信号输入计算机，按照运算公式设计一些程序，便能自动修正。

【项目实施】

任务四　热电偶测温传感器的安装与测试

当两种不同的金属组成回路，如两个接点有温度差，就会产生热电势，这就是热电效应。温度高的接点称工作端，将其置于被测温度场，以相应电路就可间接测得被测温度值，温度低的接点就称冷端（也称自由端），冷端可以是室温值或经补偿后的 0 ℃、25 ℃。

通过学习本项目，进一步了解热电偶测量温度的性能与应用范围。

本任务需用器件与单元：专用温度源、E 型热电偶、数显单元（主控台）、直流稳压电源 ±15 V，如图 8-15 所示。

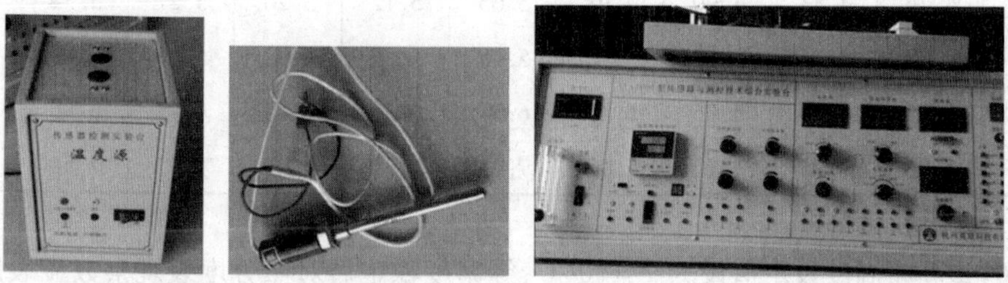

(a) 专用温度源　(b)E 型热电偶　(c) 主控台

图 8-15　需用器件与单元

安装与测试步骤如下所述：

(1) 在温度控制单元上选择加热和冷却方式均为“内控”方式，将 K、E 型热电偶插到温度测量控制仪的插孔中，K 型的自由端接到温度控制单元标有传感器字样的插孔中（此时传感器选择类型为热电偶类型）。

(2) 温度源中“冷却输入”与主控箱中“冷却开关”连接，同时“风机电源”和主控箱中“+2 ~ +24 V”电源输出连接（此时电源旋钮打到最大值位置），同时打开温度源开关。

(3) 从主控箱上将 ±15 V 电压地接到温度模块上，并将 R_5、R_6 两端短接同时接地，打开主控箱电源开关，将模块上的 V_{o2} 与主控箱数显表单元上的 V_i 相接。将 R_{W2} 旋至中间位置，调节 R_{W3} 使数显表显示为零。设定温度测量控制仪上的温度仪表控制温度 $T=40$ ℃。

(4) 去掉 R_5、R_6 接地线及连线，将 E 型热电偶的自由端与温度模块的放大器 R_5、R_6 相接，同时 E 型热电偶的蓝色接线端子接地。观察温控仪表的温度值，当温度控制在 40 ℃时，调节 R_{W2}，对照分度表将 V_{o2} 输出调至和分度表 10 倍数值相当（分度表见表 8-4）。

(5) 调节温度仪表的温度值 $T=50$ ℃，等温度稳定后对照分度表观察数显表的电压值，若电压值超过分度表的 10 倍数值，调节放大倍数 R_{W2}，使 V_{o2} 输出与分度表 10 倍数值相当。

表 8-4 E 型热电偶分度表

工作端温度(℃)	0	1	2	3	4	5	6	7	8	9
	热电动势(mV)									
-10	-0.64	-0.70	-0.77	-0.83	-0.89	-0.96	-1.02	-1.08	-1.14	-1.21
-0	-0.00	-0.06	-0.13	-0.19	-0.26	-0.32	-0.38	-0.45	-0.51	-0.58
0	0.00	0.07	0.13	0.20	0.26	0.33	0.39	0.46	0.52	0.59
10	0.65	0.72	0.78	0.85	0.91	0.98	1.05	1.11	1.18	1.24
20	1.31	1.38	1.44	1.51	1.58	1.64	1.70	1.77	1.84	1.91
30	1.98	2.05	2.12	2.18	2.25	2.32	2.38	2.45	2.52	2.59
40	2.66	2.73	2.80	2.87	2.94	3.00	3.07	3.14	3.21	3.28
50	3.35	3.42	3.49	3.56	3.62	3.70	3.77	3.84	3.91	3.98
60	4.05	4.12	4.19	4.26	4.33	4.41	4.48	4.55	4.62	4.69
70	4.76	4.83	4.90	4.98	5.05	5.12	5.20	5.27	5.34	5.41
80	5.48	5.56	5.63	5.70	5.78	5.85	5.92	5.99	6.07	6.14
90	6.21	6.29	6.36	6.43	6.51	6.58	6.65	6.73	6.80	6.87
100	6.96	7.03	7.10	7.17	7.25	7.32	7.40	7.47	7.54	7.62

(6)重新将温度设定值设为 $T=40$ ℃,等温度稳定后对照分度表观察数显表的电压值,此时 V_{o2} 输出值是否与10倍分度表值相当,再次调节放大倍数 R_{W2},使其与分度表10倍数值接近。

(7)重复步骤(4)、(5)以确定放大倍数为10倍关系。记录当 $T=50$ ℃时数显表的电压值。重新设定温度值为40 ℃ $+n\Delta t$,建议 $\Delta t=5$ ℃,$n=1$、…、7,每隔 $1n$ 读出数显表输出电压值与温度值,并记入表8-5中。

表 8-5 E 型热电偶电势(经放大)与温度数据记录表

$T+n\Delta t$									
U(mV)									

【项目拓展】

任务五 热电偶传感器的应用

一、热电偶测量炉温

图8-16为常用炉温测量采用的热电偶测量系统图。图中由毫伏定值器给出设定温

度的相应毫伏值,如热电偶的热电势与定值器的输出值有偏差,则说明炉温偏离给定值,此偏差经放大器送入调节器,再经过晶闸管触发器去推动晶闸管执行器,从而调整炉丝的加热功率,消除偏差,达到控温的目的。

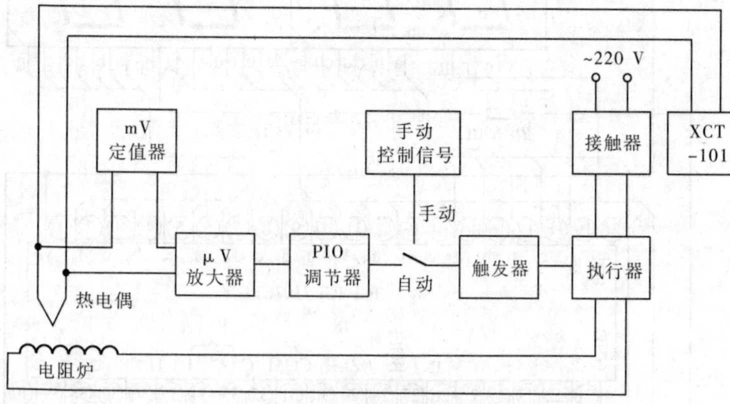

图 8-16　热电偶测量系统图

二、由热电偶放大器 AD594 构成的热电偶温度计

图 8-17 是由热电偶放大器 AD594 构成的热电偶温度计电路,该电路适用于电镀工艺流水线以及温度测量范围在 0～150℃内的各种场合。

(一)AD594 的概述

AD594 是美国 Analog Devices 公司生产的具有基准点补偿功能的热电偶放大集成电路,适用于各种型号的热电偶。

AD594 集成块内部结构框图如图 8-18 所示,主要由两个差动放大器、一个高增益主放大器和基准点补偿器以及热电偶断线检测电路等组成。该 IC 采用 14 脚双列式封装,其各引脚功能如表 8-6 所示。

表 8-6　AD594 集成块各引脚功能

引脚	功能说明	引脚	功能说明
①	温度检测信号放大器反相输入端	⑧	反馈元件引出脚端(属输入端)
②	基准点补偿器外接元件	⑨	主放大器信号输出端
③	放大器同相信号输入端	⑩	主放大器电路公共端
④	基准点补偿器公共端	⑪	正电源电压输入端
⑤	放大器反相信号输入端	⑫	热电偶断线检测端偏置电压输入端
⑥	未使用	⑬	热电偶断线检测端
⑦	负电源端(接地线)	⑭	温度检测信号放大器同相输入端

(二)工作原理

在图 8-17 中,J 型热电偶的一对导线末端点作为热电偶的连接点,它是 AD594 进行

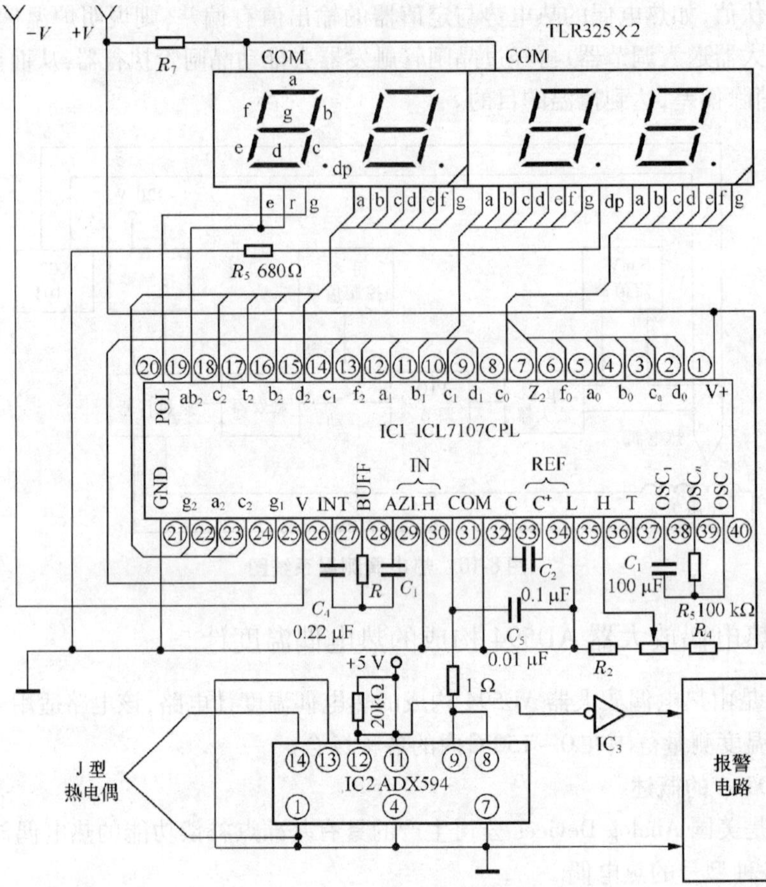

图 8-17　由热电偶放大器 AD594 构成的热电偶温度计电路

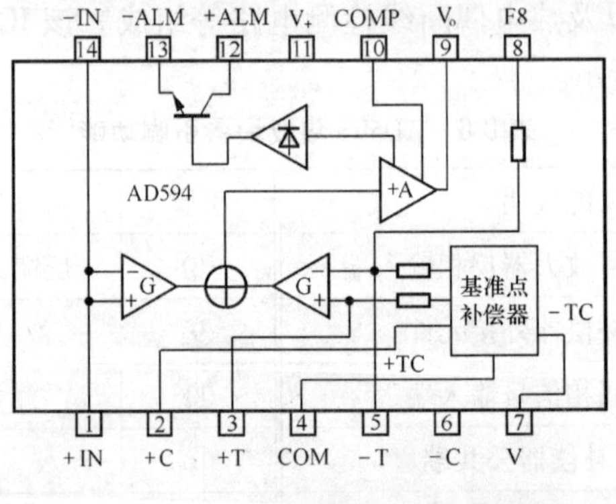

图 8-18　AD594 集成块内部结构框图

补偿的接点。此接点必须与 AD594 保持相同的温度，AD594 外壳和印制板在①脚和⑭脚用铜箔进行热接触，热电偶的引线接到它的外壳引线上，从而保持均温。

当热电偶的一条或两条引线断开时，AD594 的⑫脚变为低电平，通过 TTL 门电路 IC_3 就会控制报警电路发出报警声，提示用户热电偶出现了断线故障。

热电偶的温度每变化 1 ℃，AD594 集成电路的⑨脚就有 10 mV 的电压输出，该电压经 1 Ω 电阻加至数字显示电路 ICL7107CPL 的㉛脚。

ICL7107CPL是一块显示器驱动控制专用数字显示集成电路,其㉛脚输入的模拟量转换成数字量,经译码后输出驱动控制信号驱动LED显示器显示当前检测到的温度。

【项目小结】

将两种不同成分的导体组成一闭合回路,当闭合回路的两个结点分别置于不同的温度场中时,回路中将产生一个电势,该电势的方向和大小与导体的材料及两结点的温度有关,这种现象称为热电效应。

热电势由两部分组成,一部分是两种导体的接触电势,另一部分是单一导体的温差电势。接触电势比温差电势大得多,可将温差电势忽略掉。热电偶热电势的大小,只与组成热电偶的材料和两结点的温度有关,而与热电偶的形状尺寸无关,当热电偶两电极材料固定后,热电势便是两结点电势差。

热电偶有四个基本定律:均质导体定律、中间导体定律、标准电极定律和中间温度定律。它们是分析和应用热电偶的重要理论基础。

热电偶的种类很多,通常由热电极金属材料、绝缘材料、保护材料及接线装置等部分组成。热电偶可分为标准化热电偶和非标准化热电偶两种类型。标准化热电偶是指国家已经定型批量生产的热电偶,非标准化热电偶是指特殊用途试生产的热电偶。

热电偶产生的热电势与两端温度有关。只有将冷端的温度恒定,热电势才是热端温度的单值函数。但实际应用中,热电偶的冷端通常靠近被测对象,且受到周围环境温度的影响,其温度不是恒定不变的。为此,必须采取一些相应的措施进行补偿或修正,常用的方法有冷端恒温法、补偿导线法、计算修正法、电桥补偿法、显示仪表零位调整法和软件处理法等。

【项目训练】

一、单项选择

1. 热电偶可以测量______。

A. 压力　　B. 电压　　C. 温度　　D. 热电势

2. 下列关于热电偶传感器的说法中,______是错误的。

A. 热电偶必须由两种不同性质的均质材料构成

B. 计算热电偶的热电势时,可以不考虑接触电势

C. 在工业标准中,热电偶参考端温度规定为0 ℃

D. 接入第三导体时,只要其两端温度相同,对总热电势没有影响

3. 热电偶的基本组成部分是______。

A. 热电极　　B. 保护管　　C. 绝缘管　　D. 接线盒

4. 为了减小热电偶测温时的测量误差,需要进行的冷端温度补偿方法不包括______。

A. 补偿导线法　　B. 电桥补偿法　　C. 冷端恒温法　　D. 差动放大法

5. 热电偶测量温度时______。

A. 需加正向电压　　B. 需加反向电压

C. 加正向、反向电压都可以　　D. 不需加电压

6. 热电偶中热电势包括______。

A. 感应电势　B. 补偿电势　C. 接触电势　D. 切割电势

7. 一个热电偶产生的热电势为 E_0,当打开其冷端串接与两热电极材料不同的第三根金属导体时,若保证已打开的冷端两点的温度与未打开时相同,则回路中热电势______。

A. 增加　B. 减小　C. 增加或减小不能确定　D. 不变

8. 热电偶中产生热电势的条件有______。

A. 两热电极材料相同　　B. 两热电极材料不同

C. 两热电极的几何尺寸不同　　D. 两热电极的两端点温度相同

9. 利用热电偶测温时,只有在______条件下才能进行。

A. 分别保持热电偶两端温度恒定

B. 保持热电偶两端温差恒定

C. 保持热电偶冷端温度恒定

D. 保持热电偶热端温度恒定

10. 实用热电偶的热电极材料中,用的较多的是______。

A. 纯金属　B. 非金属　C. 半导体　D. 合金

11. 在实际的热电偶测温应用中,引用测量仪表而不影响测量结果是利用了热电偶的______。

A. 中间导体定律　　B. 中间温度定律

C. 标准电极定律　　D. 均质导体定律

12. 对于热电偶,冷端温度不等于______,但能保持恒定不变的情况,可采用修正法。

A. 20 ℃　B. 0 ℃　C. 10 ℃　D. 5 ℃

13. 采用热电偶测温与其他感温元件一样,是通过热电偶与被测介质之间的______。

A. 热量交换　B. 温度交换　C. 电流传递　D. 电压传递

二、简述

1. 什么是金属导体的热电效应? 产生热电效应的条件有哪些?

2. 热电偶产生的热电动势由哪几种电动势组成? 起主要作用的是哪种电动势?

3. 什么是补偿导线? 热电偶测温为什么要采用补偿导线? 目前的补偿导线有哪几种类型?

4. 热电偶的参考端温度处理方法有哪几种?

5. 试述热电偶中间导体定律内容,该定律在热电偶实际测温中的作用。

6. 试述热电偶标准热电极定律内容,该定律在热电偶实际测温中的作用。

7. 试述热电偶中间温度定律内容,该定律在热电偶实际测温中的作用。

三、分析

1. 试分析金属导体中产生接触电动势的原因,与其大小有关因素。

2. 试分析金属导体中产生温差电动势的原因,与其大小有关因素。

四、计算

1. 用铂铑$_{10}$－铂(S型)热电偶测量某一温度,若参比端温度 $T_0=30$ ℃,测得的热电势 $E(T、T_n)=7.5$ mV,求测量端实际温度 T。

2. 用镍铬－镍硅(K)热电偶测温度,已知冷端温度为40 ℃,用高精度毫伏表测得这时的热电势为29.188 mV,求被测点温度。

项目九 光敏三极管测光传感器的安装与测试

【项目描述】

本项目主要讲的是安装与测试一台光敏三极管测光传感器。

光敏三极管(光电三极管) 能够把接收到的光信号变换为相应的电信号。当具有光敏特性的PN结受到光辐射时,形成光电流,由此产生的光电流由基极进入发射极,从而在集电极回路中得到一个放大了相当于β倍的信号电流。不同材料制成的光敏三极管具有不同的光谱特性,与光敏二极管相比,具有很大的光电流放大作用,即很高的灵敏度。因此,光敏三极管在许多测光的场合得到广泛应用。

通过本项目的学习,掌握光电式传感器的工作原理,了解光电式传感器的基本结构、工作类型及其特点;能根据不同测量物理量选择合适的传感器;掌握光电式传感器应用场合,能够完成传感器与外电路的接线及调试,能分析和处理使用过程中的常见故障。

【相关知识与技能】

任务一 光电效应及光电元器件

一、光源与光辐射体

(一)光的特性

光是电磁波谱中的一员,不同波长光的分布如图9-1所示,这些光的频率(波长)各不相同,但都具有反射、折射、散射、衍射、干涉和吸收等性质。使用光电传感器时,光照射到光电元件单位面积上的光通量(光照度)越大,光电效应越明显。

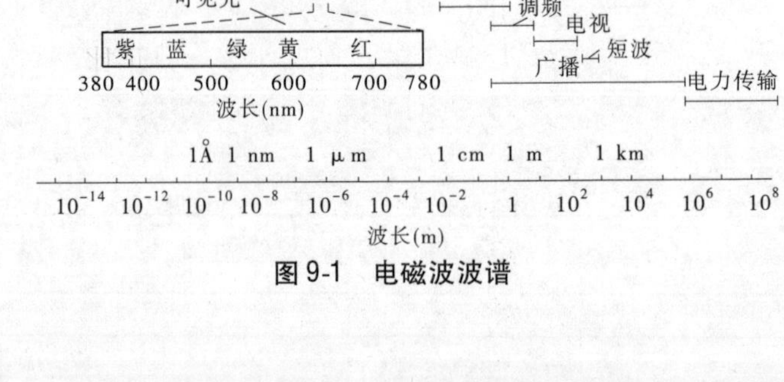

图9-1 电磁波波谱

(二)光源与光辐射体

光电检测中遇到的光,可以由各种发光器件产生,也可以是物体的辐射光。下面简要介绍各种发光器件及物体的红外辐射。

1. 白炽光源

白炽灯又称钨丝灯、灯泡,是将灯丝通电加热到白炽状态,利用热辐射发出可见光的电光源。白炽光源产生的光,谱线较丰富,包含可见光与红外光。使用时,常加用滤色片来获得不同窄带频率的光。

2. 气体放电光源

气体放电光源是利用气体放电发光原理制成的。外界电场加速放电管中的电子,通过气体(包括某些金属蒸气)放电而导致原子发光的光谱,如日光灯、汞灯、钠灯、金属卤化物灯。气体放电有弧光放电和辉光放电两种,放电电压有低气压、高气压和超高气压3种。当放电电流很小时,放电处于辉光放电阶段;当放电电流增大到一定程度时,气体放电呈低电压大电流放电,这就是弧光放电。

气体放电光源光辐射的持续,不仅要维持其温度,而且还依赖于气体的原子或分子的激发过程。原子辐射光谱呈现许多分离的明线条,称为线光谱。分子辐射光谱是一段段的带,称为带光谱。线光谱和带光谱的结构与气体成分有关。

气体放电光源目前常用的有碳弧、低压水银弧、高压水银弧、钠弧、氙弧灯等。高、低压水银弧灯的光色近于日光;钠弧灯发出的光呈黄色,发光效率特别高(200 lm/W);氙弧灯功率最大,光色也与日光相近。

3. 发光二极管

发光二极管简称为LED。由镓(Ga)与砷(As)、磷(P)的化合物制成的二极管,当电子与空穴复合时能辐射出可见光,因而可以用来制成发光二极管。由于它是一种电致发光的半导体器件,与钨丝白炽灯相比具有体积小、功耗低、寿命长、响应快、便于与集成电路相匹配等优点,因此得到了广泛的应用。

发光二极管可用LED表示,它的种类很多,其发光波长见表9-1,GaAs1 - xPx、GaP、SiC发出的是可见光,而GaAs、Si、Ge发出的是红外光。

表9-1 发光二极管光波峰值波长

材料	Ge	Si	GaAs	GaAs1 - xPx	GaP	SiC
波长 λ(nm)	1 850	1 110	867	867 ~ 550	550	435

一般情况下(在几十毫安电流范围内),LED单位时间发射的光子数与单位时间内注入到二极管导带中的电子数成正比,即输出光强与输入电流成正比。电流的进一步增加会使LED输出产生非线性,甚至导致器件损坏。

4. 激光器

激光是新颖的高亮度光,它是由各类气体、固体或半导体激光器产生的频率单纯的光。在正常分布状态下,原子多处于稳定的低能级 E_1,如无外界的作用,原子可长期保持此状态。但在外界光子作用下,赋予原子一定的能量 ε,原子就从低能级 E_1 跃迁到高能

级 E_2,这个过程称为光的受激吸收。光子能量与原子能级跃迁的关系为

$$\varepsilon = h\upsilon \approx E_2 - E_1 \tag{9-1}$$

处在高能级 E_2 的原子在外来光的诱发下,跃迁至低能级 E_1 而发光,这个过程称为光的受激辐射。受激辐射发出的光子与外来光子具有完全相同的频率、传播方向、偏振方向。一个外来光子诱发出一个光子,在激光器中就得到两个光子,这两个光子又可诱发出两个光子,得到四个光子,这些光子进一步诱发出其他光子,这个过程称为光放大。

如果通过光的受激吸收,使介质中处于高能级的粒子比处于低能级的多——粒子数反转,则光放大作用大于光吸收作用。这时受激辐射占优势,光在这种工作物质内被增强,这种工作物质就称为增益介质。若增益介质通过提供能量的激励源装置形成粒子数反转状态,这时大量处于低能级的原子在外来能量作用下将跃迁到高能级。

激光的形成必须具备三个条件:①具有能形成粒子数反转状态的工作物质——增益介质;②具有供给能量的激励源;③具有提供反复进行受激辐射场所的光学谐振腔。

激光具有方向性强、亮度高、单色性好、相干性好的优点,广泛用在光电检测系统中。

二、光电效应及分类

光电式传感器的工作原理是基于不同形式的光电效应。根据光的波粒二象性,我们可以认为光是一种以光速运动的粒子流,这种粒子称为光子。每个光子具有的能量 $h\upsilon$ 正比于光的频率 υ。每个光子具有的能量为

$$E = h\upsilon \tag{9-2}$$

式中 h——普朗克常数,$h = 6.63 \times 10^{-34}$ J · s。

由此可见,对不同频率的光,其光子能量是不相同的,频率越高,光子能量越大。用光照射某一物体,可以看作物体受到一连串能量为 $h\upsilon$ 的光子的轰击,该物体吸收光子能量而发生相应电效应的物理现象称为光电效应。光电效应通常分为以下三类。

(一)外光电效应

在光线作用下能使电子逸出物体表面的现象称为外光电效应。当物体在光线照射作用下,一个电子吸收了一个光子的能量后,其中的一部分能量消耗于电子由物体内逸出表面时所做的逸出功,另一部分则转化为逸出电子的动能。根据能量守恒定律,可得

$$h\upsilon = A_0 + \frac{1}{2}mv_0^2 \tag{9-3}$$

式中 A_0——电子逸出物体表面所需的功;

m——电子的质量,$m = 9.109 \times 10^{-31}$ kg;

v_0——电子逸出物体表面时的初速度。

式(9-3)即为著名的爱因斯坦光电方程式,它阐明了光电效应的基本规律。由式(9-3)可知:

(1)光电子能否产生,取决于光电子的能量是否大于该物体的表面电子逸出功 A_0。不同的物质具有不同的逸出功,即每一个物体都有一个对应的光频阈值,称为红限频率或波长限。入射光频率低于红限频率,光子能量不足以使物体内的电子逸出,因而小于红限频率的入射光,光强再大也不会产生光电子发射;反之,入射光频率高于红限频率,即使光

线微弱,也会有光电子射出。

(2)如果产生了光电发射,在入射光频率不变的情况下,逸出的电子数目与光强成正比。光强愈强意味着入射的光子数目愈多,受轰击逸出的电子数目也愈多。基于外光电效应的光电元件有光电管、光电倍增管等。

(二)光电导效应

在光线作用下,半导体材料吸收了入射光子能量,若光子能量大于或等于半导体材料的禁带宽度,就激发出电子-空穴对,使载流子浓度增加,半导体的导电性增加,阻值减低,这种现象称为光电导效应。根据光电导效应制成的光电元器件有光敏电阻、光敏二极管、光敏三极管和光敏晶闸管等。

(三)光生伏特效应

在光线作用下,物体产生一定方向电动势的现象称为光生伏特效应。光生伏特效应可分为以下两类。

1. 势垒光电效应(结光电效应)

以 PN 结为例,当光照射 PN 结时,若光子能量大于半导体材料的禁带宽度 E_g,则使价带的电子跃迁到导带,产生自由电子-空穴对。在 PN 结阻挡层内电场的作用下,被激发的电子移向 N 区的外侧,被激发的空穴移向 P 区的外侧,从而使 P 区带正电,N 区带负电,形成光电动势。

2. 侧向光电效应

当半导体光电器件受不均匀光照时,有载流子浓度梯度将会产生侧向光电效应。当光照部分吸收入射光子的能量产生电子-空穴对时,光照部分载流子浓度比未受光照部分的载流子浓度大,就出现了载流子浓度梯度,因而载流子就要扩散。如果电子迁移率比空穴大,那么空穴的扩散不明显,则电子向未被光照部分扩散,就造成光照射的部分带正电,未被光照射的部分带负电,光照部分与未被光照部分产生光电动势。基于光生伏特效应的光电元件有光电池、光敏二极管、光敏三极管、光敏晶闸管等。

第一类光电元件属于真空管元件,第二、三类属于半导体元件。

在以下光电元件的论述中将要应用到流明(lm)和勒克斯(lx)两个光学单位。流明是光通量的单位,所有的灯都以流明表征输出光通量的大小。勒克斯是照度的单位,它是表征受照物体被照程度的物理量。

三、光电管及基本测量电路

(一)结构与工作原理

光电管有真空光电管和充气光电管两类,两者结构相似,它们有一个涂有光电材料的阴极 K 和一个阳极 A 封装在玻璃壳内,如图 9-2(a)所示。当入射光照射在阴极上时,阴极就会发射电子,由于阳极的电位高于阴极,在电场力的作用下,阳极便收集到由阴极发射出来的电子,因此在光电管组成的回路中形成了光电流 I_φ,并在负载电阻 R_L 上输出电压 U_o,如图 9-2(b)所示。在入射光的频谱成分和光电管电压不变的条件下,输出电压 U_o 与入射光通量成正比。

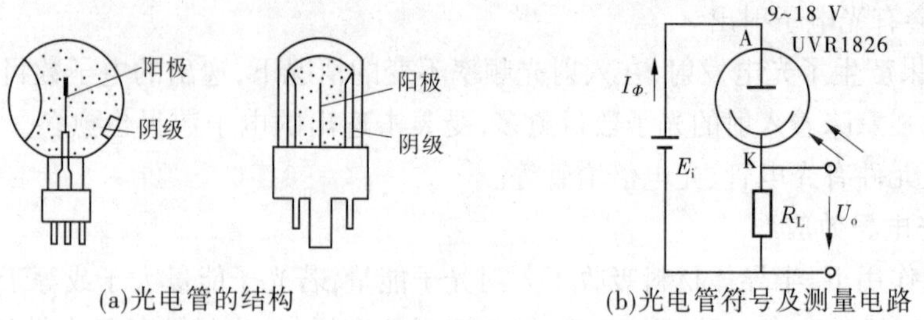

图 9-2 光电管的结构、符号及测量电路

(二)光电管特性

光电管的性能指标主要有伏安特性、光电特性、光谱特性、响应特性、响应时间、峰值探测率和温度特性等。下面仅对其中的主要性能指标作一简单介绍。

1. 光电特性

光电特性表示当阳极电压一定时,阳极电流 I 与入射在光电管阴极上光通量 Φ 之间的关系,如图 9-3 所示。光电特性的斜率(光电流与入射光光通量之比)称为光电管的灵敏度。

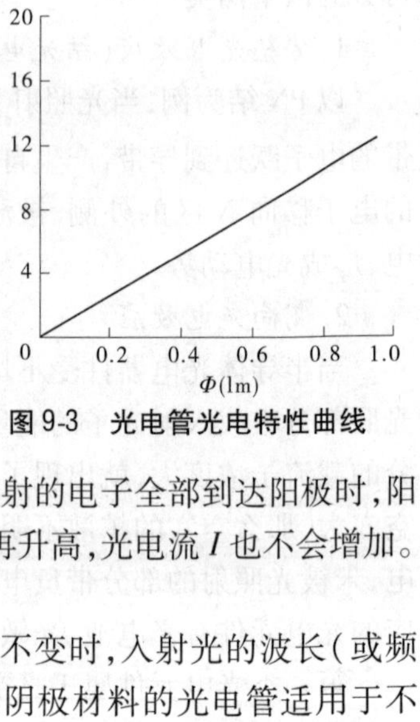

图 9-3 光电管光电特性曲线

2. 伏安特性

当入射光的频谱及光通量一定时,阳极电流与阳极电压之间的关系叫伏安特性,如图 9-4 所示。当阳极电压比较低时,阴极所发射的电子只有一部分到达阳极,其余部分受光电子在真空中运动时所形成的负电场作用回到光电阴极。随着阳极电压的增高,光电流增大。当阴极发射的电子全部到达阳极时,阳极电流便很稳定,称为饱和状态。当达到饱和时,阳极电压再升高,光电流 I 也不会增加。

3. 光谱特性

光电管的光谱特性通常是指阳极和阴极之间所加电压不变时,入射光的波长(或频率)与其绝对灵敏度的关系。它主要取决于阴极材料,不同阴极材料的光电管适用于不同的光谱范围。不同光电管对于不同频率(即使光强度相同)的入射光,其灵敏度也不同。图 9-5 中曲线Ⅰ、Ⅱ为常用的银氧铯光电阴极和锑铯光电阴极。此外,光电管还有温度特性、疲劳特性、惯性特性、暗电流和衰老特性等,使用时应根据产品说明书和有关手册合理选用。

四、光电倍增管及基本测量电路

(一)结构与工作原理

光电倍增管是把微弱的光输入转换成电子,并使电子获得倍增的电真空器件。它有放大光电流的作用,灵敏度非常高,信噪比大,线性好,多用于微光测量。光电倍增管由两个主要部分构成:阴极室和若干光电倍增极组成的二次发射倍增系统,结构示意图如图 9-6所示。从图中可以看到,光电倍增管也有一个阴极 K、一个阳极 A。与光电管不同的是,在它的阴极与阳极之间设置许多二次倍增极 D_1、D_2、D_3、…,它们又称为第一倍增极、第二倍增极、第三倍增极……相邻电极之间通常加上 100 V 左右的电压，其电位逐级提高，阴极电位最低，阳极电位最高，两者之差一般为 600 ~ 1 200 V。

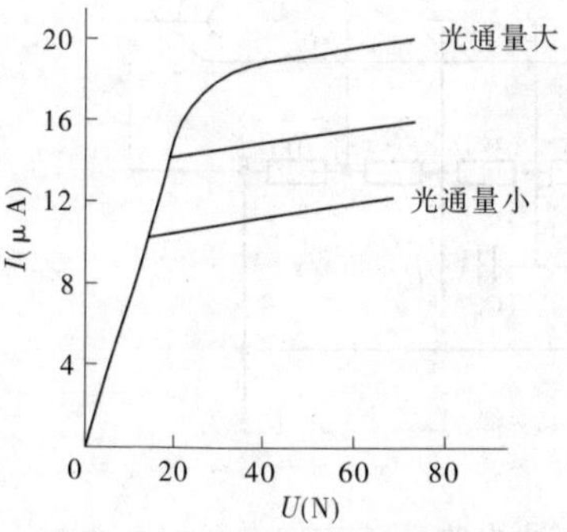

图 9-4　光电管伏安特性曲线

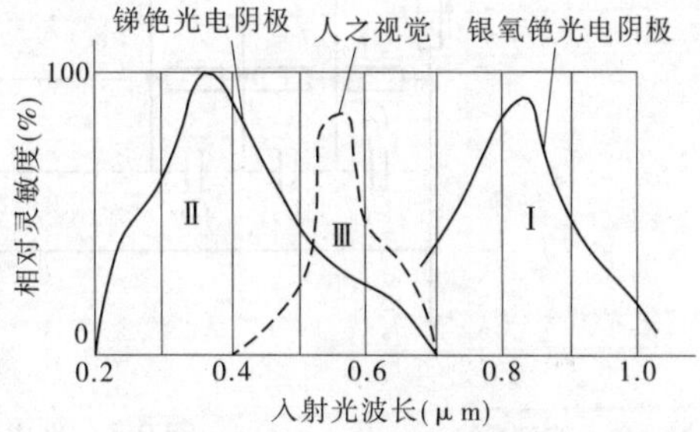

图 9-5　光电管光谱特性曲线

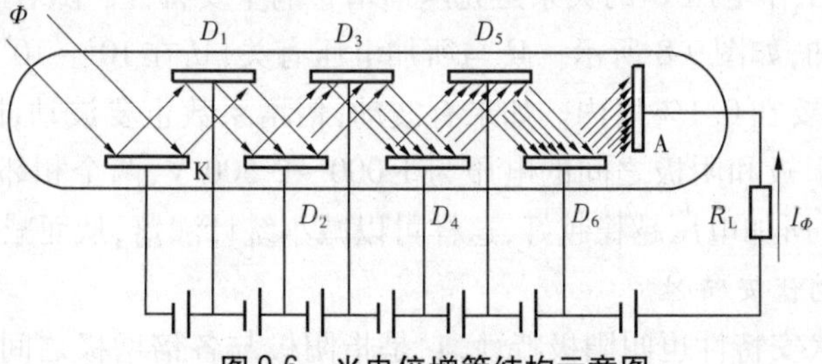

图 9-6　光电倍增管结构示意图

当微光照射阴极 K 时，从阴极 K 上逸出的光电子在 D_1 的电场作用下，以高速向倍增极 D_1 射去，产生二次发射，于是更多的二次发射的电子又在 D_2 电场作用下，射向第二倍增极，激发更多的二次发射电子，如此下去，一个光电子将激发更多的二次发射电子，最后被阳极收集。若每级的二次发射倍增率为 m，共有 n 级（通常可达 9 ~ 11 级），则光电倍增管阳极得到的光电流比普通光电管大 m^n 倍，因此光电倍增管的灵敏度极高。

图 9-7 所示为光电倍增管的基本电路。各倍增极的电压是用分压电阻 R_1、R_2、…、R_n 获得的，阳极电流流经电阻 R_L 得到输出电压 U_o。当用于测量稳定的辐射通量时，图中虚线连接的电容 C_1、C_2、…、C_n 和输出隔离电容 C_0 都可以省去。这时电路往往将电源正端接地，并且输出可以直接与放大器输入端连接。当入射光通量为脉冲量时，则应将电源的负端接地，因为光电倍增管的阴极接地比阳极接地有更低的噪声，此时输出端应接入隔离电容，同时各倍增极的并联电容亦应接入，以稳定脉冲工作时的各级工作电压，稳定增益并防止饱和。

（二）光电倍增管的主要参数和特性

1. 光电倍增管的倍增系数 M 与工作电压的关系

倍增系数 M 等于 n 个倍增电极的二次电子发射系数 δ 的乘积。如果 n 个倍增电极的 δ 都相同，则 $M=\delta^n$。因此，阳极电流 I 为

$$I = i\delta^n \tag{9-4}$$

式中　i——光电阴极的光电流。

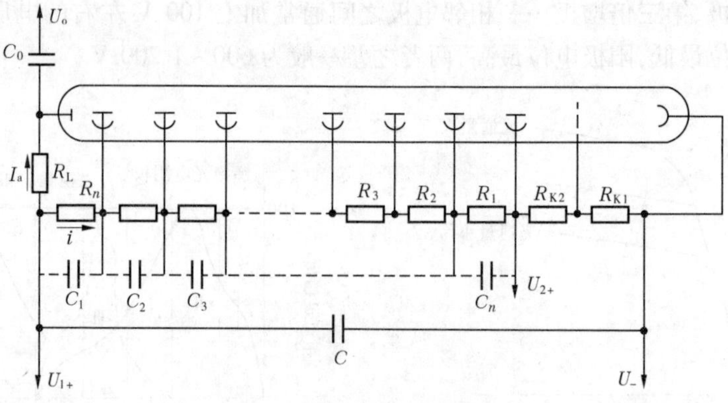

图 9-7　光电倍增管的基本电路

倍增系数 M 与工作电压 U 的关系是光电倍增管的重要特性。随着工作电压的增加，倍增系数也相应增加，如图 9-8 所示。M 与所加电压有关，M 在 $10^5 \sim 10^8$，稳定性为 1% 左右，加速电压稳定性要在 0.1% 以内。如果有波动，倍增系数也要波动，因此 M 具有一定的统计涨落。一般阳极和阴极之间的电压为 1 000 ~ 2 500 V，两个相邻的倍增电极的电位差为 50 ~ 100 V。所加电压越稳越好，这样可以减小统计涨落，从而减小测量误差。

2. 光电倍增管的伏安特性

光电倍增管的伏安特性也叫阳极特性，它是指阴极与各倍增极之间电压保持恒定条件下，阳极电流 I_A（光电流）与最后一级倍增极和阳极间电压 U_{AD} 的关系。典型光电倍增管的伏安特性如图 9-9 所示。它是在不同光通量下的一组曲线族。像光电管一样，光电倍增管的伏安特性曲线也有饱和区，照射在光电阴极上的光通量越大，饱和阳极电压越高，当阳极电压非常大时，由于阳极电位过高，倒数第二级倍增极发出的电子直接奔向阳极，造成最后一级倍增极的入射电子数减少，影响了光电倍增管的倍增系数，因此伏安特性曲线过饱和区段后略有降低。

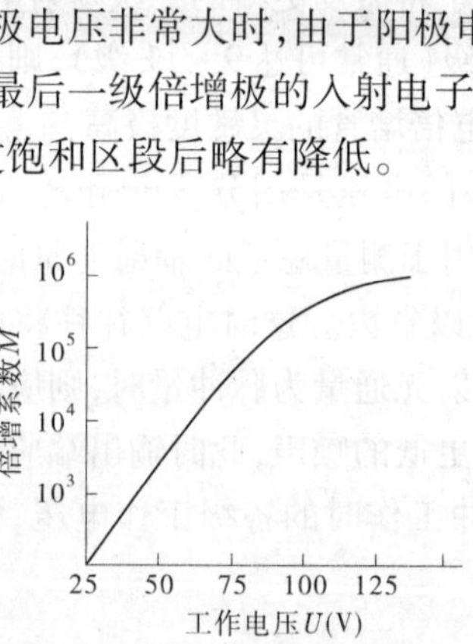

图 9-8　光电倍增管的特性曲线

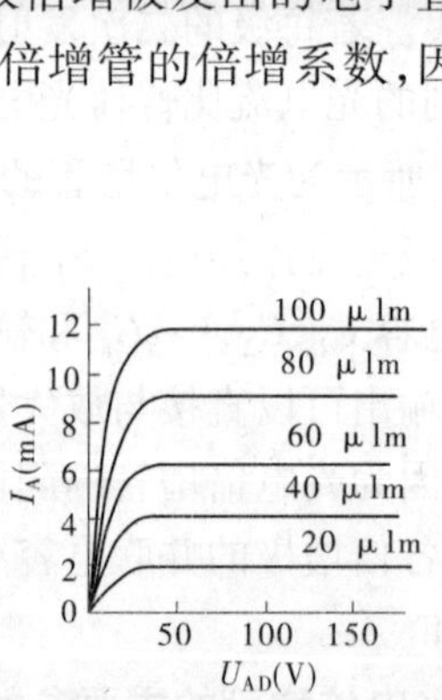

图 9-9　光电倍增管的伏安特性

3. 光电倍增管的光电特性

光电倍增管的光电特性是指阳极电流（光电流）与光电阴极接收到的光通量之间的关系。典型光电倍增管的光电特性如图 9-10 所示。图中当光通量 Φ 在 $10^{-13} \sim 10^{-4}$ lm（流明）时，光电特性曲线具有较好的线性关系，当光通量超过 10^{-4} lm 时曲线就明显向下弯曲,其主要原因是强光照射下,较大的光电流使后几级倍增极疲劳,灵敏度下降,因此使用时光电流不要超过 1 mA。

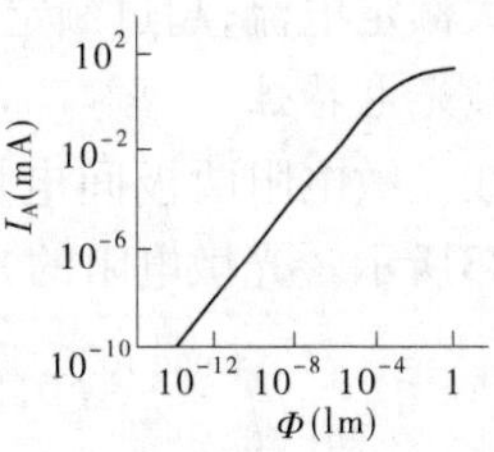

图 9-10 光电倍增管的光电特性

五、光敏电阻及基本测量电路

光敏电阻又称光导管,是一种均质半导体光电元件。它具有灵敏度高、光谱响应范围宽、体积小、重量轻、机械强度高、耐冲击、耐振动、抗过载能力强和寿命长等特点。

(一)光敏电阻的工作原理和结构

光敏电阻的工作原理是基于内光电效应。在半导体光敏材料两端装上电极引线,将其封装在带透明窗的管壳内就构成光敏电阻,如图 9-11(a)所示。为了增加灵敏度,常将两电极做成梳状,如图 9-11(b)所示,图形符号如图 9-11(c)所示。

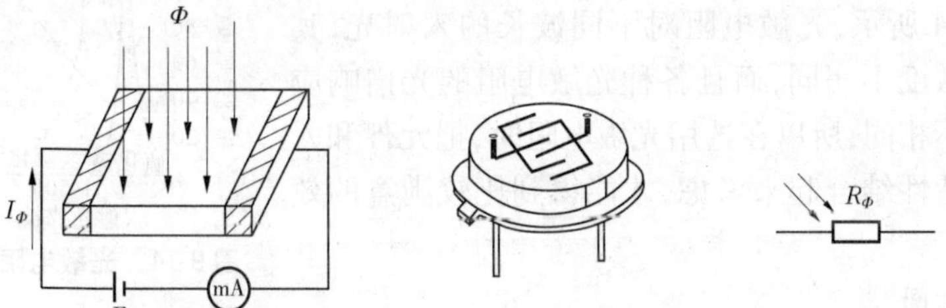

(a)原理图 (b)外形图 (c)图形符号

图 9-11 光敏电阻

构成光敏电阻的材料有金属的硫化物、硒化物、碲化物等半导体。当光照射到光电导体上时,若这个光电导体为本征半导体材料,而且光辐射能量又足够强,光导材料价带上的电子将激发到导带上去,从而使导带的电子和价带的空穴增加,致使光导体的电导率变大。为实现能级的跃迁,入射光的能量必须大于光导材料的禁带宽度。光照愈强,阻值愈低。入射光消失,电子-孔穴对逐渐复合,电阻也逐渐恢复原值。为了避免外来干扰,光敏电阻外壳的入射孔用一种能透过所要求光谱范围的透明保护窗(例如玻璃),有时用专门的滤光片作保护窗。为了避免灵敏度受潮湿的影响,须将电导体严密封装在壳体中。

(二)光敏电阻的基本特性和主要参数

1. 暗电阻和暗电流

置于室温、全暗条件下测得的稳定电阻值称为暗电阻,此时流过电阻的电流称为暗电流。这些是光敏电阻的重要特性指标。

2. 亮电阻和亮电流

置于室温、在一定光照条件下测得的稳定电阻值称为亮电阻,此时流过电阻的电流称为亮电流。

3. 伏安特性

在光照度不变时,光敏电阻两端所加电压与流过电阻的光电流关系称为光敏电阻的伏安特性,如图 9-12 所示。从图中可知,伏安特性近似直线,但使用时应限制光敏电阻两端的电压,以免超过虚线所示的功耗区。因为光敏电阻都有最大额定功率、最高工作电压和最大额定电流,超过额定值可能导致光敏电阻的永久性损坏。

4.光电特性

在光敏电阻两极间电压固定不变时,光照度与亮电流间的关系称为光电特性,如图9-13所示。光敏电阻的光电特性成非线性,这是光敏电阻的主要缺点之一。

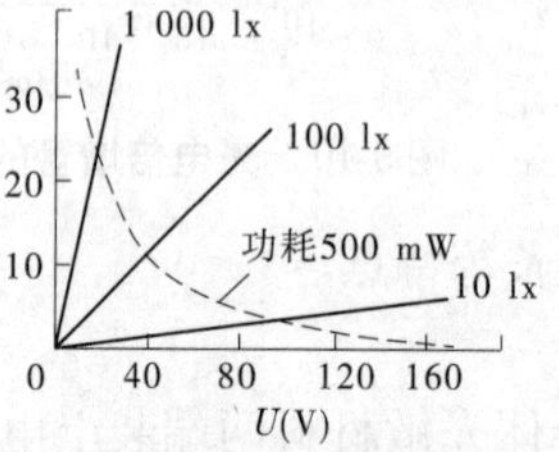

图9-12 光敏电阻的伏安特性

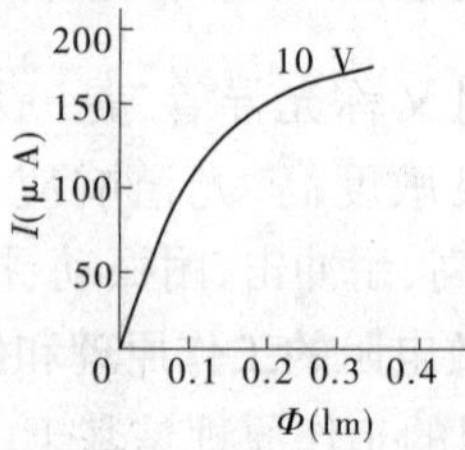

图9-13 光敏电阻的光电特性

5.光谱特性

如图9-14所示,光敏电阻对不同波长的入射光,其对应光谱灵敏度不相同,而且各种光敏电阻的光谱响应峰值波长也不相同,所以在选用光敏电阻时,把元件和入射光的光谱特性结合起来考虑,才能得到比较满意的效果。

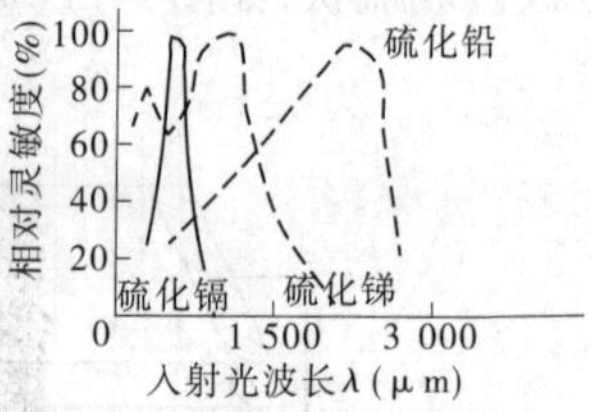

图9-14 光敏电阻的光谱特性

6.响应时间

光敏电阻受光照后,光电流并不立刻升到最大值,而要经历一段时间(上升时间)才能达到最大值。同样,光照停止后,光电流也需要经过一段时间(下降时间)才能恢复到其暗电流值,这段时间称为响应时间。光敏电阻的上升响应时间和下降响应时间为$10^{-1}\sim10^{-3}$ s,故光敏电阻不能适用于要求快速响应的场合。

7.温度特性

光敏电阻和其他半导体器件一样,受温度影响较大。随着温度的上升,它的暗电阻和灵敏度都会下降。常用光电导材料如表9-2所示。

表9-2 常用光电导材料

光电导器件材料	禁带宽度(eV)	光谱响应范围(nm)	峰值波长(nm)
硫化镉(CdS)	2.45	400~800	515~550
硒化镉(CdSe)	1.74	680~750	720~730
硫化铅(PbS)	0.40	500~3 000	2 000
碲化铅(PbTe)	0.31	600~4 500	2 200
硒化铅(PbSe)	0.25	700~5 800	4 000
硅(Si)	1.12	450~1 100	850
锗(Ge)	0.66	550~1 800	1 540
锑化铟(InSb)	0.16	600~7 000	5 500
砷化铟(InAs)	0.33	1 000~4 000	3 500

六、光敏晶体管及基本测量电路

光敏晶体管包括光敏二极管、光敏三极管、光敏晶闸管，它们的工作原理是基于内光电效应。光敏三极管的灵敏度比光敏二极管高，但频率特性较差，目前广泛应用于光纤通信、红外线遥控器、光电耦合器、控制伺服电机转速的检测、光电读出装置等场合。光敏晶闸管主要应用于光控开关电路。

（一）光敏晶体管结构与工作原理

1. 光敏二极管

光敏二极管的结构与普通半导体二极管一样，都有一个 PN 结、两根电极引线，而且都是非线性器件，具有单向导电性能。不同之处在于光敏二极管的 PN 结装在管壳的顶部，可以直接受到光的照射。其外形和内部结构如图 9-15(a)、(b)所示。

光敏二极管在电路中通常处于反向偏置状态，如图 9-15(d)所示。当没有光照射时，其反向电阻很大，反向电流很小，这种反向电流称为暗电流。当有光照射时，PN 结及其附近产生电子－孔穴对，它们在反向电压作用下参与导电，形成比无光照射时大得多的反向电流，这种电流称为光电流。入射光的照度增强，光产生的电子－孔穴对数量也随之增加，光电流也相应增大，光电流与光照度成正比。

目前，还研制出一种雪崩式光敏二极管(APD)。由于利用了二极管 PN 结的雪崩效应(工作电压达 100 V 左右)，所以灵敏度极高，响应速度极快，可达数百兆赫，可用于光纤通信及微光测量。

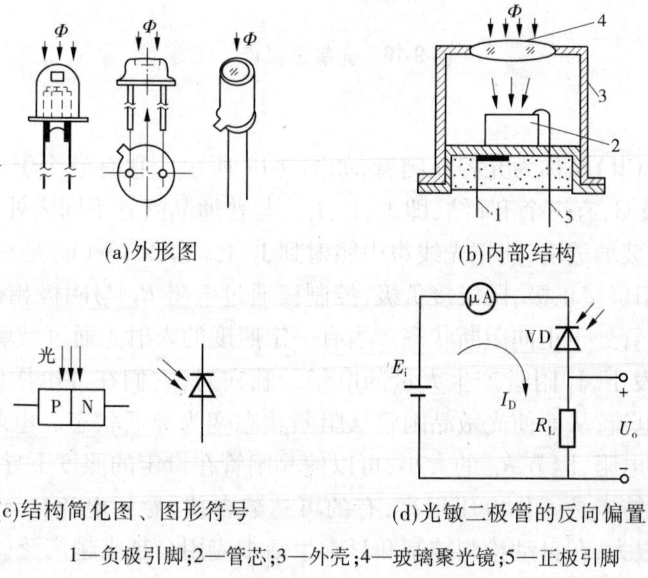

(a)外形图　(b)内部结构

(c)结构简化图、图形符号　(d)光敏二极管的反向偏置接法

1—负极引脚；2—管芯；3—外壳；4—玻璃聚光镜；5—正极引脚

图 9-15　光敏二极管

2. 光敏三极管

光敏三极管有两个 PN 结，从而可以获得电流增益，具有比光敏二极管更高的灵敏度。其结构、等效电路、图形符号及应用电路分别如图 9-16(a)、(b)、(c)、(d)所示，光线通过透明窗口照射在集电结上。当电路按图 9-16(d)连接时，集电结反偏，发射结正偏。

与光敏二极管相似,入射光使集电结附近产生电子－孔穴对,电子受集电结电场吸引流向集电区,基区留下的孔穴形成“纯正电荷”,使基区电压提高,致使电子从发射区流向基区,由于基区很薄,所以只有一小部分从发射区来的电子与基区孔穴结合,而大部分电子穿过基区流向集电区,这一过程与普通三极管的放大作用相类似。集电极电流是原始光电电流的β倍。因此,光敏三极管比光敏二极管的灵敏度高许多倍。

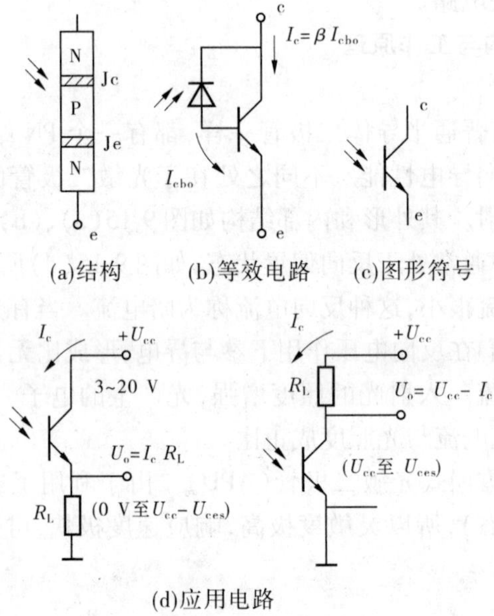

图 9-16 光敏三极管

3. 光敏晶闸管

光敏晶闸管(LCR)又称为光控晶闸管,如图 9-17 所示。它有三个引出电极,即阳极A、阴极 K 和控制极 G,有三个 PN 结,即 J_1、J_2、J_3。与普通晶闸管不同之处是,光敏晶闸管的顶部有一个透明玻璃透镜,能把光线集中照射到 J_2 上。图 9-17 (b)是它的典型应用电路,光敏晶闸管的阳极接正极,阴极接负极,控制极通过电阻 R_G 与阴极相接。这时,J_1、J_3正偏,J_2 反偏,晶闸管处于正向阻断状态。当有一定照度的入射光通过玻璃透镜照射到 J_2 上时,在光能的激发下,J_2 附近产生大量的电子－孔穴对,它们在外电压作用下,穿过 J_2 阻挡层,产生控制电流,从而使光敏晶闸管从阻断状态变为导通状态。电阻 R_G 为光敏晶闸管的灵敏度调节电阻,调节 R_G 的大小,可以使晶闸管在设定的照度下导通。

光敏晶闸管的特点是工作电压很高,有的可达数百伏,导通电流比光敏三极管大得多,因此输出功率很大,在自动检测控制和日常生活中应用会越来越广泛。

(二)光敏晶体管的基本特性

光敏晶体管的基本特性包括光谱特性、伏安特性、光电特性、温度特性、响应特性等。

1. 光谱特性

光敏晶体管在入射光照度一定时,输出的光电流(或相对灵敏度)随光波波长的变化而变化。一种晶体管只对一定波长的入射光敏感,这就是它的光谱特性,如图 9-18 所示。

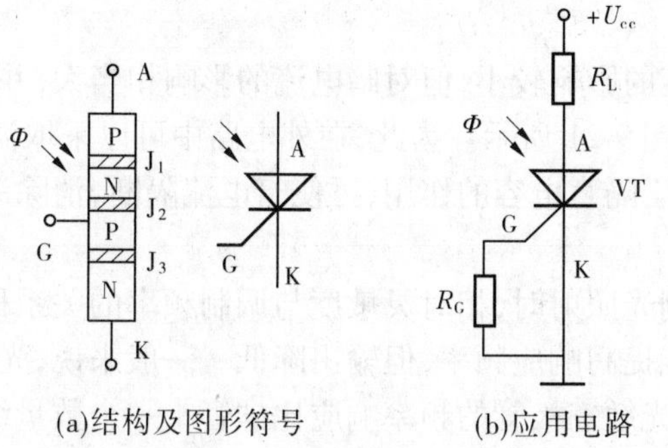

图 9-17　光敏晶闸管

从图中可以看出，不管是硅管还是锗管，当入射光波长超过一定值时，波长增加，相对灵敏度下降。这是因为光子能量太小，不足以激发电子-孔穴对，当入射光波长太短时，由于光波穿透能力下降，光子只在晶体管表面激发电子-孔穴对，而不能达到 PN 结，因此相对灵敏度下降。从图中还可以看出，不同材料的光敏晶体管，其光谱响应峰值波长也不相同。硅管的峰值波长为 1.0 μm 左右，锗管为 1.5 μm 左右，由此可以确定光源与光电器件的最佳配合。由于锗管的暗电流比硅管大，因此锗管性能较差。所以，在探测可见光或炽热物体时都用硅管，而在对红外线进行探测时采用锗管较为合适。

2. 伏安特性

光敏三极管在不同照度下的伏安特性，就像普通三极管在不同基极电流下的输出特性一样，如图 9-19 所示。若改变光照就相当于改变普通三极管的基极电流，从而得到这样一簇曲线。

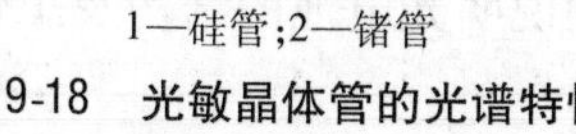

图 9-18　光敏晶体管的光谱特性

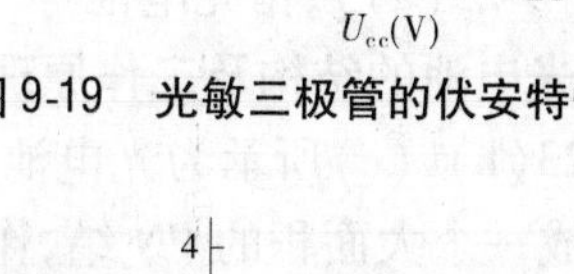

图 9-19　光敏三极管的伏安特性

3. 光电特性

光电特性指的是外加偏置电压一定时，光敏晶体管的输出电流和光照度的关系。一般来说，光敏二极管光电特性的线性较好，而光敏三极管在照度较小时，光电流随照度增加较小，并且在照度足够大时，输出电流有饱和现象。这是由于光敏三极管的电流放大倍数在小电流和大电流时都会下降的缘故。图 9-20 中曲线 1、曲线 2 分别是某种型号的光敏二极管、光敏三极管的光电特性。

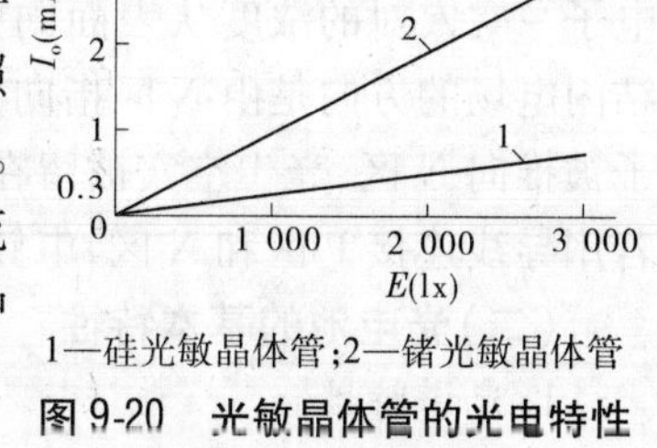

图 9-20　光敏晶体管的光电特性

4. 温度特性

温度变化对亮电流的影响较小,但对暗电流的影响相当大,并且是非线性的,这将给微光测量带来误差,如图 9-21 所示。为此,在外电路中可以采取温度补偿方法,如果对调制光信号交流放大,由于隔直电容的作用,可使暗电流隔断,消除温度影响。

5. 频率特性

光敏晶体管受调制光照射时,相对灵敏度与调制频率的关系称为频率特性,如图 9-22 所示。减少负载电阻能提高响应频率,但输出降低。一般来说,光敏三极管的频率响应比光敏二极管差得多,锗光敏三极管的频率响应比硅管小一个数量级。

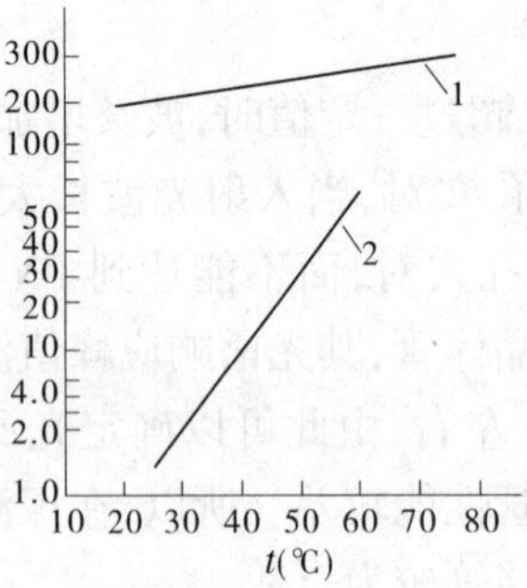

1—输出电流;2—暗电流

图 9-21　光敏晶体管的温度特性

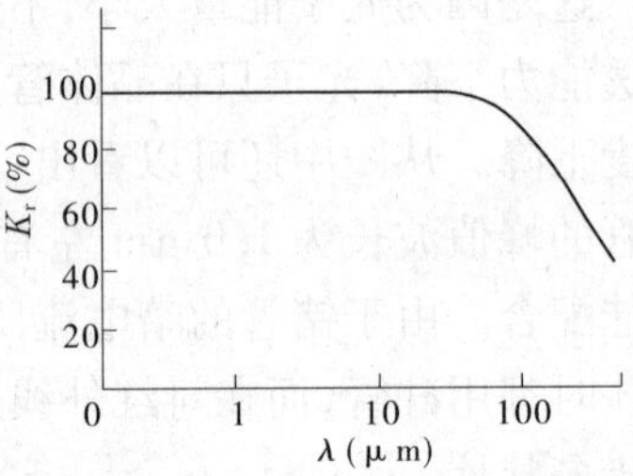

图 9-22　光敏晶体管频率特性

6. 响应时间

工业用的硅光敏二极管的响应时间为 $10^{-5} \sim 10^{-7}$ s,光敏三极管的响应时间比相应的二极管约慢一个数量级,因此在要求快速响应或入射光调制频率比较高时应选用硅光敏二极管。

七、光电池及基本测量电路

光电池的工作原理是基于光生伏特效应,当光照射到光电池上时,可以直接输出光电流。常用的光电池有两种,一种是金属－半导体型,另一种是 PN 结型,如硒光电池、硅光电池(见图 9-23(a))、锗光电池等。现以硅光电池为例说明光电池的结构及工作原理。

(一)光电池的结构及工作原理

图 9-23(b)、(c)所示为光电池结构示意图与图形符号。通常是在 N 型衬底上渗入 P 型杂质形成一个大面积的 PN 结,作为光照敏感面。当入射光子的能量足够大时,即光子能量 $h\nu$ 大于硅的禁带宽度,P 型区每吸收一个光子就产生一对光生电子－空穴对,光生电子－空穴对的浓度从表面向内部迅速下降,形成由表及里扩散的自然趋势。由于 PN 结内电场的方向是由 N 区指向 P 区,它使扩散到 PN 结附近的电子－空穴对分离,光生电子被推向 N 区,光生空穴被留在 P 区,从而使 N 区带负电,P 区带正电,形成光生电动势。若用导线连接 P 区和 N 区,电路中就有电流流过。

(二)光电池的基本特性

1. 光谱特性

光电池对不同波长的光有不同的灵敏度。图 9-24 是硅光电池和硒光电池的光谱特

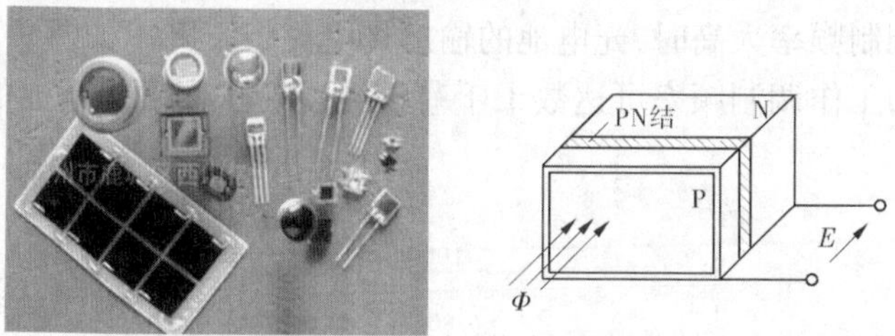

(a) 常见硅光电池　(b) 结构示意图　(c) 图形符号

图 9-23　光电池

性曲线。从图中可知,不同材料的光电池对各种波长的光波灵敏度不同。硅光电池的适用范围宽,对应的入射光波长可在 0.45 ~1.1 μm,而硒光电池只能在 0.34 ~0.57 μm 的波长范围,它适用于可见光检测。

在实际使用中可根据光源光谱特性选择光电池,也可根据光电池的光谱特性确定应该使用的光源。

2. 光电特性

硅光电池的负载电阻不同,输出电压和电流也不同。图 9-25 中的曲线 1 是负载开路时的开路电压特性曲线,曲线 2 是负载短路时的短路电流特性曲线。开路电压与光照度的关系是非线性的,并且在 2 000 lx 照度以上时趋于饱和,而短路电流在很大范围内与光照度成线性关系,负载电阻越小,线性关系越好,而且线性范围越宽。当负载电阻短路时,光电流在很大程度上与照度成线性关系,因此当测量与光照度成正比的其他非电量时,应把光电池作为电流源来使用,当被测非电量是开关量时,可以把光电池作为电压源来使用。

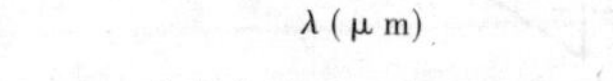

1—硅光电池;2—硒光电池

图 9-24　光电池的光谱特性曲线

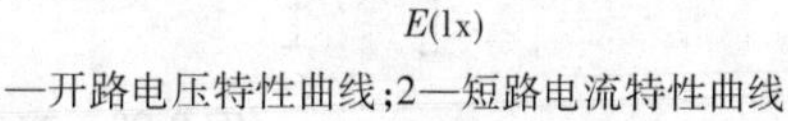

1—开路电压特性曲线;2—短路电流特性曲线

图 9-25　硅光电池的光电特性

3. 温度特性

光电池的开路电压和短路电流随温度变化的关系称为温度特性,如图 9-26 所示,从图中可以看出,光电池的光电压随温度变化有较大变化,温度越高,电压越低,而光电流随温度变化很小。当仪器设备中的光电池作为检测元件时,应考虑温度漂移的影响,要采用各种温度补偿措施。

4. 频率特性

频率特性是指输出电流与入射光的调制频率之间的关系。当光电池受到入射光照射时,产生电子　空穴对需要一定时间,入射光消失后,电子 - 空穴对的复合也需要一定时间。因此,当入射光的调制频率太高时,光电池的输出光电流将下降。如图 9-27 所示,硅光电池的频率特性较好,工作调制频率可达数十千赫至数兆赫。而硒光电池的频率特性较差,目前已很少使用。

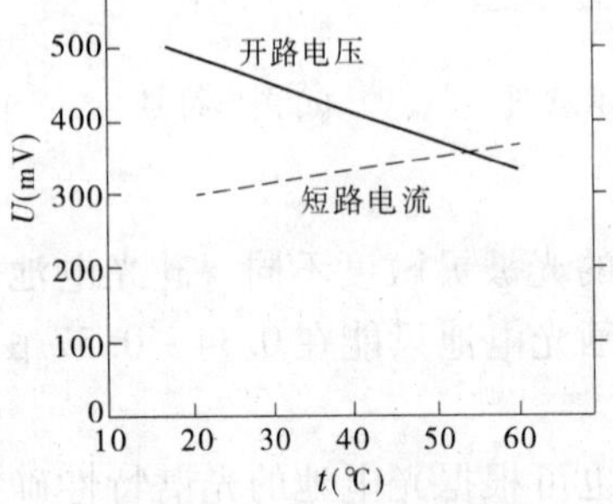

图 9-26　光电池的温度特性

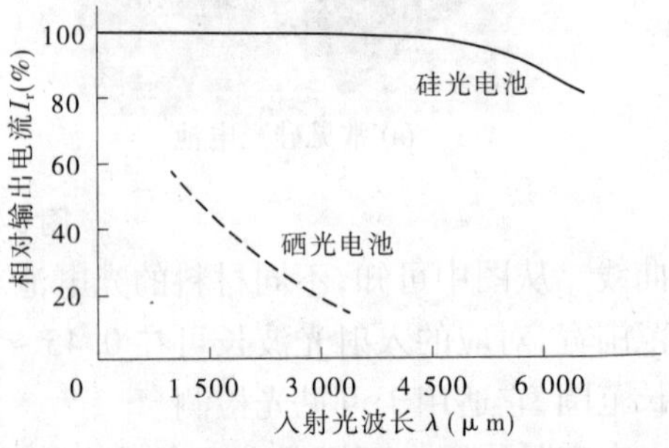

图 9-27　光电池的频率特性

(三)短路电流的测量

由光电特性可知,光电流与照度成线性关系,当负载电阻短路时,线性关系最好,线性范围更宽。一般测量仪器很难做到负载为零,而采用集成运算电路较好地解决了这个问题。图 9-28 是光电池短路电流的测量电路。由于运算放大器的开环放大倍数 $A_{od}\to\infty$,所以 $U_{AB}\to 0$,A 点为 0 电位(虚地)。从光电池的角度来看,相当于 A 点对地短路,所以光电池的负载电阻值为 0,产生的光电流为短路电流。根据运算放大器的"虚断"性质,则输出电压 U_o 为

$$U_o = -U_{Rf} = -I_{\Phi}R_f \tag{9-5}$$

从式(9-5)可知,该电路的输出电压 U_o 与光电流 I_{Φ} 成正比,从而达到电流/电压转换关系。

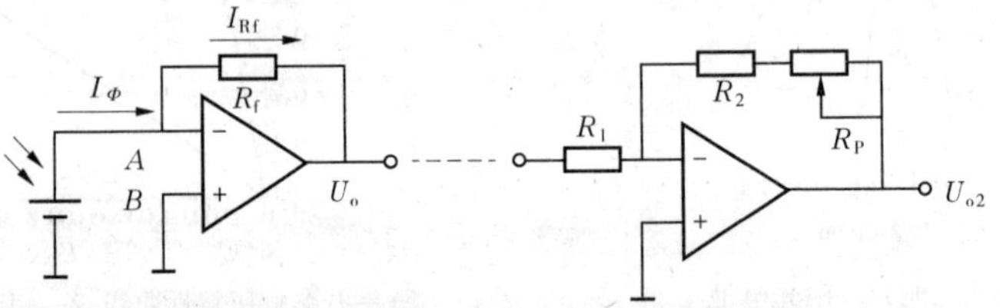

图 9-28　光电池短路电流的测量电路

八、光电耦合器及基本测量电路

光电耦合器是由发光元件(如发光二极管)和光电接收元件合并使用,以光作为媒介传递信号的光电器件。光电耦合器中的发光元件通常是半导体的发光二极管,光电接收元件有光敏电阻、光敏二极管、光敏三极管或光可控硅等。根据其结构和用途不同,又可分为用于实现电隔离的光电耦合器和用于检测有无物体的光电开关。

(一)光电耦合器

光电耦合器的发光和接收元件都封装在一个外壳内,一般有金属封装和塑料封装两种。光电耦合器常见的组合形式如图 9-29 所示。

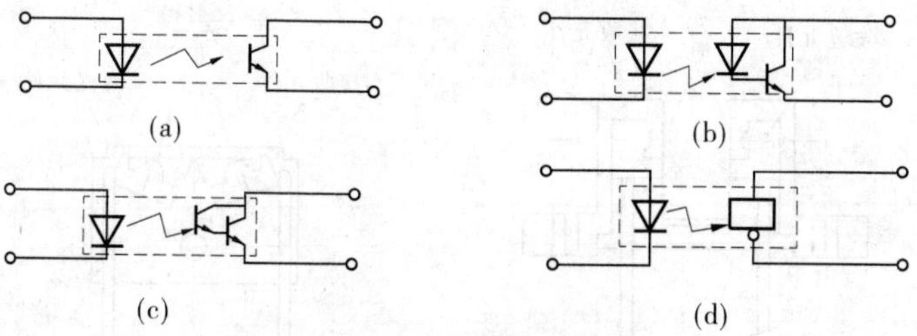

图 9-29　光电耦合器的组合形式

图 9-29（a）所示的组合形式结构简单、成本较低，且输出电流较大，可达 100 mA，响应时间为 3 ~ 4 μs；图 9-29（b）所示的组合形式结构简单、成本较低、响应时间快，约为 1 μs，但输出电流小，在 50 ~ 300 μA；图 9-29（c）所示的组合形式传输效率高，但适用于较低频率的装置中；图 9-29（d）是一种高速、高传输效率的新颖器件。无论何种形式，为保证其有较佳的灵敏度，都考虑了发光与接收波长的匹配。

图 9-30 为 4N28 光电耦合器的外形结构和常用符号，它的外形结构为双列直插式，其中 3 脚为空脚，6 脚为三极管的基极引线，但在实际应用中很少使用。

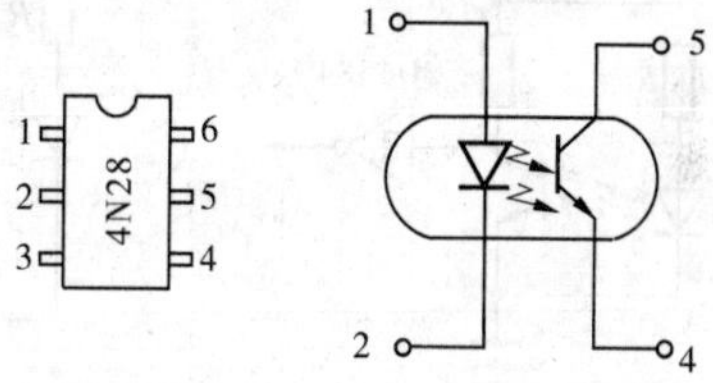

(a)外形结构　(b)常用符号

图 9-30　4N28 光电耦合器

光电耦合器实际上是一个电量隔离转换器，它具有抗干扰性能和单向信号传输功能，广泛应用在电路隔离、电平转换、噪声抑制、无触点开关及固态继电器等场合。

（二）光电开关

光电开关是一种利用感光元件对变化的入射光加以接收，并进行光电转换，同时加以某种形式的放大和控制，从而获得最终的控制输出“开”“关”信号的器件。

图 9-31 为典型的光电开关结构图。图 9-31（a）是一种透射式光电开关，它的发光元件和接收元件的光轴是重合的。当不透明的物体位于或经过它们之间时，会阻断光路，使接收元件接收不到来自发光元件的光，这样起到检测作用。图 9-31（b）是一种反射式光电开关，它的发光元件和接收元件的光轴在同一平面且以某一角度相交，交点一般即为待测物所在处。当有物体经过时，接收元件将接收到从物体表面反射的光，没有物体时则接收不到反射光。光电开关的特点是小型、高速、非接触，而且与 TTL、MOS 等电路容易结合。

用光电开关检测物体时，大部分只要求其输出信号有“高、低”（1、0）之分即可。图 9-32是基本电路的示例。图 9-32（a）、（b）表示负载为 CMOS 比较器等高输入阻抗电路时的情况，图 9-32（c）表示用晶体管放大光电流的情况。

光电开关广泛应用于工业控制、自动化包装线及安全装置中作光控制和光探测装置。可在自控系统中用于物体检测、产品计数、料位检测、尺寸控制、安全报警及计算机输入接口等。

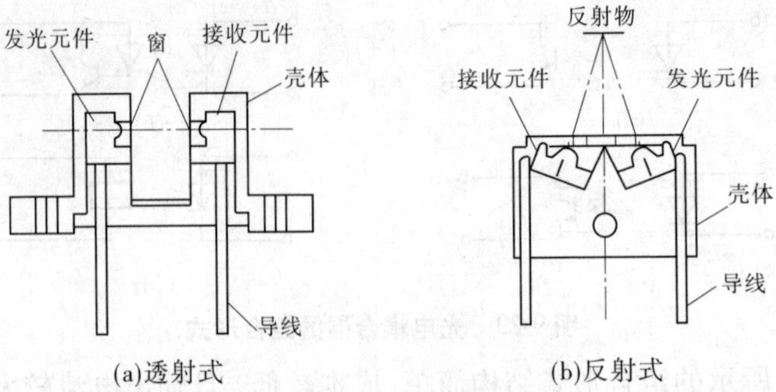

图 9-31　光电开关的结构

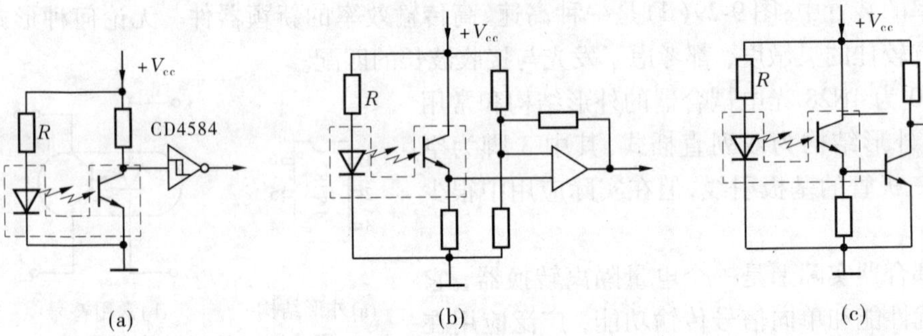

图 9-32　光电开关的基本电路

【项目实施】

任务二　光敏三极管测光传感器的安装与测试

一、光敏三极管的光电特性

通过本任务，大家可以了解光敏三极管的光电特性，当光电管的工作偏压一定时，光电管输出光电流与入射光的照度(或通量)的关系。

本任务需用器件与单元：主控台、光敏三极管、发光二极管、光敏三极管实验模块、专用导线等，如图 9-33 所示。

安装与测试步骤如下所述：

(1)将发光二极管和光敏三极管传感器分别旋入专用光电连接筒，用专用导线将发光二极管与光电实验模块上接口 Ti 进行连接，同时将光敏三极管传感器和光敏三极管实验模块 Ti 插口用专用导线连接。

(2)在光敏三极管实验模块按图 9-34 接线。

(3)检查接线是否正确，模块电路中 $V+$ 接实验仪的 +5 V，模块输出 V_o 接实验仪电压表。

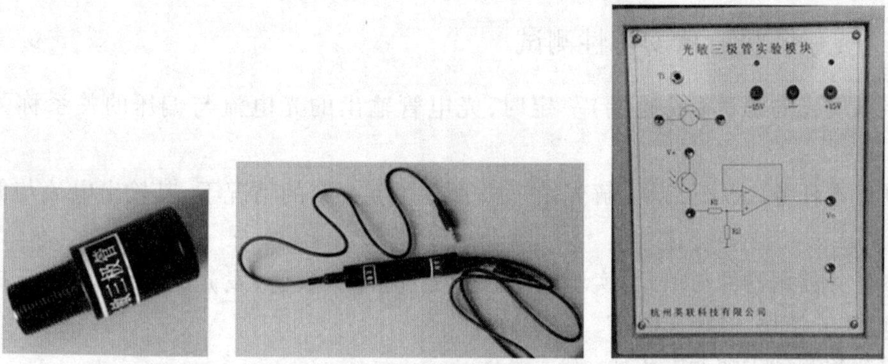

(a) 光敏三极管　(b) 发光二极管与光敏三极管的连接　(c) 光敏三极管实验模块

图 9-33　需用器件与单元

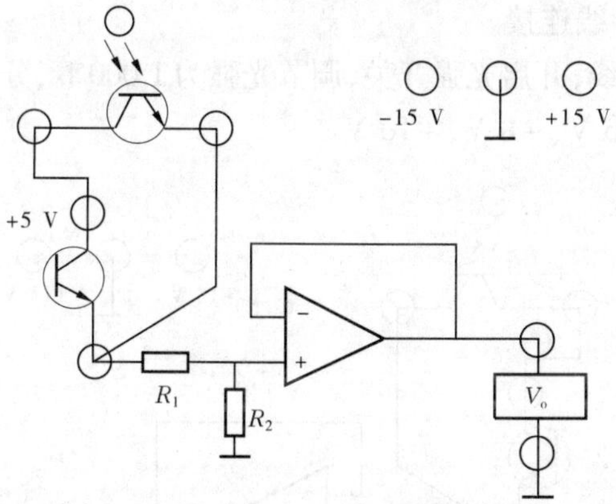

图 9-34　电路接线图

(4)开启光强开关,调节光强为 200 lx、400 lx、600 lx、800 lx、1 000 lx、1 200 lx、1 400 lx、1 600 lx 时,分别记下电压表读数,将数据填入表 9-3。

表 9-3　数据记录表

光强(lx)	200	400	600	800	1 000	1 200	1 400
V_o(V)							
V_o/1K(mA)							

(5)作出照度—电流曲线,参考曲线如图 9-35 所示。

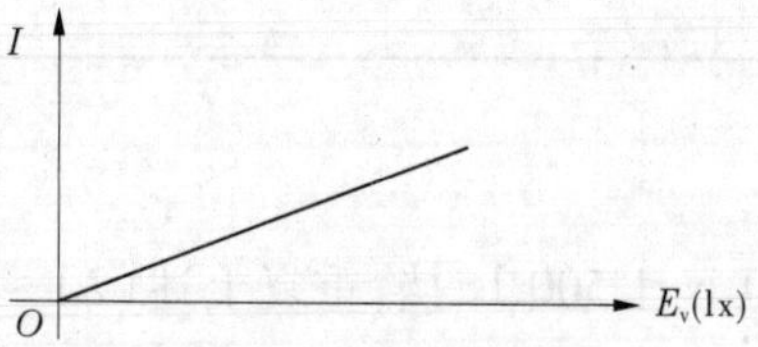

图 9-35　参考曲线

二、光敏三极管伏安特性测试

当入射光的强度(或通量)一定时,光电管输出的光电流与偏压的关系称为伏安特性。

通过本任务,大家可以了解光敏三极管在照度一定的情况下,其输出电流与偏压的关系。

本任务需用器件与单元:实验仪电源部分、光敏三极管、发光二极管、光敏三极管模块、光电实验模块、专用导线等。

安装与测试步骤如下所述:

(1)将发光二极管和光敏三极管传感器分别旋入专用光电连接筒,用专用导线将发光二极管与光电实验模块上接口 Ti 进行连接,同时将光敏三极管传感器和光敏三极管实验模块 Ti 插口用专用导线连接。

(2)根据图 9-36 连线,开启光强开关,调节光强为 1 000 lx,分别调节光敏三极管供电电压到 +2 V、+4 V、+6 V、+8 V、+10 V。

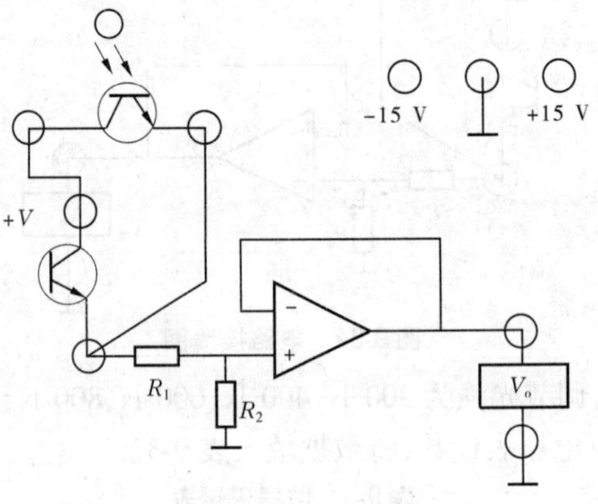

图 9-36　电路接线图

(3)每隔一步记录下电压表读数,并填入表 9-4。

表 9-4　数据记录表

V	+2 V	+4 V	+6 V	+8 V	+10 V
V_o/1Kl(mA)					

(4)作出 V—I 曲线。

(5)将光强分别调至 500 lx、1 500 lx 挡,重复上述(2)~(4)步,比较三条 V—I 曲线的不同之处。参考曲线如图 9-37 所示。

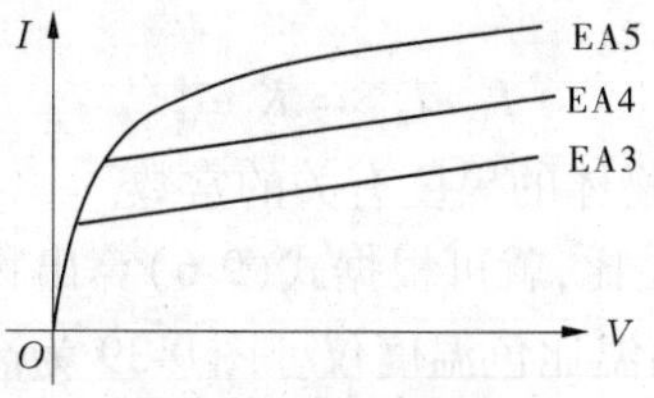

图 9-37　参考曲线

【项目拓展】

任务三　光电式传感器的应用

光电式传感器属于非接触式测量,它通常由光源、光学通路和光电元件三部分组成。按照被测物、光源、光电元件三者之间的关系,通常有以下四种类型,如图 9-38 所示。

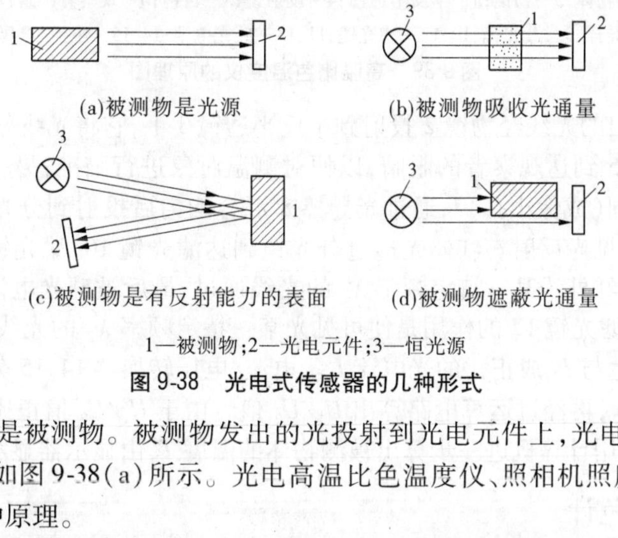

1—被测物;2—光电元件;3—恒光源

图 9-38　光电式传感器的几种形式

(1)光源本身是被测物。被测物发出的光投射到光电元件上,光电元件的输出反映了某些物理参数,如图 9-38(a)所示。光电高温比色温度仪、照相机照度测量装置、光照度表等运用了这种原理。

(2)恒定光源发出的光通量穿过被测物。其中,一部分被吸收,另一部分投射到光电元件上,吸收量取决于被测物的某些参数,如图 9-38(b)所示。透明度、混浊度的测量即运用了这种原理。

(3)恒定光源发出的光通量投射到被测物上,然后从被测物反射到光电元件上。反射光的强弱取决于被测物表面的性质和形状,如图 9-38(c)所示。这种原理应用在测量纸张的粗糙度、白度等方面。

(4)被测物处在恒定光源与光电元件的中间。被测物阻挡住一部分光通量,从而使光电元件的输出反映了被测物的尺寸或位置,如图 9-38(d)所示。这种原理可用于检测工件尺寸大小、工件的位置、振动等场合。

一、高温比色温度仪

根据有关的辐射定律,物体在两个特定波长 λ_1、λ_2 上的辐射强度 I_{λ_1}、I_{λ_2} 之比与该物

体的温度成指数关系，即

$$I_{\lambda_1}/I_{\lambda_2} = K_1 e^{-K_2/T} \tag{9-6}$$

式中　K_1、K_2——与 λ_1、λ_2 及物体的黑度有关的常数。

因此，只要测出 I_{λ_1} 与 I_{λ_2} 之比，就可根据式(9-6)算出物体的温度 T。由此原理可以使用光电池制作非接触测温的高温比色温度仪。图 9-39 为高温比色温度仪的原理图。

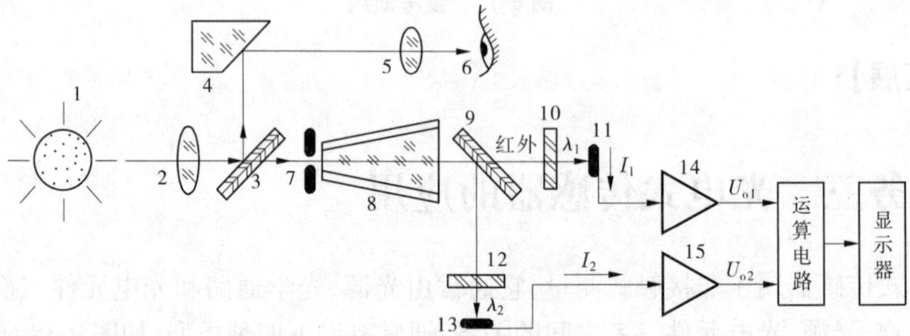

1—高温物体；2—物镜；3—半反半透镜；4—反射镜；5—目镜；6—观察者眼睛；7—光阑；
8—光导棒；9—分光镜；10、12—滤光镜；11、13—硅光电池；14、15—电流/电压转换器

图 9-39　高温比色温度仪的原理图

测温对象发出的光线经物镜 2 投射到半反半透镜 3 上，它将光线分为两路，一路光线经反射镜 4、目镜 5 到达观察者的眼睛，以便对测温对象进行瞄准；另一路光线穿过半反半透镜成像于光阑（成像小孔）7，通过光导棒 8 混合均匀后投射到分光镜 9，分光镜可以使红外光通过、可见光反射。红外光透过分光镜到达滤光镜 10，滤光镜的功能是进一步起滤波作用，只让红外线某一特定频率 λ_1 的光线通过，最后被硅光电池 11 吸收，转换为与 I_{λ_1} 光电流 I_1。滤光镜 12 的作用是使可见光某一特定频率 λ_2 的光线穿过，最后被硅光电池 13 吸收，产生与 I_{λ_2} 成正比的光电流 I_2。电流/电压转换器 14、15 分别把光电流 I_1、I_2 转换为电压 U_1、U_2，再经过运算电路算出 U_1/U_2 值。由于 U_1/U_2 值正比于 $I_{\lambda1}/I_{\lambda2}$ 的值，可以根据式(9-6)采用计算机进一步算出被测物体的温度 T，由显示器显示出来。

二、光电比色计

光电比色计是一种化学分析的仪器，如图 9-40 所示，光源 1 发出的光分为左右两束相等强度的光线。其中，一束穿过光透镜 2，经滤色镜 3 把光线提纯，再通过标准样品 4 投射到光电池 7 上，另一束光线采用同样方式穿过被检测样品 5 到达光电池 6 上。两光电池产生的电信号同时输送给差动放大器 8，放大器输出端的放大信号经指示仪表 9 指示出两样品的差值出来。被检测样品在颜色、成分或混浊度等某一方面与标准样品的不同，导致两光电池接受到的透射光强度不等，从而使光电池转换出来的电信号大小不同，经放大器放大后，用指示仪表显示出来，由此被测样品的某项指标即可被检测出来。

由于使用公共光源，不管光线强弱如何，光源光通量不稳定带来的变化可以被抵消，故其测量精度高。但两光电池的性能不可能完全一样，由此会带来一定误差。

三、光电式带材跑偏检测装置

带材跑偏检测装置是用来检测带型材料在加工过程中偏离正确位置的大小与方向，

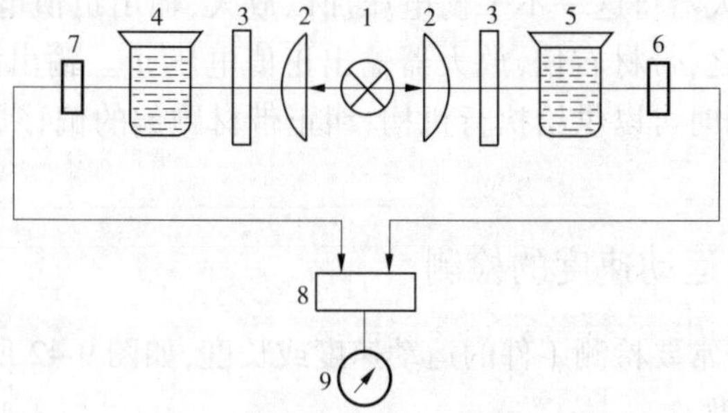

1—光源;2—光透镜;3—滤色镜;4—标准样品;5—被检测样品;
6、7—光电池;8—差动放大器;9—指示仪表

图 9-40　光电比色仪原理图

从而为纠偏控制电路提供纠偏信号。例如,在冷轧带钢厂中,某些工艺采用连续生产方式,如连续酸洗、退火、镀锡等,带钢在上述运动过程中,很容易产生带材走偏。在其他很多工业部门的生产工艺,如造纸、电影胶片、印染、录像带、录音带、喷绘等生产过程中也存在类似情况。带材走偏时,其边沿与传送机械发生接触摩擦,造成带材卷边、撕边或断裂,出现废品,同时也可能损坏传送机械。因此,在生产过程中必须有带材跑偏检测装置。光电带材跑偏检测装置由光电式边沿位置传感器、测量电桥和放大电路组成。

如图 9-41(a)所示,光电式边沿位置传感器的光源 2 发出的光线经光透镜 3 会聚为平行光线投射到光透镜 4,由光透镜 4 会聚到光敏电阻 5(R_1)上。在平行光线投射的路径中,有部分光线被带材遮挡一半,从而使光敏电阻接收到的光通量减少一半。如果带材发生了往左(或往右)跑偏,则光敏电阻接收到的光通量将增加(或减少)。图 9-41(b)为测量电路简图。R_1、R_2 为同型号的光敏电阻,R_1 作为测量元件安置在带材边沿的下方,R_2 用遮光罩罩住,起温度补偿作用。当带材处于中间位置时,由 R_1、R_2、R_3、R_4 组成的电桥平衡,放大器输出电压 u_o 为零。当带材左偏时,遮光面积减小,光敏电阻 R_1 的阻值随之减

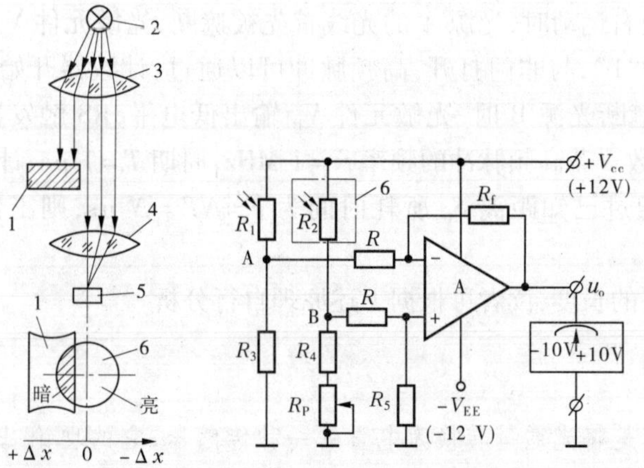

(a)光电检测装置　　(b)测量电路

1—被测带材;2—光源;3、4—光透镜;5—光敏电阻;6—遮光罩

图 9-41　光电式边沿位置检测装置

小，电桥失去平衡，放大器将这一不平衡电压加以放大，输出负值电压 u_o，反映出带材跑偏的大小与方向。反之，带材右偏，放大器输出正值电压 u_o。输出电压可以用显示器显示偏移方向与大小，同时可以供给执行机构，纠正带材跑偏的偏移量。R_P 为微调电桥的平衡电阻。

四、物体长度及运动速度的检测

在实际工作中，经常要检测工件的运动速度或长度，如图 9-42 所示，就是利用光电元件检测运动物体的速度。

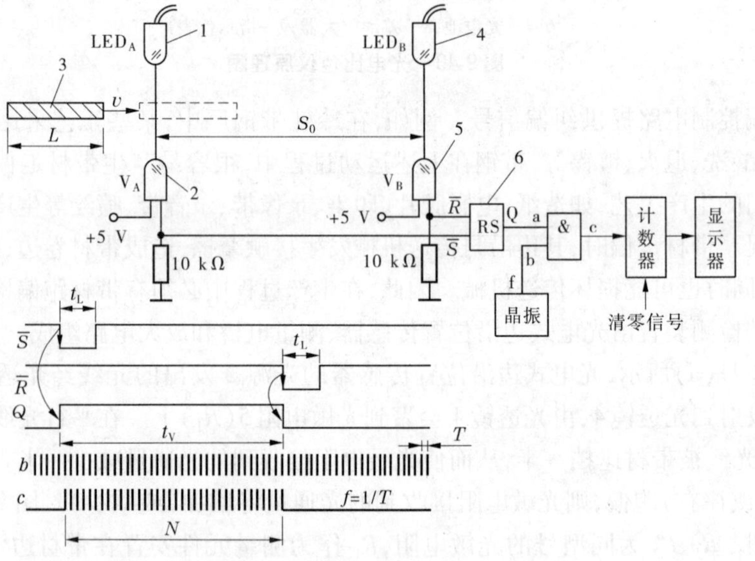

1—光源 A；2—光敏元件 V_A；3—运动物体；4—光源 B；5—光敏元件 V_B；6—RS 触发器

图 9-42　光电检测运动物体的速度(长度)示意图

当工件自左向右运动时，光源 A 的光线首先被遮断，光敏元件 V_A 输出低电平，触发 RS 触发器，使其置“1”，与非门打开，高频脉冲可以通过，计数器开始计数。当工件经过设定的距离 S_0 而遮断光源 B 时，光敏元件 V_B 输出低电平，RS 触发器置“0”，与非门关断，计数器停止计数。若高频脉冲的频率 $f=1$ MHz，周期 $T=1$ μs，计数器所计脉冲数为 N，则可得出工件通过已知距离 S_0 所耗时间为 $t=NT=N$ μs，则工件的运动平均速度 $v=S_0/t=S_0/NT$。

要测出该工件的长度，读者可根据上述原理自行分析。

【项目小结】

光电式传感器是将光通量转换为电量的一种传感器，它的理论基础是光电转换元件的光电效应。光电测量方法一般具有结构简单、非接触、高精度、高分辨率、高可靠性和响应快等优点。光电效应可分为光电导效应（内光电效应）、外光电效应和光生伏特效应等。本项目还详细介绍了光电管、光敏电阻、光电池等光电元件的工作原理、基本特性以及一些典型应用。

光电式传感器属于非接触式测量，它通常由光源、光学通路和光电元件三部分组成。按照被测物、光源、光电元件三者之间的关系，通常有以下四种类型：光源本身是被测物、恒定光源发出的光通量穿过被测物、恒定光源发出的光通量投射到被测物上和被测物处在恒定光源与光电元件的中间。

【项目训练】

一、填空

1. 在光线作用下能使物体______的现象称为内光电效应。基于内光电效应的光电元件有光敏电阻、______、光敏三极管、光敏晶闸管等。

2. 光敏电阻的伏安特性是指光照度不变时，光敏电阻两端所加______与流过电阻的关系。

3. 光电池的开路电压和短路电流随温度变化的关系称为温度特性。光电池的______随温度变化有较大变化，温度越高，______越低，而光电流随温度变化很小。

二、单项选择

1. 作为光电式传感器的检测对象有可见光、不可见光，其中不可见光有紫外线、近红外线等。另外，光的不同波长对光电式传感器的影响也各不相同，因此选用相应的光电式传感器要根据______来选择。

A. 被检测光的性质　　B. 光的波长和响应速度

C. 检测对象是可见光，还是不可见光　　D. 光的不同波长

2. 光敏电阻又称光导管，是一种均质半导体光电元件。它具有灵敏度高、光谱响应范围宽、体积小、重量轻、机械强度高、耐冲击、耐振动、抗过载能力强和寿命长等特点。光敏电阻的工作原理是基于______。

A. 外光电效应　　B. 光生伏特效应

C. 内光电效应　　D. 压电效应

3. 为了避免外来干扰，光敏电阻外壳的入射孔用一种能透过所要求光谱范围的透明保护窗(例如玻璃)，有时用专门的滤光片作保护窗。为了避免灵敏度受潮湿的影响，将电导体严密封装在壳体中。该透明保护窗应该让所要求光谱范围的入射光______。

A. 尽可能多地通过　　B. 全部通过

C. 尽可能少地通过

4. 在光线作用下，半导体的电导率增加的现象属于______。

A. 外光电效应　　B. 内光电效应

C. 光电发射　　D. 光导效应

5. 当一定波长入射光照射物体时，反映该物体光电灵敏度的物理量是______。

A. 红限　　B. 量子效率

C. 逸出功　　D. 普朗克常数

6. 光敏三极管的结构，可以看成普通三极管的______用光敏二极管替代的结果。

A. 集电极　　B. 发射极

C. 集电结　　D. 发射结

7. 单色光的波长越短,它的______。

A. 频率越高,其光子能量越大　　B. 频率越低,其光子能量越大

C. 频率越高,其光子能量越小　　D. 频率越低,其光子能量越小

8. 光电管和光电倍增管的特性主要取决于______。

A. 阴极材料　　B. 阳极材料

C. 纯金属阴极材料　　D. 玻璃壳材料

9. 用光敏二极管或光敏三极管测量某光源的光通量时,是根据它们的______来实现的。

A. 光谱特性　　B. 伏安特性

C. 频率特性　　D. 光电特性

三、简答

1. 什么是外光电效应?依据爱因斯坦光电效应方程式得出的两个基本概念是什么?

2. 什么是内光电导效应和光生伏特效应?

四、分析

1. 图 9-43 为路灯自动点熄电路,其中 CdS(硫化镉)为光敏电阻。问:

(1) 由电阻 R、电容 C 和二极管 VD 组成的是什么电路?有何作用?

(2) 由 CdS(硫化镉)光敏电阻和继电器 J 组成的是光控继电器,请简述其工作原理。

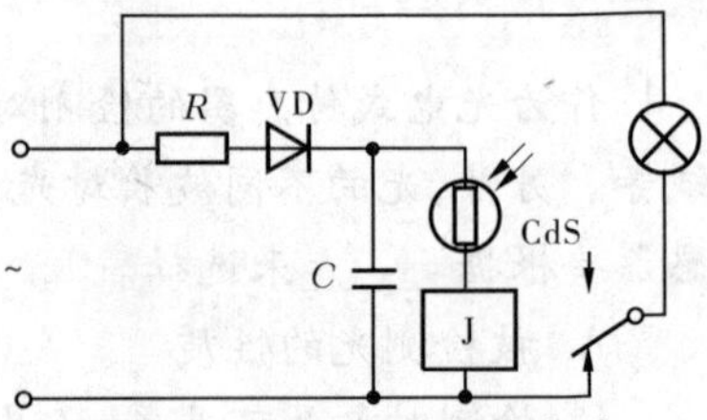

图 9-43　路灯自动点熄电路

2. 图 9-44 为采用硫化铅光敏电阻为探测元件的火焰探测器的电路图。硫化铅光敏电阻的暗电阻为 1 MΩ,亮电阻为 0.2 MΩ(在光照度为 0.01 W/m^2 下测试所得的),峰值响应波长为 2.2 μm。请简述其工作原理。

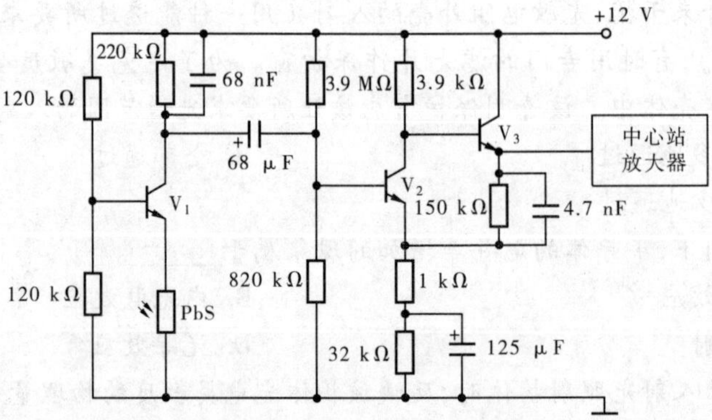

图 9-44　火焰探测器的电路图

项目十　光纤位移传感器的安装与调试

【项目描述】

本项目要求会安装与调试一台光纤位移传感器。

光纤位移传感器的基本工作原理是将来自光源的光经过光纤送入调制器，使待测参数与进入调制区的光相互作用后，导致光的光学性质（如光的强度、波长、频率、相位、偏振态等）发生变化，称为被调制的信号光，再过利用被测量对光的传输特性施加的影响，完成测量。

通过本项目的学习，了解光纤位移传感器的基本结构、工作原理和性能。

【相关知识与技能】

任务一　光纤位移传感器的结构和原理

一、概述

光纤位移传感器是20世纪70年代中期发展起来的一门新技术，它是伴随着光纤及光通信技术的发展而逐步形成的。

光纤位移传感器与传统的各类传感器相比有一系列优点，如不受电磁干扰、体积小、重量轻、可挠曲、灵敏度高、耐腐蚀、电绝缘、防爆性好、易与微机连接、便于遥测等。它能用于温度、压力、应变、位移、速度、加速度、磁、电、声和pH值等各种物理量的测量，具有极为广泛的应用前景。

光纤位移传感器可以分为两大类：一类是功能型（传感型）传感器；另一类是非功能型（传光型）传感器。功能型传感器是利用光纤本身的特性把光纤作为敏感元件，被测量对光纤内传输的光进行调制，使传输的光的强度、相位、频率或偏振态等特性发生变化，再通过对被调制过的信号进行解调，从而得出被测信号。非功能型传感器是利用其他敏感元件感受被测量的变化，光纤仅作为信息的传输介质。

光纤位移传感器所用光纤有单模光纤和多模光纤。单模光纤的纤芯直径通常为2～12 μm，很细的纤芯半径接近于光源波长，仅能维持一种模式传播，一般相位调制型和偏振调制型的光纤传感器采用单模光纤；光强度调制型或传光型光纤传感器多采用多模光纤。

为了满足特殊要求，出现了保偏光纤、低双折射光纤、高双折射光纤等，所以采用新材料研制特殊结构的专用光纤是光纤传感技术发展的方向。

二、光纤的结构

光导纤维简称为光纤，如图 10-1(a)所示，目前基本上还是采用石英玻璃材料。其外形如图 10-1 (b)所示，中心的圆柱体叫作纤芯，围绕着纤芯的圆形外层叫作包层。纤芯和包层主要由不同掺杂的石英玻璃制成。纤芯的折射率 n_1 略大于包层的折射率 n_2，在包层外面还常有一层保护套，多为尼龙材料。光纤的导光能力取决于纤芯和包层的性质，而光纤的机械强度由保护套维持。

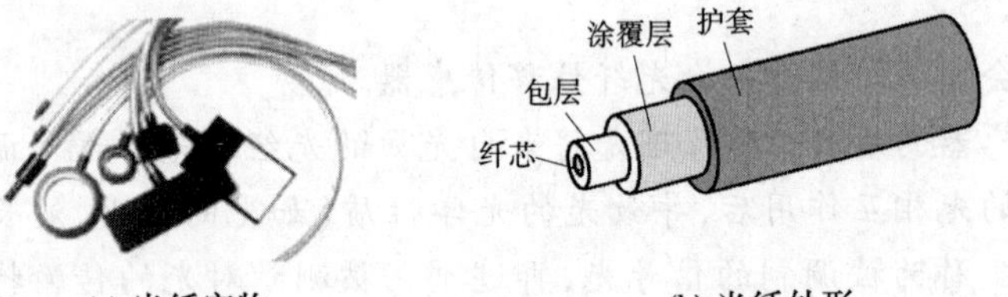

(a) 光纤实物　　(b) 光纤外形

图 10-1　光纤的结构

三、光纤的传输原理

众所周知，光在空间是直线传播的。光的传输限制在光纤中，并随光纤能传送很远的距离，光纤的传输是基于光的全内反射。

当光纤的直径比光的波长大很多时，可以用几何光学的方法来说明光在光纤内的传播。设有一段圆柱形光纤，纤芯的折射率为 n_1，包层的折射率为 n_2，如图 10-2 所示，它的两个端面均为光滑的平面。当光线射入一个端面并与圆柱的轴线成 θ 角时，根据斯涅耳光的折射定律，在光纤内折射成 θ'，然后以 φ 角入射至纤芯与包层的界面。若要在界面上发生全反射，则纤芯与界面的光线入射角 φ 应大于临界角 φ_c，并在光纤内部以同样的角度反复逐次反射，直至传播到另一端面。

$$\varphi \geqslant \varphi_c = \arcsin \frac{n_2}{n_1} \tag{10-1}$$

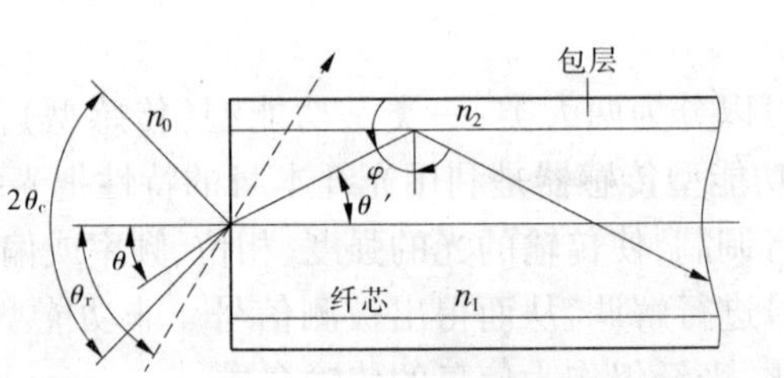

图 10-2　光纤的传光原理

为满足光在光纤内的全反射，光入射到光纤端面的临界入射角 θ_c 应满足下式：

$$n_1 \sin\theta' = n_1 \sin\left(\frac{\pi}{2} - \varphi_c\right) = n_1 \cos\varphi_c$$

$$= n_1\sqrt{1 - \sin^2\varphi_c} = \sqrt{n_1^2 - n_2^2} \tag{10-2}$$

所以

$$n_0\sin\theta_c = \sqrt{n_1^2 - n_2^2} \tag{10-3}$$

实际工作时需要光纤弯曲，但只要满足全反射条件，光线仍继续前进。可见，这里的光线“转弯”实际上是由光的全反射形成的。

一般光纤所处环境为空气，则 $n_0 = 1$。这样在界面上产生全反射，在光纤端面上的光线入射角为

$$\theta \leqslant \theta_c = \arcsin\sqrt{n_1^2 - n_2^2}$$

光纤集光本领的术语叫数值孔径 N_A，即

$$N_A = \sin\theta_c = \sqrt{n_1^2 - n_2^2} \tag{10-4}$$

数值孔径反映纤芯接收光量的多少。其意义是：无论光源发射功率有多大，只有入射光处于 $2\theta_c$ 的光锥内，光纤才能导光。如入射角过大，如图 10-2 所示的角 θ_r，经折射后不能满足式(6-10)的要求，光线便从包层逸出而产生漏光。所以，N_A 是光纤的一个重要参数。一般希望有大的数值孔径，这有利于耦合效率的提高，但数值孔径过大，会造成光信号畸变，所以要适当选择数值孔径的数值。

【项目实施】

任务二　光纤位移传感器的安装与调试

本任务采用的是导光型多模光纤，它由两束光纤混合组成 Y 型光纤，探头为半圆分布，一束光纤端部与光源相接发射光束，另一束光纤端部与光电转换器相接接收光束。两光束混合后的端部是工作端，即探头，它与被测体相距 X，由光源发出的光通过光纤传到端部射出后再经被测体反射回来，由另一束光纤接收反射光信号再由光电转换器转换成电压量，而光电转换器转换的电压量大小与间距 X 有关，因此可用于测量位移。

通过本任务使大家了解光纤位移传感器的工作原理和性能。

本任务需用器件与单元：光纤位移传感器、光纤传感器实验模块、数显单元（主控台电压表）、测微头、±15 V 直流源、反射面，如图 10-3 所示。

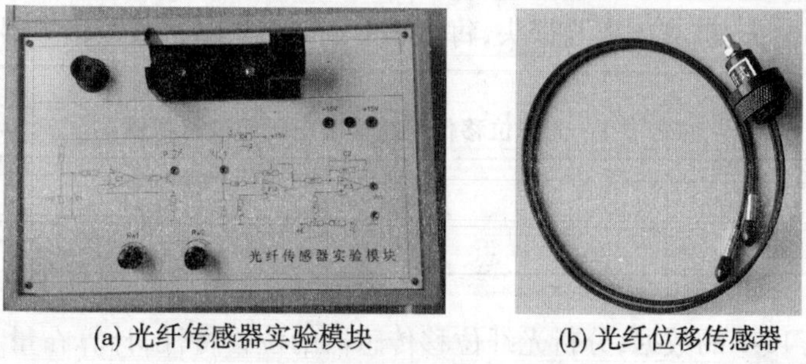

(a) 光纤传感器实验模块　　(b) 光纤位移传感器

图 10-3　需用器件与单元

安装与调试步骤如下所述：

（1）根据图 10-4 安装光纤位移传感器，光纤位移传感器有分叉的两束插入实验板上

的光电变换座孔上。其内部已和发光管 VD 及光电转换管 VT 相接。

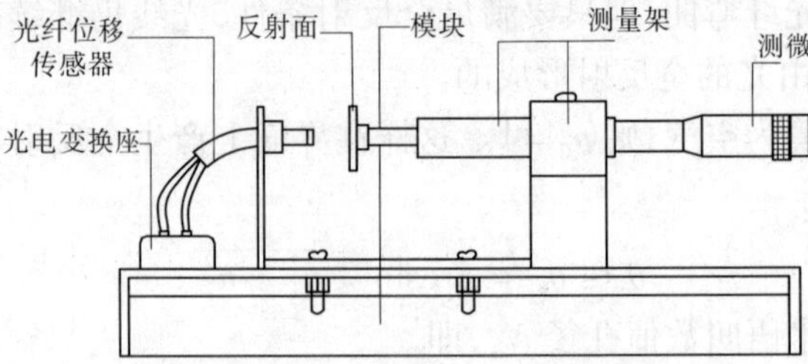

图 10-4　光纤位移传感器的安装示意图

(2)将光纤实验模块输出端 V_{o1} 与数显单元(电压挡位打在 20 V)相连,见图 10-5。

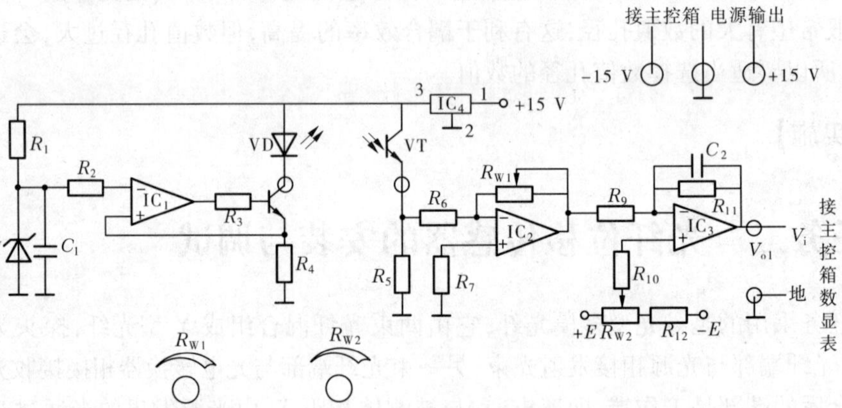

图 10-5　光纤位移传感器实验模块

(3)调节测微头,使探头与反射平板轻微接触。

(4)实验模块接入 ±15 V 电源,合上主控箱电源开关,调节 R_{W1} 到中间位置,调 R_{W2} 使数显表显示为零。

(5)旋转测微头,被测体离开探头,每隔 0.1 mm(0.2 mm)或读出数显表值,将其填入表 10-1。

表 10-1　光纤位移传感器输出电压与位移数据

X(mm)								
V(V)								

(6)根据表 10-1 的数据,分析光纤位移传感器的位移特性,计算在量程为 1 mm 时的灵敏度和非线性误差。

【项目拓展】

任务三　光纤位移传感器的应用

光纤传感器由于它独特的性能而受到广泛的重视，它的应用正在迅速地发展。下面我们介绍几种主要的光纤传感器。

一、光纤加速度传感器

光纤加速度传感器的结构组成如图 10-6 所示，它是一种简谐振子的结构形式。激光束通过分光板后分为两束光，透射光作为参考光束，反射光作为测量光束。当传感器感受加速度时，由于质量块对光纤的作用，从而使光纤被拉伸，引起光程差的改变。相位改变的激光束由单模测量光纤射出后与参考光束会合产生干涉效应。激光干涉仪的干涉条纹的移动可由光电接收装置转换为电信号，经过处理电路处理后便可正确地测出加速度值。

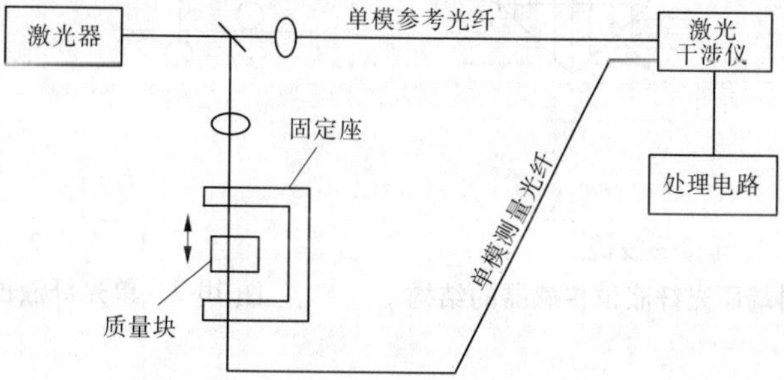

图 10-6　光纤加速度传感器的结构组成简图

二、液位的检测技术

（一）球面光纤液位传感器

如图 10-7 所示，光由光纤的一端导入，在球状对折端部一部分光透射出去，而另一部分光反射回来，由光纤的另一端导向探测器。反射光强的大小取决于被测介质的折射率。被测介质的折射率与光纤折射率越接近，反射光强度越小。显然，传感器处于空气中时比处于液体中时的反射光强度要大。因此，该传感器可用于液位报警。若以探头在空气中时的反射光强度为基准，则当接触水时反射光强度变化 −6 ~ −7 dB，接触油时变化 −25 ~ −30 dB。

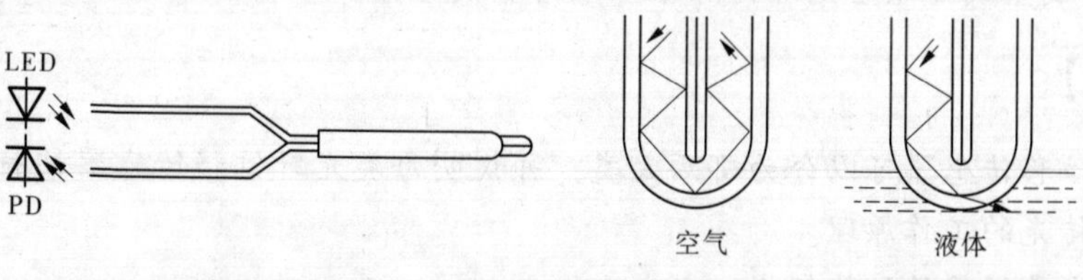

(a)探头结构图　(b)检测原理图

图 10-7　球面光纤液位传感器

（二）斜端面光纤液位传感器

图 10-8 为反射式斜端面光纤液位传感器的结构。同样，当传感器接触液面时，将引起反射回另一根光纤的光强度减小。这种形式的探头在空气中和水中时，反射光强度差在 20 dB 以上。

（三）单光纤液位传感器

单光纤液位传感器的结构如图 10-9 所示，将光纤的端部抛光成 45°的圆锥面。当光纤处于空气中时，入射光大部分能在端部满足全反射条件而返回光纤。当传感器接触液体时，由于液体的折射率比空气大，一部分光不能满足全反射条件而折射入液体中，返回光纤的光强度就减小。利用 X 形耦合器即可构成具有两个探头的液位报警传感器。同样，若在不同的高度安装多个探头，则能连续监视液位的变化。

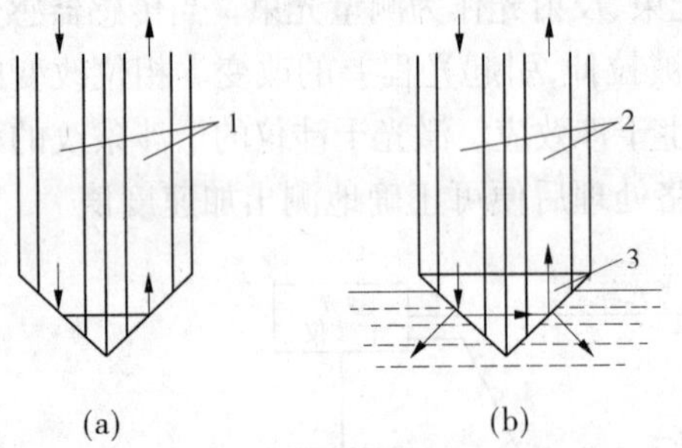

1、2—光纤；3—棱镜

图 10-8　反射式斜端面光纤液位传感器的结构

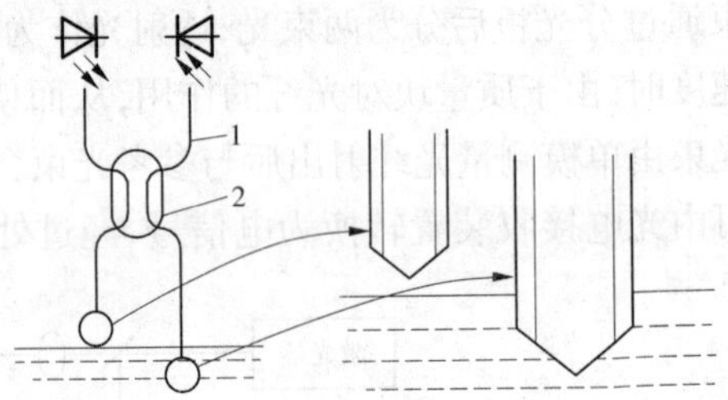

1—光纤；2—耦合器

图 10-9　单光纤液位传感器的结构

【项目小结】

光纤位移传感器可以分为两大类：一类是功能型（传感型）传感器；另一类是非功能型（传光型）传感器。功能型传感器是利用光纤本身的特性把光纤作为敏感元件，被测量对光纤内传输的光进行调制，使传输的光的强度、相位、频率或偏振态等特性发生变化，再通过对被调制过的信号进行解调，从而得出被测信号。非功能型传感器是利用其他敏感元件感受被测量的变化，光纤仅作为信息的传输介质。

光纤位移传感器所用光纤有单模光纤和多模光纤。单模光纤的纤芯半径接近于光源波长，仅能维持一种模式传播，一般相位调制型和偏振调制型的光纤传感器采用单模光纤；光强度调制型或传光型光纤传感器多采用多模光纤。

【项目训练】

1. 光纤位移传感器可以分为哪两大类？并说明每类光纤位移传感器的特点。
2. 简述传光的工作原理。
3. 简述光导纤维的结构组成。

项目十一 热释电远红外传感器的安装与测试

【项目描述】

本项目要求会安装与测试一台热释电远红外传感器。

热释电远红外传感器是利用热电效应的热电型红外传感器,热电效应是指随温度变化产生电荷的现象。热释电远红外传感器在温度没有变化时不产生信号,称为积分型传感器,多用于人体温度检测电路。热释电远红外传感器的输出是电荷,这并不能使用,要附加适当的电阻,用电压形式输出。但因电阻值非常大(1~100 GΩ),要用场效应晶体管进行阻抗变换。

通过本项目的学习,熟悉红外探测器的基本结构组成、类型和基本应用。

【相关知识与技能】

任务一 红外传感器

红外技术是最近几十年发展起来的一门新兴技术。它已在科技、国防和工农业生产等领域获得了广泛的应用。红外传感器按其应用可分为以下几方面:

(1)红外辐射计。用于辐射和光谱辐射测量。

(2)搜索和跟踪系统。用于搜索和跟踪红外目标,确定其空间位置并对它的运动进行跟踪。

(3)热成像系统。可产生整个目标红外辐射的分布图像,如红外图像仪、多光谱扫描仪等。

(4)红外测距和通信系统。

(5)混合系统。是指以上各类系统中的两个或多个的组合。

一、红外辐射

红外辐射俗称红外线,它是一种不可见光,由于是位于可见光中红色光以外的光线,故称为红外线。红外线的波长范围为0.76~1 000 μm,在电磁波谱中的位置如图11-1所示。工程上又把红外线所占据的波段分为4部分,即近红外、中红外、远红外和极远红外。

红外辐射的物理本质是热辐射。一个炽热物体向外辐射的能量大部分是通过红外线辐射出来的。物体的温度越高,辐射出来的红外线越多,辐射的能量就越强。而且红外线被物体吸收时,可以显著地转变为热能。

红外辐射和所有电磁波一样,是以波的形式在空间直线传播的。它在大气中传播时,

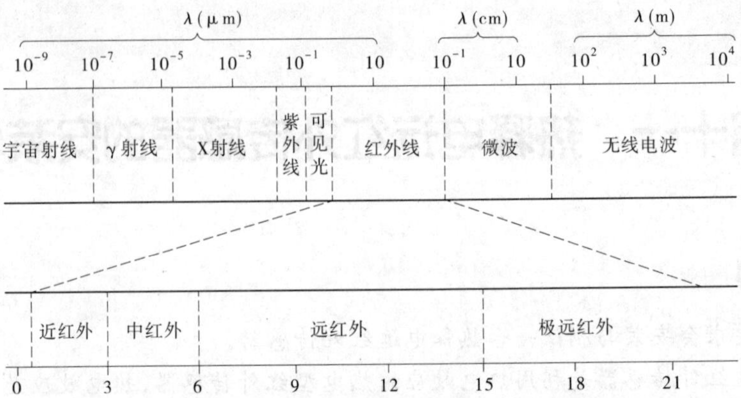

图 11-1　电磁波谱图

大气层对不同波长的红外线存在不同的吸收带，红外线气体分析器就是利用该特性工作的，空气中对称的双原子气体，如 N_2、O_2、H_2 等不吸收红外线。而红外线在通过大气层时，有三个波段透过率高，分别是 2 ~ 2.6 μm、3 ~ 5 μm 和 8 ~ 14 μm，统称为"大气窗口"。这三个波段对红外探测技术特别重要，因为红外探测器一般都工作在这三个波段（大气窗口）之内。

二、红外探测器

红外传感器一般由光学系统、探测器、信号调理电路及显示系统等组成。红外探测器是红外传感器的核心。红外探测器种类很多，常见的有两大类：热探测器和光子探测器。

（一）热探测器

热探测器是利用红外辐射的热效应，探测器的敏感元件吸收辐射能后引起温度升高，进而使有关物理参数发生相应变化，通过测量物理参数的变化，便可确定探测器所吸收的红外辐射。与光子探测器相比，热探测器的探测率比光子探测器的峰值探测率低，响应时间长。但热探测器主要优点是响应波段宽，响应范围可扩展到整个红外区域，可以在室温下工作，使用方便，应用仍相当广泛。

热探测器主要类型有热释电型、热敏电阻型、热电偶型和气体型探测器。而热释电型探测器在热探测器中探测率最高，频率响应最宽，所以这种探测器倍受重视，发展很快。这里主要介绍热释电红外探测器。

1. 热释电红外探测器的工作原理

热释电红外探测器是由具有极化现象的热晶体或被称为铁电体的材料制成的。铁电体的极化强度（单位面积上的电荷）与温度有关。当红外辐射照射到已经极化的铁电体薄片表面上时，引起薄片温度升高，使其极化强度降低、表面电荷减少，这相当于释放一部分电荷，所以叫作热释电型传感器。如果将负载电阻与铁电体薄片相连，则负载电阻上便产生一个电信号。输出信号的强弱取决于薄片温度变化的快慢，从而反映出入射的红外辐射的强弱，热释电型红外传感器的电压响应率正比于入射光辐射率变化的速率。

2. 热释电红外探测器的结构

热释电红外探测器的结构如图 11-2 所示。敏感元件通常采用热晶体（或称为铁电体),其上、下表面做成电极,表面上加一层黑色氧化膜,如图 11-3 所示,用于提高转换效率。由于它的输出阻抗极高,而且输出信号极其微弱,故在其内部装有场效应管(FET)及基极厚膜电阻 R_G、R_S,如图 11-4 所示,以进行信号放大及阻抗变换。

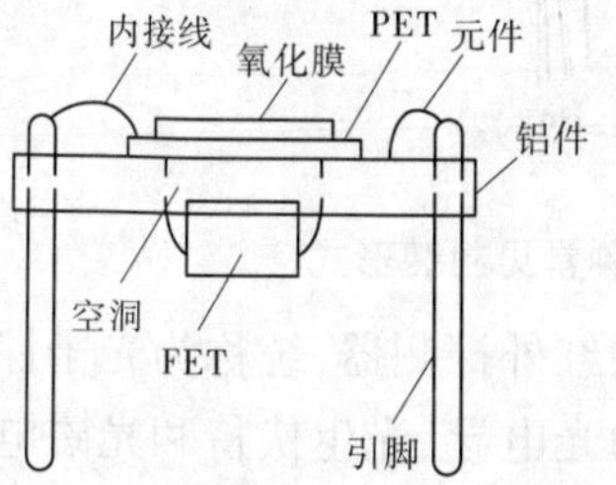

图 11-2 热释电红外探测器的结构

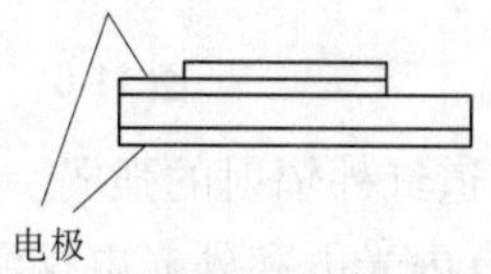

图 11-3 热晶体

热释电红外探测器按其内部安装敏感元件数量的多少可分为单元件、双元件、四元件及特殊形式等几种。最常见的是双元件型,如 P228 就是一种双元件通用型热释电红外传感器,其内部电路结构如图 11-5 所示。所谓双元件,是指在一个传感器中有两个反相串联的敏感元件。

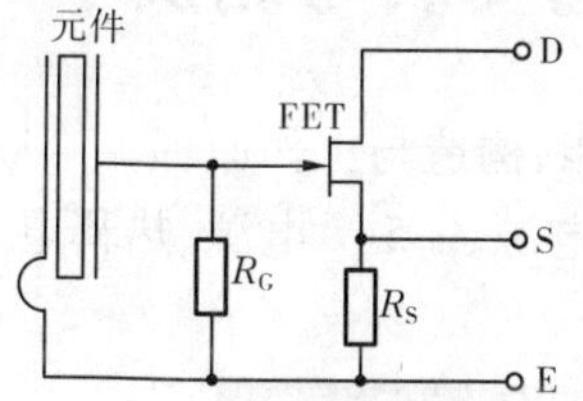

图 11-4 热释电红外探测器的内部电路结构图

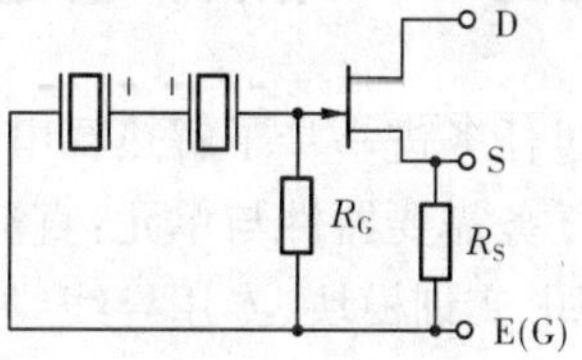

图 11-5 双元件通用型热释电红外传感器的内部电路结构

双元件传感器有以下优点:

(1)当入射能量顺序地射到两个元件上时,其输出要比单元件高一倍。

(2)由于两个敏感元部件逆向串联使用,对于同时输入的能量会相互抵消,由此可防止太阳的红外线引起的误动作。

(3)常用的热晶体元件具有压电效应,故双元件结构能消除因振动而引起的检测误差。

(4)可以防止因环境温度变化而引起的检测误差。

热释电红外传感器常采用金属外壳 TO－5 封装及塑料 TO－92 封装两种形式,如图 11-6所示。

由于人体放射的远红外线能量十分微弱,直接由热释电红外传感器接收灵敏度很低,控制距离一般只有 1～2 m,远远不能满足要求,必须配以良好的光学透镜才能实现较高的接收灵敏度。通常配用菲涅尔透镜,用其将微弱的红外线能量进行“聚焦”,可以将传感器的探测距离提高到 10 m 以上。

(二)光子探测器

光子探测器利用入射红外辐射的光子流与探测器材料中电子的相互作用来改变电子的能量状态,引起各种电学现象,这种现象称为光子效应。通过测量材料电子性质的变

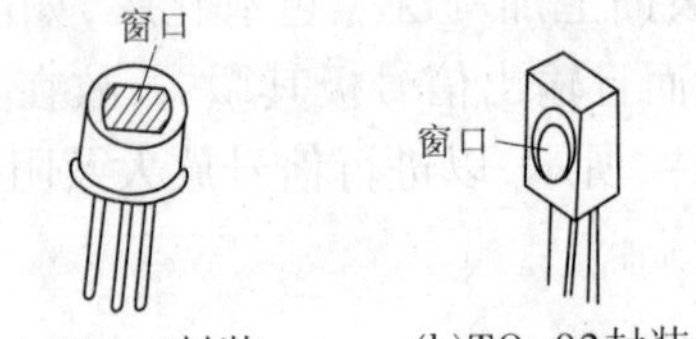

(a)TO-5封装　　(b)TO-92封装

图 11-6　热释电红外探测器的两种常见封装形式

化,可以知道红外辐射的强弱。利用光子效应制成的红外探测器,统称为光子探测器。光子探测器有内光电和外光电探测器两种,后者又分为光电导、光生伏特和光磁电探测器等三种。光子探测器的主要特点是灵敏度高,响应速度快,具有较高的响应频率,但探测波段较窄,一般需在低温下工作。

【项目实施】

任务二　热释电远红外传感器的安装与测试

通过任务进一步了解热释电远红外传感器的性能、构造与工作原理。

本任务需要器件与单元:直流稳压电源、±15 V 电源、+5 V 电源、热释电远红外传感器、热释电实训模块、专用导线,如图 11-7 所示。

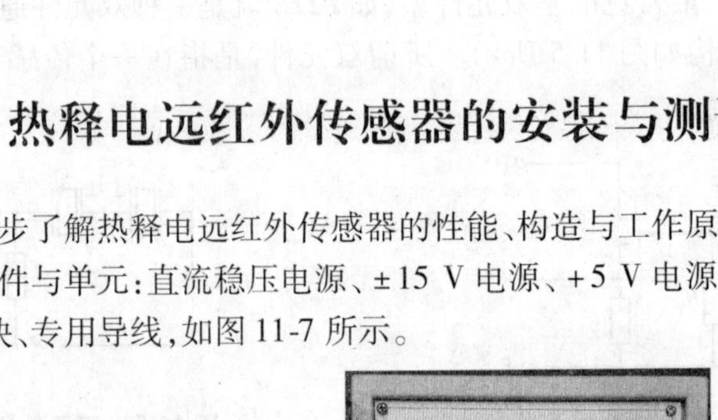

(a) 热释电远红外传感器　　(b) 热释电远红外实验模块

图 11-7　需要器件与单元

安装与测试步骤如下所述:

(1)热释电远红外传感器探头用专用导线连接后,导线另一端插入热释电远红外传感器上热释电远红外传感器 Ti 插口。

(2)按图 11-8 接线。观察传感器的圆形感应端面,中间黑色小方孔是滤色片,内装有敏感元件。

(3)$V+$ 接 +5 V 电源,实验模块电源接 ±15 V。

(4)开启主电源,注意周围人体尽量不要晃动,并调整好示波器(Y 轴:50 mV/div;X

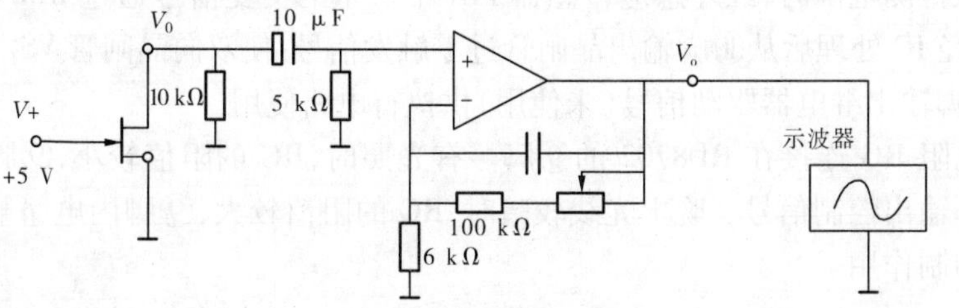

图 11-8　接线图

轴:0.25 s/div)。

(5)观察现象(一):用手掌在距离传感器约 10 mm 处晃动,注意数显表及示波器波形的变化,停止晃动,重新观察数显表及示波器的波形变化。

(6)观察现象(二):用手掌靠近传感器晃动,注意数显表及示波器的波形变化。

(7)通过上述步骤(5)、步骤(6)实训,可得出波形(自己绘制)。

【项目拓展】

任务三　红外传感器的应用

一、人体感应自动照明灯

图 11-9 是由红外线检测集成电路 RD8702 构成的人体感应自动灯开关电路,适用于家庭、楼道、公共厕所、公共走道等作为照明灯。

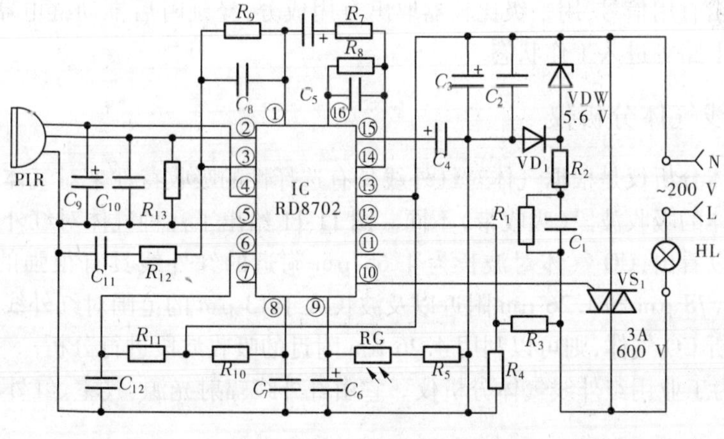

图 11-9　由 RD8702 构成的人体感应自动灯开关电路

电路主要由人体红外线检测、信号放大及控制信号输出、晶闸管开关及光控等单元电路组成。由于灯泡串接在电路中,所以不接灯泡电路不工作。

当人体红外线感应传感器 PIR 未检测到人体感应信号时,电路处于守候状态,RD8702 的⑩脚和⑪脚(未使用)无输出,双向晶闸管 VS_1 截止,灯泡 HL 处于关闭状态。

当有人进入检测范围时，红外感应传感器 PIR 中产生的交变信号通过 RD8702 的②脚输入 IC 内。经 IC 处理后从⑩脚输出晶闸管过零触发信号，使双向晶闸管 VS_1 导通，灯泡得电点亮，⑪脚输出继电器驱动信号（未使用）供执行电路使用。

光敏电阻 RG 连接在 RD8702 的⑨脚。有光照时，RG 的阻值较小，⑨脚内电路抑制⑩脚和⑪脚输出控制信号。晚上光线较暗时，RG 的阻值较大，⑨脚内电路解除对输出控制信号的抑制作用。

二、红外线探测电路

图 11-10 是由热释电红外传感器 P228 构成的红外线探测电路，适用于自动节能灯、自动门、报警等。

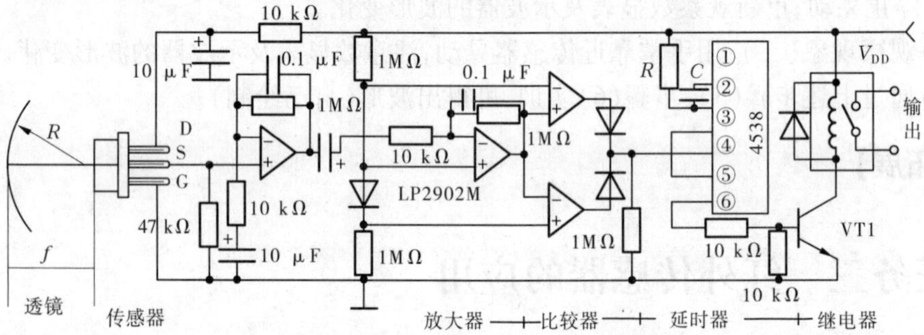

图 11-10 由 P228 构成的红外线探测电路

该电路主要由传感器、放大器、比较器、延时器、继电器等组成。当有人进入检测现场时，透镜将红外能量“聚焦”送入传感器，感应出微量的电压经阻抗匹配送到放大器。放大器的增益要求大于 72.5 dB，频宽为 0.3 ~ 7 Hz。放大后的信号既含有用信号，也含噪声信号。为取出有用信号，用一级比较器取出有用成分，经延时后推动继电器动作，由其触点控制报警电路等进入工作状态。

三、红外线气体分析仪

红外线气体分析仪是根据气体对红外线具有选择性的吸收特性来对气体成分进行分析的。不同气体的吸收波段（吸收带）不同。图 11-11 给出了几种气体对红外线的透射光谱。从图中可以看出，CO 气体对波长为 4. 65 μm 附近的红外线具有很强的吸收能力，CO_2气体则在 2. 78 μm 和 4. 26 μm 附近以及波长大于 13 μm 的范围对红外线有较强的吸收能力。如分析 CO 气体，则可以利用 4. 26 μm 附近的吸收波段进行分析。

图 11-12 为工业用红外线气体分析仪。它由红外线辐射光源、气室、红外检测器及电路等部分组成。

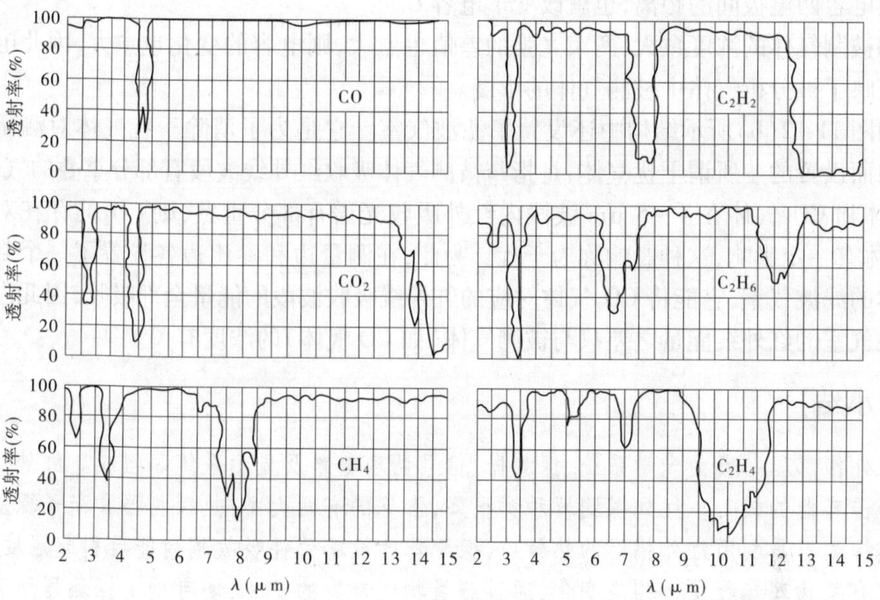

图 11-11　几种气体对红外线的透射光谱

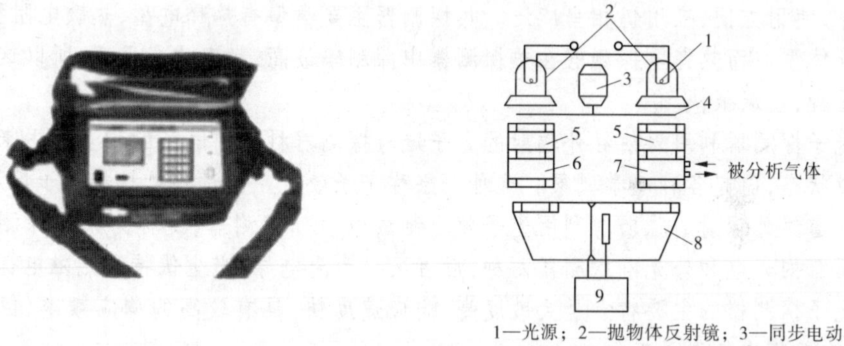

1—光源；2—抛物体反射镜；3—同步电动机；
4—切光片；5—滤波气室；6—参比气室；
7—测量气室；8—红外探测器；9—放大器

(a)实物图　　(b)结构原理图

图 11-12　工业用红外线气体分析仪

图 11-12(b)中，光源由镍铬丝通电加热发出 3 ~ 10 μm 的红外线，切光片将连续的红外线调制成脉冲状的红外线，以便于红外线检测器信号的检测。测量气室中通入被分析气体，参比气室中封入不吸收红外线的气体（如 N_2 等）。红外检测器是薄膜型电容器，它有两个吸收气室，充以被测气体，当它吸收了红外辐射能量后，气体温度升高，导致室内压力增大。测量时（如分析 CO 气体的含量），两束红外线经反射、切光后射入测量气室和参比气室。由于测量气室中含有一定量的 CO 气体，该气体对 4.65 μm 的红外线有较强的吸收能力，而参比气室中气体不吸收红外线，这样射入红外探测器两个吸收气室的红外线光产生能量差异，使两吸收室压力不同，测量边的压力减小，于是薄膜偏向定片方向，改变

了薄膜电容两电极间的距离,也就改变了电容 C。

如被测气体的浓度愈大,两束光强的差值也愈大,则电容的变化也愈大,因此电容变化量反映了被分析气体中被测气体的浓度。

如图11-12(b)所示结构中还设置了滤波气室。它是为了消除干扰气体对测量结果的影响而设置的。所谓干扰气体,是指与被测气体吸收红外线波段有部分重叠的气体,如CO气体和 CO_2 气体在4~5 μm波段内红外吸收光谱有部分重叠,则 CO_2 的存在对分析CO气体有一定影响,这种影响称为干扰。为此,在测量边和参比边各设置了一个封有干扰气体的滤波气室,它能将 CO_2 气体对应的红外线吸收波段的能量全部吸收,因此左右两边吸收气室的红外线能量之差只与被测气体(如CO气体)的浓度有关。

【项目小结】

红外传感器一般由光学系统、探测器、信号调理电路及显示系统等组成。红外探测器是红外传感器的核心。红外探测器种类很多,常见的有两大类:热探测器和光子探测器。

热探测器是利用红外辐射的热效应,探测器的敏感元件吸收辐射能后引起温度升高,进而使有关物理参数发生相应变化,通过测量物理参数的变化,便可确定探测器所吸收的红外辐射。与光子探测器相比,热探测器的探测率比光子探测器的峰值探测率低,响应时间长。但热探测器主要优点是响应波段宽,响应范围可扩展到整个红外区域,可以在室温下工作,使用方便,应用仍相当广泛。热探测器主要类型有热释电型、热敏电阻型、热电偶型和气体型。而热释电探测器在热探测器中探测率最高,频率响应最宽,所以这种探测器倍受重视,发展很快。

光子探测器利用入射红外辐射的光子流与探测器材料中电子的相互作用来改变电子的能量状态,引起各种电学现象。这种现象称光子效应。通过测量材料电子性质的变化,可以知道红外辐射的强弱。利用光子效应制成的红外探测器,统称为光子探测器。光子探测器有内光电和外光电探测器两种,后者又分为光电导、光生伏特和光磁电探测器等三种。光子探测器的主要特点是灵敏度高,响应速度快,具有较高的响应频率,但探测波段较窄,一般需在低温下工作。

【项目训练】

一、单项选择

1. 下列对红外传感器的描述错误的是________。
   A. 红外辐射是一种人眼不可见的光线
   B. 红外线的波长范围为0.76~1 000 μm
   C. 红外线是电磁波的一种形式,但不具备反射、折射特性
   D. 红外传感器是利用红外辐射实现相关物理量测量的一种传感器。
2. 对于工业上用的红外线气体分析仪,下面说法中正确的是________。
   A. 参比气室内装被分析气体　　B. 参比气室中的气体不吸收红外线
   C. 测量气室内装 N_2　　D. 红外探测器工作在"大气窗口"之外

3. 红外辐射的物理本质是__________。

A. 核辐射　B. 微波辐射　C. 热辐射　D. 无线电波

4. 对于工业上用的红外线气体分析仪，下面说法中错误的是__________。

A. 参比气室内可装 N_2　B. 红外探测器工作在“大气窗口”之内

C. 测量气室内装被分析气体　D. 参比气室中的气体要吸收红外线

5. 红外线是位于可见光中红色光以外的光线，故称红外线。它的波长在__________到 1 000 μm 的频谱范围之内。

A. 0.76 nm　B. 1.76 nm　C. 0.76 μm　D. 1.76 μm

6. 在红外技术中，一般将红外辐射分为四个区域，即近红外区、中红外区、远红外区和__________。这里所说的“远近”是相对红外辐射在电磁波谱中与可见光的距离而言的。

A. 微波区　B. 微红外区　C. X 射线区　D. 极远红外区

7. 红外辐射在通过大气层时，有三个波段透过率高，分别是 0.2 ~ 2.6 μm、3 ~ 5 μm 和__________，统称它们为“大气窗口”。

A. 8 ~ 14 μm　B. 7 ~ 15 μm　C. 8 ~ 18 μm　D. 7 ~ 14.5 μm

8. 光子传感器是利用某些半导体材料在入射光的照下，产生__________，使材料的电学性质发生变化，通过测量电学性质的变化，可以知道红外辐射的强弱。

A. 光子效应　B. 霍尔效应　C. 热电效应　D. 压电效应

9. 当红外辐射照射在某些半导体材料表面上时，半导体材料中有些电子和空穴可以从原来不导电的束缚状态变为能导电的自由状态，使半导体的导电率增加，这种现象叫__________。

A. 光电效应　B. 光电导现象　C. 热电效应　D. 光生伏特现象

10. 研究发现，太阳光谱中各种单色光的热效应从紫色光到红色光是逐渐增大的，而且最大的热效应出现在__________的频率范围内。

A. 紫外线区域　B. X 射线区域　C. 红外辐射区域　D. 可见光区域

11. 关于红外传感器，下述说法不正确的是__________。

A. 红外传感器是利用红外辐射实现相关物理量测量的一种传感器

B. 红外传感器的核心器件是红外探测器

C. 光子探测器在吸收红外能量后，将直接产生电效应

D. 为保持高灵敏度，热探测器一般需要低温冷却

二、简答

1. 什么是热释电效应？热释电型传感器与哪些因素有关？

2. 什么是红外辐射、红外传感器？

3. 简述热探测器、热释电传感器。

4. 简述光子传感器的原理、主要特点和分类。

5. 简述红外测温的特点。

项目十二 霍尔式位移传感器的安装与调试

【项目描述】

本项目安装并测试一台霍尔式位移传感器。

霍尔传感器是一种磁敏传感器，它是把磁学物理量转换成电信号的装置，广泛应用于自动控制、信息传递、电磁测量、生物医学等各个领域。它的最大特点是非接触测量。

通过本项目的学习，能够掌握霍尔效应、磁阻效应原理，熟悉集成霍尔传感器的特性及应用，了解霍尔元件的主要参数及误差补偿措施。能分析由霍尔式传感器组成的检测系统的工作原理，熟练应用霍尔式传感器对磁场、位移、压力等物理量的测量。

【相关知识与技能】

任务一 霍尔效应及霍尔元件

早在1879年，美国物理学家霍尔(E. H. Hall)就在金属中发现了霍尔效应。但是由于这种效应在金属中非常微弱，当时并没有引起人们的重视。1948年以后，由于半导体技术迅速发展，人们找到了霍尔效应比较明显的半导体材料，并开发了多种霍尔元件。我国从20世纪70年代开始研究霍尔元件，目前已能生产各种性能的霍尔元件。

一、霍尔效应

金属或半导体薄片置于磁感应强度为B的磁场(磁场方向垂直与薄片)中，如图12-1所示，当有电流I通过时，在垂直于电流和磁场的方向上将产生电动势U_H，这种物理现象称为霍尔效应。该电动势U_H称为霍尔电势。

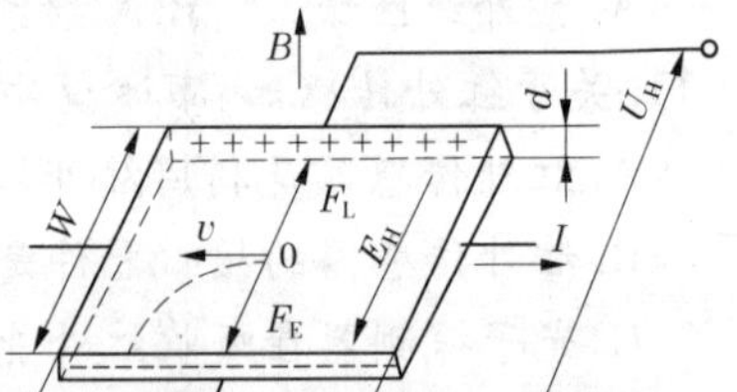

图12-1 霍尔效应原理图

假设薄片为N型半导体，磁感应强度为B的磁场方向垂直于薄片，如图12-1所示。在薄片左右两端通以控制电流I，那么半导体中的载流子(电子)将沿着与电流I相反的方向运动。由于外磁场B的作用，使电子受到磁场力F_L(洛仑兹力)而发生偏转，结果在半导体的前端面上电子积累带负电，而后端面缺少电子带正电，在前后断面间形成电场。该电场产生的电场力F_E阻止电子继续偏转。当F_E和F_L相等时，电子积累达到动态平衡。这时在半导体前后两端面之间(垂直于电流和磁场方向)建立电场，称为霍尔电场E_H，相应的电势U_H称为霍尔电势。

如图12-1所示，一块长为L、宽为W、厚为d的N型半导体薄片，位于磁感应强度为B

的磁场中，B 垂直于 L—W 平面，沿 L 通电流 I，N 型半导体的载流体－电子将受到 B 产生的洛仑兹力 F_B 的作用

$$F_B = evB \tag{12-1}$$

式中 e——电子的电量，$e = 1.602 \times 10^{-19}$ C；

v——半导体中电子的运动速度，其方向与外电路 I 的方向相反，在讨论霍尔效应时，假设所有电子载流子的运动速度相同。

在力 F_B 的作用下，电子向半导体片的一个侧面偏转，在该侧面上形成电子的积累，而在相对的另一侧面上因缺少电子而出现等量的正电荷。在这两个侧面上产生霍尔电场 E_H。该电场使运动电子受有电场力 F_E，且

$$F_E = eE_H \tag{12-2}$$

电场力阻止电子继续向原侧面积累，当电子所受电场力和洛仑兹力相等时，电荷的积累达到动态平衡，由于存在 E_H，半导体片两侧面间出现电位差 U_H，称为霍尔电势，即

$$U_H = \frac{R_H}{d}IB = K_H IB \tag{12-3}$$

式中 R_H——霍尔系数；

K_H——霍尔元件的灵敏度。

由式(12-3)可见，霍尔电势正比于激励电流及磁感应强度，其灵敏度与霍尔系数 R_H 成正比而与霍尔片厚度 d 成反比。为了提高灵敏度，霍尔元件常制成薄片形状。

如果磁场与薄片法线的夹角为 θ，那么

$$U_H = K_H IB\cos\theta \tag{12-4}$$

又因 $R_H = \mu\rho$，即霍尔系数等于霍尔片材料的电阻率 ρ 与电子迁移率 μ 的乘积。一般金属材料载流子迁移率很高，但电阻率很小，而绝缘材料电阻率极高，但载流子迁移率极低，故只有半导体材料适于制造霍尔片。目前，常用的霍尔元件材料有：锗、硅、砷化铟、锑化铟等半导体材料。其中，N 型锗容易加工制造，其霍尔系数、温度性能和线性度都较好。N 型硅的线性度最好，其霍尔系数、温度性能同 N 型锗相近。锑化铟对温度最敏感，尤其在低温范围内霍尔系数大，但在室温时其霍尔系数较大。砷化铟的霍尔系数较小，温度系数也较小，输出特性线性度好。表 12-1 为常用国产霍尔元件的技术参数。

表 12-1 常用国产霍尔元件的技术参数

参数名称	符号	单位	HZ－1 型	HZ－2 型	HZ－3 型	HZ－4 型	HT－1 型	HT－2 型	HS－1 型
			材料(N)型						
			Ge(111)	Ge(111)	Ge(111)	Ge(100)	InSb	InSb	InAs
电阻率	ρ	Ω·m	0.8～1.2	0.8～1.2	0.8～1.2	0.4～0.5	0.003～0.01	0.003～0.05	0.01
几何尺寸	$l \times b \times d$	mm³	8×4×0.2	4×2×0.2	8×4×0.2	8×4×0.2	6×3×0.2	8×4×0.2	8×4×0.2
输入电阻	R_i	Ω	110±20%	110±20%	110±20%	45±20%	0.8±20%	0.8±20%	1.2±20%
输出电阻	R_o	Ω	100±20%	100±20%	100±20%	40±20%	0.5±20%	0.5±20%	1±20%
灵敏度	K_H	mV/(mA·T)	>12	>12	>12	>4	1.8±20%	1.8±20%	1±20%
不等位电阻	r_o	Ω	<0.07	<0.05	<0.07	<0.02	<0.005	<00.005	<0.003
寄生直流电压	U_o	μV	<150	<200	<150	<100			
额定控制电流	I_c	mA	20	15	25	50	250	300	200

续表 12-1

参数名称	符号	单位	HZ－1 型	HZ－2 型	HZ－3 型	HZ－4 型	HT－1 型	HT－2 型	HS－1 型
			材料(N)型						
			Ge(111)	Ge(111)	Ge(111)	Ge(100)	InSb	InSb	InAs
霍尔电势温度系数	α	1/℃	0.04%	0.04%	0.04%	0.03%	－1.5%	－1.5%	
内阻温度系数	β	1/℃	0.5%	0.5%	0.5%	0.3%	－0.5%	－0.5%	
热阻	R_β	℃/mW	0.4	0.25	0.2	0.1			
工作温度	T	℃	－40～45	－40～45	－40～45	－40～75	0～40	0～40	－40～60

二、霍尔元件

霍尔元件的结构很简单，它由霍尔片、引线和壳体组成，如图 12-2（a）所示。霍尔片是一块矩形半导体单晶薄片，引出四个引线。a、b 两根引线加激励电压或电流，称为激励电极；c、d 引线为霍尔输出引线，称为霍尔电极，如图 12-2（b）所示。霍尔元件壳体由非导磁金属、陶瓷或环氧树脂封装而成。图 12-2(c)所示为霍尔元件图形符号。

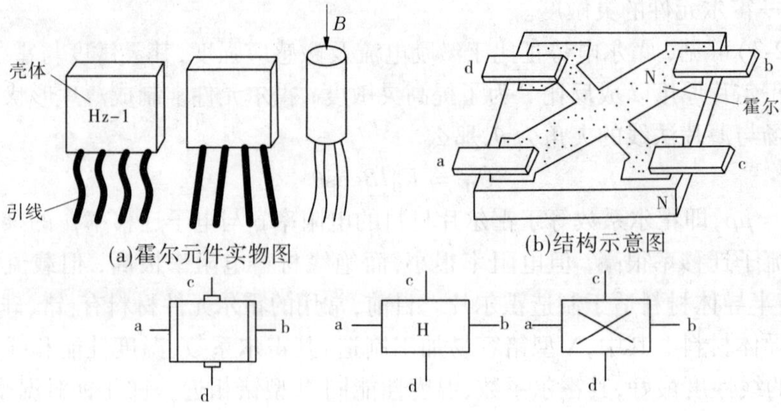

(a)霍尔元件实物图　(b)结构示意图

(c)图形符号

图 12-2　霍尔元件

三、霍尔元件测量电路

(一)基本测量电路

霍尔元件的基本测量电路如图 12-3 所示。激励电流由电压源 E 供给，其大小由可变电阻来调节。

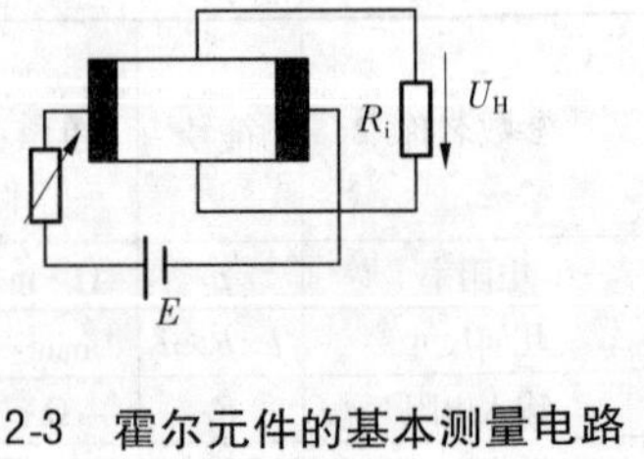

图 12-3　霍尔元件的基本测量电路

(二)霍尔元件的输出电路

在实际应用中，要根据不同的使用要求采用不同的电路连接方式。如在直流激励电流情况下，为了获得较大的霍尔电压，可将几块霍尔元件的输出电压串联，如图 12-4(a)所示。在交流激励电流情况下，几块霍尔元件的输出可通过变压器接成如图 12-4(b)的形式，以增加霍尔电压或输出功率。

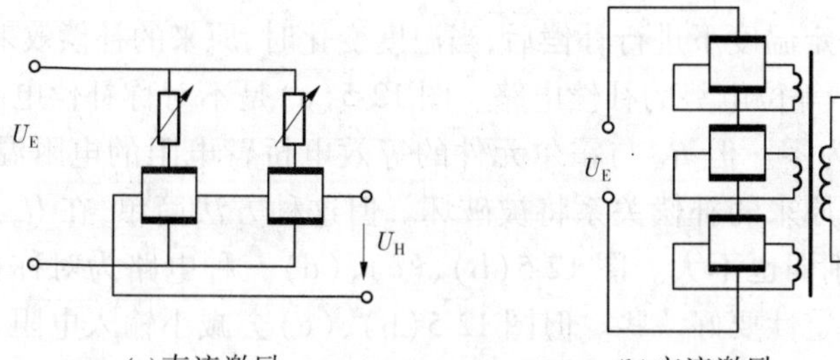

(a)直流激励　(b)交流激励

图 12-4　霍尔元件的输出电路

四、霍尔元件主要特性参数

霍尔元件主要特性参数如下：

(1)乘积灵敏度 K_H。在单位控制电流和单位磁感应强度作用下，霍尔元件输出端的开路电压，称为霍尔灵敏系数 K_H，霍尔灵敏系数 K_H 的单位为 V/(A·T)。

(2)额定激励电流 I_N 和最大允许激励电流 I_{max}。霍尔元件在空气中产生的温升为 10 ℃时所对应的激励电流称为额定激励电流 I_N。以元件允许的最大温升为限制，所对应的激励电流称为最大允许激励电流 I_{max}。

(3)输入电阻 R_i、输出电阻 R_o。R_i 为霍尔元件两个激励电极之间的电阻，R_o 为两个霍尔电极之间的电阻。

(4)不等位电势 U_o 和不等位电阻 r_o。当霍尔元件的激励电流为额定值 I_N 时，若元件所处位置的磁感应强度为零，则它的霍尔电势应该为零，但实际不为零，这时测得的空载霍尔电势称为不等位电势。不等位电势主要是由霍尔电极安装不对称造成的，由于半导体材料的电阻率不均匀、基片的厚度和宽度不一致、霍尔电极与基片的接触不良(部分接触)等原因，即使霍尔电极的装配绝对对称，也会产生不等位电势。

不等位电阻定义为 $r_o = U_o/I_N$，r_o 越小越好。

(5)寄生直流电势 U_{OD}。当不加磁场，霍尔元件通以交流控制电流，这时霍尔元件输出端除出现交流不等位电势外，如果还有直流电势，则此直流电势称为寄生直流电势 U_{OD}。

产生交流不等位电势的原因与直流不等位电势相同。产生 U_{OD} 的原因主要是元件本身的四个电极没有形成欧姆接触，有整流效应。

(6)霍尔电势温度系数 α。在一定磁感应强度和激励电流下，温度每变化 1 ℃时霍尔电势变化的百分率称为霍尔电势温度系数 α。α 越小越好。

五、霍尔元件的误差补偿

(一)不等位电势的补偿

在制造霍尔元件的过程中，要使不等位电势为零是相当困难的，所以有必要利用外电路对不等位电势进行补偿，以便能反映霍尔电势的真实值。

为分析不等位电势，可将霍尔元件等效为一电阻电桥，不等位电势 U_o 就相当于电桥的不平衡输出。因此,所有能使电桥平衡的外电路都可用来补偿不等位电势。但应指出,因 U_o 随温度变化,在一定温度下进行补偿后,当温度变化时,原来的补偿效果会变差。

图 12-5 为常用的不等位电势的补偿电路。图 12-5(a)是不对称补偿电路,在不加磁场时,可调节 R_W 使 U_o 为零。但 R_W 与霍尔元件的等效电桥臂电阻的电阻温度系数不相同,所以当温度变化时,原来的补偿关系将被破坏。但这种方法简单,在 U_o 不大时,对元件的输入、输出信号的削弱也不大。图 12-5(b)、(c)、(d)三种电路为对称补偿电路,因而对温度变化的补偿稳定性要好一些。但图 12-5(b)、(c)会减小输入电阻,降低霍尔电势输出。图 12-5(d)的上述影响要小一些,但要求把元件做成五端电极。图 12-5(c)、(d)都使输出电阻增大。

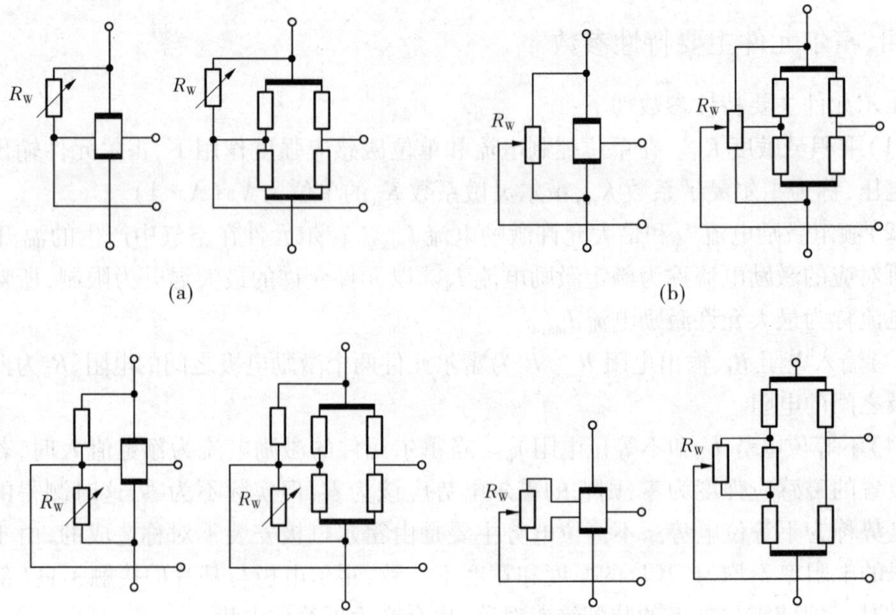

图 12-5　不等位电势的补偿电路

当控制电流为交流时,可用图 12-5(e)的补偿电路,这时不仅要进行幅值补偿,还要进行相位补偿。图 12-5(f)中不等位电势 U_o 分成恒定部分 U_{0L} 和随温度变化部分 ΔU_o,分别进行补偿。U_{0L} 相当于允许工作温度下限 t_L 时的不等位电势。电桥的一个桥臂接入热

敏电阻 $R(t)$。设温度为 t_L时电桥已平衡，调节 R_{W1} 可补偿不平衡电势 U_{OL}。当工作温度为上限 t_H时，不等位电势增加 ΔU_o，可调节 R_{W2}进行补偿。适当选择热敏电阻 $R(t)$，可使从 t_L到 t_H之间各温度下也能得到较好的补偿。当 $R(t)$与霍尔元件的材料相同时，则可以达到相当高的补偿精度。

（二）温度补偿

霍尔元件温度补偿的方法很多，下面介绍三种常用的方法：

（1）恒流源供电，输入端并联电阻，或恒压源供电，输入端串联电阻，如图 12-6、图 12-7所示。

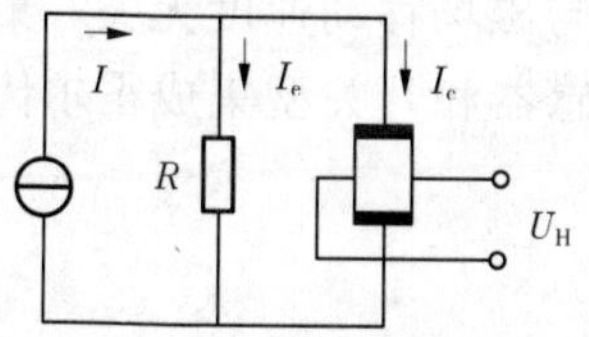

图 12-6　输入端并联电阻补偿

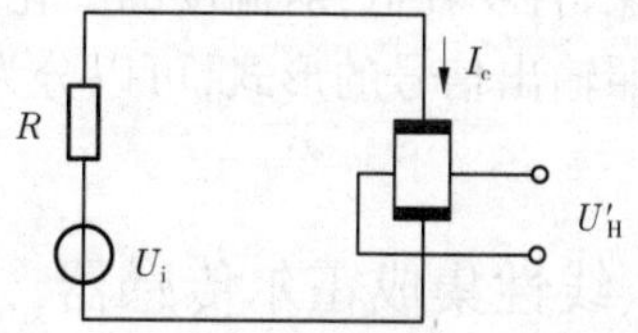

图 12-7　输入端串联电阻补偿

（2）合理选择负载电阻。霍尔电势的负载通常是放大器、显示器或记录仪的输入电阻，其值一定，可用串、并联电阻的方法使输出负载电压不变，但此时灵敏度将相应有所降低。

（3）采用热敏元件。这是最常采用的补偿方法。图 12-8 给出了几种补偿电路的例子。其中，图 12-8(a)、(b)、(c)为恒压源输入，图 12-8(d)为恒流源输入，R_i为恒压源内阻；$R(t)$和 $R'(t)$为热敏电阻，其温度系数的正、负和数值要与 U_H的温度系数匹配选用。例如，对于图 12-8(b)的情况，如果 U_H的温度系数为负值，随着温度上升，U_H要下降，则选用电阻温度系数为负的热敏电阻 $R(t)$。当温度上升时，$R(t)$变小，流过器件的控制电流变大，使 U_H回升。当 $R(t)$阻值选用适当时，就可使 U_H在精度允许范围内保持不变。经过简单计算，不难预先估算出所需 $R(t)$。

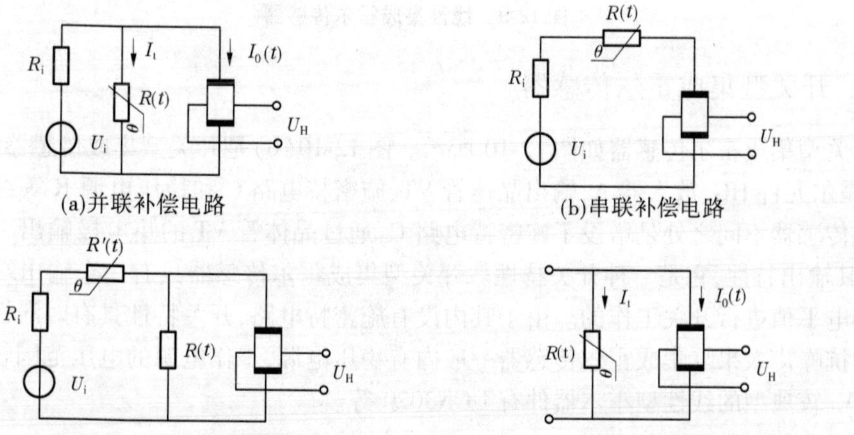

图 12-8　采用热敏元件的温度误差补偿电路

任务二　集成霍尔传感器

集成霍尔传感器是利用硅集成电路工艺将霍尔元件、放大器、施密特触发器以及输出电路等集成在一起的一种传感器。它取消了传感器和测量电路之间的界限，实现了材料、元件、电路三位一体。集成霍尔传感器与分立霍尔传感器相比，由于减少了焊点，因此显著地提高了可靠性。

集成霍尔传感器的输出是经过处理的霍尔输出信号。其输出信号快，传送过程中无抖动现象，且功耗低，对温度的变化是稳定的，灵敏度与磁场移动速度无关。集成霍尔传感器按照输出信号的形式，可以分为线性集成霍尔传感器和开关型集成霍尔传感器两种类型。

一、线性集成霍尔传感器

线性霍尔集成传感器的特点是输出电压与外加磁感应强度 B 成线性关系，其外形如图 12-9(a) 所示，内部框图如图 12-9(b) 所示，由霍尔元件 HG、放大器 A、差动输出电路 D 和稳压电源 R 等组成。图 12-9(c) 为其输出特性，在一定范围内输出特性为线性，线性中的平衡点相当于 N 磁极和 S 磁极的平衡点。较典型的线性型霍尔元件有 UGN3501 等。

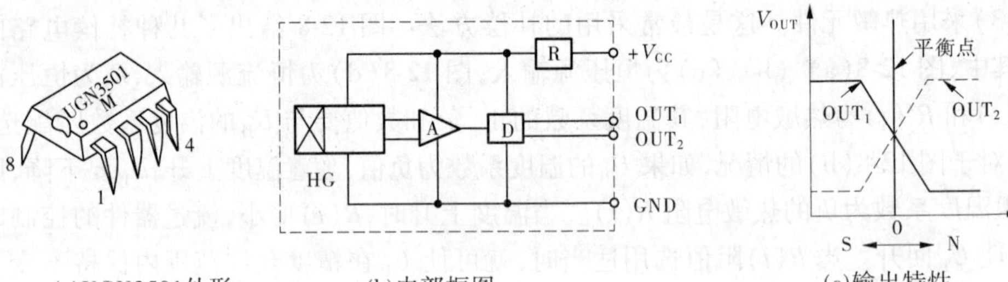

(a)UGN3501外形　(b)内部框图　(c)输出特性

图 12-9　线性集成霍尔传感器

二、开关型集成霍尔传感器

开关型集成霍尔传感器如图 12-10 所示。图 12-10(b) 是开关型集成传感器的内部框图，由霍尔元件 HG、放大器 A、输出晶体管 VT、施密特电路 C 和稳压电源 R 等组成，与线性集成传感器不同之处是增设了施密特电路 C，通过晶体管 VT 的集电极输出。图 12-10(c) 为其输出特性，它是一种开关特性。开关型集成霍尔传感器只有一个输出端，是以一定磁场电平值进行开关工作的。由于其内设有施密特电路，开关特性具有时滞性，因此有较好的抗噪声效果。集成霍尔传感器一般内有稳压电源，工作电源的电压范围较宽，可为 3～16 V。较典型的线性型霍尔器件有 UGN3020 等。

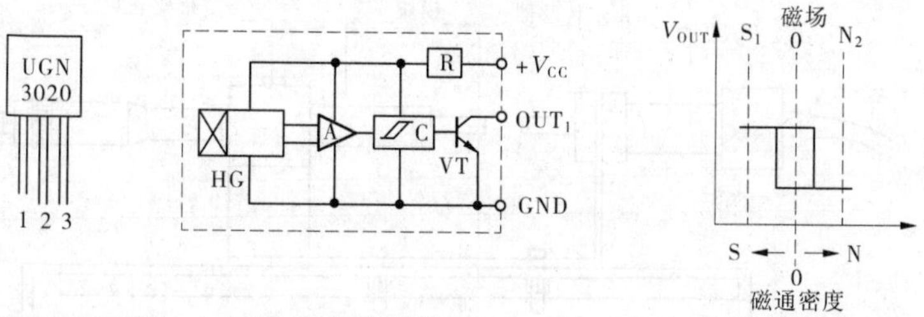

(a)UGN3020外形　(b)内部框图　(c)输出特性

图 12-10　开关型集成霍尔传感器

【项目实施】

任务三　霍尔式位移传感器的安装与调试

本任务的基本原理是根据霍尔效应、霍尔电势 $U_H = K_H IB$，当霍尔元件处在梯度磁场中运动时，它就可以进行位移测量。

通过本任务的实训使大家进一步了解霍尔式位移传感器的原理与应用。

本任务需用器件与单元：霍尔传感器实验模块、霍尔传感器、直流源（±4 V、±15 V）、测微头、数显单元，如图 12-11 所示。

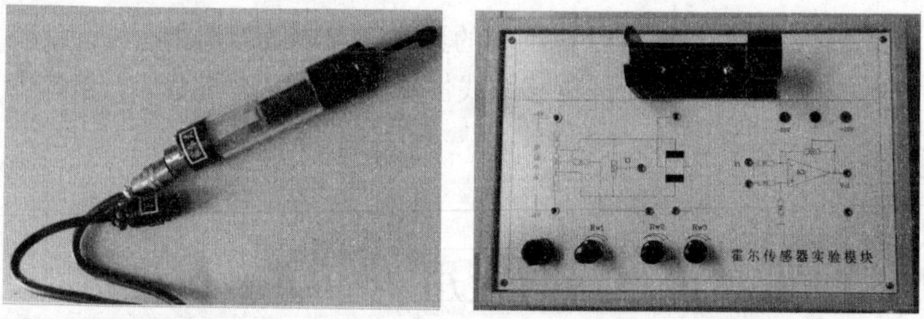

(a) 霍尔传感器　(b) 霍尔传感器实验模块

图 12-11　需用器件与单元

安装与调试步骤如下所述：

（1）将霍尔传感器按图 12-12 安装。霍尔传感器与实验模块的连接按图 12-13 进行。图中 1、3 为电源 ±4 V，2、4 为输出。

（2）开启电源，调节测微头使霍尔片在磁钢中间位置，再调节 R_{W1}（R_{W3} 处于中间位置）使数显表指示为零。

（3）旋转测微头向轴向方向推进，每转动 0.2 mm 记下一个读数，直到读数近似不变，将读数填入表 12-2。

表 12-2

X(mm)								
U(mV)								

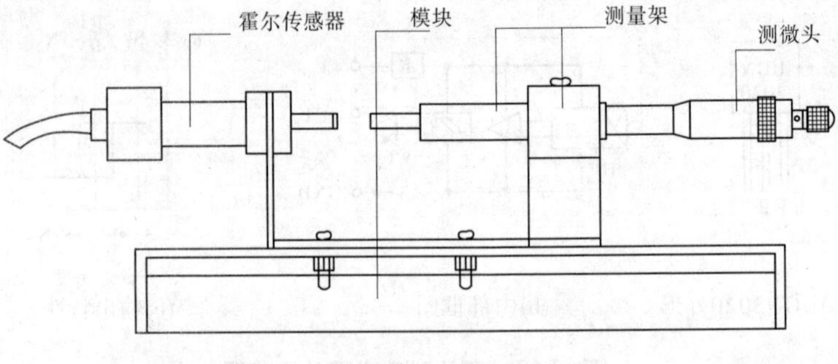

图 12-12 霍尔传感器安装示意图

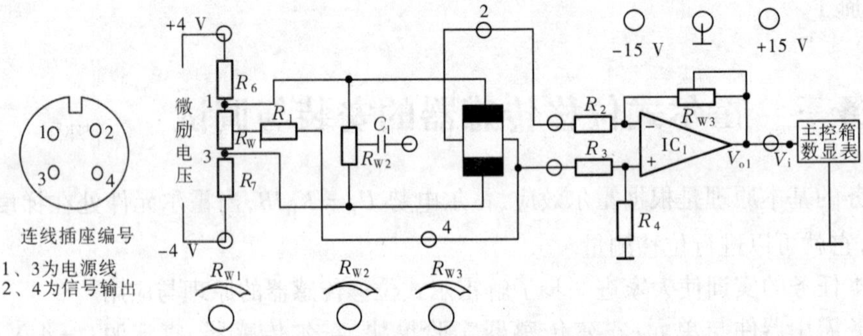

图 12-13 霍尔传感器位移直流激励接线图

作出 $U—X$ 曲线，计算不同线性范围时的灵敏度和非线性误差。

(4) 思考题：本实训中霍尔元件位移的线性度实际上反映的是什么量的变化？

【项目拓展】

任务四 霍尔传感器的应用

由于霍尔传感器具有在静态状态下感受磁场的独特能力，而且它具有结构简单、体积小、重量轻、频带宽（从直流到微波）、动态特性好和寿命长、无触点等许多优点，因此在测量技术、自动化技术和信息处理等方面有着广泛应用。

归纳起来，霍尔传感器有三个方面的用途：

(1) 当控制电流不变时，传感器处于非均匀磁场中，则传感器的霍尔电势正比于磁感应强度，利用这一关系可反映位置、角度或励磁电流的变化。

(2) 当控制电流与磁感应强度皆为变量时，传感器的输出与这两者乘积成正比。在这方面的应用有乘法器、功率计以及除法、倒数、开方等运算器。此外，霍尔传感器也可用于混频、调制、解调等环节中。但由于霍尔元件具有变换频率低、温度影响较显著等缺点，在这方面的应用受到了一定的限制，有待于元件的材料、工艺等方面的改进或电路上的补偿措施。

(3) 若保持磁感应强度恒定不变，则利用霍尔电压与控制电流成正比的关系，可以组成回转器、隔离器和环行器等控制装置。

一、YSH－1型霍尔压力变送器

国产YSH－1型霍尔压力变送器实物如图12-14(a)所示。其转换机构如图12-14(b)所示。霍尔式压力传感器由两部分组成：一部分是弹性敏感元件的膜盒用以感受压力P,并将P转换为弹性元件的位移量x,即$x=K_{P}P$,其中系数K_{P}为常数；另一部分是霍尔元件和磁系统，磁系统形成一个均匀梯度磁场，在其工作范围内，$B=K_{B}x$,式中斜率K_{B}为常数。霍尔元件固定在弹性元件上，因此霍尔元件在均匀梯度磁场中的位移也是x。这样，霍尔电势U_{H}与被测压力P之间的关系就可表示为$U_{H}=K_{H}IB=K_{H}IK_{B}K_{P}P=KP$,式中$K$为霍尔式压力传感器的输出灵敏度。

(a)YSH－1型霍尔压力变送器实物图

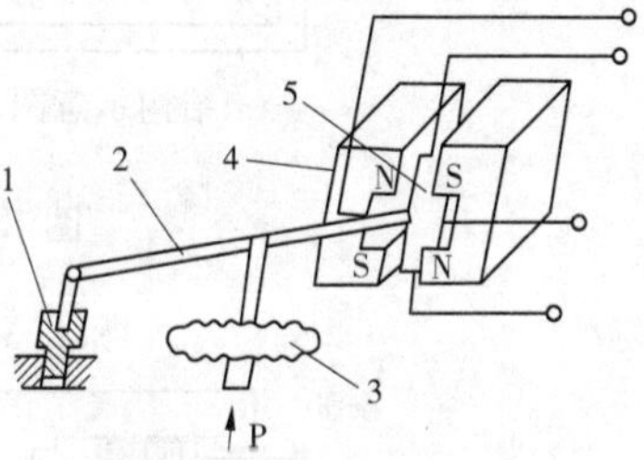

1—调节螺钉；2—杠杆；3—膜盒；4—磁钢；5—霍尔元件

(b) YSH－1型霍尔压力变送器的转换机构示意图

图12-14 YSH－1型霍尔压力变送器

二、霍尔加速度传感器

图12-15所示为霍尔加速度传感器的结构示意图和静态特性曲线。在盒体上固定均质弹簧片S,片S的中部装一惯性块M,片S的末端固定测量位移的霍尔元件H,元件H的上下方装上一对永磁体，它们同极性相对安装。盒体固定在被测对象上，当它们与被测对象一起作垂直向上的加速运动时，惯性块在惯性力的作用下使霍尔元件H产生一个相对盒体的位移，引起霍尔电压U_{H}的变化。可从U_{H}与加速度的关系曲线上求得加速度。

三、无触点开关

键盘是电子计算机系统中的一个重要的外部设备，早期的键盘都采用机械接触式，在使用过程中容易产生抖动噪声，系统的可靠性较差。霍尔式无触点开关的每个键上都有两小块永久磁铁，当按钮未按下时，磁铁处于图12-16(a)所示位置，通过霍尔传感器的磁力线是由上向下的，当按下按钮时，磁铁处于图12-16(b)所示位置，这时通过霍尔传感器的磁力线是由下向上的。霍尔传感器输出不同的状态，将此输出的开关信号直接与后面的逻辑门电路连接使用。这类键盘开关工作十分稳定可靠，功耗很低，动作过程中传感器与机械部件之间没有机械接触，使用寿命特别长。

四、霍尔计数装置

霍尔开关传感器SL3501是具有较高灵敏度的集成霍尔元件，能感受到很小的磁场

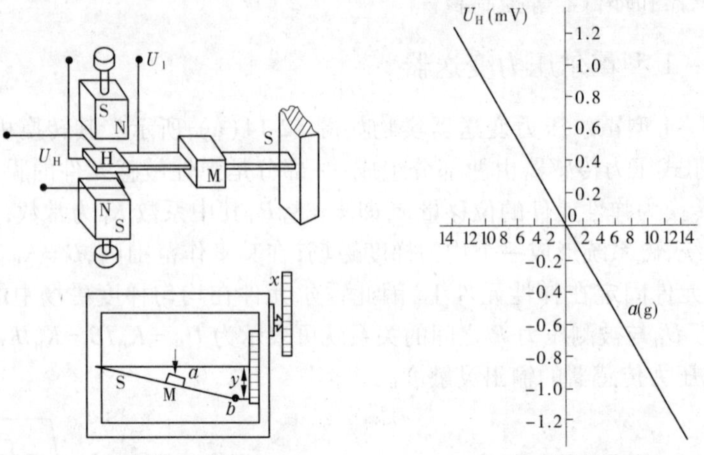

(a)结构示意图　　(b)静态特性曲线

图 12-15　霍尔加速度传感器

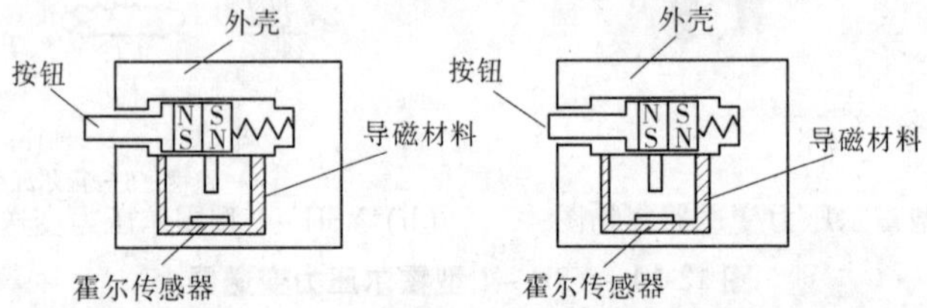

(a)按钮放开状态　　(b)按钮按下状态

图 12-16　集成霍尔传感器构成的按钮

变化，因而可对黑色金属零件进行计数检测。图 12-17 是对钢球进行计数的工作示意图和电路图。当钢球通过霍尔开关传感器时，传感器可输出峰值 20 mV 的脉冲电压，该电压经运算放大器 A(μA741)放大后，驱动半导体三极管 VT(2N5812)工作,VT 输出端便可接计数器进行计数，并由显示器显示检测数值。

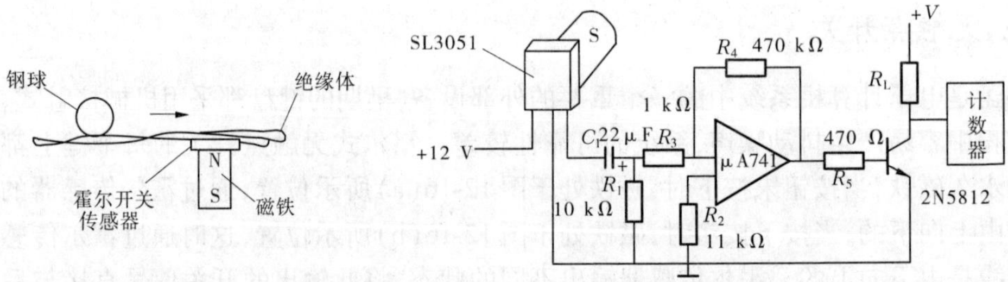

(a)计数工作示意图　　(b)计数工作电路图

图 12-17　霍尔速度传感器的内部结构

五、霍尔无刷电动机

传统的直流电动机使用换向器来改变转子(或定子)电枢电流的方向,以维持电动机的持续运转。霍尔无刷电动机取消了换向器和电刷,而采用霍尔元件来检测转子和定子之间的相对位置,其输出信号经放大、整形后触发电子电路,从而控制电枢电流的换向,维持电动机的正常运转。图 12-18是霍尔无刷电动机的结构示意图。

由于无刷电动机不产生电火花及电刷磨损等问题,所以它在录像机、CD 唱机、光盘驱动器等家用电器中得到越来越广泛的应用。

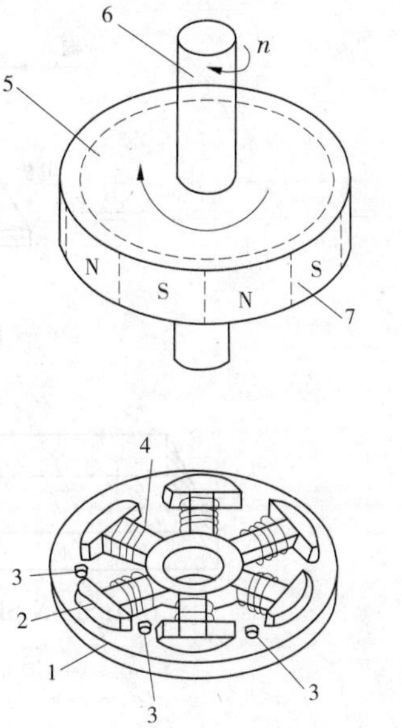

1—电子底座;2—定子铁芯;3—霍尔元件;4—线圈;5—外转子;6—转轴;7—磁极

图 12-18 霍尔无刷电动机的结构示意图

任务五 其他磁敏传感器

一、磁敏电阻器

(一)磁阻效应

将一个载流导体位于外磁场中,除会产生霍尔效应外,其电阻值也会随着磁场而变化,这种现象称为磁电阻效应,简称为磁阻效应。磁阻效应是伴随着霍尔效应同时发生的一种物理效应,磁敏电阻就是利用磁阻效应制作成的一种磁敏元件。

当温度恒定时,在弱磁场范围内,磁阻与磁感应强度 B 的平方成正比。如果器件只有在电子参与导电的简单情况下,理论推导出来的磁阻效应方程为

$$\rho_B = \rho_0(1 + 0.273\mu^2 B^2) \tag{12-5}$$

半导体中仅存在一种载流子时,磁阻效应很弱。若同时存在两种载流子,则磁阻效应很强。迁移率越高的材料(如 InSb、InAs、NiSb 等半导体材料),其磁阻效应越明显。从微观上讲,材料的电阻率增加是因为电流的流动路径因磁场的作用而加长导致的。

(二)磁敏电阻的结构

磁阻效应除与材料有关外,还与磁敏电阻的形状有关。在恒定磁感应强度下,磁敏电阻的长度 l 与宽度 b 的比越小,电阻率的相对变化越大。长方形磁阻器件只有在 $l<b$ 的条件下,才表现出较高的灵敏度。在实际制作磁阻器件时,需在 $l>b$ 的长方形磁阻材料上面制作许多平行等间距的金属条(短路栅格),以短路霍尔电势(见图 12-19)。圆盘形的磁阻最大,故大多做成圆盘结构,如图 12-19(c)所示。

(三)磁敏电阻的应用

由于磁阻元件具有阻抗低、阻值随磁场变化率大、非接触式测量、频率响应好、动态范围广及噪声小等特点,可广泛应用于许多场合,如无触点开关、压力开关、旋转编码器、角度传感器、转速传感器等,如图 12-20、图 12-21 所示。

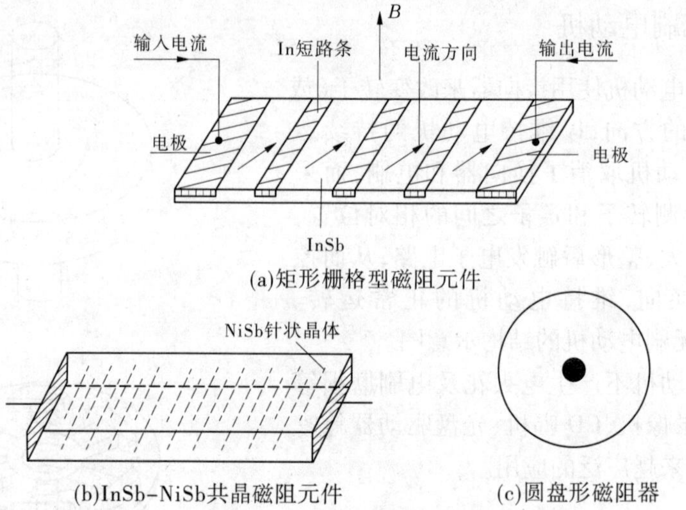

图 12-19　常见磁敏电阻结构

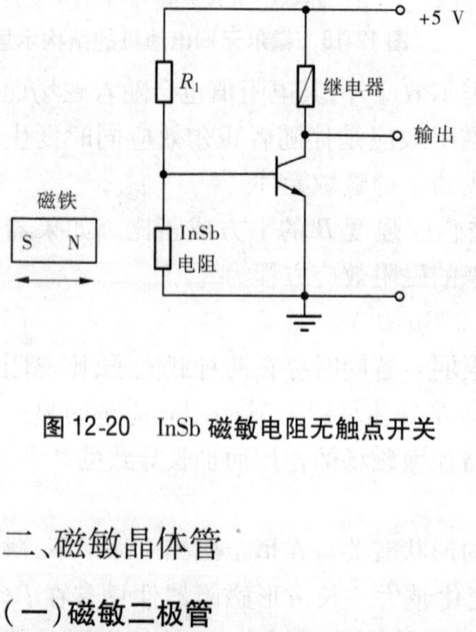

图 12-20　InSb 磁敏电阻无触点开关

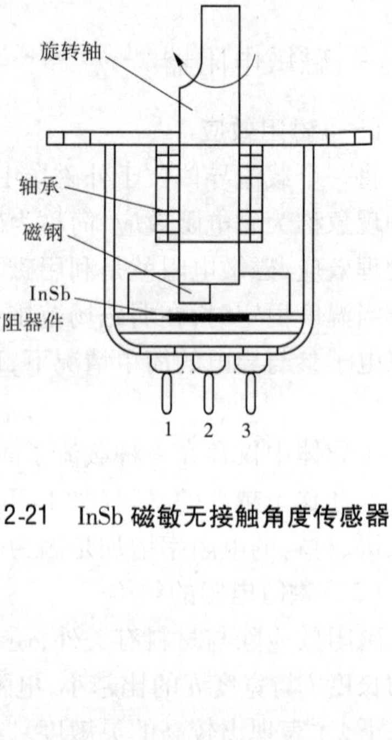

图 12-21　InSb 磁敏无接触角度传感器

二、磁敏晶体管

（一）磁敏二极管

1. 磁敏二极管的结构

磁敏二极管为 P^+—i—N^+ 结构，如图 12-22（a）所示。本征（i 型）或近本征半导（高电阻率半导体）i 的两端分别制作成一个 P^+—i 结和一个 N^+—i 结，并在 i 区的一个侧面制备一个载流子的高复合区，记为 r 区。凡进入 r 区的载流子，都将因复合作用而消失，不再参与电流的传输作用。当对磁敏二极管加正向偏压（P^+ 接电源正极，N^+ 接电源负极），P^+—i 结向 i 区注入空穴，N^+— i 结向 i 区注入电子，有电流 I 流过二极管。图 12-22（b）为磁敏二极管的两种电路符号。

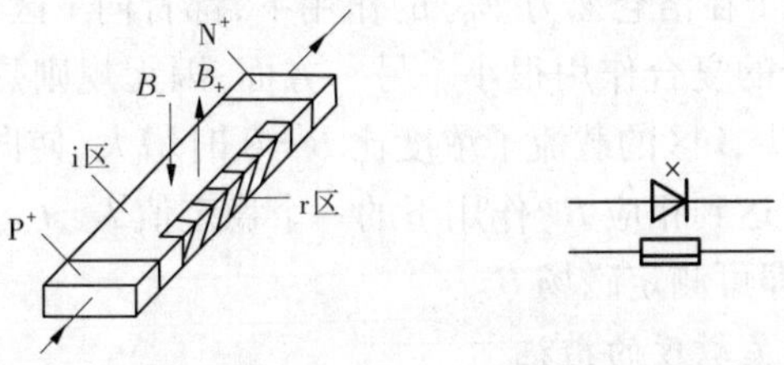

(a)磁敏二极管的结构示意图 (b)磁敏二极管的电路符号

图12-22 磁敏二极管

2. 磁敏二极管的工作原理

当外磁场 $B=0$ 时，如图12-23（a）所示。注入i区的空穴和电子，通过少子的漂移和多子的扩散运动，大部分都能通过i区到达对面的电极，形成电流 I_0，只有距离高复合区r区较近的载流子中，有少部分载流子因其热运动进入r区被复合而消失。

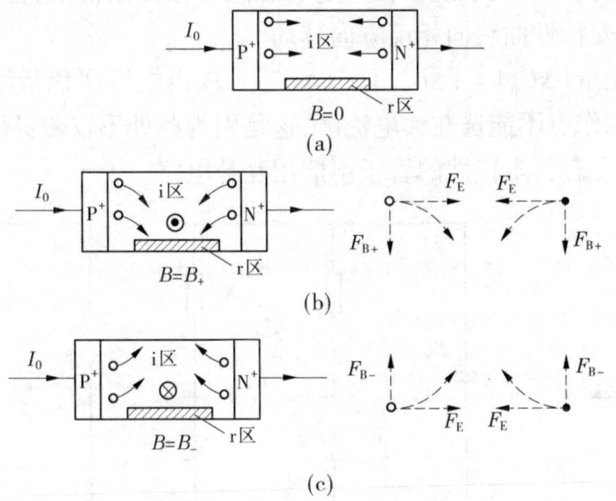

图12-23 磁敏二极管工作原理

当磁敏二极管有外加磁场时，电流 I 将随外加磁场变化而变化，下面分两种情况讨论。

（1）当 $B=B_+$ 时，磁场的方向如图12-23(b)，用 B_+ 表示，称为正向磁场。这时注入i区的空穴和电子在洛仑兹力 F_{B+} 的作用下都向r区偏转，其中一部分进入r区而复合消失（这个数量比热运动造成的载流子数多），i区载流子浓度下降，因此电流 I 减小（记为 I_+），电阻增加。B_+ 越大，进入r区的空穴和电子就越多（复合消失的载流子就越多），电流 I_+ 就越小，电阻也越大。这导致分配在i区上的外电压增加，分配在 P^+—i结和 N^+—i结上的正向电压相应地减少，使这两个结向i区注入的载流子减少，电流进一步减小。但在一定的电场力 F_E 作用下，总有一定数量的载流子来不及偏进r区就已到达对面的电极，所以流过磁敏二极管的电流 I_+ 在一定的 B_+ 作用下将有一个稳定值。在一定的外加电压下，总有 $I_+ < I_0$。

（2）当 $B=B_-$ 时，磁场的方向如图12 23（c）所示，用 B_- 表示，它与 B_+ 的方向相反。

这时注入 i 区的空穴和电子在洛仑兹力 F_{B-} 的作用下,都背向 r 区,向与 r 区相对的侧面偏转。但该侧面对载流子的复合作用很小。另一方面,因无规则热运动而进入 r 区的载流子数比 $B=0$ 时大为减少,i 区的载流子浓度比 $B=0$ 时增大,使向 i 区的载流子注入增强,电流进一步增大,直至达到相应 B_- 作用下的一个稳定值 I_-,$I_- > I_0$。

通过对电流的测定,即可测定磁场 B。

3. 温度补偿和提高磁灵敏度的措施

磁敏二极管的特性受温度影响较大,所以应进行必要的温度补偿。

1) 互补式电路

如图 12-24(a)所示,其中两只管子要选择特性相同的,高复合 r 区相向或背向放置,以使磁场对它们的作用为磁极性相反。输出电压 U_B 取决于两只管子等效电阻的分压比。若两只管子的特性完全一致,则等效电阻随温度同步变化。在输入磁感应强度不变的情况下,分压比保持不变,因此输出电压保持不变,从而达到温度补偿的目的。

互补式电路还能提高磁灵敏度。在一定的磁感应强度条件下,由于两只管子的磁性相反,因此它们的伏安特性曲线向相反方向移动。

输出电压的变化量 $|\Delta U_B| = |\Delta U_{1+}| + |\Delta U_{2-}|$,输出电压变化量增大,即磁灵敏度提高。磁敏二极管的工作点不能选在大电流区,这是因为此处不仅磁灵敏度小,而且电流变化太大,易烧坏管子。有负阻特性的管子不能用互补电路。

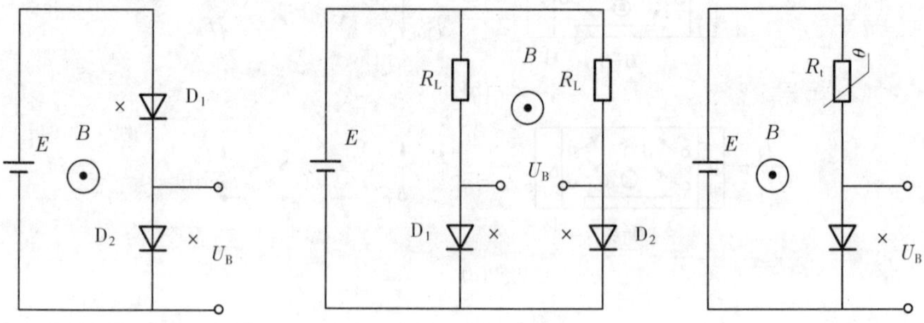

(a)互补式电路 (b)差分式电路 (c)热敏电阻补偿

图 12-24 磁敏二极管温度补偿电路

2) 差分式电路

差分式电路如图 12-24 (b)所示。两只特性相同的管子的磁性仍然相反配置,磁灵敏度仍为两只管子磁灵敏度之和,温度影响互相抵消,而且对有负阻特性的管子也适用。

3) 热敏电阻补偿

热敏电阻补偿如图 12-24(c)所示。选用适当的热敏电阻 R_t,使得温度变化时热敏电阻的阻值与磁敏二极管等效电阻的阻值同步变化,以维持分压比不变,输出电压将不随温度变化而变化。但此电路不能提高磁灵敏度。

(二)磁敏三极管

现以 NPN 型磁敏三极管为例介绍磁敏三极管的结构和工作原理。

1. 磁敏三极管的结构

如图 12-25(a)是磁敏三极管的结构示意图。将磁敏二极管原来 N^+ 区的一端,改成在一端的上、下两侧各做一个 N^+ 区。与高复合面同侧的 N^+ 区为发射区，并引出发射极 e；对面一侧的 N^+ 区为集电区，并引出集电极 c；P^+ 为基极 b。图 12-25(b)为表示磁敏三极管的两种电路符号。

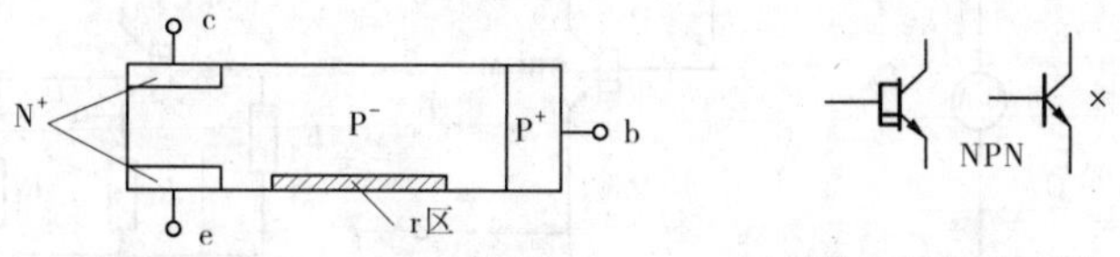

(a)磁敏三极管的结构示意图　(b)磁敏三极管的两种电路符号

图 12-25　磁敏三极管

2. *磁敏三极管工作原理*

当无磁场作用时，由于基区宽度(两个 N^+ 区的间距)大于载流子的有效扩散长度，只有少部分从 e 区注入到基区的载流子(电子)能到达 c 区，大部分流向基极，如图 12-26(a)所示，$I_b > I_c$，电流放大系数 $\beta = I_c/I_b < 1$。当有施加正向磁场 B_+ 时，如图 12-26(b)所示，由于洛仑兹力的作用，e 区注入基区的电子偏离 c 极，使 I_c 比 $B=0$ 时明显下降。当施加反向磁场 B_- 时，如图 12-26(c)所示，注入基区的电子在 B_- 洛仑兹力的作用下向 c 极偏转，I_c 比 $B=0$ 时明显增大。通过对电流的测定，即可测定磁场 B。

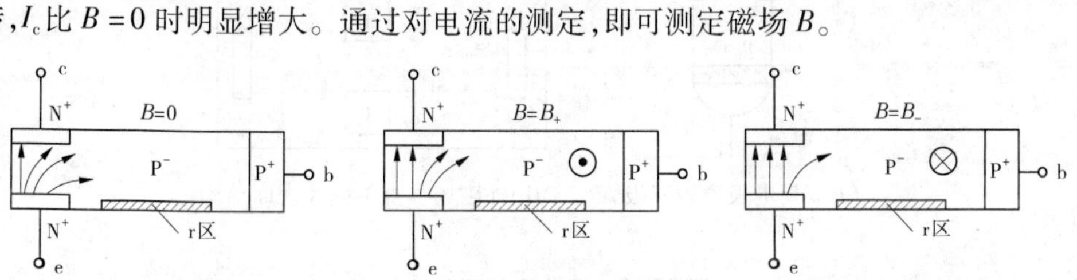

(a)无磁场作用　(b)施加正向磁场 B_+　(c)施加反向磁场 B_-

图 12-26　磁敏三极管工作原理

3. *磁敏三极管的温度补偿和提高灵敏度的措施*

硅磁敏三极管的 I_c 具有负温度系数，可用 I_c 具有正温度系数的普通非磁敏硅三极管对它进行补偿，如图 12-27(a)所示。图 12-27(b)是用磁敏二极管对磁敏三极管输出电压 U_o 的温度补偿。图 12-27(c)为差分补偿电路，选两只特性一致的磁敏三极管，并使它们对磁场的极性相反放置在一起。这种电路输出电压的磁灵敏度为单管的正、负向磁灵敏度之和。该电路既进行了温度补偿，又提高了磁灵敏度。

由于挑选两只特性一致的磁敏三极管非常困难，采用图 12-28(a)所示的双集电极磁敏三极管就容易得多。这种双集电极磁敏三极管实际上就是做在一块芯片上的差分对管，它只有一个共用的基区。由于共发射极电流放大系数小于 1，功耗主要消耗在共用基区上，使基区的热效应对两只管子的影响相同。另外，两只管子容易做得对称，使特性更一致，它们对外界的温度影响也更一致。对于图 12-28(b)的结构，使用时外磁场是垂直于硅片表面的，这极大地方便了用户。

(三)磁敏二极管和磁敏三极管的应用

1. *无触点开关*

在要求无火花、低噪声、长寿命的场合，可用磁敏三极管制成无触点开关，如计算机按

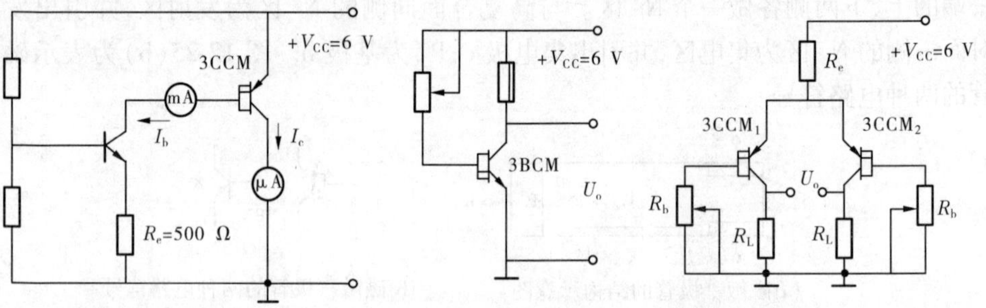

(a)普通非磁敏硅三极管补偿　(b)磁敏二极管对磁敏三极管的温度补偿　(c)差分补偿电路

图 12-27　磁敏三极管的温度补偿方法

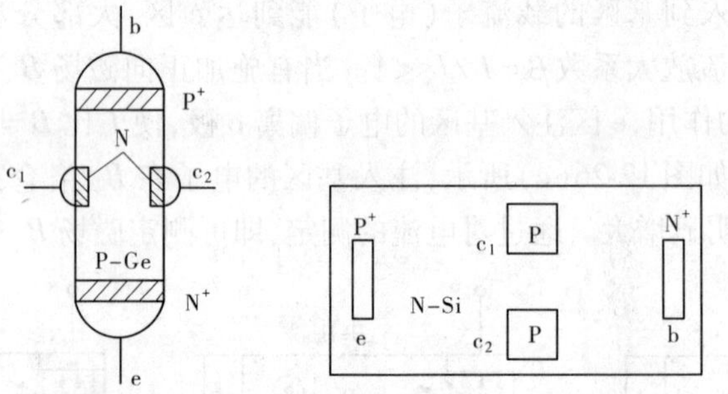

(a)双集电极磁敏三极管　(b)外磁场垂直于硅片表面结构

图 12-28　双集电极磁敏三极管

键、接近开关等。图 12-29 为无触点开关的电路原理图。

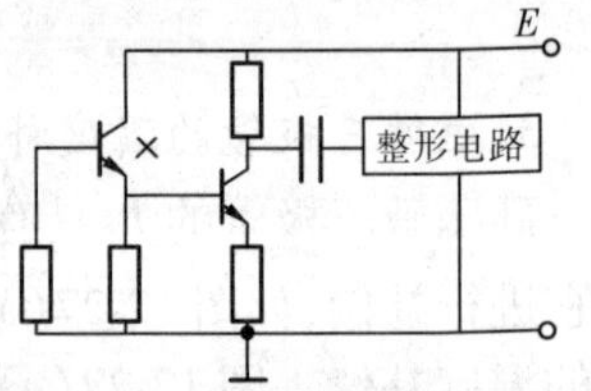

图 12-29　无触点开关的电路原理图

2. 无刷直流电机

图 12-30 为无刷直流电机的工作原理图。该电机的转子为永久磁铁，当接通磁敏管的电源后，受到转子磁场作用的磁敏管就输出一个信号给控制电路。控制电路先接通定子上靠近转子磁极的电磁铁的线圈，电磁铁产生的磁场吸引或排斥转子的磁极，使转子旋转。当转子磁场按顺序作用于各磁敏管时，磁敏管信号就顺序接通各定子线圈，定子线圈就产生旋转磁场，使转子不停地旋转。

3. 测量电流

通电导线在其周围空间产生磁场，所产生的磁场大小与导线中的电流有关，用磁敏管测量这个磁场就可知通电导线中的电流。图 12-31 所示为磁敏二极管测量电流的工作原理图。使载流导线穿过软铁磁环，磁环开有一窄缝隙，磁敏管置此缝隙中，这缝隙中的磁感应强度与载流导线中的电流有关，因此这个电流与磁敏管的输出有关。

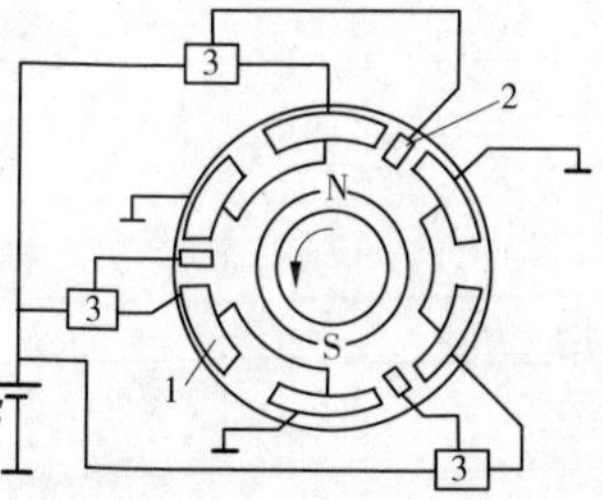

1—定子线圈;2—磁敏二极管;3—开关电路

图 12-30 无刷直流电机的工作原理图

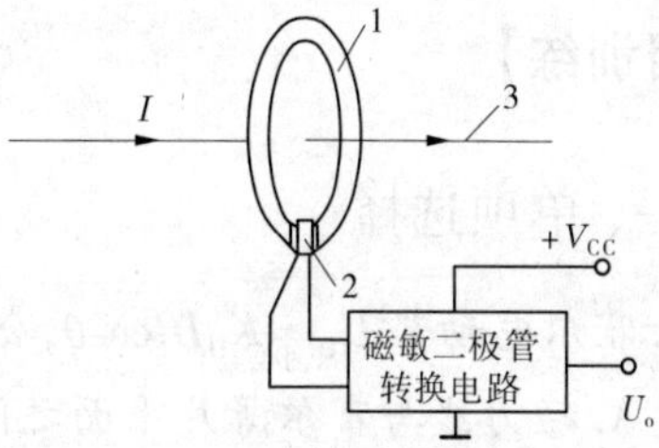

1—软铁磁环;2—磁敏二极管;3—被测导线

图 12-31 磁敏二极管测量电流的工作原理图

【项目小结】

位于磁场中的静止载流导体,当电流 I 的方向与磁场强度 B 的方向垂直时,则在载流导体中平行于 B、I 的两侧面之间将产生电动势,这个电动势称为霍尔电势,这种物理现象称为霍尔效应。利用霍尔效应原理制成的传感器称为霍尔传感器。

霍尔传感器有分立元件式(简称霍尔元件)和集成式(简称霍尔集成传感器)两种。霍尔元件由霍尔片、引线和壳体组成;集成霍尔传感器是将霍尔元件、放大器、施密特触发器以及输出电路等集成在一起的一种传感器。按照输出信号的形式,可以分为开关型集成霍尔传感器和线性集成霍尔传感器两种类型。

由于霍尔元件在制造工艺方面的原因存在一个不等位电势 U_o,从而对测量结果造成误差。为解决这一问题,可采用具有温度补偿的桥式补偿电路。该电路本身也接成桥式电路,且其中一个桥臂采用热敏电阻,可以在霍尔元件的整个工作温度范围内对 U_o 进行良好的补偿。在实际使用中,霍尔电势会受到温度变化的影响,为了减小霍尔电势温度系数 α,需要对基本测量电路进行温度补偿的改进,常用方法有:采用恒流源提供控制电流;选择合理的负载电阻;在输入回路或输出回路中加入热敏电阻。

霍尔传感器有以下三个方面的用途:

(1)当控制电流不变时,使传感器处于非均匀磁场中,则传感器的霍尔电势正比于磁感应强度,利用这一关系可反映位置、角度或励磁电流的变化。

(2)当控制电流与磁感应强度皆为变量时,传感器的输出与这两者乘积成正比。在这方面的应用有乘法器、功率计以及除法、倒数、开方等运算器。

(3)若保持磁感应强度恒定不变,则利用霍尔电压与控制电流成正比的关系,可以组成回转器、隔离器和环行器等控制装置。

磁阻效应将一个载流导体位于外磁场中,除会产生霍尔效应外,其电阻值也会随着磁场而变化,这种现象称为磁电阻效应,简称为磁阻效应. 磁阻效应是伴随着霍尔效应同时发生的一种物理效应,磁敏电阻就是利用磁阻效应制作成的一种磁敏元件。

磁敏二极管、硅磁敏三极管都是利用半导体材料中的自由电子或空穴随磁场改变其运动方向这一特性而制成的一种磁敏传感器。

【项目训练】

一、单项选择

1. 霍尔电动势 $U_H = K_H IB\cos\theta$，公式中的角 θ 是指__________。
   A. 磁力线与霍尔薄片平面之间的夹角
   B. 磁力线与霍尔元件内部电流方向的夹角
   C. 磁力线与霍尔薄片的垂线之间的夹角
2. 霍尔元件采用恒流源激励是为了__________。
   A. 提高灵敏度　　B. 克服温漂　　C. 减小不等位电势
3. 下列元件属于四端元件的是__________。
   A. 应变片　　B. 压电晶体　　C. 霍尔元件　　D. 热敏电阻
4. 与线性集成传感器不同，开关霍尔传感器增设了施密特电路，目的是__________。
   A. 增加灵敏度　　B. 减小温漂　　C. 提高抗噪能力

二、简答

1. 什么是霍尔效应？写出霍尔电势的表达式。
2. 什么是磁阻效应？
3. 为什么有些导体材料和绝缘材料均不宜做成霍尔元件？
4. 试说明霍尔元件产生电势误差的原因。常用误差补偿方法有哪些？
5. 霍尔集成传感器分为几种类型？各有什么特点？
6. 磁敏二极管的特性受温度影响较大，常用哪些温度补偿措施？
7. 磁敏三极管的温度补偿方法有哪些？

三、分析

1. 图 12-32 是霍尔式电流传感器，请分析其工作原理。
2. 图 12-33 是利用霍尔传感器构成的一个自动供水装置，请分析其工作原理。

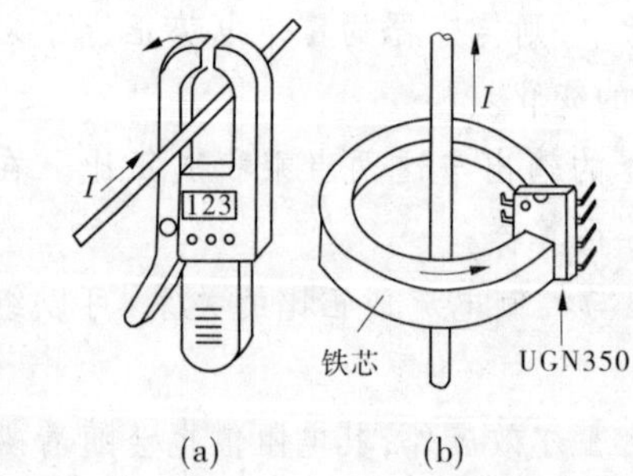

图 12-32　霍尔式电流传感器

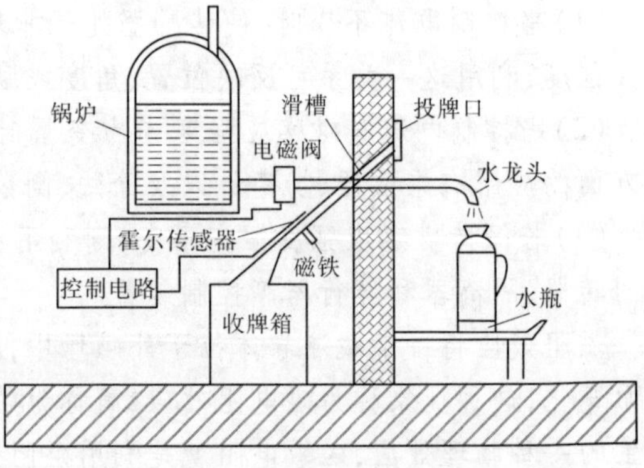

图 12-33　自动供水装置

四、设计

请设计一个霍尔式液位控制器,要求:

(1)当液位高于某一设定值时,水泵停止运转。

(2)画出控制电路的原理框图,简要说明该检测控制系统的工作过程。

项目十三 压电式振动传感器的安装与测试

【项目描述】

本项目要求会安装并测试一台压电式振动传感器。

压电式振动传感器具有灵敏度高、频带宽、质量轻、体积小、工作可靠等优点，随着电子技术的发展，与之配套的二次仪表以及低噪声、小电容、高绝缘电阻电缆的出现，使压电传感器在各种动态力、机械冲击与振动的测量，以及声学、医学、力学、宇航等方面都得到了非常广泛的应用。

通过本项目的学习，大家能够掌握压电效应的概念，熟悉压电元件的连接方式，了解压电式传感器的性能、特点，能分析由压电式振动传感器组成的检测系统的工作原理，正确应用和维护压电式振动传感器。

【相关知识与技能】

任务一 压电效应及压电材料

一、压电效应

（一）压电效应的概念

某些电介质，当沿着一定方向对其施力而使其变形时，其内部就产生极化现象，同时在它的两个表面上产生符号相反的电荷，当外力去掉后，其又重新恢复到不带电状态，这种现象称压电效应。相反，若在电介质极化方向施加电场，这些电介质也会产生变形，这种现象称为逆压电效应（电致伸缩效应）。具有压电效应的材料称为压电材料，压电材料能实现机—电能量的相互转换，如图 13-1 所示。

图 13-1 压电效应可逆性

（二）压电效应原理

具有压电效应的物质很多，如石英晶体、压电陶瓷、高分子压电材料等。现以石英晶体为例，简要说明压电效应的机理。

石英晶体是一种应用广泛的压电晶体。它是二氧化硅单晶体，属于六角晶系。图 13-2（a）为天然晶体的外形图，它为规则的六角棱柱体。石英晶体有 3 个晶轴，即 x 轴、y 轴和 z 轴，如图 13-2（b）所示。z 轴又称光轴，它与晶体的纵轴线方向一致；x 轴又称电轴，它通过六面体相对的两个棱线并垂直于光轴；y 轴又称为机械轴，它垂直于两个相对的晶柱棱面。

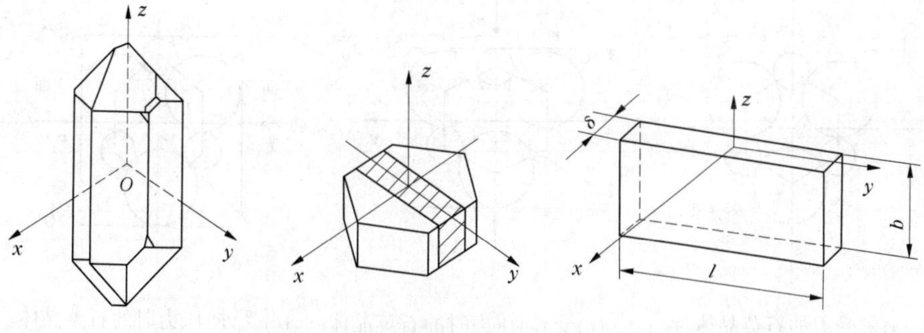

(a)完整的石英晶体　(b)石英晶片的切割　(c)石英晶片

图 13-2　石英晶体及切片

从晶体上沿 xyz 轴线切下的一片平行六面体的薄片称为晶体切片。它的 6 个面分别垂直于光轴、电轴和机械轴。通常把垂直于 x 轴的上下两个面称为 x 面，把垂直于 y 轴的面称为 y 面，如图 13-2(c)所示。当沿着 x 轴对晶片施加力时，将在 x 面上产生电荷，这种现象称为纵向压电效应。沿着 y 轴施加力的作用时，电荷仍出现在 x 面上，这种现象称为横向压电效应。当沿着 z 轴方向受力时不产生压电效应。

石英晶体的压电效应与其内部结构有关，产生极化现象的机理可用图 13-3 来说明。石英晶体的化学式为 SiO_2，它的每个晶胞中有 3 个硅离子和 6 个氧离子，1 个硅离子和 2 个氧离子交替排列(氧离子是成对出现的)。沿光轴看去，可以等效地认为有如图 13-3(a)所示的正六边形排列结构。

(1)在无外力作用时，硅离子所带的正电荷等效中心与氧离子所带负电荷的等效中心是重合的，整个晶胞不呈现带电现象，如图 13-3(a)所示。

(2)当晶体沿电轴(x 轴)方向受到压力时，晶格产生变形，如图 13-3(b)所示。硅离子的正电荷中心上移，氧离子的负电荷中心下移，正负电荷中心分离，在晶体的 x 面的上表面产生正电荷，下表面产生负电荷而形成电场。反之，如果受到拉力作用，情况恰好相反，x 面的上表面产生负电荷，下表面产生正电荷。如果受到的是交变力，则在 x 面的上下表面间将产生交变电场。如果在 x 面的上下表面镀上银电极，就能测出所产生电荷的大小。

(3)当晶体的机械轴(y 轴)方向受到压力时，也会产生晶格变形，如图 13-3(c)所示。硅离子的正电荷中心下移，氧离子的负电荷中心上移，在 x 面的上表面产生负电荷，在 x 面的下表面产生正电荷，这个过程恰好与 x 轴方向受压力时的情况相反。

(4)当晶体的光轴(z 轴)方向受到受力时，由于晶格的变形不会引起正负电荷中心的分离，所以不会产生压电效应。

在晶体的弹性限度内，在 x 轴方向上施加压力 F_x 上时，在 x 面上产生的电荷为

$$Q = d_{11}F_x \tag{13-1}$$

式中　d_{11}——压电常数。

在 y 轴方向施加压力时，在 x 面上产生的电荷为

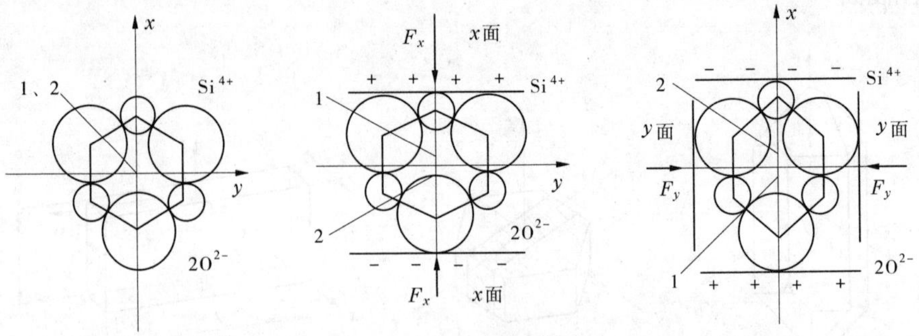

(a)未受力的石英晶体　(b)受x向压力时的石英晶体　(c)受y向压力时的石英晶体

1—正电荷等效中心;2—负电荷等效中心

图 13-3　石英晶体的压电效应机理

$$Q = d_{12} \frac{1}{\delta} F_y = -d_{11} \frac{1}{\delta} F_y \quad (13\text{-}2)$$

式中　l、δ——石英晶片的长度、厚度。

从式(13-2)可见,沿机械轴方向的力作用在晶体上时,产生的电荷与晶体切面的几何尺寸有关,式中的负号说明沿机械轴的压力引起的电荷极性与沿电轴的压力引起的电荷极性恰好相反。

二、压电材料

(一)压电材料的主要特性参数

压电材料的主要特性参数有如下几个:

(1)压电常数。压电常数是衡量材料压电效应强弱的参数,它直接关系到压电输出的灵敏度。

(2)弹性常数。压电材料的弹性常数、刚度决定着压电器件的固有频率和动态特性。

(3)介电常数。对于一定形状、尺寸的压电元件,其固有电容与介电常数有关,而固有电容又影响着压电传感器的频率下限。

(4)机械耦合系数。在压电效应中,机械耦合系数值等于转换输出能量(如电能)与输入能量(如机械能)之比的平方根。机械耦合系数是衡量压电材料机电能量转换效率的一个重要参数。

(5)绝缘电阻。电阻压电材料的绝缘电阻能减少电荷泄漏,从而改善压电传感器的低频特性。

(6)居里点。压电材料开始丧失压电特性的温度称为居里点。

(二)常用压电材料

在自然界中大多数晶体具有压电效应,但压电效应十分微弱。随着对材料的深入研究,发现石英晶体、钛酸钡、锆钛酸铅等材料是性能优良的压电材料。应用于压电式传感器中的压电元件材料一般有三类:石英晶体、经过极化处理的压电陶瓷、高分子压电材料。

1. 石英晶体

石英晶体是一种性能良好的压电晶体,如图 13-4 所示,它的突出优点是性能非常稳定，介电常数与压电系数的温度稳定性特别好，且居里点高，为 575 ℃（到 575 ℃时，石英晶体将完全丧失压电性质）。此外，它还具有机械强度大和机械性能稳定，绝缘性能好、动态响应快、线性范围宽、迟滞小等优点。但石英晶体的压电常数小（$d_{11} = 2.31 \times 10^{-12}$ C/N），灵敏度低，且价格较贵，所以只在标准传感器、高精度传感器或高温环境下工作的传感器中作为压电元件使用。石英晶体分为天然与人造晶体两种。天然石英晶体性能优于人造石英晶体，但天然石英晶体价格较贵。

(a) 石英晶体切片　　(b) 封装的石英晶体

图 13-4　石英晶体

2. 压电陶瓷

压电陶瓷是人工制造的多晶体压电材料，如图 13-5 所示。与石英晶体相比，压电陶瓷的压电系数很高，具有烧制方便、耐湿、耐高温、易于成型等特点，制造成本很低。因此，在实际应用中的压电传感器，大多采用压电陶瓷材料。压电陶瓷的弱点是，居里点较石英晶体要低 200～400 ℃，性能没有石英晶体稳定。但随着材料科学的发展，压电陶瓷的性能正在逐步提高。常用的压电陶瓷材料有以下几种：

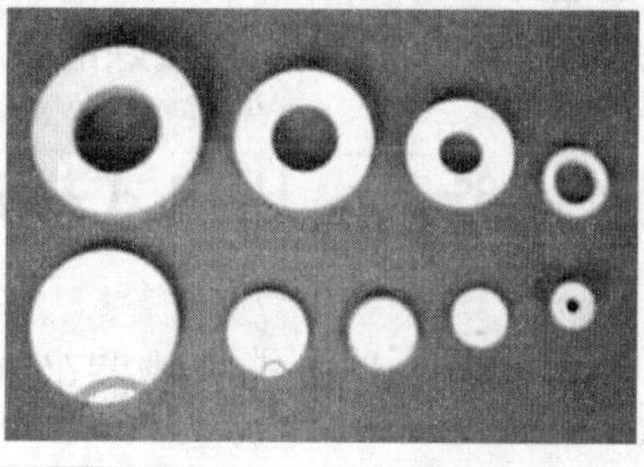
图 13-5　压电陶瓷

（1）钛酸钡压电陶瓷（$BaTiO_3$）。钛酸钡是由 $BaCO_3$ 和 TiO_2 两者在高温下合成的，具有较高的压电常数（$d_{11} = 190 \times 10^{-12}$ C/N）和相对介电常数，但居里点较低（约为 120 ℃），机械强度也不如石英晶体，目前使用较少。

（2）锆钛酸铅系列压电陶瓷（PZT）。锆钛酸铅压电陶瓷是由钛酸铅和锆酸铅材料组成的固熔体。它有较高的压电常数（$d_{11} = (200 \sim 500) \times 10^{12}$ C/N）和居里点（300 ℃以上），工作温度可达 250 ℃，是目前经常采用的一种压电材料。在上述材料中掺入微量的镧（La）、铌（Nb）或锑（Sb）等，可以得到不同性能的材料。PZT 是工业中应用较多的压电材料。

（3）铌酸盐系列压电陶瓷。如铌酸铅具有很高的居里点和较低的介电常数。铌酸钾的居里点为 435 ℃，常用于水声传感器。铌酸锂具有很高的居里点，可作为高温压电传感器。

（4）铌镁酸铅压电陶瓷（PMN）。铌镁酸铅具有较高的压电常数（$d_{11} = (800 \sim 900) \times 10^{12}$ C/N）和居里点（260 ℃），它能在压力大至 70 MPa 时正常工作，因此可作为高压下的力传感器。

3. 高分子压电材料

某些合成高分子聚合物薄膜经延展拉伸和电场极化后具有一定的压电性能，这类薄膜称为高分子压电薄膜，如图 13-6 所示。目前出现的压电薄膜有聚二氟乙烯(PVF_2)、聚氟乙烯(PVF)、聚氯乙烯(PVC)等。这些是柔软的压电材料，不易破碎，可以大量生产和制成较大的面积。

(a) 压电薄膜

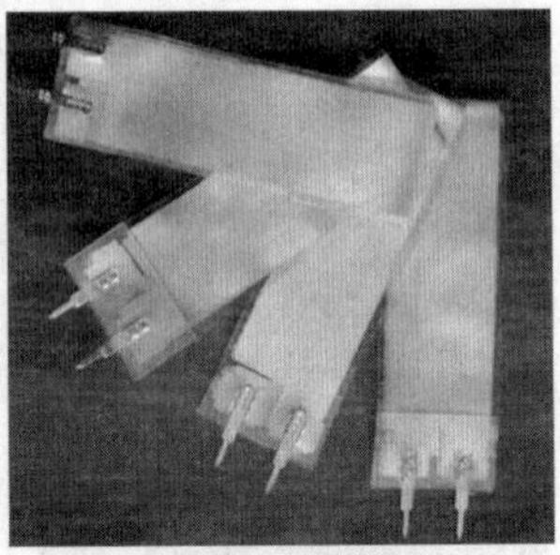
(b) 压电薄膜传感器

图 13-6　高分子压电材料

如果将压电陶瓷粉末加入到高分子压电化合物中，制成高分子压电陶瓷薄膜，则这种复合材料既保持了高分子压电薄膜的柔韧性，又具有压电陶瓷材料的优点，是一种很有发展前途的材料。在选用压电材料时应考虑其转换特性、机械特性、电气特性、温度特性等几方面的问题，以便获得最好的效果。

任务二　压电式振动传感器测量电路

一、压电式振动传感器的等效电路

将压电晶片产生电荷的两个晶面封装上金属电极后，就构成了压电元件。当压电元件受力时，就会在两个电极上产生电荷，因此压电元件相当于一个电荷源。两个电极之间是绝缘的压电介质，因此它又相当于一个以压电材料为介质的电容器，其电容值为

$$C_a = \varepsilon_R \varepsilon_0 A/\delta \tag{13-3}$$

式中　A——压电元件电极面面积；

δ——压电元件厚度；

ε_R——压电材料的相对介电常数；

ε_0——真空的介电常数。

因此，可以把压电元件等效为一个与电容相并联的电荷源，也可以等效为一个与电容相串联的电压源，如图 13-7 所示。

压电式振动传感器与检测仪表连接时，还必须考虑电缆电容 C_c、放大器的输入电阻 R_i 和输入电容 C_i，以及传感器的泄漏电阻 R_a，图 13-8 为压电式振动传感器实际的等效电路。由于外力作用在压电传感元件上所产生的电荷只有在无泄漏的情况下才能保存，即需要测量回路具有无限大的内阻抗，这实际上是达不到的，所以压电式振动传感器不能用于静态测量。压电元件只有在交变力的作用下，电荷才能源源不断地产生，可以供给测量

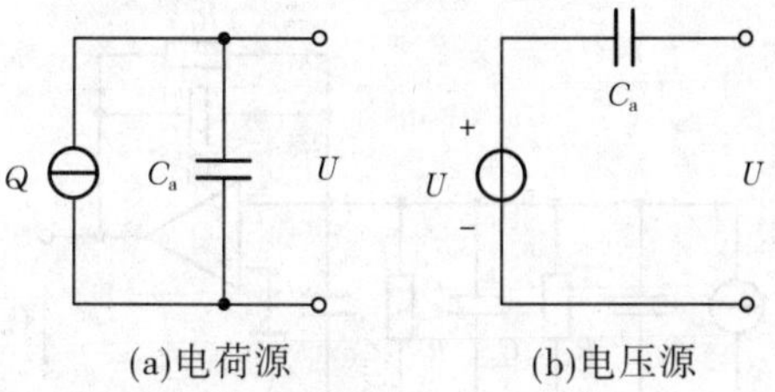

图 13-7 压电元件的等效电路

回路以一定的电流，故只适用于动态测量。

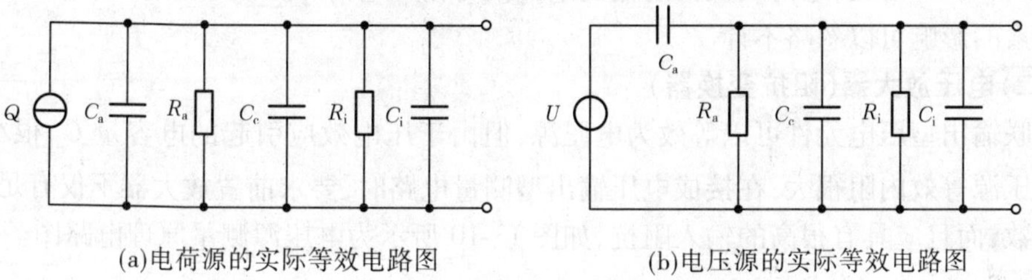

图 13-8 压电式振动传感器实际的等效电路图

二、压电式振动传感器测量电路

压电式振动传感器的内阻很高，而输出的信号微弱，因此一般不能直接显示和记录。它要求与高输入阻抗的前置放大电路配合，然后再与一般的放大、检波、显示、记录电路连接起来，这样才能防止电荷的迅速泄漏而使测量误差减小。

压电式振动传感器的前置放大器的作用有两个：一是把传感器的高阻抗输出变为低阻抗输出；二是把传感器的微弱信号进行放大。

根据压电式振动传感器的工作原理及其等效电路，它的输出可以是电荷信号，也可以是电压信号，因此与之配套的前置放大器也有电荷放大器和电压放大器两种形式。由于电压前置放大器的输出电压与电缆电容有关，故目前多采用电荷放大器。

（一）电荷放大器

并联输出型压电元件可以等效为电荷源。电荷放大器实际上是一个具有反馈电容 C_f 的高增益运算放大器电路，如图 13-9 所示。当放大器开环增益 A 和输入电阻 R_i、反馈电阻 R_f（用于防止放大器直流饱和）相当大时，在计算中，可以把输入电阻 R_i 和反馈电阻 R_f 忽略，放大器的输出电压 U_o 正比于输入电荷 Q。

设 C 为总电容，则有

$$U_o = -AU_i = -AQ/C \tag{13-4}$$

根据密勒定理，反馈电容 C_f 折算到放大器输入端的等效电容为 $(1+A)C_f$，则

$$U_o = -AQ/[C_a + C_c + C_i + (1+A)C_f] \tag{13-5}$$

当 A 足够大时，则 $(1+A)C_f \gg (C_a + C_c + C_i)$，这样式(13-5)可写成

$$U_o \approx -AQ/(1+A)C_f \approx -Q/C_f \tag{13-6}$$

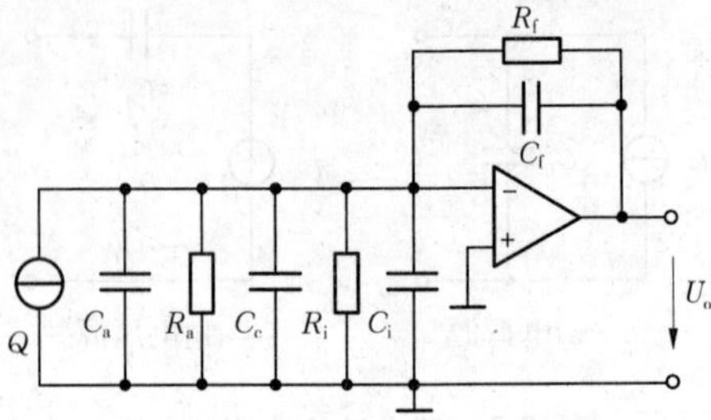

图 13-9　电荷放大器原理图

由式(13-6)可见,电荷放大器的输出电压仅与输入电荷和反馈电容有关,电缆电容等其他因素的影响可以忽略不计。

(二)电压放大器(阻抗变换器)

串联输出型压电元件可以等效为电压源,但由于压电效应引起的电容量 C_a 很小,因而其电压源等效内阻很大,在接成电压输出型测量电路时,要求前置放大器不仅有足够的放大倍数,而且应具有很高的输入阻抗,如图 13-10 所示为电压源测量原理电路图。

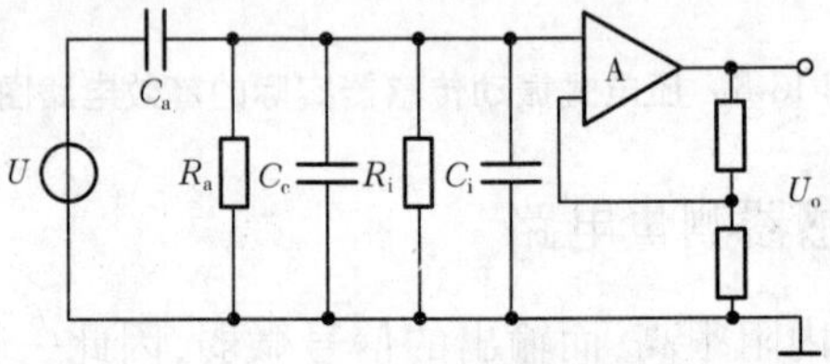

图 13-10　电压源测量原理电路图

【项目实施】

任务三　压电式振动传感器的安装与测试

压电式振动传感器由惯性质量块和受压的压电陶瓷片等组成。工作时传感器感受与试件相同频率的振动,质量块便有正比于加速度的交变力作用在压电陶瓷片上。由于压电效应,压电陶瓷片上产生正比于运动加速度的表面电荷。

通过本任务学习使大家进一步了解压电式振动传感器的测量振动的原理和方法。

本任务需用器件与单元:转动、振动源模块,压电式振动传感器,移相/相敏检波/低通滤波器模块,压电式振动传感器实验模块,双线示波器,如图 13-11 所示。

安装与测试步骤如下所述:

(1)将压电式振动传感器装在振动源模块上,压电传感器底部装有磁钢,会和振动盘中心的磁钢相吸。

(2)将低频振荡器信号接入到振动源的低频输入源插孔。

(3)将压电式振动传感器输出两端插入到压电传感器实验模块两输入端,按图 13-12 连接好电路,压电式振动传感器黑色端子接地。将压电式振动传感器实验模块电路输出

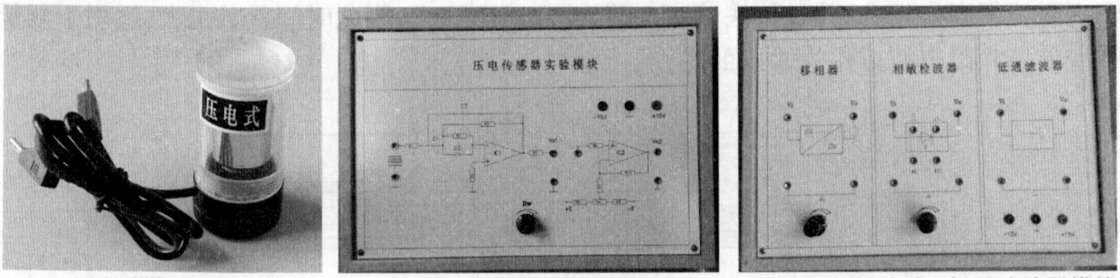

(a) 压电式传感器　(b) 压电式传感器实验模块　(c) 移相 / 相敏检波 / 低通滤波器模块

图 13-11　需用器件与单元

端 V_{o1}（如增益不够大，则 V_{o1} 接入 IC_2，V_{o2} 接入低通滤波器）接入低通滤波器输入端 V_i，低通滤波器输出 V_o 与示波器相连。

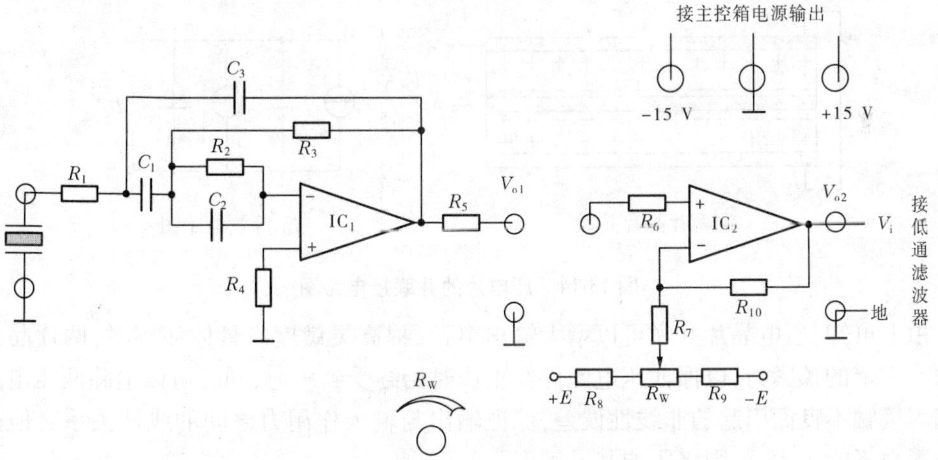

图 13-12　压电式振动传感器性能实验接线图

（4）合上主控箱电源开关，调节低频振荡器的频率与幅度旋钮使振动台振动，观察示波器的波形。

（5）改变低频振荡器频率，观察输出波形的变化。

（6）用示波器的两个通道同时观察低通滤波器的输入端和输出端波形。

【项目拓展】

任务四　压电式振动传感器的应用

一、压电式振动传感器的基本连接

在压电式振动传感器中，为了提高灵敏度，往往采用多片压电晶片黏结在一起，其中最常用的是两片结构。由于压电元件上的电荷是有极性的，因此接法有串联和并联两种，如图 13-13所示。串联接法输出电压高，本身电容小，适用于以电压为输出量及测量电路输入阻抗很高的场合；并联接法输出电荷大，本身电容大，因此时间常数也大，适用于测量缓变信号并以电荷量作为输出的场合。

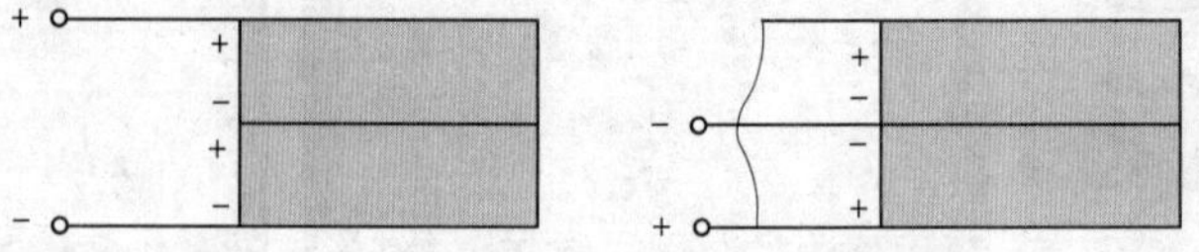

(a)串联接法　　(b)并联接法

图 13-13　压电元件的串联和并联接法

一般的并联接法，如图 13-14(a)所示，图 13-14(b)为等效电路图。其总面积及输出电容是单片电容的两倍，但输出电压仍等于单片电压。

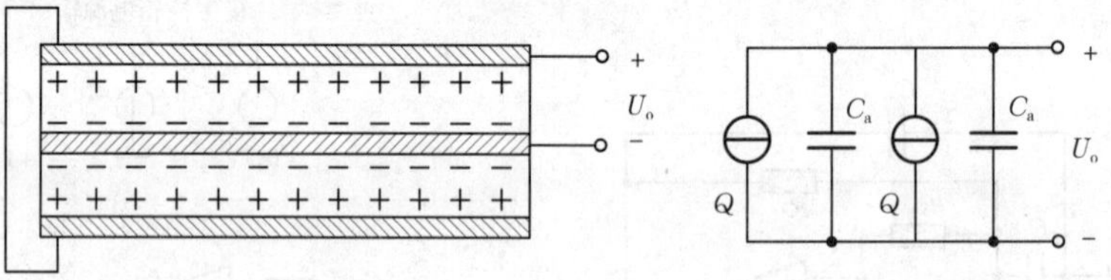

(a)两片晶片并联　　(b)等效电路图

图 13-14　压电片的并联接电路图

由上可知，压电晶片并联可以增大输出电荷，提高灵敏度。具体使用时，两片晶片上必须有一定的预紧力，以保证压电元件在工作时始终受到压力，同时可以消除两压电晶片之间因接触不良而引起的非线性误差，保证输出与输入作用力之间的线性关系。但是这个预紧力不能太大，否则将影响其灵敏度。

二、压电式传感器的应用

压电式传感器主要用于动态作用力、压力、加速度的测量。

(一)压电式力传感器

压电式力传感器是以压电元件为转换元件，输出电荷与作用力成正比的力—电转换装置。常用的形式为荷重垫圈式，它由基座、盖板、石英晶片、电极以及引出插座等组成。图 13-15为 YDS－78 型压电式单向动态力传感器的结构，它主要用于变化频率不太高的动态力的测量。测力范围达几十千牛以上，非线性误差小于1%，固有频率可达数十千赫。

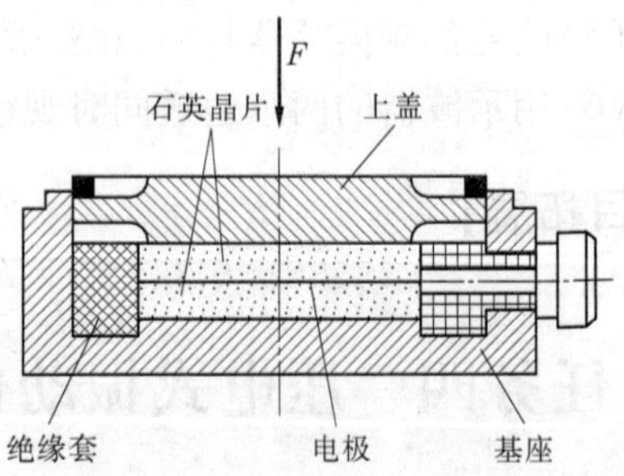

图 13-15　YDS－78 型压电式单向动态力传感器的结构

被测力通过传力上盖使压电元件受压力作用而产生电荷。由于传力上盖的弹性形变部分的厚度很薄，只有 0.1～0.5 mm，因此灵敏度很高。这种力传感器的体积小，质量轻(10 kg 左右),分辨力可达 10^{-3} g,固有频率为 50 ~ 60 kHz,主要用于频率变化小于 20 kHz 的动态力测量。其典型应用有在车床动态切削力的测试、表面粗糙度测量仪或轴承支座反力时作力传感器。使用时,压电元件装配时必须施加较大的预紧力,以消除各部件与压电元件之间、压电元件与压电元件之间因接触不良而引起的非线性误差,使传感器工作在线性范围。

(二)压电式加速度传感器

图 13-16 为一种压电式加速度传感器的外形图和结构图。它主要由压电元件、质量块、预压弹簧、基座及外壳等组成。整个部件装在外壳内,并用螺栓加以固定。当加速度传感器和被测物一起受到冲击振动时,压电元件受质量块惯性力的作用,根据牛顿第二定律,此惯性力是加速度的函数,惯性力 F 作用于压电元件上,因而产生电荷 Q,当传感器选定后,传感器输出电荷与加速度 a 成正比。因此,测得加速度传感器输出的电荷便可知加速度的大小。

(a) 实物图

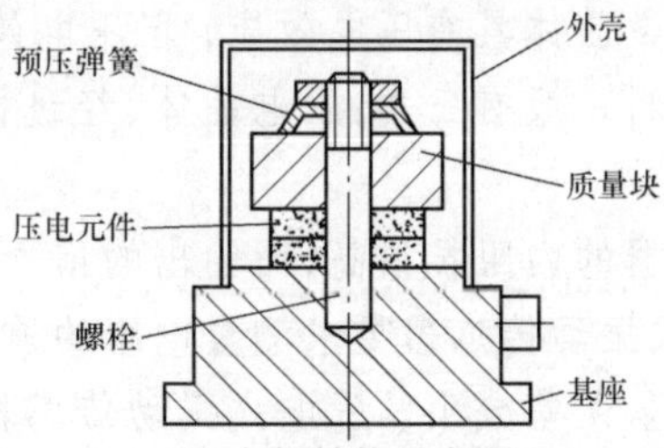

(b) 内部结构示意图

图 13-16 压电式加速度传感器

(三)声振动报警器

由压电晶体 HTD – 27 声传感器构成的声振动报警电路如图 13-17 所示。它广泛应用于各种场合下的振动报警,如脚步声、敲打声、喊叫声、车辆行驶路面引起的振动声等。

(a)声振动报警器实物

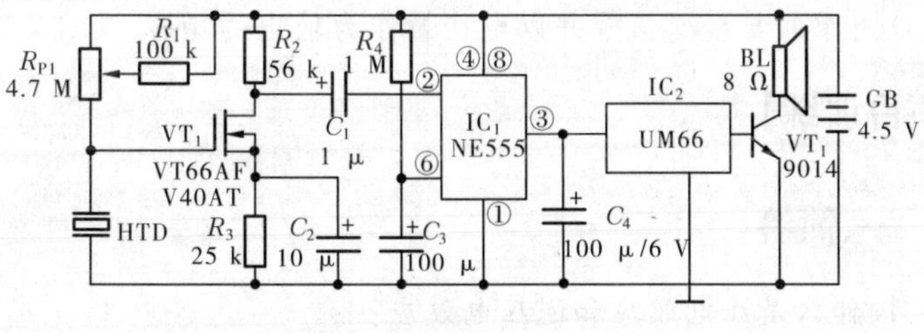

(b)声振动报警器电路

图 13-17 声振动报警器

该电路主要由 IC_1(NE555)、IC_2(UM66)及声传感器 HTD 等组成。其中,HTD 与场效应管 VT_1 构成声振动传感接收与放大电路;R_{P1} 为声控灵敏度调整电位器,IC_1 与 R_4、C_3 组成单稳态触发延时电路;IC_2 及其外围元件构成报警电路。

当 HTD 未接收到声振动信号时,电路处于守候状态,场效应管 VT_1 截止。此时 C_3 经

R_4充电为高电平，故 IC_1 的③脚输出低电平，IC_2 报警音乐电路不会工作；当 HTD 接收到声振动信号后，将转换的电信号加到 VT_1 栅极，经放大后加到 IC_1 的②脚（经电容器 C_1），使 IC_1 的状态翻转，③脚输出高电平加到 IC_2 上，IC_2 被触发从而驱动扬声器发出音乐声。经过 2 min 左右，由于电容 C_3的充电使 IC_1 的⑥脚为高电平，电路翻转，③脚输出低电平，IC_2 报警电路随之停止报警。但若 HTD 有连续不断的触发信号，则报警声会连续不断，直到 HTD 无振动信号 2 min 后，报警声才会停止。

【项目小结】

某些电介质，当沿着一定方向对它施加压力时，内部就产生极化现象，同时在它的两个表面上产生相反的电荷；当外力去掉后，电介质又重新恢复为不带电状态；当作用力方向改变时，电荷的极性也随着改变；晶体受力所产生的电荷量与外力的大小成正比，这种现象被称为压电效应。

在自然界中大多数晶体具有压电效应，但压电效应十分微弱。应用于压电式振动传感器中的压电元件材料一般有三类：压电晶体、经过极化处理的压电陶瓷、高分子压电材料。

压电式振动传感器的内阻抗很高，而输出的信号却很微弱，因此其一般不能直接显示和记录。所以，压电式振动传感器要求测量电路的前级输入端要有足够高的阻抗，以防止电荷迅速泄漏而使测量误差减小。压电式振动传感器的前置放大器有两个作用：一是把传感器的高阻抗输出转换为低阻抗输出；二是把传感器的微弱信号进行放大。压电式振动传感器的输出可以是电压信号，也可以是电荷信号，所以前置放大器也有两种形式：电压放大器和电荷放大器。

在压电式振动传感器中，为了提高灵敏度，往往采用多片压电晶片黏结在一起。其中最常用的是两片结构。由于压电元件上的电荷是有极性的，因此有串联和并联两种接法，串联接法输出电压高，本身电容小；并联接法输出电荷大，本身电容大，因此时间常数也大，适用于测量缓变信号并以电荷量作为输出的场合。

【项目训练】

一、简答

1. 什么是压电效应和逆压电效应？

2. 以石英晶体为例，当沿着晶体的光轴（z 轴）方向施加作用力时，会不会产生压电效应？为什么？

3. 应用于压电式振动传感器中的压电元件材料一般有几类？各类的特点是什么？

4. 与压电式振动传感器配套的前置放大器有哪两种？各有什么特点？

5. 为什么压电式振动传感器只能应用于动态测量而不能用于静态测量？

二、分析

1. 根据图 13-18 所示石英晶体切片上的受力方向，标出晶体切片上产生电荷的符号。

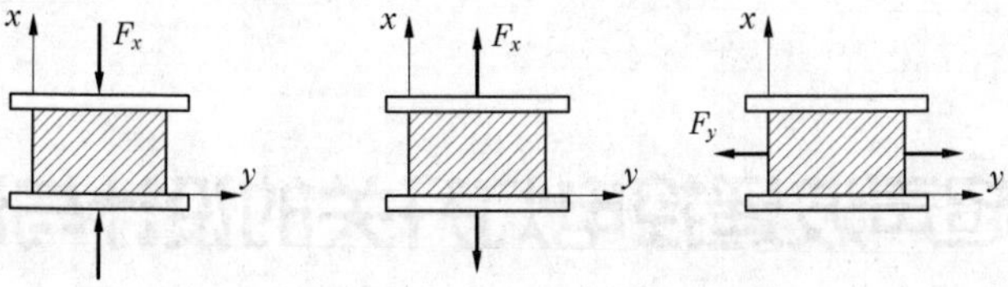

图 13-18　石英晶体切片的受力示意图

2. 如图 13-19 所示，将两根高分子压电电缆相距若干米，平行埋设于柏油公路的路面下约 5 cm，可以用来测量车速及汽车的载重量，并根据存储在计算机内部的档案数据，判定汽车的车型。请分析其工作过程。

3. 图 13-20 为压电式煤气灶电子点火装置示意图，请分析其工作过程。

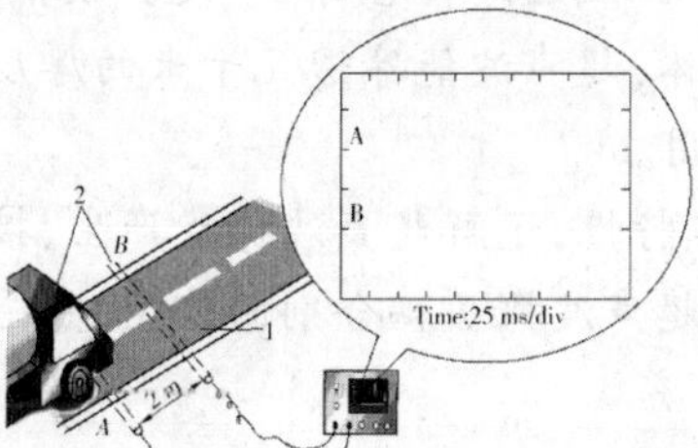

图 13-19　压电电缆的交通监测

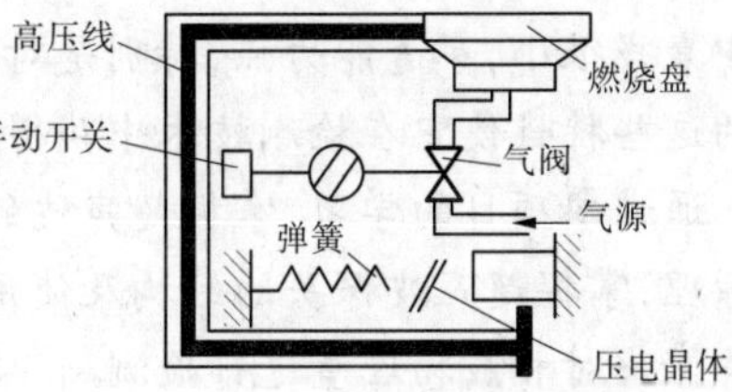

图 13-20　压电式煤气灶电子点火装置

项目十四　超声波遥控电灯开关的设计与调试

【项目描述】

本项目要求会设计与调试一个用超声波遥控的电灯开关。

超声波技术是一门以物理、电子、机械及材料学为基础的,各行各业都使用的通用技术之一。它是通过超声波产生、传播以及接收这个物理过程来完成的。超声波在液体、固体中衰减很小,穿透能力强,特别是对不透光的固体,超声波能穿透几十米的厚度。超声波的这些特性使它在检测技术中获得了广泛的应用。

通过本项目的学习,掌握超声波的概念和基本特性,了解超声波探头产生、接收超声波原理,掌握超声波探头的结构及使用方法,了解超声波探头耦合剂的作用,熟练应用超声波探头对相应物理量进行检测。

【相关知识与技能】

任务一　超声波及其物理性质

一、超声波的概念和波形

机械振动在弹性介质内的传播称为波动,简称为波。人能听见的声音的频率为 20 Hz ~ 20 kHz,即为声波,超出此频率范围的声音,即 20 Hz 以下的声音称为次声波,20 kHz 以上的声音称为超声波,一般说话的频率范围为 100 Hz ~ 8 kHz。声波频率的界限划分如图 14-1所示。

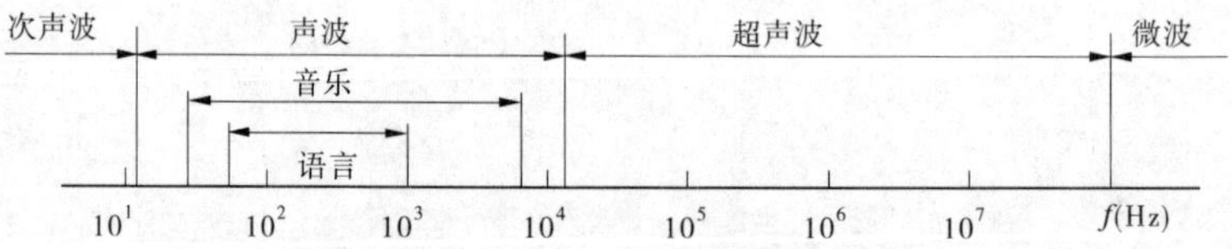

图 14-1　声波频率的界限划分

超声波为直线传播方式,频率越高,绕射能力越弱,但反射能力越强,利用超声波的这种性质就可制成超声波传感器。

由于声源在介质中施力方向与波在介质中传播方向的不同,超声波的传播波型也不同,通常有以下三种类型:

(1)纵波——质点振动方向与波的传播方向一致的波。

(2)横波——质点振动方向垂直于波的传播方向的波。

(3)表面波——质点的振动介于横波与纵波之间,沿着表面传播的波。

横波只能在固体中传播,纵波能在固体、液体和气体中传播,表面波随深度增加衰减很快。为了测量各种状态下的物理量,多采用纵波。

二、声速、波长与指向性

(一)声速

纵波、横波及表面波的传播速度取决于介质的弹性系数、介质的密度以及声阻抗。这里,声阻抗是描述介质传播声波特性的一个物理量。介质的声阻抗 Z 等于介质的密度 ρ 和声速 c 的乘积,即

$$Z = \rho c \tag{14-1}$$

由于气体和液体的剪切模量为零,所以超声波在气体和液体中没有横波,只能传播纵波。气体中的声速为 344 m/s,液体中的声速为 900 ~ 1 900 m/s。在固体中,纵波、横波和表面波三者的声速有一定的关系,通常可认为横波声速为纵波声速的一半。表面波声速约为横波声速的 90%。常用材料的密度、声阻抗与声速如表 14-1 所示。

表 14-1 常用材料的密度、声阻抗与声速(环境温度为 0 ℃)

材料	密度 ρ(10^3 kg/m)	声阻抗 Z(10^3 MPa/s)	纵波声速 c_L(km/s)	横波声速 c_s(km/s)
钢	7.8	46	5.9	3.23
铝	2.7	17	6.32	3.08
铜	8.9	42	4.7	2.05
有机玻璃	1.18	3.2	2.73	1.43
甘油	1.26	2.4	1.92	—
水(20 ℃)	1.0	1.48	1.48	—
油	0.9	1.28	1.4	—
空气	0.001 3	0.000 4	0.34	—

(二)波长

超声波的波长 λ 与频率 f 的乘积恒等于声速 c,即

$$\lambda f = c \tag{14-2}$$

例如,将一束频率为 5 MHz 的超声波(纵波)射入钢板,查表 14-1 可知,纵波在钢中的声速 $c_L = 5.9$ km/s,所以此时的波长 λ 为 1.18 mm,如果是可闻声波,其波长将达上千倍。

(三)指向性

超声波声源发出的超声波束以一定的角度逐渐向外扩散,如图 14-2 所示。在声束横截面的中心轴线上,超声波最强,且随着扩散角度的增大而减小。指向角 θ 与超声源的直

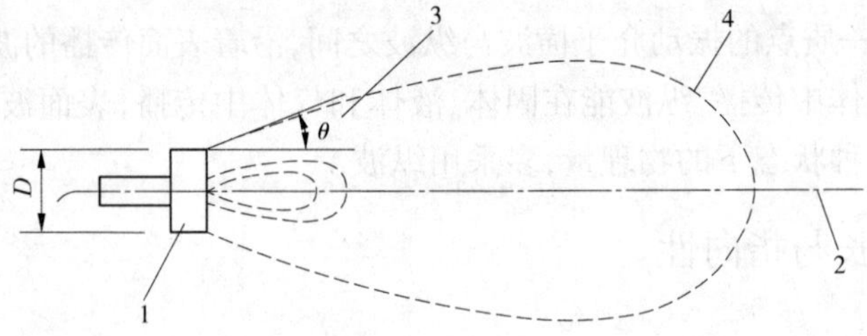

1—超声源;2—轴线;3—指向角;4—等强度线

图 14-2 声场指向性及指向角

径 D 及波长 λ 之间的关系为

$$\sin\theta = 1.22\lambda/D \tag{14-3}$$

设超声源的直径 $D=20$ mm,射入钢板的超声波(纵波)频率为 5 MHz,则根据式(14-3)可得 $\theta=4°$,可见该超声波的指向性是十分尖锐的。

人声的频率(约为几百赫兹)比超声波低得多,波长 λ 很长,指向角就非常大,所以可闻声波不太适合用于检测领域。

三、超声波的反射和折射

超声波从一种介质传播到另一介质,在两个介质的分界面上一部分能量被反射回原介质,称之为反射波,另一部分透射过界面,在另一种介质内部继续传播,则称之为折射波。这两种情况分别称为声波的反射和折射,如图 14-3 所示。

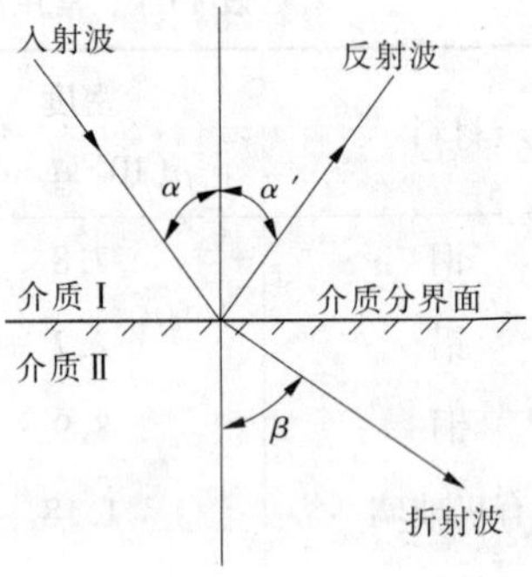

图 14-3 声波的反射和折射

当纵波以某一角度入射到第二介质(固体)的界面上时,除有纵波的反射、折射外,还发生横波的反射及折射。在某种情况下,还能产生表面波。各种波形都符合反射及折射定律。

(一)反射定律

入射角 α 的正弦与反射角 α' 的正弦之比等于波速之比。当入射波和反射波的波形相同、波速相等时,入射角 α 等于反射角 α'。

(二)折射定律

入射角 α 的正弦与折射角 β 的正弦之比等于超声波在入射波所处介质的波速 c_1 与在折射波中介质的波速 c_2 之比,即

$$\sin\alpha / \sin\beta = c_1 / c_2 \tag{14-4}$$

四、超声波的衰减

超声波在介质中传播时,随着传播距离的增加,能量逐渐衰减,其衰减的程度与超声波的扩散、散射及吸收等因素有关。其声压和声强的衰减规律如下:

$$P_x = P_0 e^{-\alpha x} \tag{14-5}$$

$$I_x = I_0 e^{-2\alpha x} \tag{14-6}$$

式中 P_x、I_x——距声源 x 处超声波的声压和声强；

P_0、I_0——$x=0$ 处超声波的声压和声强；

α——衰减系数；

x——声波与声源间的距离。

超声波在介质中传播时，能量的衰减取决于声波的扩散、散射和吸收。在理想介质中，声波的衰减仅来自于声波的扩散，即随声波传播距离增加而引起声能的减弱。散射衰减是固体介质中的颗粒界面或流体介质中的悬浮粒子使声波散射。吸收衰减是由介质的导热性、黏滞性及弹性滞后造成的，介质吸收声能并转换为热能。

任务二 超声波探头及耦合技术

为了以超声波作为检测手段，必须产生超声波和接收超声波。完成这种功能的装置就是超声波传感器，习惯上称之为超声波换能器，或超声波探头。

一、超声波探头工作原理

超声波探头的工作原理有压电式、磁致伸缩式、电磁式等方式。在检测技术中主要采用压电式。超声波探头常用的材料是压电晶体和压电陶瓷，这种探头统称为压电式超声波探头。它是利用压电材料的压电效应来工作的。逆压电效应将高频电振动转换成高频机械振动，以产生超声波，可作为发射探头。而利用压电效应则将接收的超声波振动转换成电信号，可作为接收探头。

（一）超声波发生器原理

电致伸缩效应：在压电材料切片上施加交变电压，使它产生电致伸缩振动，而产生超声波，如图 14-4 所示。

压电材料的固有频率与晶片厚度 d 有关，即

$$f = n\frac{c}{2d} \tag{14-7}$$

式中 n——谐波的级数，$n=1,2,3,\cdots$；

c——波在压电材料里的传播速度，$c=\sqrt{\dfrac{E}{\rho}}$，其中 E 为杨氏模量，ρ 为压电材料的密度。

外加交变电压频率等于晶片的固有频率时，产生共振，这时产生的超声波最强。共振压电效应换能器可以产生几十千赫兹到几十兆赫兹的高频超声波。

（二）超声波接收器原理

压电式超声波接收器是利用正压电效应进行工作的，如图 14-5 所示。它的结构和超声波发生器基本相同，有时就用同一个换能器兼作发生器和接收器。

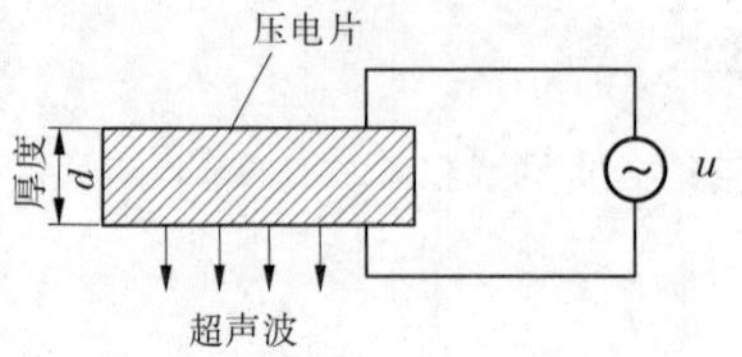

图 14-4　超声波发生器原理

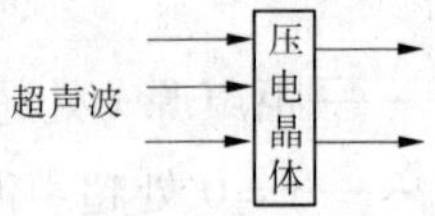

图 14-5　超声波接收器原理

二、超声波探头

由于其结构不同,超声波探头又分为直探头、斜探头、双探头、表面波探头、聚焦探头、冲水探头、水浸探头、空气传导探头以及其他专用探头等,如图 14-6 所示。

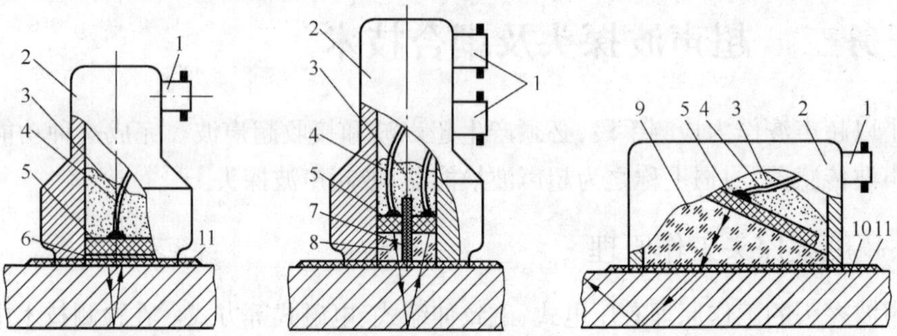

(a) 单晶直探头　(b) 双晶直探头　(c) 斜探头

1—接插件;2—外壳;3—阻尼吸收块;4—引线;5—压电晶体;6—保护膜;
7—隔离层;8—延迟块;9—有机玻璃斜楔块;10—试件;11—耦合剂

图 14-6　超声波探头结构示意图

(一)单晶直探头

用于固体介质的单晶直探头(俗称直探头)的结构如图 14-6(a)所示。压电晶片采用 PZT 压电陶瓷材料制作,外壳用金属制作,保护膜用于防止压电晶片磨损。保护膜可以用三氧化二铝(刚玉)、碳化硼等硬度很高的耐磨材料制作。阻尼吸收块用于吸收压电晶片背面的超声脉冲能量,防止杂乱反射波产生,提高分辨力。阻尼吸收块用钨粉、环氧树脂等浇注。

如图 14-6(a)所示,发射超声波时,将 500 V 以上的高压电脉冲加到压电晶片上,利用逆压电效应,使晶片发射出一束频率在超声范围内、持续时间很短的超声振动波。向上发射的超声振动波被阻尼块吸收,而向下发射的超声波垂直透射到试件内。假设该试件为钢板,而其底面与空气交界,在这种情况下,到达钢板底部的超声波的绝大部分能量被底部界面反射。反射波经过一短暂的传播时间回到压电晶片。利用压电效应,晶片将机械振动波转换成同频率的交变电荷和电压。由于衰减等原因,该电压通常只有几十毫伏,还要加以放大,才能在显示器上显示出该脉冲的波形和幅值。

从以上分析可知,超声波的发射和接收虽然均是利用同一块晶片,但时间上有先后之分,所以单晶直探头是处于分时工作状态,必须用电子开关来切换这两种不同的状态。

（二）双晶直探头

双晶直探头的结构如图 14-6(b)所示。它由两个单晶探头组合而成，装配在同一壳体内。其中一片晶片发射超声波，另一片晶片接收超声波。两晶片之间用一片吸声性能强、绝缘性能好的薄片加以隔离，使超声波的发射和接收互不干扰。略有倾斜的晶片下方还设置延迟块，它用有机玻璃或环氧树脂制作，能使超声波延迟一段时间后才入射到试件中，可减小试件接近表面处的盲区，提高分辨能力。双晶探头的结构虽然复杂些，但检测精度比单晶直探头高，且超声波信号的反射和接收的控制电路较单晶直探头简单。

（三）斜探头

有时为了使超声波能倾斜入射到被测介质中，可选用斜探头，如图 14-6(c)所示。压电晶片粘贴在与底面成一定角度（如 30°、45°等）的有机玻璃斜楔块上，压电晶片的上方用吸声性强的阻尼吸收块覆盖。当斜楔块与不同材料的被测介质（试件）接触时，超声波产生一定角度的折射，倾斜入射到试件中去，折射角可通过计算求得。

（四）聚焦探头

由于超声波的波长很短（mm 数量级），所以它也像光波一样可以被聚焦成十分细的声束，其直径可小到 1 mm 左右，可以分辨试件中细小的缺陷，这种探头称为聚焦探头，是一种很有发展前途的新型探头。

聚焦探头采用曲面晶片来发出聚焦的超声波，也可以采用两种不同声速的塑料来制作声透镜，还可以利用类似光学反射镜的原理制作声凹面镜来聚焦超声波。如果将双晶直探头的延迟块按上述方法加工，也可具有聚焦功能。

（五）箔式探头

利用压电材料聚偏二氟乙烯(PVDF)高分子薄膜制作出的薄膜式探头称为箔式探头，可以获得 0.2 mm 直径的超细声束，用在医用 CT 诊断仪器上可以获得高清晰度的图像。

（六）空气传导型探头

由于空气的声阻抗是固体声阻抗的几千分之一，所以空气超声探头的结构与固体传导探头有很大的差别。此类超声探头的发射换能器和接收换能器一般是分开设置的，两者结构也略有不同。图 14-7 为空气传导型的超声波发射换能器和接收换能器（简称为发射器和接收器或超声探头）的结构示意图。发射器的压电片上粘贴了一只锥形共振盘，以提高发射效率和方向性。接收器在共振盘上还增加了一只阻抗匹配器，以滤除噪声，提高接收效率。空气传导的超声发射器和接收器的有效工作范围可达几米至几十米。

三、超声波探头耦合剂

无论是直探头还是斜探头，一般不能直接将其放在被测介质（特别是粗糙金属）表面来回移动，以防磨损。更重要的是，当超声探头与被测物体接触时，在工件表面不平整的情况下，探头与被测物体表面间必然存在一层空气薄层。空气的密度很小，将引起三个界面间强烈的杂乱反射波，造成干扰，而且空气也将对超声波造成很大的衰减。为此，必须将接触面之间的空气排挤掉，使超声波能顺利地入射到被测介质中。在工业中，经常使用一种称为耦合剂的液体物质，使之充满在接触层中，起到传递超声波的作用。常用的耦合剂有水、机油、甘油、水玻璃、胶水、化学浆糊等。耦合剂的厚度应尽量薄一些，以减小耦合损耗。

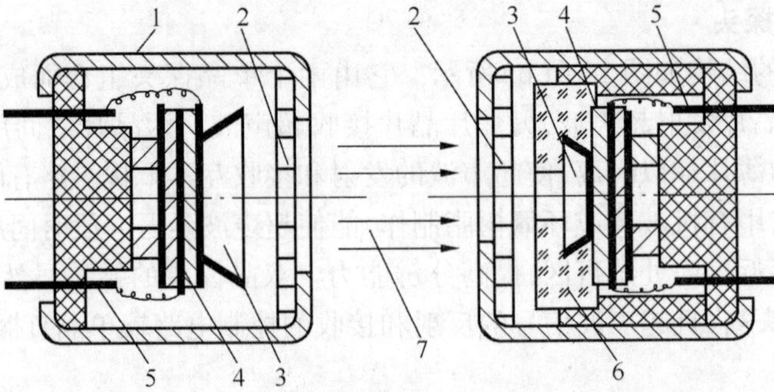

(a) 超声发生器 (b) 超声接收器

1—外壳;2—金属丝网罩;3—锥形共振盘;

4—压电晶体片;5—引脚;6—阻抗匹配器;7—超声波束;

图14-7 空气传导型超声波发射换能器和接收换能器的结构示意图

有时为了减少耦合剂的成本,还可在单晶直探头、双晶直探头或斜探头的侧面加工一个自来水接口。在使用时,自来水通过此孔压入到保护膜和试件之间的空隙中。使用完毕,将水迹擦干即可,这种探头称为水冲探头。

【项目实施】

任务三 超声波遥控电灯开关的设计与调试

压电陶瓷超声波换能器(超声波传感器)体积小、灵敏度高、性能可靠、价格低廉,是遥控、遥测、报警等电子装置最理想的电子器件,用此换能器构成的超声波遥控开关,可使家电产品、电子玩具加速更新换代,提高市场竞争能力。

一、技术参数

谐振频率:40 kHz ±1 kHz(UCM - T40K1 发射用),38 kHz ±1 kHz(UCM - R40K1 接收用)。

频带宽:2 kHz ±0.5 kHz。

外形尺寸:ϕ16 mm ×22.5 mm。

二、使用环境

温度:-20 ~ +60 ℃。相对湿度:(20 ±5)℃时达98%。

三、元件选用

(1)发射电路中,VT_1 和 VT_2 用 CS9013 或 CS9014 等小功率晶体管。超声发射器件用 SE05 - 40T,电源 GB 采用一块 9 V 叠层电池,以减小发射器的体积和质量。

(2)接收电路中,VT_1 用 3DJ6 或是 3DJ7 等小功率结型场效应晶体管。VT_2 ~ VT_3 用 CS9013。VD_1 和 VD_2 用 IN4148。JK 触发器用 263B。超声接收器件用 SE05 - 40R,与

SE05－40T 配对使用。继电器 K 用 HG4310 型。

四、超声波遥控电灯开关工作原理

图 14-8 为发射电路。电路采用分立器件构成，VT_1 和 VT_2 以及 $R_1 \sim R_4$、C_1、C_2 构成自激多谐振荡器，超声发射器件 B 被连接在 VT_1 和 VT_2 的集电极回路中，以推挽形式工作，回路时间常由 R_1、C_1 和 R_4、C_2 确定。超声发射器件 B 的共振频率使多谐振荡电路触发。因此，本电路可工作在最佳频率上。

图 14-9 为接收电路，结型场效应 VT_1 构成高输入阻抗放大器，能够很好地与超声接收器件 B 相匹配，可获得较高接收灵敏度及选频特性。VT_1 采用自给偏压方式，改变 R_3 即可改变 VT_1 的表态工作点。超声接收器件 B 将接收到的超声波转换为相应的电信号，经 VT_1 和 VT_2 两级放大后，再经 VD_1 和 VD_2 进行半波整流变为直流信号，由 C_3 积分后作用于 VT_3 的基极，使 VT_3 由截止变为导通，其集电极输出负脉冲，触发器 JK 触发 D，使其翻转。JK 触发器 Q 端的电平直接驱动继电器 K，使 K 吸合或释放。由继电器 K 的触点控制电路的开关。

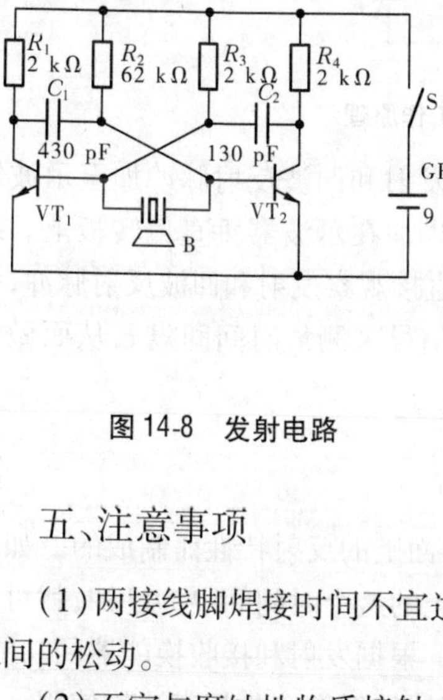

图 14-8 发射电路

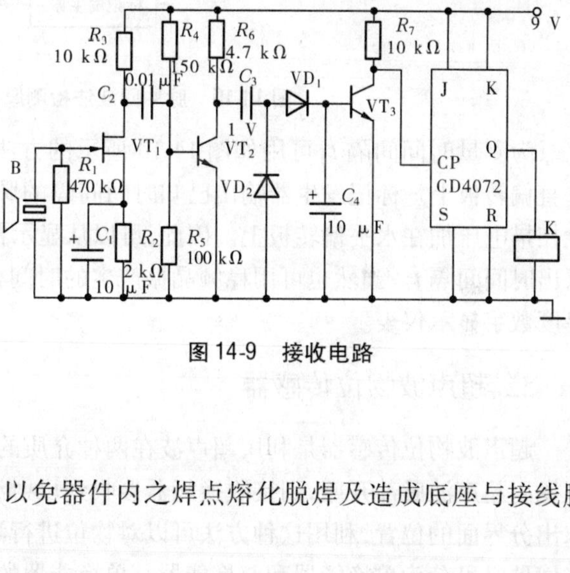

图 14-9 接收电路

五、注意事项

（1）两接线脚焊接时间不宜过长，以免器件内之焊点熔化脱焊及造成底座与接线脚之间的松动。

（2）不宜与腐蚀性物质接触。

（3）这种遥控开关，电路简单，且免调试。

【项目拓展】

任务四 超声波传感器的应用

一、超声波测厚

超声波测量金属零件的厚度，具有测量精度高、测试仪器轻便、操作安全简单、易于读数及实行连续自动检测等优点。但是,对于声衰减很大的材料,以及表面凹凸不平或形状很不规则的零件,利用超声波测厚比较困难。超声波测厚常用脉冲回波法。图 14-10 为脉冲回波法检测厚度的工作原理。超声波探头与被测物体表面接触。主控制器产生一定频率的脉冲信号,送往发射电路,经电流放大后激励压电式探头,以产生重复的超声波脉冲。脉冲波传到被测工件另一面被反射回来,被同一探头接收。如果超声波在工件中的声速 v 是已知的,设工件厚度为 δ,脉冲波从发射到接收的时间间隔 t 可以测量,因此可求出工件厚度为

$$\delta = vt/2 \tag{14-8}$$

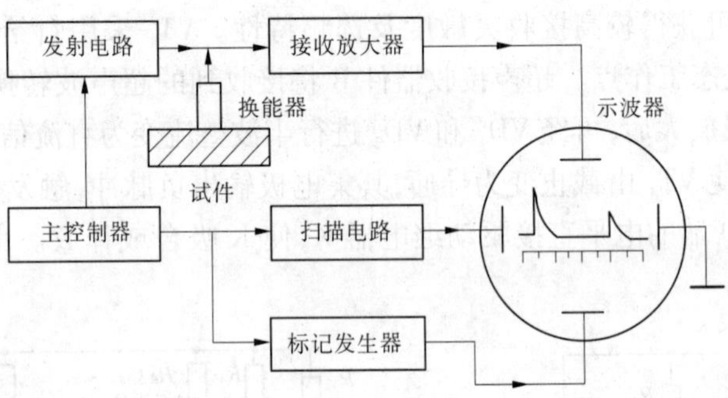

图 14-10　脉冲回波法检测厚度的工作原理

为测量时间间隔 t,可用如图 14-10 所示的方法,将发射和回波反射脉冲加至示波器垂直偏转板上。标记发生器输出已知时间间隔的脉冲,也加在示波器垂直偏转板上。线性扫描电压加在水平偏转板上。因此,可以从显示器上直接观察发射和回波反射脉冲,并求出时间间隔 t。当然也可用稳频晶振产生的时间标准信号来测量时间间隔 t,从而做成厚度数字显示仪表。

二、超声波物位传感器

超声波物位传感器是利用超声波在两种介质的分界面上的反射特性而制成的。如果从发射超声波脉冲开始,到接收换能器接收到反射波为止的这个时间间隔为已知,就可以求出分界面的位置,利用这种方法可以对物位进行测量。根据发射和接收换能器的功能,传感器又可分为单换能器和双换能器。单换能器的传感器发射和接收超声波均使用一个换能器,而双换能器的传感器发射和接收各由一个换能器担任。

图 14-11 给出了几种超声波物位传感器的结构示意图。超声波发射换能器和接收换能器可设置在水中,让超声波在液体中传播。由于超声波在液体中衰减比较小,所以即使发生的超声脉冲幅度较小也可以传播。超声波发射换能器和接收换能器也可以安装在液面的上方,让超声波在空气中传播,这种方式便于安装和维修,但超声波在空气中的衰减比较严重。

对于单换能器来说,超声波从发射到液面,又从液面反射到换能器的时间为

$$t = 2h/v \tag{14-9}$$

则

$$h = vt/2 \tag{14-10}$$

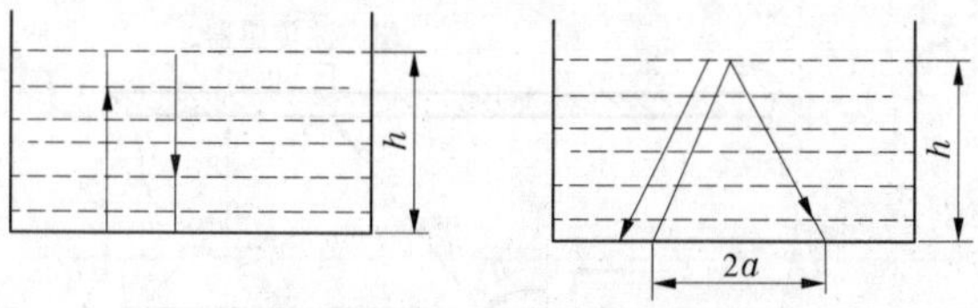

(a)超声波换能器设置在液体中

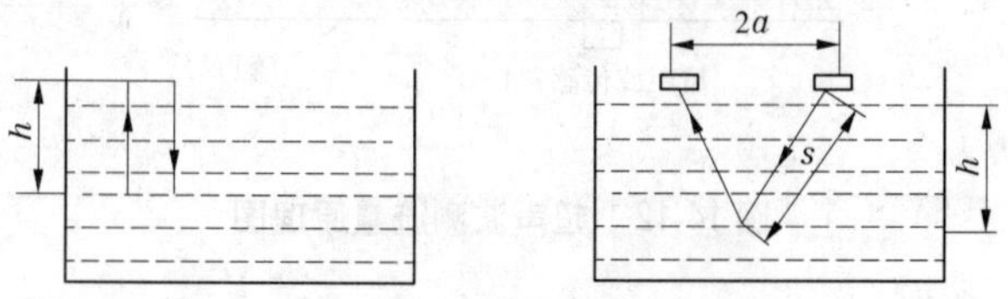

(b)超声波换能器设置在液面上方

图 14-11 几种超声波物位传感器的结构示意图

式中 h——换能器距液面的距离；

v——超声波在介质中传播的速度。

对于双换能器来说，超声波从发射到被接收经过的路程为 $2s$，而

$$s = vt/2 \tag{14-11}$$

因此，液位高度为

$$h = (s^2 - a^2)^{1/2} \tag{14-12}$$

式中 s——超声波反射点到换能器的距离；

a——两换能器间距的一半。

从以上公式中可以看出，只要测得超声波脉冲从发射到接收的间隔时间，便可以求得待测的物位。超声波物位传感器具有精度高和使用寿命长的特点，但若液体中有气泡或液面发生波动，便会有较大的误差。在一般使用条件下，它的测量误差为 ±0.1%，检测物位的范围为 $10^2 \sim 10^4$ m。

三、超声波流量传感器

超声波流量传感器的测定原理是多样的，如传播速度变化法、波速移动法、多勒效应法等，但目前应用较广的主要是超声波传输时间差法。

超声波在流体中传输时，在静止流体和流动流体中的传输速度是不同的，利用这一特点可以求出流体的速度，再根据管道流体的截面面积，便可知道流体的流量。

如果在流体中设置两个超声波传感器，它们可以发射超声波又可以接收超声波，一个装在上游，一个装在下游，其距离为 L，如图 14-12 所示。如设顺流方向的传输时间为 t_1，逆流方向的传输时间为 t_2，流体静止时的超声波传输速度为 c，流体流动速度为 v，则

$$t_1 = L/(c + v) \tag{14-13}$$

$$t_2 = L/(c - v) \tag{14-14}$$

一般来说，流体的流速远小于超声波在流体中的传播速度，那么超声波传播时间差为

$$\Delta t = t_2 - t_1 = 2Lv/(c^2 - v^2) \tag{14-15}$$

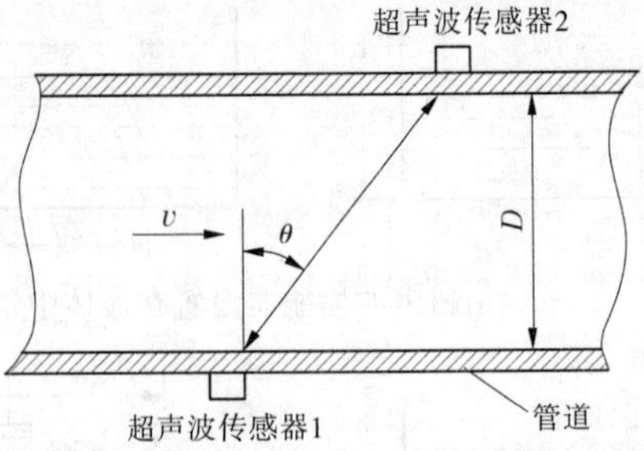

图 14-12 超声波测流量原理图

由于 $c \gg v$,从式(14-15)便可得到流体的流速,即

$$v = (c^2/2L)\Delta t \tag{14-16}$$

则液体的流量为

$$Q = v\pi(D/2)^2 \tag{14-17}$$

在实际应用中,超声波传感器安装在管道的外部,从管道的外面透过管壁发射和接收,超声波不会给管内流动的流体带来影响,此时超声波的传输时间为

$$t_1 = \frac{D/\cos\theta}{c + v\sin\theta} \tag{14-18}$$

$$t_2 = \frac{D/\cos\theta}{c - v\sin\theta} \tag{14-19}$$

超声波流量传感器具有不阻碍流体流动的特点,可测流体种类很多,不论是非导电的流体,还是高黏度的流体、浆状流体,只要能传输超声波都可以进行测量。超声波流量计可用来对自来水、工业用水、农业用水等进行测量,还可用于下水道、农业灌溉、河流等流速的测量。

四、超声波探伤

超声波探伤是目前应用十分广泛的无损探伤手段。它既可检测材料表面的缺陷,又可检测内部几米深的缺陷。超声波探伤是利用材料及其缺陷的声学性能差异对超声波传播的影响来检验材料内部缺陷的。现在广泛采用的是观测声脉冲在材料中反射情况的超声脉冲反射法,此外还有观测穿过材料后的入射声波振幅变化的穿透法等。常用的频率在0.5~5 MHz。

常用的检验仪器为A型显示脉冲反射式超声波探伤仪,仪器的基本结构和原理如图14-13所示。所谓A扫描显示方式,即显示器的横坐标是超声波在被检测材料中的传播时间或者传播距离,纵坐标是超声波反射波的幅值,根据仪器示波屏上反射信号的有无、反射信号和入射信号的时间间隔、反射信号的高度,可确定反射面的有无、它所在位置及相对大小。

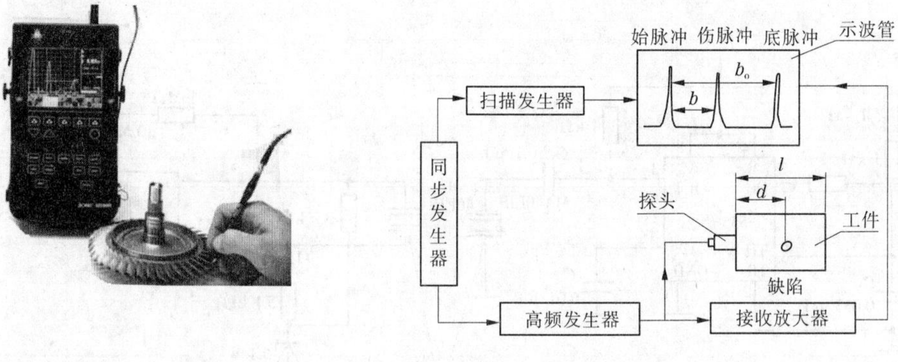

(a)超声波探伤仪　　(b) 超声波探原理

图 14-13　超声波探伤仪

五、汽车倒车探测器

选用封闭型的发射超声波传感器 MA40EIS 和接收超声波传感器 MA40EIR 安装在汽车尾部的侧角处，按如图 14-14 所示电路装配即可构成一个汽车倒车尾部防撞探测器。

该电路分为超声波发射电路、超声波接收电路和信号处理电路。

(一)超声波发射电路

如图 14-14(a)所示，超声发射电路由时基电路 555 组成，555 振荡电路的频率可以调整，调节电位器 R_{P1} 可将接收超声波传感器的输出电压频率调至最大，通常可调至 40 kHz。

(二)超声波接收电路

如图 14-14(a)所示，超声波接收电路采用超声波接收传感器 MA40EIR，MA40EIR 的输出由集成比较器 LM393 进行处理。LM393 输出的是比较规范的方波信号。

(三)信号处理电路

信号处理电路采用集成电路 LM2901N，它原是测量转速用的 IC，其内部有 F/V 转换器和比较器，它的输入要求有一定频率的信号。

由图 14-14(b)可以看出，由于两个串联 5.1 kΩ 电阻的分压，LM2901N 的 10 脚上的电压 $V_{op}^{-}=6$ V，这是内部比较器的参考电压。内部比较器的 4 脚电压 V_{OP}^{+} 为输入电压，它是 R(5.1 kΩ)上的电压，这个电压是和频率有关的。当 $V_{OP}^{+}>V_{OP}^{-}$ 时，比较器输出高电平"1"，LM2901N 内部三极管导通(或饱和)输出低电平"0"，则发光二极管 LED 点亮。也就是说，平时 MA40EIR 无信号输入，当检测物体存在时，物体反射超声波，MA40EIR 就会接收到超声波，使 $V_{OP}^{+}>V_{OP}^{-}$，发光二极管 LED 点亮。超声波发射传感器、接收传感器和被探测物体之间的角度、位置均应通过调试来确定。

当超声波发射器和接收器的位置确定时，移动被测物体的位置，当倒车时对车尾或车尾后侧的安全构成威胁时，应使 LED 点亮以示报警，这一点要借助于微调电位器 R_{P1} 进行。调试好发射器、接收器的位置、角度后，再往车后处安装。报警的方式可以采用红色发光二极管报警，也可采用蜂鸣器或扬声器报警，采用声光报警则更佳。

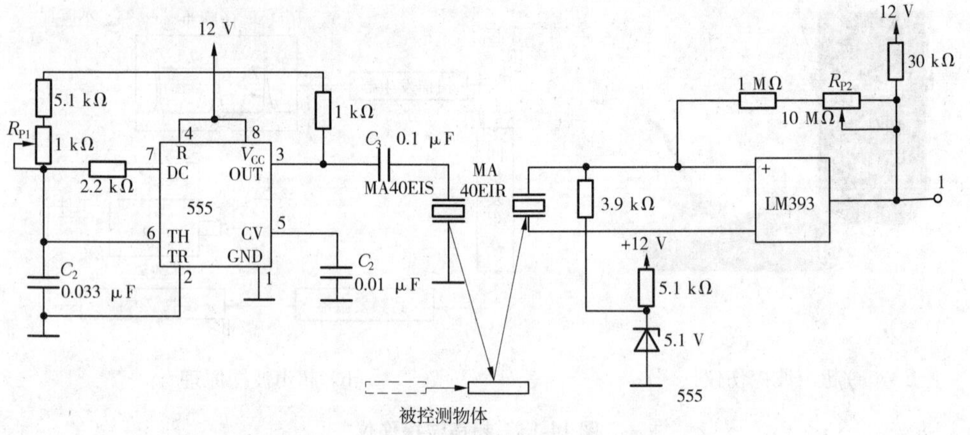

(a)LM2901N内部简化电路

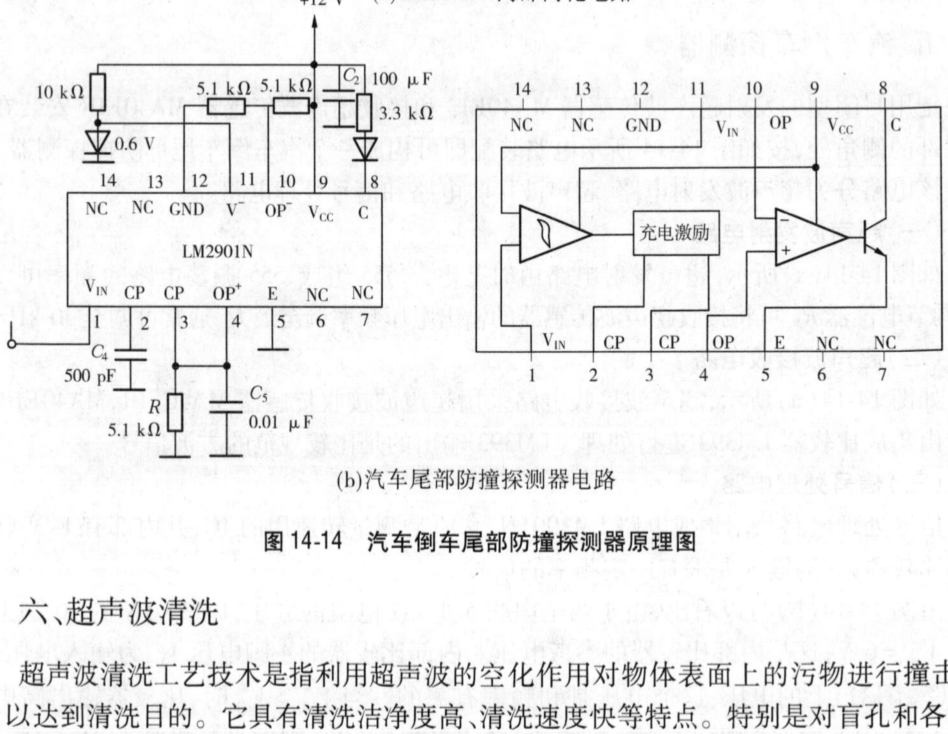

(b)汽车尾部防撞探测器电路

图 14-14　汽车倒车尾部防撞探测器原理图

六、超声波清洗

超声波清洗工艺技术是指利用超声波的空化作用对物体表面上的污物进行撞击、剥离,以达到清洗目的。它具有清洗洁净度高、清洗速度快等特点。特别是对盲孔和各种几何状物体,独有其他清洗手段所无法达到的洗净效果。

(一)超声波的空化效应

超声波振动在液体中传播的音波压强达到一个大气压时,其功率密度为 0.35 W/cm^2,这时超声波的音波压强峰值就可达到真空或负压,但实际上无负压存在,因此在液体中产生一个很大的力,将液体分子拉裂成空洞—空化核。此空洞非常接近真空,它在超声波压强反向达到最大时破裂,由于破裂而产生的强烈冲击将物体表面的污物撞击下来。这种由无数细小的空化气泡破裂而产生的冲击波现象称为空化现象。

(二)超声波清洗机

超声波清洗机主要由超声波清洗槽和超声波发生器两部分构成。超声波清洗槽用坚固弹性好、耐腐蚀的优质不锈钢制成,底部安装有超声波换能器振子;超声波发生器产生高频高压,通过电缆连接线传导给换能器,换能器与振动板一起产生高频共振,从而使清洗槽中的溶剂受超声波作用对污垢进行洗净,如图 14-15 所示。

图 14-15　HY－CXJ 超声波清洗机

超声波清洗的作用机理主要有以下几个方面:因空化泡破灭时产生强大的冲击波,污垢层的一部分在冲击波作用下被剥离下来、分散、乳化、脱落。因为空化现象产生的气泡,由冲击形成的污垢层与表层间的间隙和空隙渗透,由于这种小气泡和声压同步膨胀,收缩,像剥皮一样的物理力反复作用于污垢层,污垢层一层层被剥离,气泡继续向里渗透,直到污垢层被完全剥离。这是空化二次效应。超声波清洗中清洗液超声振动对污垢的冲击加速化学清洗剂(RT－808 超声波清洗剂)对污垢的溶解过程,化学力与物理力相结合,加速清洗过程。由此可见,凡是液体能浸到且声场存在的地方都有清洗作用,其特点适用于表面形状非常复杂的零件的清洗。尤其是采用这一技术后,可减少化学溶剂的用量,从而大大降低环境污染。

七、超声波焊接

超声波焊接是利用高频振动波传递到两个需焊接的物体表面,在加压的情况下,使两个物体表面相互摩擦而形成分子层之间的熔合。

当超声波作用于热塑性的塑料接触面时,会产生每秒几万次的高频振动,这种达到一定振幅的高频振动,通过上焊件把超声能量传送到焊区,由于焊区即两个焊接的交界面处声阻大,因此会产生局部高温。又由于塑料导热性差,一时还不能及时散发,聚集在焊区,致使两个塑料的接触面迅速熔化,加上一定压力后,使其融合成一体。当超声波停止作用后,让压力持续几秒钟,使其凝固成型,这样就形成一个坚固的分子链,达到焊接的目的,焊接强度能接近于原材料强度。超声波塑料焊接的好坏取决于换能器焊头的振幅、所加压力及焊接时间等三个因素,焊接时间和焊头压力是可以调节的,振幅由换能器和变幅杆决定。这三个量相互作用有个适宜值,能量超过适宜值时,塑料的熔解量就大,焊接物易变形;若能量小,则不易焊牢。所加的压力也不能太大,这个最佳压力是焊接部分的边长与边缘每 1 mm 的最佳压力之积。超声波塑料焊接机如图 14-16 所示。

图 14-16　超声波塑料焊接机

八、超声波成像

阵列声场延时叠加成像是超声成像中最传统、最简单的,也是目前应用最为广泛的成像方式。在这种方式中,通过对阵列的各个单元引入不同的延时,而后合成为一聚焦波束,以实现对声场各点的成像。

目前医学超声诊断仪有以下几种。

（一）A 型超声诊断仪

A 型超声诊断仪是一种幅度调制型超声诊断仪，是国内早期最普遍及最基本的一类超声诊断仪，目前已基本淘汰。

（二）M 型超声诊断仪

M 型超声诊断仪采用辉度调制，以亮度反映回声强弱。M 型超声诊断仪显示体内各层组织对于体表（探头）的距离随时间变化的曲线，是反映一维的空间结构。因 M 型超声诊断仪多用来探测心脏，故常称为 M 型超声心动图，目前一般作为二维彩色多普勒超声心动图仪的一种显示模式设置于仪器上。

（三）B 型超声诊断仪

B 型超声诊断仪显示是利用 A 型超声诊断仪和 M 型超声诊断仪显示技术发展起来的，它将 A 型超声诊断仪的幅度调制显示改为辉度调制显示，亮度随着回声信号大小而变化，反映人体组织二维切面断层图像。

B 型超声诊断仪显示的实时切面图像，真实性强，直观性好，容易掌握。它只有 20 多年历史，但发展十分迅速，仪器不断更新换代，近年每年都有改进的新型 B 型超声诊断仪仪出现，B 型超声诊断仪已成为超声诊断最基本最重要的设备。目前较常用的 B 型超声诊断仪显像扫查方式有线形（直线）扫查、扇形扫查、梯形扫查、弧形扫查、径向扫查、圆周扫查、复合扫查；扫查的驱动方式有手动扫查、机械扫查、电子扫查、复合扫查。

（四）D 型超声诊断仪

超声多普勒诊断仪简称 D 型超声诊断仪，这类仪器是利用多普勒效应原理，对运动的脏器和血流进行探测，在心血管疾病诊断中必不可少。目前用于心血管诊断的超声仪均配有多普勒，分脉冲式多普勒和连续式多普勒。近年来许多新课题离不开多普勒原理，如外周血管、人体内部器官的血管以及新生肿瘤内部的血供探查等，所以现在彩超基本上均配备多普勒显示模式。

（五）彩色多普勒血流显像仪

彩色多普勒血流显像仪简称彩超，包括二维切面显像和彩色显像两部分，如图 14-17 所示。高质量的彩色显示要求有满意的黑白结构显像和清晰的彩色血流显像。在显示二维切面的基础上，打开“彩色血流显像”开关，彩色血流的信号将自动叠加于黑白的二维结构显示上，可根据需要选用速度显示、方差显示或功率显示。目前，国际市场上彩超的种类及型号繁多，档次开发日新月异，具有高信息量、高分辨率、高自动化、范围广、简便实用等特点。

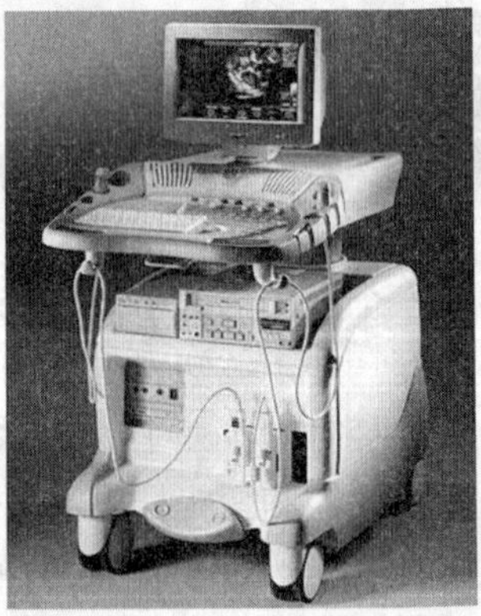

图 14-17 彩色多普勒血流显像仪

【项目小结】

机械振动在弹性介质内的传播称为波动，简称波。人能听见声音的频率为 20 Hz ~ 20 kHz，即为声波，20 Hz 以下的声音称为次声波，20 kHz 以上的声音称为超声波。

超声波从一种介质传播到另种一介质，在两个介质的分界面上一部分能量被反射回原介质，称之为反射波，另一部分透射过界面，在另一种介质内部继续传播，则称之为折射波。这样的两种情况称为声波的反射和折射。

产生和接收超声波的装置叫作超声波传感器，习惯上称为超声波换能器，或超声波探头。逆压电效应将高频电振动转换成高频机械振动，以产生超声波，可作为发射探头。而利用压电效应则将接收的超声波振动转换成电信号，可作为接收探头。由于其结构不同，超声波探头又分为直探头、斜探头、双探头、表面波探头、聚焦探头、冲水探头、水浸探头、空气传导探头以及其他专用探头等。

为使超声波能顺利地入射到被测介质中，在工业中，经常使用一种称为耦合剂的液体物质，使之充满在接触层中，起到传递超声波的作用。

【项目训练】

一、单项选择

1. 下列材料中声速最低的是__________。

A. 空气　　B. 水　　C. 铝　　D. 不锈钢

2. 超过人耳听觉范围的声波称为超声波，它属于__________。

A. 电磁波　　B. 光波　　C. 机械波　　D. 微波

3. 波长 λ、声速 c、频率 f 之间的关系是__________。

A. $\lambda = c/f$　　B. $\lambda = f/c$　　C. $c = f/\lambda$

4. 可在液体中传播的超声波波形是__________。

A. 纵波　　B. 横波　　C. 表面波　　D. 以上都可以

5. 同一介质中，超声波反射角__________入射角。

A. 等于　　B. 大于　　C. 小于　　D. 同一波型的情况下相等

6. 晶片厚度和探头频率是相关的，晶片越厚，则__________。

A. 频率越低　　B. 频率越高　　C. 无明显影响

二、简答

1. 什么是次声波、声波和超声波？
2. 超声波的传播波形主要有什么形式？各有什么特点？
3. 简述声波的反射定律和折射定律。
4. 超声波在介质中传播时能量逐渐衰减，其衰减的程度与哪些因素有关？
5. 简述超声波探头发射和接收超声波的原理。
6. 超声波探测中的耦合剂的作用是什么？
7. 超声波有哪些特点？超声波传感器有哪些用途？

三、分析

1. 超声波物位测量的原理是什么？分析影响测量精度的因素有哪些？
2. 分析A型显示脉冲反射式超声波探伤仪的工作过程。

项目十五　数控机床光栅位移传感器的安装与调试

【项目描述】

本项目要求会在数控机床上安装和调试光栅位移传感器。

随着现代制造业的迅速发展,数控机床越来越多地被应用,同时对数控机床定位精度的要求也日益提高,为满足这些技术要求,必须使用检测精度较高的数字传感器。利用线性光栅尺来提高数控机床位置精度,光栅尺属于数字传感器的一种。

通过本项目的学习,要求大家熟悉常用的数字式传感器基本结构,了解数字式传感器的基本工作原理。掌握数字式传感器的特性,正确选用、安装、调试、操作和维护数字式传感器。

【相关知识与技能】

任务一　栅式数字传感器

根据栅式数字传感器的工作原理,可分为光栅和磁栅两种。光栅是由很多等节距的透光缝隙和不透光的刻线均匀相间排列构成的光电器件。按其原理和用途,它又可分为物理光栅和计量光栅。物理光栅利用光的衍射现象,主要用于光谱分析和光波长等量的测量。计量光栅主要利用莫尔现象,测量位移、速度、加速度、振动等物理量。本任务重点介绍计量光栅。

光栅式传感器实际上是光电式传感器的一个特殊应用。它利用光栅莫尔条纹现象,把光栅作为测量元件,具有结构原理简单、测量精度高等优点,在数控机床和仪器的精密定位或长度、速度、加速度、振动测量等方面得到了广泛应用。

一、光栅的类型和结构

光栅主要由光栅尺(光栅副)和光栅读数头两部分构成。光栅尺包括主光栅(标尺光栅)和指示光栅,主光栅和指示光栅的栅线的刻线宽度和间距完全一样。将指示光栅与主光栅重叠在一起,两者之间保持很小的间隙。主光栅和指示光栅中一个固定不动,另一个安装在运动部件上,两者之间可以形成相对运动。光栅读数头包括光源、透镜、指示光栅、光电接收元件、驱动电路等。

在计量工作中应用的光栅称为计量光栅。计量光栅可分为透射式光栅和反射式光栅两大类,均由光源、光栅副、光敏元件三大部分组成。透射式光栅一般用光学玻璃做基体,在其上均匀地刻划上等间距、等宽度的条纹,形成连续的透光区和不透光区。反射式光栅用不锈钢做基体，在其上用化学方法制作出黑白相间的条纹，形成强反光区和不反光区。如图 15-1 所示，光栅上栅线的宽度为 a，线间宽度 b，一般取 $a=b$，而光栅栅距 $W=a+b$。长光栅的栅线密度一般为 10 线/mm、25 线/mm、50 线/mm、100 线/mm 和 200 线/mm 等几种。

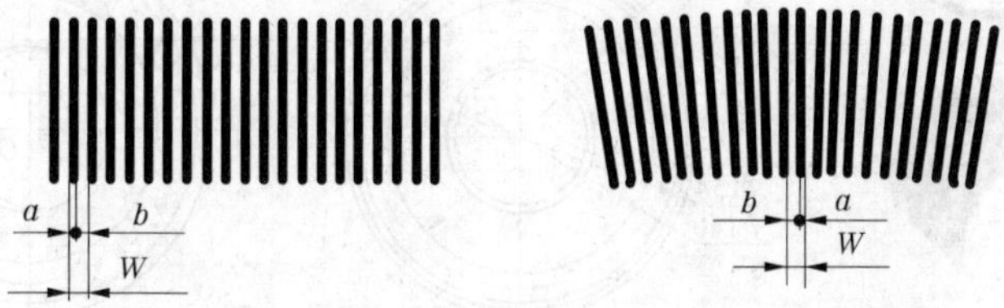

(a)长光栅　　(b)径向圆光栅

图 15-1　光栅刻线

计量光栅按其形状和用途可分为长光栅和圆光栅两类。

(一)长光栅

长光栅又称为光栅尺，用于长度或直线位移的测量。

按栅线形状的不同，长光栅可分为黑白光栅和闪耀光栅。黑白光栅是指只对入射光波的振幅或光强进行调制的光栅，所以也称为振幅光栅。黑白光栅如图 15-2 所示。闪耀光栅是对入射光波的相位进行调制，也称为相位光栅，按其刻线的断面形状可分为对称和不对称两种，如图 15-3 所示。

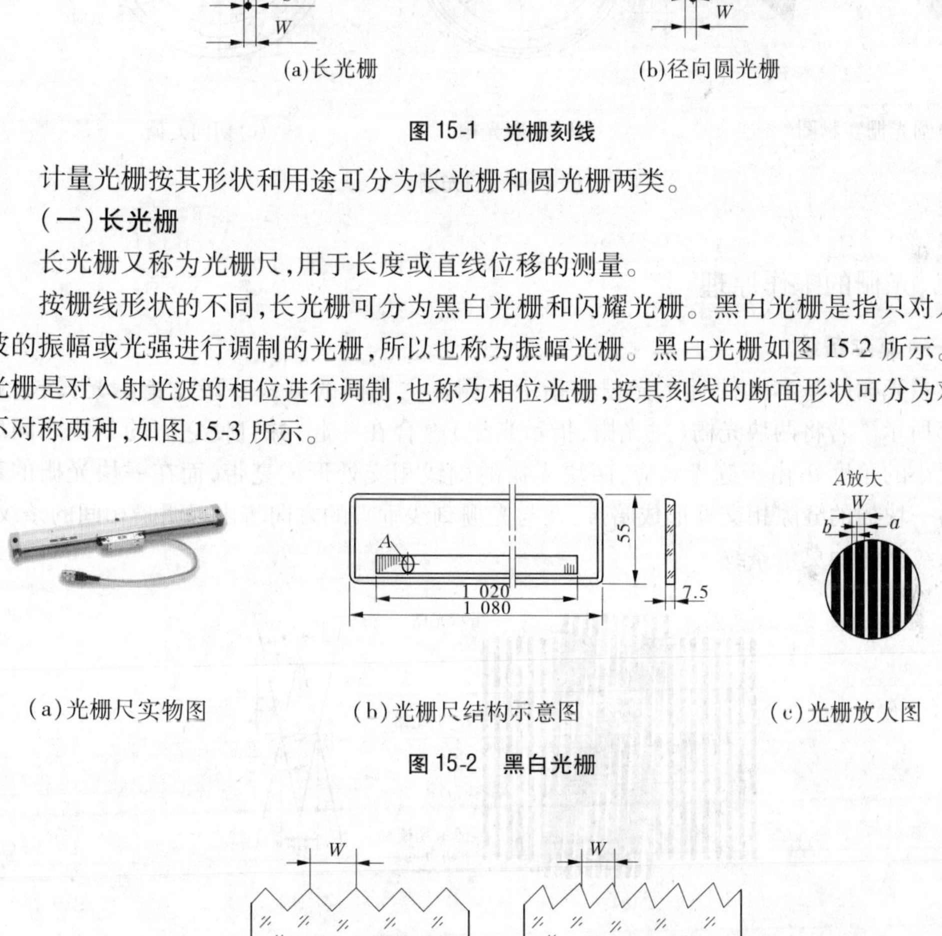

(a)光栅尺实物图　　(b)光栅尺结构示意图　　(c)光栅放大图

图 15-2　黑白光栅

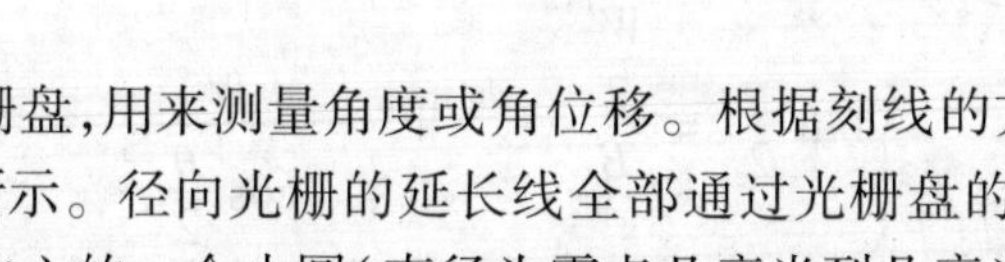

(a)对称形　　(b)非对称形

图 15-3　闪耀光栅刻线断面

(二)圆光栅

圆光栅又称为光栅盘，用来测量角度或角位移。根据刻线的方向可分为径向光栅和切向光栅，如图 15-4 所示。径向光栅的延长线全部通过光栅盘的圆心，切向光栅栅线的延长线全部与光栅盘中心的一个小圆(直径为零点几毫米到几毫米)相切。

圆光栅的两条相邻栅线的中心线之间的夹角称为角节距，每周的栅线数从较低精度100线到高精度等级的21 600线不等。

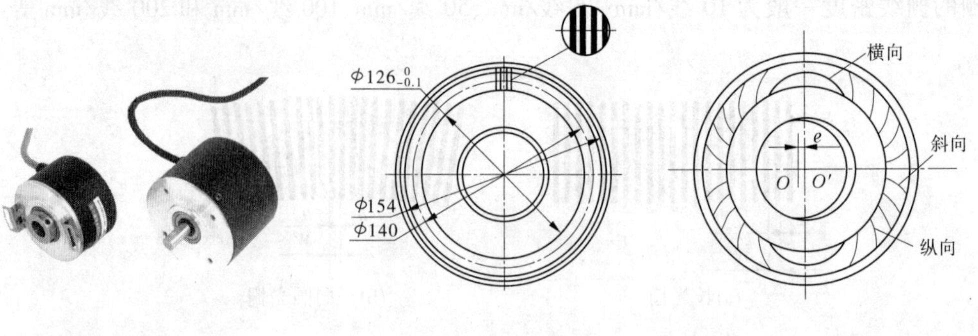

(a)圆光栅实物图　(b)径向光栅　(c)切向光栅

图15-4　圆光栅

二、光栅的工作原理

(一)莫尔条纹

计量光栅的基本元件有主光栅和指示光栅。主光栅的刻线一般比指示光栅长，如图15-5所示。若将两块光栅(主光栅、指示光栅)叠合在一起，并且使它们的刻线之间成一个很小的角度 θ，由于遮光效应，两块光栅的刻线相交处形成亮带，而在一块光栅的刻线与另一块栅的缝隙相交处形成暗带，在与光栅刻线垂直的方向将出现明暗相间的条纹，这些条纹就称为莫尔条纹。

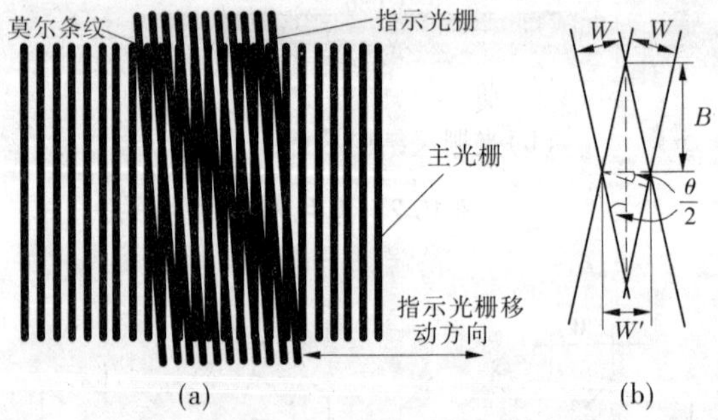

图15-5　光栅与莫尔条纹示意图($\theta \neq 0$)

如果改变 θ 角，莫尔条纹间距 B 也随之变化。由图15-5可知，条纹间距 B 与栅距 W 和夹角 θ 有如下关系：

$$\tan\frac{\theta}{2} = \frac{\frac{W'}{2}}{B};\quad W' = \frac{W}{\cos\frac{\theta}{2}}$$

所以

$$B=\frac{\frac{W'}{2}}{\tan\frac{\theta}{2}}\approx\frac{W}{\theta} \tag{15-1}$$

当指示光栅沿着主光栅刻线的垂直方向移动时，莫尔条纹将会沿着这两个光栅刻线夹角的平分线的方向移动，光栅每移动一个 W，莫尔条纹也移动一个间距 B。θ 越小，B 越大。

（二）莫尔条纹的特点

（1）放大作用。由式（15-1）可知，θ 越小，B 越大，这相当于把栅距 W 缩小了 $1/\theta$。例如 $\theta=0.1°$，则 $1/\theta\approx573$，即莫尔条纹宽度 B 是栅距 W 的 573 倍，相当于把栅距放大了 573 倍，说明光栅具有位移放大作用，从而提高了测量的灵敏度。

（2）平均效应。莫尔条纹由大量的光栅栅线共同形成，所以对光栅栅线的刻划误差有平均作用。通过莫尔条纹所获得的精度可以比光栅本身栅线的刻划精度还要高。

（3）运动方向。当两光栅沿与栅线垂直的方向作相对运动时，莫尔条纹则沿光栅刻线方向移动（两者运动方向垂直）；若光栅反向移动，莫尔条纹亦反向移动。在图 15-5 中，当指示光栅向右移动时，莫尔条纹则向上移动。

（4）对应关系。两块光栅沿栅线垂直方向作相对移动时，莫尔条纹的亮带与暗带将顺序自上而下不断地掠过光敏元件。光敏元件接收到的光强变化近似于正弦波变化。光栅移动一个栅距 W，光强变化一个周期，如图 15-6 所示。

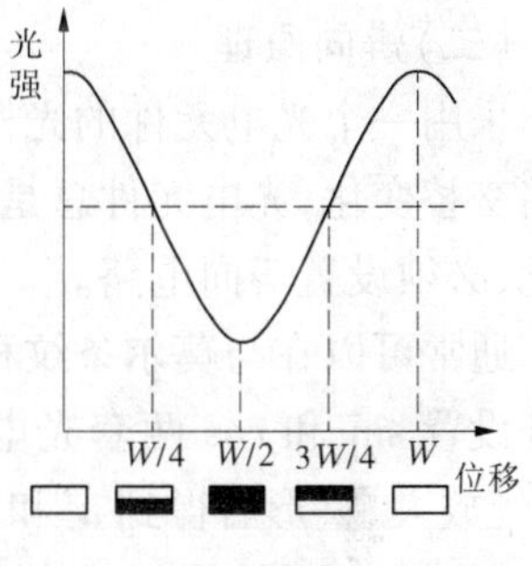

图 15-6 光栅位移与光强关系

（5）莫尔条纹移过的条纹数等于光栅移过的栅线数。例如，采用 100 线/mm 光栅时，若光栅移动了 x mm（移过了 $100x$ 条光栅栅线），则从光电元件前掠过的莫尔条纹数也为 $100x$ 条。由于莫尔条纹间距比栅距宽得多，所以能够被光敏元件识别。将此莫尔条纹产生的电脉冲信号计数，就可知道移动的实际位移。

三、光栅式传感器的测量电路

计量光栅作为一个完整的测量装置包括光栅读数头、光栅数显表两大部分。光栅读数头把输入量（位移量）转换成相应的电信号；光栅数显表是实现细分、辨向和显示功能的电子系统。

（一）光电转换

光电转换装置（光栅读数头）主要由主光栅、指示光栅、光路系统和光电元件等组成，如图 15-7 所示。主光栅的有效长度即为测量范围，指示光栅比主光栅短得多。主光栅一般固定在被测物体上，且随被测物体一起移动，指示光栅相对于光电元件固定。

莫尔条纹是一个明暗相间的光带。两条暗带中心线之间的光强变化是从最暗、渐亮、最亮、渐暗直到最暗的渐变过程。主光栅移动一个栅距 W，光强变化一个周期，若用光电

元件接收莫尔条纹移动时光强的变化，则将光信号转换为电信号，接近于正弦周期函数，若以电压输出，即

$$u_o = U_o + U_m \sin\left(\frac{\pi}{2} + \frac{2\pi x}{W}\right) \tag{15-2}$$

输出电压反映了位移量的大小，如图 15-8 所示。

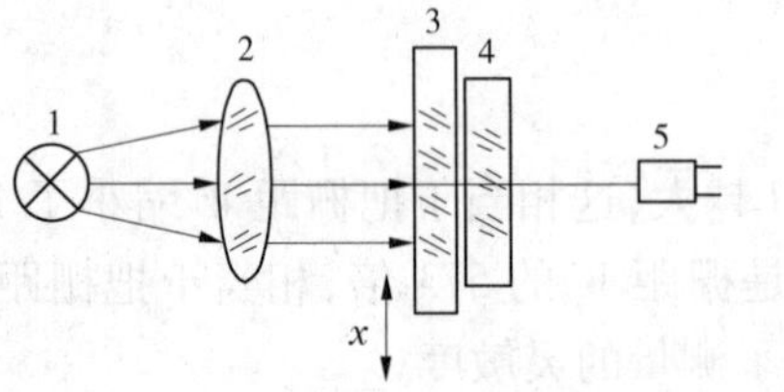

1—光源；2—透镜；3—主光栅；
4—指示光栅；5—光电元件

图 15-7　光栅读数头结构示意图

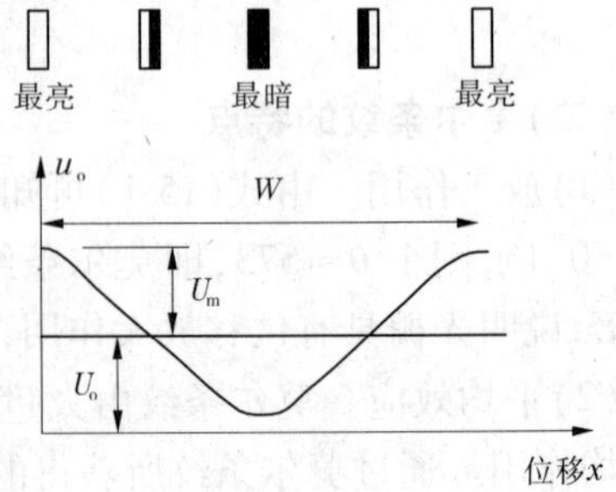

图 15-8　光电元件输出波形

(二) 辨向原理

采用一个光电元件的光栅传感器，无论光栅是正向移动还是反向移动，莫尔条纹都做明暗交替变化，光电元件总是输出以同一规律变化的电信号，此信号只能计数，不能辨向。为此，必须设置辨向电路。

通常可以在与莫尔条纹相垂直的方向上，在相距 $B/4$（相当于电角度 1/4 周期）的距离处设置 sin 和 cos 两套光电元件，这样就可以得到两个相位相差 $\pi/2$ 的电信号 u_{os} 和 u_{oc}，经放大、整形后得到 u'_{os} 和 u'_{oc} 两个方波信号，分别送到图 15-9(a) 所示的辨向电路中。从图 15-9(b) 可以看出，在指示光栅向右移动时，u'_{os} 的上升沿经 R_1、C_1 微分后产生的尖脉冲 u_{R1} 正好与 u'_{oc} 的高电平相与，IC_1 处于开门状态，与门 IC_1 输出计数脉冲，并送到计数器的加法端，作加法计数。而 u'_{os} 经 IC_3 反相后产生的微分尖脉冲 u_{R2} 正好被 u'_{oc} 的低电平封锁，与门 IC_2 无法产生计数脉冲，始终保持低电平。

反之，当指示光栅向左移动时，由图 15-9(c) 可知，IC_1 关闭，IC_2 产生计数脉冲，并被送到计数器的减法端，作减法计算。最后，达到辨别光栅正、反方向移动的目的。

(三) 细分技术

由前面分析可知，当两光栅相对移动一个栅距 W，莫尔条纹移动一个间距 B，光电元件输出变化一个电周期 2π，经信号转换电路输出一个脉冲，若按此进行计数，则它的分辨力为一个光栅栅距 W。为了提高分辨力，可以采用增加刻线密度的方法来减少栅距，但这种方法受到制造工艺或成本的限制。另一种方法是采用细分技术，可以在不增加刻线数的情况下提高光栅的分辨力，在光栅每移动一个栅距，莫尔条纹变化一周时，不只输出一个脉冲，而是输出均匀分布的 n 个脉冲，从而使分辨力提高到 W/n。由于细分后计数脉冲的频率提高了，因此细分又叫倍频。

细分的方法有很多种，常用的细分方法是直接细分，细分数为 4，所以又称为四倍频

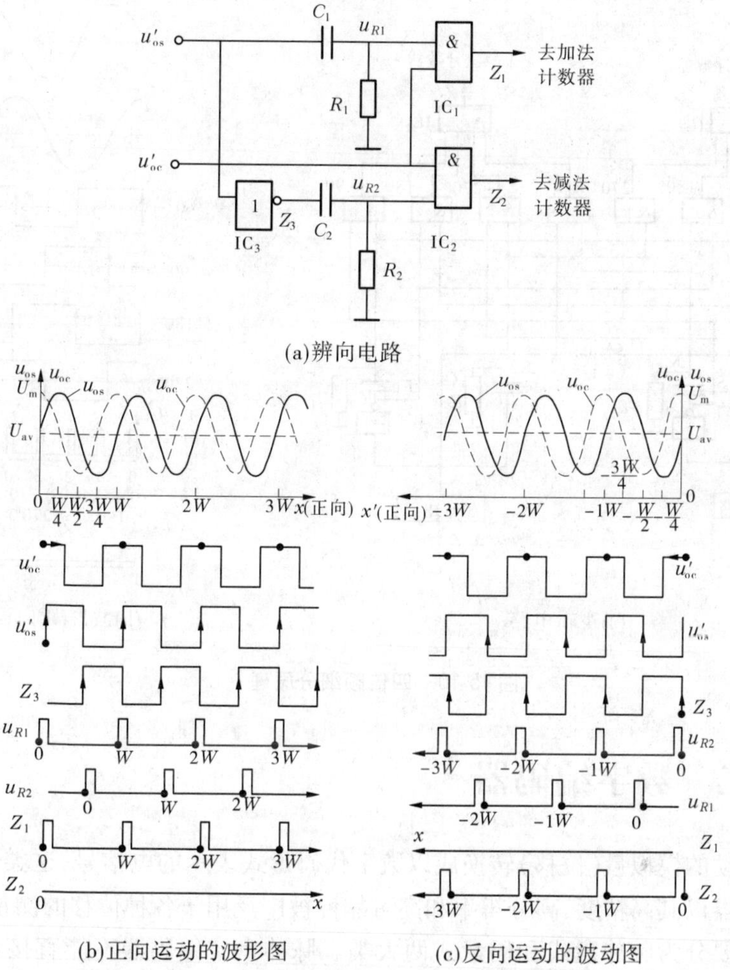

图 15-9　辨向逻辑电路原理图

细分。实现的方法有两种:一种方法是在莫尔条纹宽度内依次放置四个光电元件采集不同相位的信号,从而获得相位依次相差 90°的四个正弦信号,再通过细分电路,分别输出四个脉冲。另一种方法是在相距 $B/4$ 的位置上放置两个光电元件,首先得到相位差 90°的两路正弦信号 S 和 C,然后将此两路信号送入图 15-10(a)所示的细分辨向电路。这两路信号经过放大器放大,再由整形电路整形为两路方波信号。把这两路信号各反相一次,就可以得到四路相位依次为 90°、180°、270°、360°方波信号,它们经过 RC 微分电路,就可以得到四个尖脉冲信号。当指示光栅正向移动时,四个微分信号分别和有关的高电平相与。同辨向原理中阐述的过程相类似,可以在一个 W 的位移内,在 IC_1的输出端得到四个加法计数脉冲,如图 15-10 (b) 中 u_{Z1} 波形所示,而 IC_2保持低电平。当指示光栅反向移动一个栅距 W 时,就在 IC_2的输出端得到四个减法脉冲。这样,计数器的计数结果就能正确地反映光栅副的相对位置。

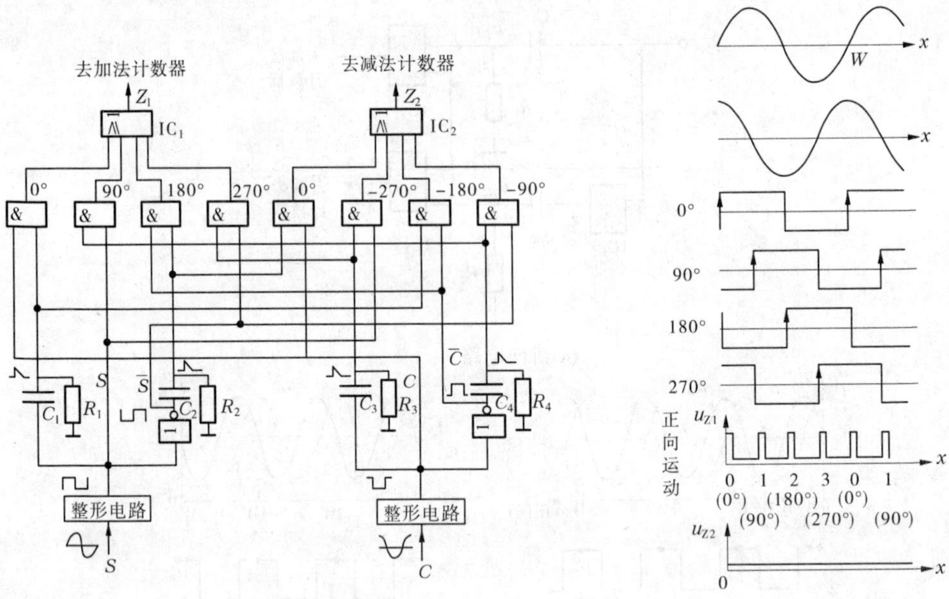

(a)逻辑电路　　(b)波形(正向运动)

图 15-10　四倍频细分原理

任务二　数字编码器

将机械转动的模拟量(位移)转换成以数字代码形式表示的电信号,这类传感器称为编码器。编码器以其高精度、高分辨率和高可靠性被广泛用于各种位移的测量。

编码器主要分为脉冲盘式和码盘式两大类。脉冲盘式编码器不能直接输出数字编码,需要增加有关数字电路才可能得到数字编码。码盘式编码器也称为绝对编码器,它将角度或直线坐标转换为数字编码,能方便地与数字系统(如微机)连接。码盘式编码器按其结构可分为接触式、光电式和电磁式三种,后两种为非接触式编码。

一、码盘式编码器

(一)接触式码盘编码器

1. 结构与工作原理

接触式码盘编码器由码盘和电刷组成,适用于角位移测量。码盘是利用制造印刷电路板的工艺,在铜箔板上制作某种码制(如 8421 码、循环码等)图形的盘式印刷电路板。电刷是一种活动触头结构,在外界力的作用下,旋转码盘时,电刷与码盘接触处就产生某种码制的数字编码输出。下面以四位二进制码盘为例,如图 15-11 所示,说明其结构和工作原理。

涂黑处为导电区,将所有导电区连接到高电位“1”,空白处为绝缘区,为低电位“0”。四个电刷沿着某一径向安装,四位二进制码盘上有四圈码道,每个码道有一个电刷,电刷

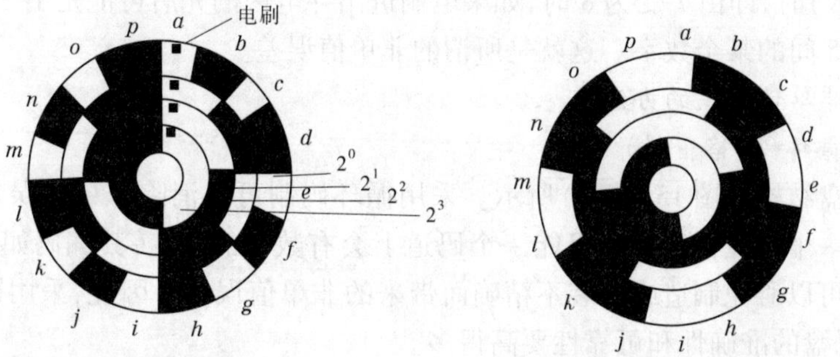

(a)8421码的码盘　　(b)四位循环码的码盘

图 15-11　接触式四位二进制码盘

经电阻接地。当码盘转动一角度后,电刷就输出一个数码;码盘转动一周,电刷就输出 16 种不同的四位二进制数码,如表 15-1 所示。由此可知,二进制码盘所能分辨的旋转角度为 $\alpha = 360/2^n$,若 $n = 4$,则 $\alpha = 22.5°$。位数越多,分辨的角度越小,若取 $n = 8$,则 $\alpha = 1.4°$。当然,可分辨的角度越小,对码盘和电刷的制作和安装要求越严格。当 n 大到一定位数后(一般 $n > 8$),这种接触式码盘将难以制作。

表 15-1　电刷在不同位置时对应的数码

角度	电刷位置	二进制码(B)	循环码(R)	十进制数
0	*a*	0000	0000	0
1α	*b*	0001	0001	1
2α	*c*	0010	0011	2
3α	*d*	0011	0010	3
4α	*e*	0100	0110	4
5α	*f*	0101	0111	5
6α	*g*	0110	0101	6
7α	*h*	0111	0100	7
8α	*i*	1000	1100	8
9α	*j*	1001	1101	9
10α	*k*	1010	1111	10
11α	*l*	1011	1110	11
12α	*m*	1100	1010	12
13α	*n*	1101	1011	13
14α	*o*	1110	1001	14
15α	*p*	1111	1000	15

8421 码制的码盘,如图 15 11(a)所示,由于电刷安装不可能绝对精确,必然存在机械偏差,这种机械偏差会产生非单值误差。例如,由二进制码 0111 过渡到 1000(电刷从 *h*

区过渡到 i 区)时,即由 7 变为 8 时,如果电刷进出导电区的先后可能是不一致的,此时就会出现 8 ~ 15 间的某个数字。这就是所谓的非单值误差。

2. 消除非单值误差的办法

1)采用循环码(格雷码)

循环码盘结构如图 15-11(b)所示。采用循环码制可以消除非单值误差。循环码的特点是任意一个半径径线上只可能一个码道上会有数码的改变,其编码如表 15-1 所示。这一特点就可以避免制造或安装不精确而带来的非单值误差。因此,采用循环码盘要比采用 8421 码盘的准确性和可靠性要高得多。

2)扫描法

扫描法有 V 扫描、U 扫描以及 M 扫描三种。其中,V 扫描是在最低值码道上安装一电刷,其他位码道上均安装两个电刷:一个电刷位于被测位置的前边,称为超前电刷;另一个放在被测位置的后边,称为滞后电刷。这种方法的原理是根据二进制码的特点设计的。由于 8421 码制的二进制码是从最低位向高位逐级进位的,最低位变化最快,高位逐渐减慢。当某一个二进制码的第 i 位是 1 时,该二进制码的第 $i+1$ 位和前一个数码的 $i+1$ 位状态是一样的,故该数码的第 $i+1$ 位的真正输出要从滞后电刷读出。相反,当某个二进制码的第 i 位是 0 时,该数码的第 $i+1$ 位的输出要从超前电刷读出。

(二)光电式编码器

接触式编码器的分辨率因受电刷的限制不可能很高;而光电式编码器由于使用了体积小、易于集成的光电元件代替机械的接触电刷,其测量精度和分辨率能达到很高水平。

如图 15-12 所示,光电式编码器的最大特点是非接触式的。因此,它的使用寿命长,可靠性高。它是一种绝对编码器,几位编码器码盘上就有几个码道,编码器在转轴的任何位置都可以输出一个固定的与位置相对的数字码。这与接触式码盘编码器是一样的。不同的是,光电式编码器的码盘采用照相腐蚀工艺,在一块圆形光学玻璃上刻有透光和不透光的码形。在几个码道上,装有相同个数的光电转换元件代替接触式编码器的电刷,并将接触式码盘上的高、低电位用光源代替。当光源经光学系统形成一束平行光投射在码盘上时,光经过码盘的透光和不透光区,脉冲光照射在码盘的另一侧的光电元件上,这些光电元件就输出与码盘上的码形(码盘的绝对位置)相对应的(开关/高低电平)电信号。光电式编码器与接触式码盘编码器一样,可以采用循环码或 V 扫描法来解决非单值误差的问题。

(a)实物图

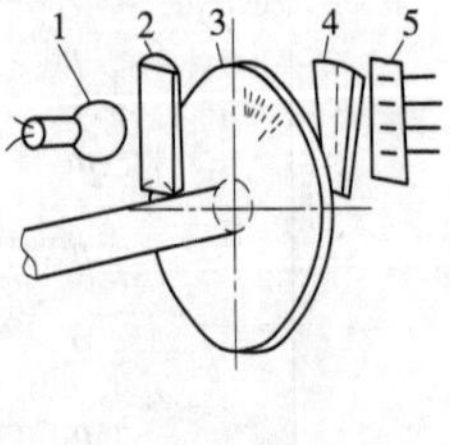

(b)结构示意图

1—光源;2—透镜;3—码盘;4—窄缝;5—光电元件组

图 15-12 光电式编码器

(三)电磁式编码器

电磁式编码器是近几年发展起来的新型传感器。它主要由磁鼓与磁阻探头组成,如图 15-13 所示。常用的多极磁鼓有两种:一种是塑磁磁鼓,在磁性材料中混入适当的黏合剂,注塑成形;另一种是在铝鼓外面覆盖一层黏结磁性材料而制成。多极磁鼓产生的空间磁场由磁鼓的大小和磁层厚度决定,磁阻探头由磁阻元件通过微细加工技术而制成,磁阻元件电阻值仅和电流方向成直角的磁场有关,而与电流平行的磁场无关。

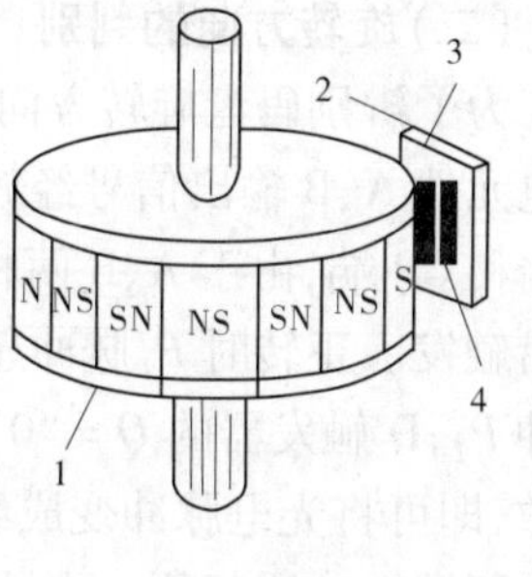

1—磁鼓;2—气隙;
3—磁敏传感部件;4—磁敏电阻

图 15-13　电磁式编码器的基本结构

电磁式编码器的码盘上按照一定的编码图形,做成磁化区(导磁率高)和非磁化区(导磁率低)。采用小型磁环或微型马蹄形磁芯作磁头,磁环或磁头紧靠码盘,但又不与码盘表面接触。每个磁头上绕两组绕组,原边绕组用恒幅恒频的正弦信号激励,副边绕组用于输出信号。副边绕组感应码盘上的磁化信号转化为电信号,其感应电势与两绕组匝数比和整个磁路的磁导有关。当磁头对准磁化区时,磁路饱和,输出电压很低,如磁头对准非磁化区,它就类似于变压器,输出电压会很高,因此可以区分状态"1"和"0"。几个磁头同时输出,就形成了数码。

电磁式编码器精度高,寿命长,工作可靠,对环境条件要求较低,但成本较高。

二、脉冲盘式数字传感器

脉冲盘式编码器又称为增量编码器。增量编码器一般只有三个码道,它不能直接产生编码输出,故不具有绝对码盘码的含义,这是脉冲盘式编码器与绝对编码器的不同之处。

(一)增量编码器的结构和工作原理

增量编码器的圆盘上等角距地开有两道缝隙,内外圈(A、B)的相邻两缝错开半条缝宽;另外在某一径向位置(一般在内外两圈之外)上开有一狭缝,表示码盘的零位。在它们相对的两侧面分别安装光源和光电接收元件,如图 15-14 所示。当转动码盘时,光线经过透光和不透光的区域,每个码道有一系列光电脉冲由光电元件输出,码道上有多少缝隙每转过一周就将有多少个相差 90°的两相(A、B 两路)脉冲和一个零位(C 相)脉冲输出。增量编码器的精度和分辨率与绝对编码器一样,主要取决于码盘本身的精度。

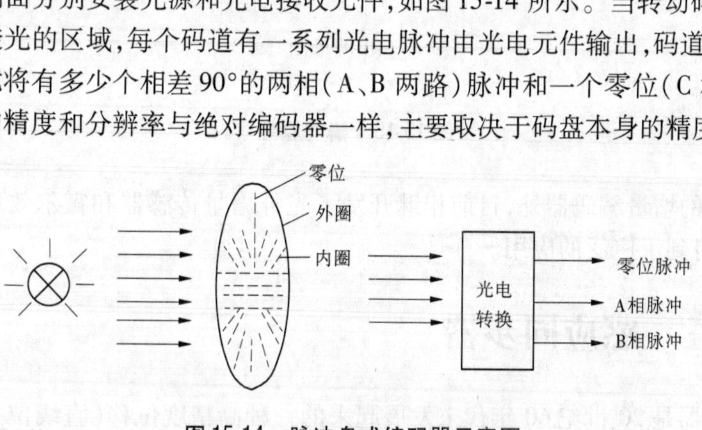

图 15-14　脉冲盘式编码器示意图

(二)旋转方向的判别

为了辨别码盘旋转方向,可以采用图15-15所示的电路,利用A、B两相脉冲来实现。光电元件A、B输出信号经放大、整形后,产生P_1和P_2脉冲。将它们分别接到D触发器的D端和CP端,由于A、B两相脉冲(P_1和P_2脉冲)相差90°,D触发器在CP脉冲(P_2)的上升沿触发。正转时P_1脉冲超前P_2脉冲,D触发器的Q=“1”表示正转;当反转时,P_2超前脉冲P_1,D触发器的Q=“0”表示反转。可以用Q作为控制可逆计数器是正向还是反向计数,即可将光电脉冲变成编码输出。C相脉冲(零位脉冲)接至计数器的复位端,达到码盘每转动一圈复位一次计数器的目的。码盘无论是正转还是反转,计数器每次反映的都是相对于上次角度的增量,故这种测量称为增量法。

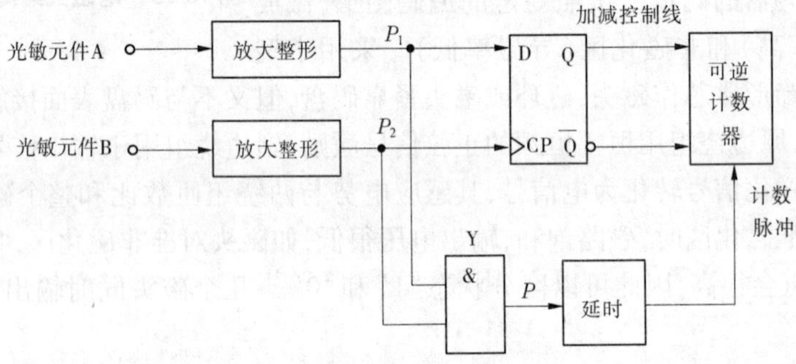

(a)辨向原理框图

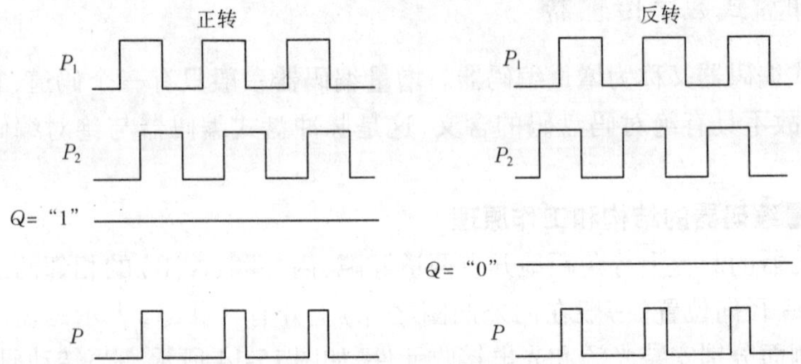

(b)波形图

图15-15 辨向原理

除光电式的增量编码器外,目前相继开发了光纤增量传感器和霍尔效应式增量传感器等,它们都得到了广泛的应用。

任务三 感应同步器

感应同步器是20世纪60年代末发展起来的一种高精度位移(直线位移、角位移)传感器。按其用途可分为两大类:测量直线位移的线位移感应同步器;测量角位移的圆盘感应同步器。直线式感应同步器广泛应用于坐标镗床、坐标铣床及其他机床的定位、数控和数显。旋转式感应同步器常用于精密机床或测量仪器的分度装置等,也用于雷达天线定位跟踪。其类型和特性如表15-2所示。

表15-2 感应同步器分类的类型和特性

类型		特性
直线式同步器	标准型	精度高、可扩展,用途最广
	窄型	精度较高,用于安装位置不宽敞的地方,可扩展
	带型	精度较低,定尺长度达3 m以上,对安装面要求精度不高
旋转式同步器		精度高,极数多,易于误差补偿,精度与极数成正比

一、直线式感应同步器的结构和工作原理

感应同步器是应用电磁感应定律把位移量转换成电量的传感器。它的基本结构由两个平面矩形线圈组成,它们相当于变压器的初、次级绕组,是通过两个绕组间的互感值随位置变化来检测位移量的。

(一)载流线圈所产生的磁场

矩形载流线圈中通过直流电流 I 时的磁场分布示意图如图15-16所示,线圈内外的磁场方向相反。如果线圈中通过的电流为交流电流 i ($i = I\sin\omega t$),并使一个与该线圈平行的闭合探测线圈贴近这个载流线圈从左至右(或从右至左)移过,如图15-17所示。在图15-17(a)、(c)所示的情况下,通过闭合探测线圈的磁通量和恒为零,所以在探测线圈内感应出来的电动势为零;在图15-17(b)所示的情况下,通过闭合探测线圈的(交变)磁通量最大,所以在探测线圈内感应出来的交流电压也最大。

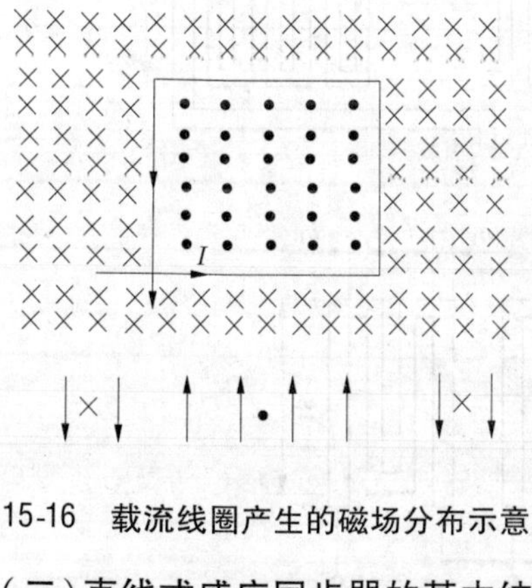

图15-16 载流线圈产生的磁场分布示意图

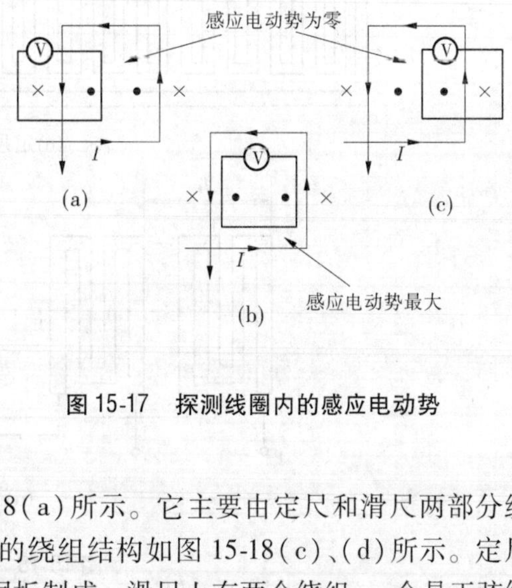

图15-17 探测线圈内的感应电动势

(二)直线式感应同步器的基本结构

直线式感应同步器结构解剖图如图15-18(a)所示。它主要由定尺和滑尺两部分组成,示意图如图15-18(b)所示。定尺和滑尺的绕组结构如图15-18(c)、(d)所示。定尺和滑尺可利用印刷电路板的生产工艺,用覆铜板制成。滑尺上有两个绕组,一个是正弦绕

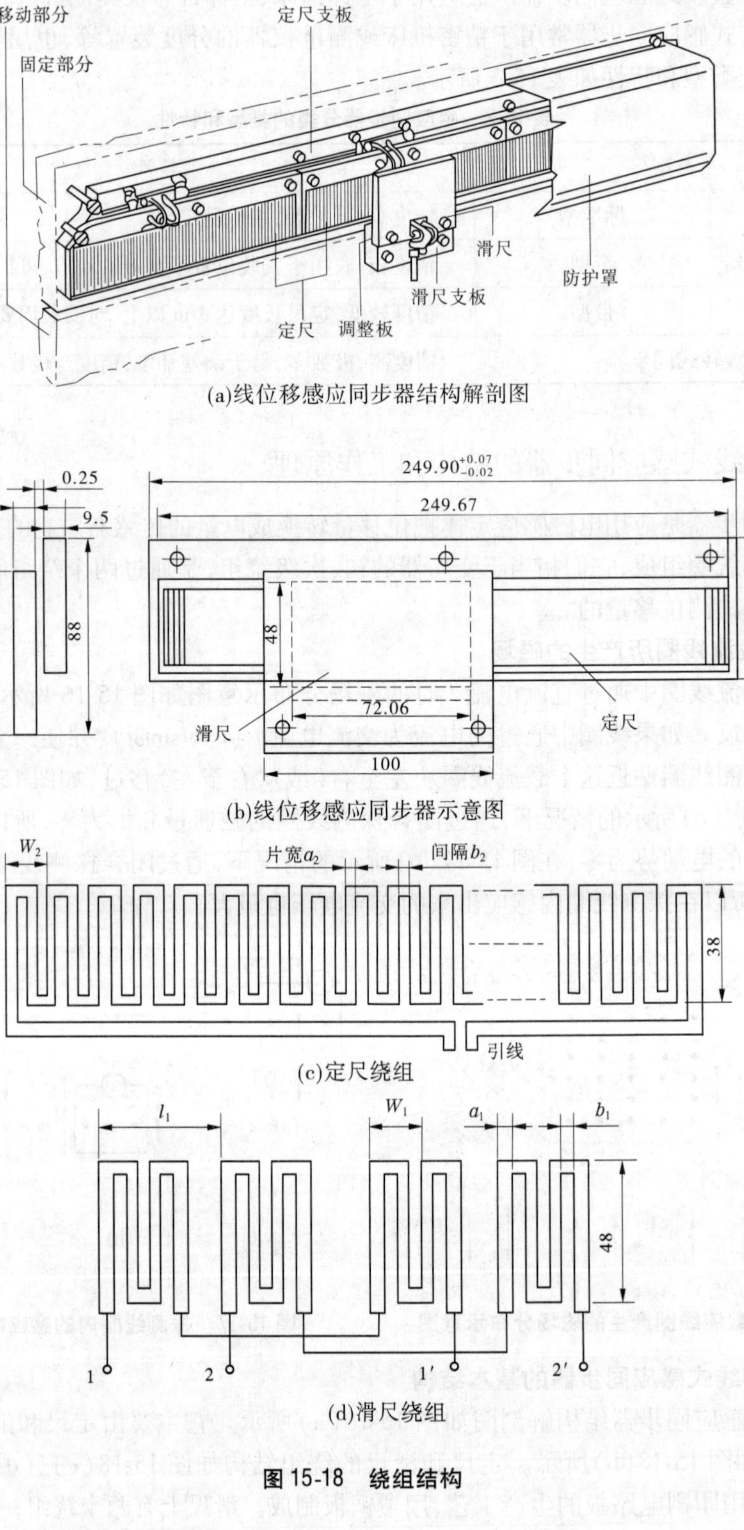
移动部分
固定部分
定尺支板
滑尺
防护罩
滑尺支板
定尺
调整板
(a)线位移感应同步器结构解剖图
0.25
9.5
9.5
73
88
$249.90^{+0.07}_{-0.02}$
249.67
55
48
72.06
100
滑尺
定尺
(b)线位移感应同步器示意图
W_2
片宽a_2
间隔b_2
38
引线
(c)定尺绕组
l_1
W_1
a_1
b_1
48
1
2
1′
2′
(d)滑尺绕组

图 15-18　绕组结构

组 1—1′,另一个是余弦绕组 2—2′,彼此相距 π/2 或 3π/4。当定尺栅距为 W_2 时,滑尺上的两个绕组间的距离 L_1 应满足如下关系:$L_1 = (n/2 + 1/4)W_2$。$n = 0$ 时相差为 π/2,$n = 1$ 时相差为 3π/4,$n = 2$ 时相差为 5π/4。

(三)线式感应同步器的工作原理

滑尺上的正弦绕组和余弦绕组相对于定尺绕组在空间错开 1/4 节距,如图 15-19(a)所示。工作时,当在滑尺两个绕组中的任一绕组加上激励电压时,由于电磁感应,在定尺绕组中会感应出相同频率的感应电压,通过对感应电压的测量,可以精确地测量出位移量。

图 15-19(b)为滑尺在不同位置时定尺上的感应电压。在 A 点时,定尺与滑尺余弦绕组重合,这时感应电压最大;当滑尺余弦绕组相对于定尺平行移动后,感应电压逐渐减小,在错开 1/4 节距的 B 点时,感应电压为零;再继续移至 1/2 节距的 C 点时,得到感应电压的最小值。这样,当滑尺余弦绕组在移动一个节距的过程中,感应电压变化了一个余弦波形,如图 15-19(b)中的曲线 2 所示。同理,当滑尺正弦绕组移动一个节距后,在定尺中将会感应出一个余弦电压波形,如图 15-19(b)中的曲线 1 所示。

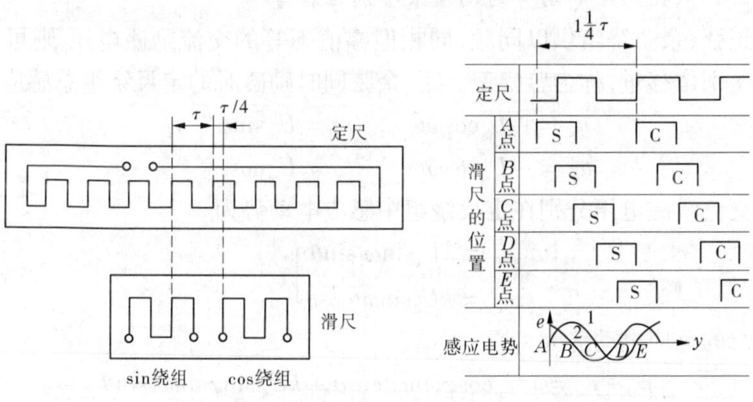

(a)直线感应同步器的定尺和滑尺　　(b)定尺上的感应电压与滑尺的关系

图 15-19　感应同步器工作原理图

(四)直线感应同步器输出信号的检测

对于由感应同步器组成的检测系统,可以采取不同的励磁方式,并对输出信号有不同的处理方法。从励磁方式来说,可分为两大类:一类是以滑尺(或定子)励磁,由定尺(或转子)取出感应电势信号;另一类以定尺为励磁,由滑尺取出感应电势信号。目前用的最多的是第一类励磁方式。对输出感应电势信号可采取不同的处理方法来达到测量目的,一般分为鉴相型和鉴幅型两种检测系统。

1. 鉴相型——根据感应电动势的相位来鉴别位移量

当正弦绕组单独励磁时,设励磁电压为

$$u_s = U_m \sin\omega t$$

定尺绕组中的感应电动势为

$$e_s = kU_m \cos\omega t \sin\theta \qquad (15\text{-}3)$$

当余弦绕组单独励磁时,励磁电压为

$$u_c = U_m\cos\omega t$$

定尺绕组中的感应电动势为

$$e_c = kU_m\sin\omega t\cos\theta \tag{15-4}$$

式中 k——电磁耦合系数;

θ——机械位移相位角(机械角),rad。

当正向运动时,定尺输出的总感应电动势为

$$\begin{aligned} e &= e_c + e_s = kU_m\sin\omega t\cos\theta + kU_m\cos\omega t\sin\theta \\ &= k\omega U_m\sin(\omega t + \theta) \end{aligned} \tag{15-5}$$

当反向运动时,定尺输出的总感应电动势为

$$e = = k\omega U_m\sin(\omega t - \theta) \tag{15-6}$$

式中,$\theta = \frac{2\pi}{W}x$。

因此,相对位移量 x 与相位角 θ 成线性关系,只要能测出相位角 θ,就可求得位移量 x。

2. 鉴幅型——根据感应电动势的幅值来鉴别位移量

对滑尺上正弦、余弦绕组供以同频、同相但幅值不等的交流励磁电压 则可根据感应电势的幅值来鉴别位移量,称为鉴幅型。正、余弦同时励磁时的定尺绕组总感应电动势为

$$u_s = -U_s\cos\omega t \qquad U_s = U_m\sin\varphi$$

$$u_c = -U_c\cos\omega t \qquad U_s = U_m\cos\varphi$$

滑尺上的交流激磁电压分别在定尺绕组中感应电动势为

$$\left.\begin{aligned} e_s &= kU_s\sin\omega t\sin\theta \\ e_c &= kU_c\sin\omega t\cos\theta \end{aligned}\right\} \tag{15-7}$$

定尺绕组总的感应电动势为

$$\begin{aligned} e &= e_c + e_s = kU_m\cos\varphi\sin\omega t\cos\theta + kU_m\sin\varphi\sin\omega t\sin\theta \\ &= kU_m\cos(\varphi - \theta)\sin\omega t \end{aligned} \tag{15-8}$$

式中,φ 为给定电角度,位移 $x = \frac{\theta}{2\pi}W$,感应电动势幅值为 $kU_m\cos(\varphi - \theta)$ 。

二、旋转式感应同步器(圆感应同步器)

旋转式感应同步器由定子和转子两部分组成,它们呈圆片形状,用直线式感应同步器的制造工艺制作两绕组,如图 15-20 所示。定子、转子分别相当于直线式感应同步器的定尺和滑尺。目前,旋转式感应同步器的直径一般有 50 mm、76 mm、178 mm 和 302 mm 等几种。径向导体数(极数)有 360、720 和 1 080 几种。转子是绕转轴旋转的,通常采用导电环直接耦合输出,或者通过耦合变压器,将转子初级感应电势经气隙耦合到定子次级上输出。旋转式感应同步器在极数相同情况下,同步器的直径越大,其精度越高。

三、感应同步器位移测量系统

图 15-21 为感应同步器鉴相测量方式数字位移测量装置方框图。脉冲发生器输出频

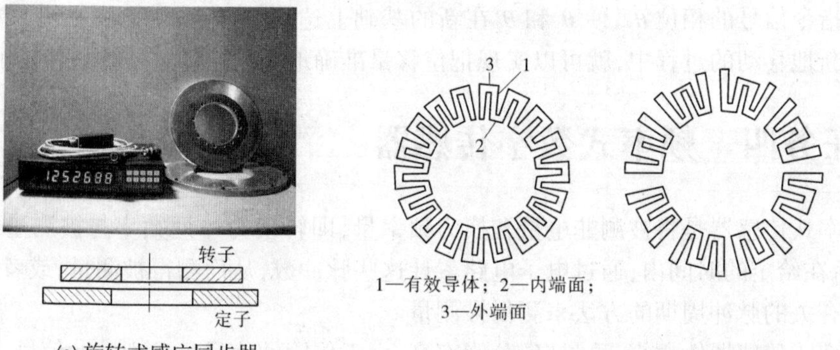

(a) 旋转式感应同步器实物及结构示意图　(b) 转子绕组　(c) 定子绕组

图 15-20　旋转式感应同步器定子和转子

率一定的脉冲序列，经过脉冲—相位变换器进行 N 分频后，输出参考信号方波 θ_0 和指令信号方波 θ_1。参考信号方波 θ_0 经过励磁供电线路，转换成振幅和频率相同而相位差为90°的正弦、余弦电压，给感应同步器滑尺的正弦、余弦绕组励磁。感应同步器定尺绕组中产生的感应电压，经放大和整形后成为反馈信号方波 θ_2。指令信号 θ_1 和反馈信号 θ_2 同时送给鉴相器，鉴相器既判断 θ_2 和 θ_1 相位差的大小，又判断指令信号 θ_1 的相位超前还是滞后于反馈信号 θ_2。

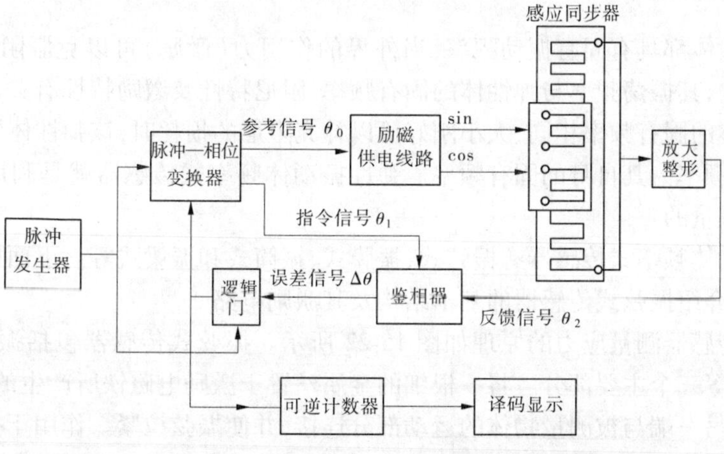

图 15-21　鉴相测量方式数字位移测量装置方框图

假定开始时 $\theta_1=\theta_2$，当感应同步器的滑尺相对定尺平行移动时，定尺绕组中的感应电压的相位 θ_2（反馈信号的相位）发生变化。此时 $\theta_1\neq\theta_2$，由鉴相器判别之后，将有相位差 $\Delta\theta=\theta_2-\theta_1$ 作为误差信号，由鉴相器输出给门电路。此误差信号 $\Delta\theta$ 控制门电路"开门"的时间，使门电路允许脉冲发生器产生的脉冲通过。通过门电路的脉冲，一方面送给可逆计数器去计数并显示出来；另一方面作为脉冲—相位变换器的输入脉冲。在此脉冲作用下，脉冲—相位变换器将修改指令信号的相位 θ_1，使 θ_1 随 θ_2 而变化。当 θ_1 再次与 θ_2 相等时，误差信号 $\Delta\theta=0$，从而门被关闭。当滑尺相对定尺继续移动时，又有 $\Delta\theta=\theta_2-\theta_1$ 作为误差信号去控制门电路的开启，门电路又有脉冲输出，供可逆计数器去计数和显示，并继续修改指令信号的相位 θ_1,使 θ_1 和 θ_2 在新的基础上达到 $\theta_1=\theta_2$。因此,在滑尺相对定尺连续不断地移动的过程中,就可以实现把位移量准确地用可逆计数器计数和显示出来。

任务四　频率式数字传感器

频率式传感器是将被测非电量转换为频率量,即转换为一列频率与被测量有关的脉冲,然后在给定的时间内,通过电子电路累计这些脉冲数,从而测得被测量;或者用测量与被测量有关的脉冲周期的方法来测得被测量。

频率式传感器体积小、重量轻、分辨率高,由于传输的信号是一列脉冲信号,所以具有数字化技术的许多优点,是传感器技术发展的方向之一 。

频率式传感器基本上有以下三种类型:

(1)利用力学系统固有频率的变化反映被测参数的值的频率传感器。

(2)利用电子振荡器的原理,使被测量的变化转化为振荡器的振荡频率的改变的频率传感器。

(3)将被测非电量先转换为电压量,然后用此电压去控制振荡器的振荡频率,称之为压控振荡器。

一、改变力学系统固有频率的频率传感器

任何弹性体都具有固有振动频率,当外界的作用力(激励)可以克服阻尼力时,它就可能产生振动,其振荡频率与弹性体的固有频率、阻尼特性及激励特性有关。若激励力的频率与弹性体的固有频率相同、大小刚好可以补充阻尼的损耗时,该弹性体即可作等幅连续振荡,振动频率为其自身的固有频率。弹性振动体频率式传感器就是利用这一原理来测量有关物理量的。

弹性振动体频率式传感器有振弦式、振膜式、振筒式和振梁式等。下面以振弦式频率传感器为例,介绍振弦式传感器的基本结构及其激励电路。

振弦式传感器测量应力的原理如图 15-22 所示。振弦式传感器包括振弦、激励电磁铁、夹紧装置等三个主要部分。将一根细的金属丝置于激励电磁铁所产生的磁场内,振弦的一端固定,另一端与被测量物体的运动部分连接,并使振弦拉紧。作用于振弦上的张力就是传感器的被测量。振弦的张力为 F 时,其固有振动频率可用下式表达:

$$f_0=\frac{1}{2L}\sqrt{\frac{F}{\rho}} \tag{15-9}$$

式中　L——振弦的有效长度;

ρ——振弦的线密度。

用振弦、运算放大器和永久磁铁可以组成一个自激振荡的连续激振应力传感器的测量电路,如图 15-22(b)所示。当电路接通时,有一个初始电流流过振弦,振弦在磁场作用下产生振荡。振弦在激励电路中组成一个选频的正反馈网络,不断提供振弦所需要的能量,于是振荡器产生等幅的持续振荡。

在图 15-22(b)中,电阻 R_2 和振弦支路形成正反馈回路,R_1、R_f 和场效应管 FET 组成负

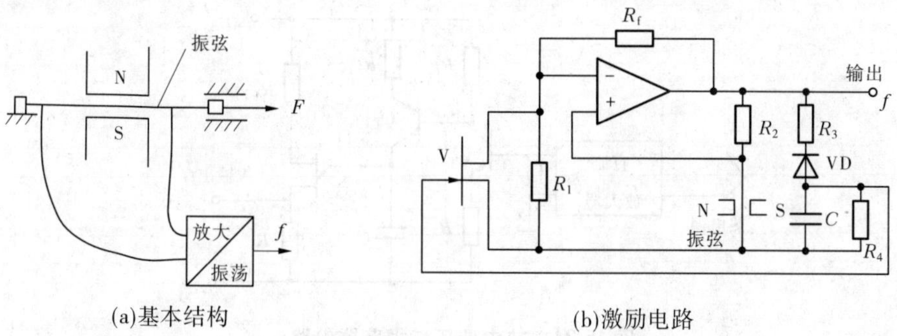

图 15-22　振弦式传感器测量应力的原理

反馈电路。R_3、R_4、二极管 VD 和电容 C 组成的支路给 FET 管提供控制信号，由负反馈支路和场效应管控制支路控制起振条件和自动稳幅。

二、RC 振荡器式频率传感器

温度—频率传感器就是 RC 振荡器式频率传感器的一种，如图 15-23 所示。这里利用热敏电阻 R_T 测量温度，R_T 是 RC 振荡器的一部分。该电路是由运算放大器和反馈网络构成一种 RC 文氏电桥正弦波发生器。当外界温度 T 变化时，R_T 的阻值也随之变化，RC 振荡器的频率因此而改变。RC 振荡器的振荡频率由下式决定：

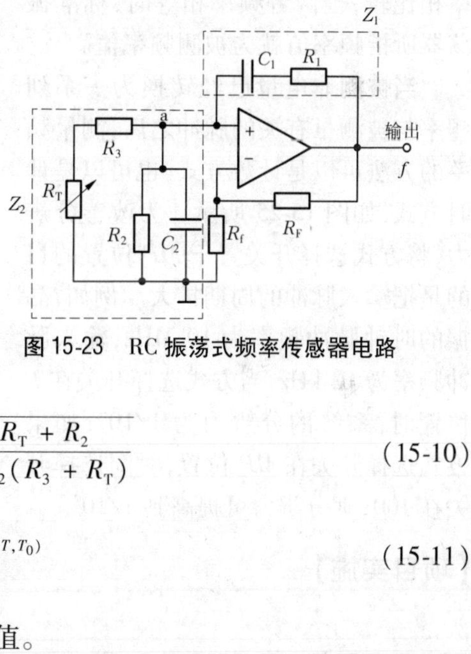

图 15-23　RC 振荡式频率传感器电路

$$f = \frac{1}{2\pi}\sqrt{\frac{R_3 + R_T + R_2}{C_1 C_2 R_1 R_2 (R_3 + R_T)}} \tag{15-10}$$

其中，R_T 与温度 T 的关系为

$$R_T = R_0 e^{B(T,T_0)} \tag{15-11}$$

式中　B——热敏电阻的温度系数；

R_T、R_0——温度为 T(K) 和 T_0(K) 时的阻值。

电阻 R_2、R_3 的作用是改善其线性特性，流过 R_T 的电流尽可能小以防其自身发热对温度测量的影响。

三、压控振荡器式频率传感器

这类传感器首先将被测非电量转换为电压量，然后去控制振荡器的频率。图 15-24 所示为一个热电偶压控振荡器电路，由于热电偶输出的电动势仅为几毫伏到几十毫伏，所以先进行放大，然后转换成相应的频率。

四、频率式传感器的基本测量电路

频率的测量常用两种方法，一是直读法，即将传感器的输出电动势经放大、整形后送

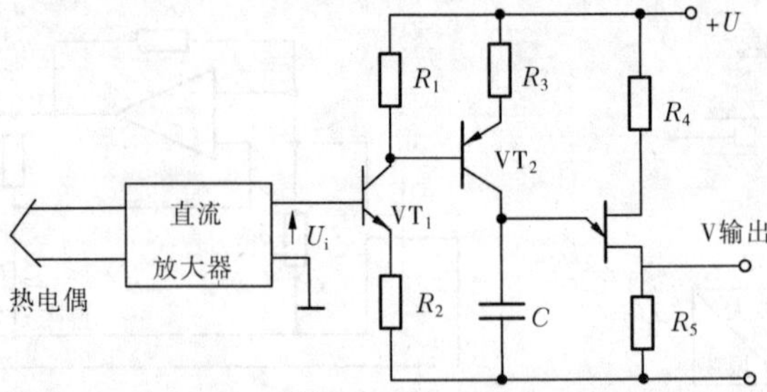

图 15-24　热电偶压控振荡器电路

计数器显示其频率值,或者用数字频率计测量;二是比较法,即将传感器输出电动势的频率与标准振荡器发出的频率相比较,当两者频率相等时,标准振荡器所指频率值就为被测频率值。

当被测非电量已经转换为一系列频率与被测量有关的脉冲之后,测量频率的方法可以是计数方式,也可以是计时方式,如图 15-25 所示。为改善分辨力,将方式选择开关置于 *MP* 位置的目的是把输入脉冲的周期扩大。例如,晶振的时钟脉冲频率为 10 MHz,输入脉冲频率为 10 kHz,当方式选择开关在 *P* 位置时,系统的分辨力为 $1/10^3$;如果方式选择开关在 *MP* 位置,时间选择开关在 100,则分辨力可提高到 $1/10^5$。

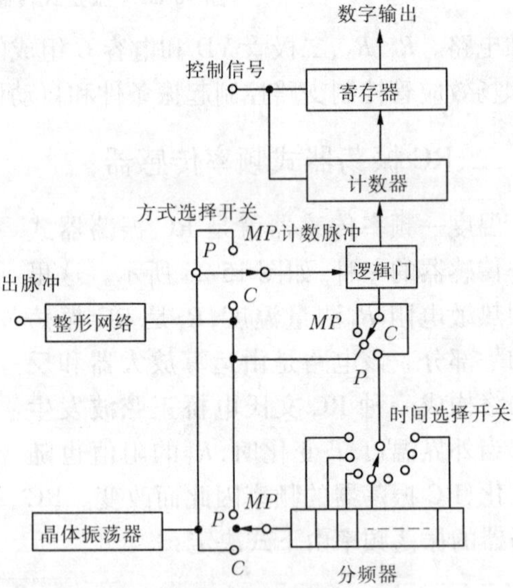

图 15-25　频率式传感器的基本测量电路

【项目实施】

任务五　数控机床光栅位移传感器的安装与调试

一、任务目标

通过本任务要求学生能正确选用光栅位移传感器;能进行光栅位移传感器的安装;能调试光栅位移传感器的应用电路,进行简单的故障处理,熟悉光栅位移传感器应用电路的组成、实现方法,会分析简单的故障。

二、任务分析

光栅式位移传感器具有测量精度高、测量范围大、信号抗干扰能力强等优点,在对传统机床进行数字化改造及现代数控机床中，得到广泛的应用。

近年来，我国自行设计、制造了很多光栅式测量长度和角度的计量仪器，如成都远恒精密测控技术有限公司生产的 BG1 型线位移传感器、长春光机数显技术有限责任公司生产的 SGC 系列等，图 15-26 是成都远恒精密测控技术有限公司生产的线位移传感器。本产品采用光栅常数相等的透射式标尺光栅和指示光栅副。该产品运用了裂相技术和零位标记，从而使传感器具有优异的重复定位性、高等级测量精度。防护密封采用特殊的耐油、耐腐、高弹性及抗氧化塑胶，具有防水、防尘优良，使用寿命长，体积小，重量小等特点。适用于机床、仪器作长度测量，坐标显示和数控系统的自动测量等。表 15-3 给出了 BG1 型线位移传感器的主要技术参数。

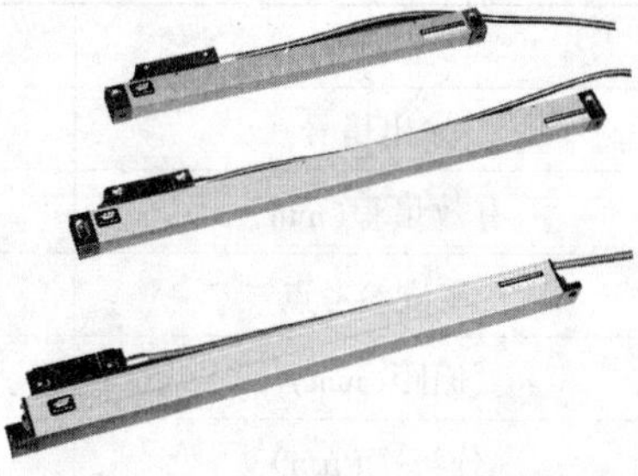

图 15-26　BG1 型线位移传感器

表 15-3　BG1 型线位移传感器的主要技术参数

型号	BG1A	BG1B	BG1C
光栅栅距	20 μm(0.020 mm)、10 μm(0.010 mm)		
光栅测量系统	透射式红外光学测量系统，高精度性能的光栅玻璃尺		
读数头滚动系统	垂直式五轴承滚动系统，优异的重复定位性，高精度测量精度	45°五轴承滚动系统，优异的重复定位性，高等级的测量精度	
防护尘密封	采用特殊的耐油、耐蚀、高弹性及抗老化塑胶，防水、防尘优良，使用寿命长		
分辨率	0.5 μm	1 μm	5 μm
有效行程	50～3 000 mm 每隔 50 mm 一种长度规格（整体光栅不接长）		
工作速度	>60 m/min		
工作环境	温度 0～50 ℃　湿度≤90%（20±5 ℃）		
工作电压	5 V±5%　12 V±5%		
输出信号	TTL 正弦波（相位相差 90°的 A、B 两个正弦波信号）		

表 15-4 和表 15-5 给出了长春光机数显技术有限公司 SGC 系列光栅位移传感器的技术参数。由表 15-4、表 15-5 可知，光栅位移传感器的输出信号为两个相位相差 90°的信号，在实际应用中，主要任务就是对传感器输出的信号进行放大、整形、辨向、细分及计数，根据计数结果计算出位移量。

表 15-4　SGC 光栅位移传感器的主要参数

主型号	SGC－5
输出信号	TTL、HTL、RS－422、－1V_{PP}
有效量程(mm)	100～1 500
零位参考点	每 50 mm 一个、每 200 mm 一个、距离编码
栅距(mm)	0.02(50 线对／mm)、0.04(25 线对／mm)
分辨率(μm)	10、5、1、0.5
精度(μm)	±10、±5、±3 (20 ℃、1 000 mm)
响应速度(m／min)	60、120、150
工作温度(℃)	0～50
存贮温度(℃)	－40～55

表 15-5　SGC 系列光栅位移传感器的电信号输出参数

输出形式	TTL 方波输出	HTL 方波输出	RS－422 信号	正弦波 1V_{PP}
输出信号	A、B 两路方波相位差 90	A、B 两路方波相位差 90°	A、B 两路方波及其反相信号 $\overline{A}$、$\overline{B}$	A、B 两路正弦电压信号～1V_{PP}，相位差 90°，幅值＝1V_{PP} ±20%
电源电压	5 V ±5%／＜100 mA	(12 V、15 V、18 V、24 V) ±5%／＜150 mA	5 V ±5%／＜150 mA	5 V ±5%／＜100 mA
最大电缆长度	20 m	30 m	100 m	20 m
信号周期	40 μm、20 μm、4 μm、2 μm、0.4 μm			

为了光栅位移传感器应用的方便，国内生产光栅位移传感器的厂家都研制了多种型号的光栅数显表，可以和光栅位移传感器进行很好的连接。所以，对于用户来说，只要能根据被测量设备(如机床)的最大行程，选择合适的光栅位移传感器及光栅数显表，即可构成数字式位移测量系统。本任务中，将简要介绍数显表的基本原理及组成，重点介绍光栅位移传感器及数显表的安装。

目前，光栅数显表主要有两种类型，即数字逻辑电路数显表和以 MCU 为核心的智能化数显表。前者由传统的放大、整形、细分、辨向电路，可逆计数器及译码、显示电路等组成，其基本框图如图 15-27 所示。随着可编程逻辑器件的广泛使用，将细分、辨向、计数器、译码、显示电路通过 CPLD 来实现，使得数显表的电路大为简化，体积缩小很多。

图 15-28 是基于 MCU 的数显示表的功能框图，图中光栅传感器的输出信号经放大、整形电路后，送到 MCU 进行及相关电路进行辨向、细分及计数，并进行处理后将位移值显

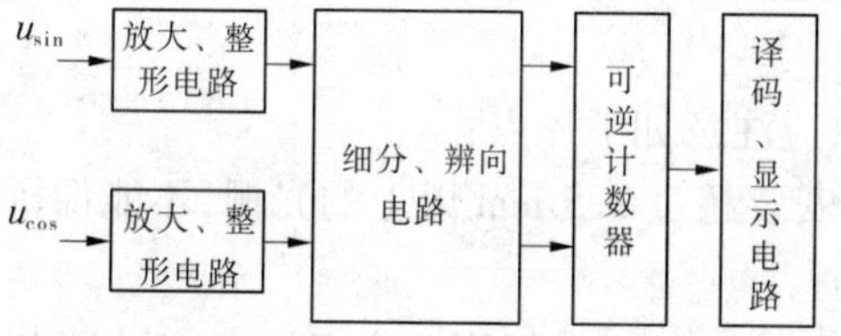

图 15-27　基于数字逻辑电路的数显表组成的基本框图

示在显示器件上。由于微控制器具有强大的处理能力,此类数显表除能显示位移外,还能进行打印实时数据,并可以和上位机进行通信。

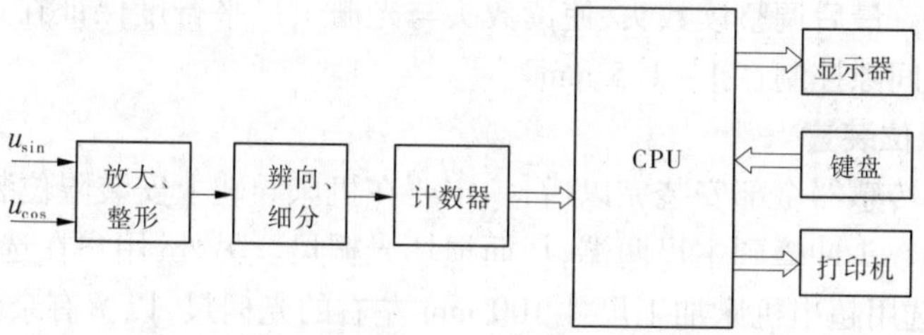

图 15-28　基于 MCU 的数显表的功能框图

三、光栅线位移传感器安装方式

光栅线位移传感器的安装比较灵活,可安装在机床的不同部位,一般将主尺安装在机床的工作台(滑板)上,随机床走刀而动,读数头固定在床身上,尽可能使读数头安装在主尺的下方。其安装方式的选择必须注意切屑、切削液及油液的溅落方向。如果由于安装位置限制必须采用读数头朝上的方式安装,则必须增加辅助密封装置。另外,一般情况下,读数头应尽量安装在相对机床静止部件上,此时输出导线不移动,易固定,而尺身则应安装在相对机床运动的部件上(如滑板)。

(一)安装基面

安装光栅线位移传感器时,不能直接将传感器安装在粗糙不平的机床身上,更不能安装在打底涂漆的机床身上。光栅主尺及读数头分别安装在机床相对运动的两个部件上。用千分表检查机床工作台的主尺安装面与导轨运动的方向平行度。千分表固定在床身上,移动工作台,要求达到平行度为 0.1 mm/1 000 mm 以内。如果不能达到这个要求,则需设计加工一件光栅尺基座。基座要求做到:①应加一根与光栅尺尺身长度相等的基座(最好基座长出光栅尺 50 mm 左右);②该基座通过铣、磨工序加工,保证其平面平行度 0.1 mm/1 000 mm 以内。另外,还需加工一件与尺身基座等高的读数头基座。读数头的基座与尺身的基座总误差不得大于 ±0.2 mm。安装时,调整读数头位置,使读数头与光栅尺尺身的平行度为 0.1 mm 左右,读数头与光栅尺尺身之间的间距为 1～1.5 mm。

(二)安装主尺

将光栅主尺用 M4 螺钉安装在机床安装的工作台安装面上,但不要拧紧,把千分表固定在床身上,移动工作台(主尺与工作台同时移动)。用千分表测量主尺平面与机床导轨运动方向的平行度，调整主尺 M4 螺钉位置，使主尺平行度满足 0.1 mm/1 000 mm 以内时，把 M2 螺钉彻底拧紧。

在安装光栅主尺时，应注意如下三点：

(1)在装主尺时，如安装超过 1.5 mm 以上的光栅，不能像桥梁式只安装两端头，尚需在整个主尺尺身中有支撑。

(2)在有基座情况下安装好后，最好用一个卡子卡住尺身中点(或几点)。

(3)不能安装卡子时，最好用玻璃胶粘住光栅尺身，使基尺与主尺固定好。

(三)安装读数头

在安装读数头时，首先应保证读数头的基面达到安装要求。然后安装读数头，其安装方法与主尺相似。最后调整读数头，使读数头与光栅主尺平行度保证在 0.1 mm 之内，其读数头与主尺的间隙控制在 1 ~ 1.5 mm。

(四)安装限位装置

光栅线位移传感器全部安装完以后，一定要在机床导轨上安装限位装置，以免机床加工产品移动时读数头冲撞到主尺两端，从而损坏光栅尺。另外，用户在选购光栅线位移传感器时，应尽量选用超出机床加工尺寸 100 mm 左右的光栅尺，以留有余量。

最后，检查光栅线位移传感器安装完毕后，可接通数显表，移动工作台，观察数显表计数是否正常。在机床上选取一个参考位置，来回移动工作台至该选取的位置。数显表读数应相同(或回零)。另外，也可使用千分表(或百分表)，使千分表与数显表同时调至零(或记忆起始数据)，往返多次后回到初始位置，观察数显表与千分表的数据是否一致。通过以上工作，光栅传感器的安装就完成了。但对于一般的机床加工环境来讲，铁屑、切削液及油污较多。因此，光栅传感器应附带加装护罩，护罩的设计是按照光栅传感器的外形截面放大留一定的空间尺寸确定，护罩通常采用橡皮密封，使其具备一定的防水防油能力。

四、光栅线位移传感器的使用注意事项

(1)光栅线传感器与数显表插头座插拔时应关闭电源后进行。

(2)尽可能外加保护罩，并及时清理溅落在尺上的切屑和油液，严格防止任何异物进入光栅传感器壳体内部。

(3)定期检查各安装连接螺钉是否松动。

(4)为延长防尘密封条的寿命，可在密封条上均匀涂上一薄层硅油，注意勿溅落在玻璃光栅刻划面上。

(5)为保证光栅线位移传感器使用的可靠性，可每隔一定时间用乙醇混合液清洗擦拭光栅尺面及指示光栅面，保持玻璃光栅尺面清洁。

(6)光栅线位移传感器严禁剧烈震动及摔打，以免破坏光栅尺，如光栅尺断裂，光栅传感器即失效了。

(7)不要自行拆开光栅传感器，更不能任意改动主栅尺与副栅尺的相对间距，否则可能破坏光栅传感器的精度，还可能造成主栅尺与副栅尺的相对摩擦，损坏铬层也就损坏了栅线，从而造成光栅尺报废。

(8)应注意防止油污及水污染光栅尺面，以免破坏光栅尺线条纹分布，引起测量误差。

(9)光栅传感器应尽量避免在有严重腐蚀作用的环境中工作，以免腐蚀光栅铬层及光栅尺表面，破坏光栅尺质量。

【项目拓展】

任务六　数字式传感器的应用

一、光栅位移传感器的应用

由于光栅位移传感器测量精度高(分辨率为 0.1 μm)、动态测量范围广(0 ~ 1 000 mm)，可进行无接触测量，而且容易实现系统的自动化和数字化，因而在机械工业中得到了广泛的应用。特别是在量具、数控机床的闭环反馈控制，工作主机的坐标测量等方面，光栅位移传感器起着重要的作用。如图 15-29 所示为安装直线光栅的数控机床。

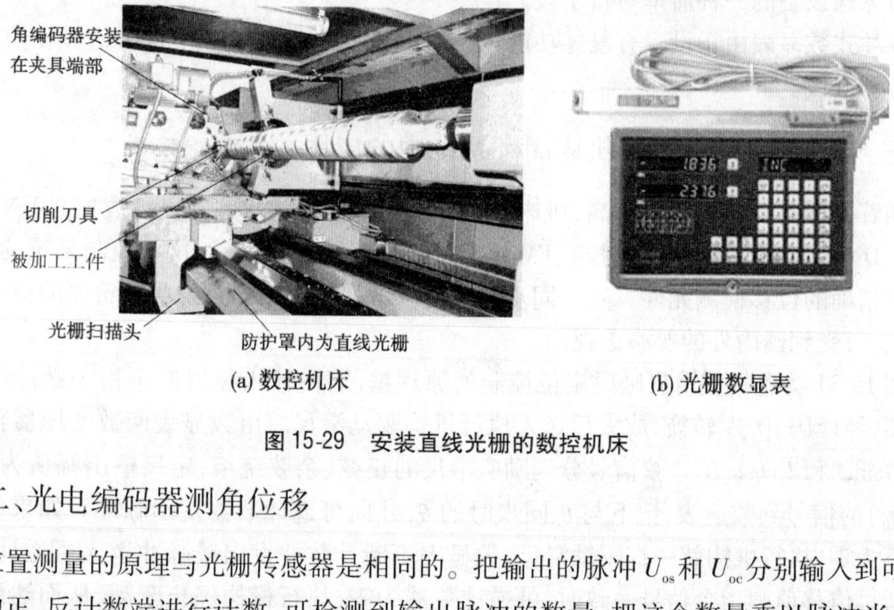

(a) 数控机床　　(b) 光栅数显表

图 15-29　安装直线光栅的数控机床

二、光电编码器测角位移

位置测量的原理与光栅传感器是相同的。把输出的脉冲 U_{os} 和 U_{oc} 分别输入到可逆计数器的正、反计数端进行计数，可检测到输出脉冲的数量，把这个数量乘以脉冲当量(转角/脉冲)就可测出编码盘转过的角度。为了能够得到绝对转角，在起始位置对可逆计数器清零。

在进行直线距离测量时，通常把光电编码器装到伺服电动机轴上，伺服电动机又与滚珠丝杠相连。当伺服电动机转动时，由滚珠丝杠带动工作台或刀具移动，这时编码器的转角对应直线移动部件的移动量，因此可根据伺服电动机和丝杠的传动以及丝杠的导程来计算移动部件的位置，如图 15-30(a)所示。

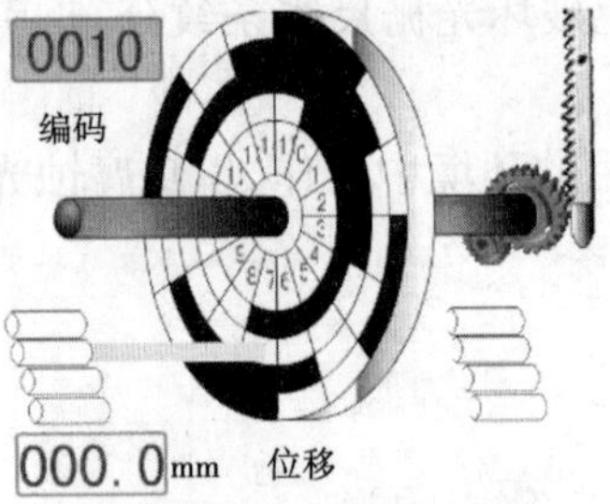

(a)编码器测直线位移

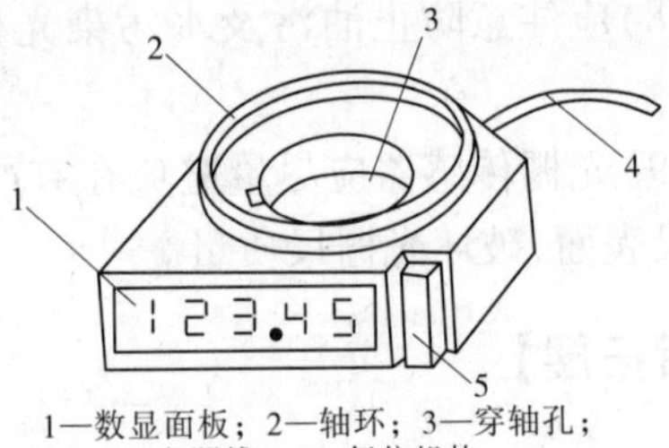

1—数显面板；2—轴环；3—穿轴孔；
4—电源线；5—复位机构

(b) 轴环式数显表的外形

图 15-30　光电编码器测位移

光电编码器的典型应用产品是轴环式数显表，它是一个将光电编码器与数字电路装在一起的数字式转角测量仪表，其外形如图 15-30(b)所示。它适用于车床、铣床等中小型机床的进给量和位移量的显示。例如，将轴环式数显表安装在车床进给刻度轮的位置，就可直接读出整个进给尺寸，从而可以避免人为的读数误差，提高加工精度，特别是在加工无法直接测量的内台阶孔和用来制作多头螺纹的分头时，更显得优越。它是用数显技术改造老式设备的一种简单易行手段。

轴环式数显表由于设置有复零功能，可在任意进给、位移过程中设置机械零位，因此使用特别方便。

三、感应同步器在数控机床闭环系统中的应用

随着机床自动化程度的提高，机床控制技术已发展到 CNC(计算机数控)、MN(微机数控)、DNC(直接数控，也称群控)、FMS(柔性制造系统)等阶段。这些控制系统的发展，离不开精确的位移检测元件。感应同步器已成为数控机床闭环系统中最重要的位移检测元件之一，受到国内外的普遍重视。

图 15-31 为鉴幅型滑尺励磁定位控制的原理框图，由输入装置产生指令脉冲给可逆计数器，经译码、D/A 转换、放大后送入执行机构驱动滑尺。由数显表两数变压器输出幅值为 $U\sin\varphi$ 和 $U\cos\varphi$ 的余弦信号分别励磁滑尺的正弦、余弦绕组，定尺输出幅值为 $U_m\sin(\varphi-\theta_0)$ 的信号到数显表，记下与 θ_0 同步时的 θ，并向可逆计数器发出脉冲。如果可逆计数器不为零，执行机构就一直驱动滑尺，数显表不断计数并发出减脉冲送入可逆计数器，直到滑尺位移值和指令信号一致时，可逆计数器为零，执行机构停止驱动，从而达到定位控制的目的。

【项目小结】

常用的数字式传感器有四大类：栅式数字传感器、编码器式数字传感器、频率/数字输出式数字传感器和感应同步器式数字传感器。

计量光栅可分为透射式光栅和反射式光栅两大类，均由光源、光栅副、光敏元件三大部分组成。它利用光栅莫尔条纹现象，把光栅作为测量元件，具有结构原理简单、测量精度高等优点。

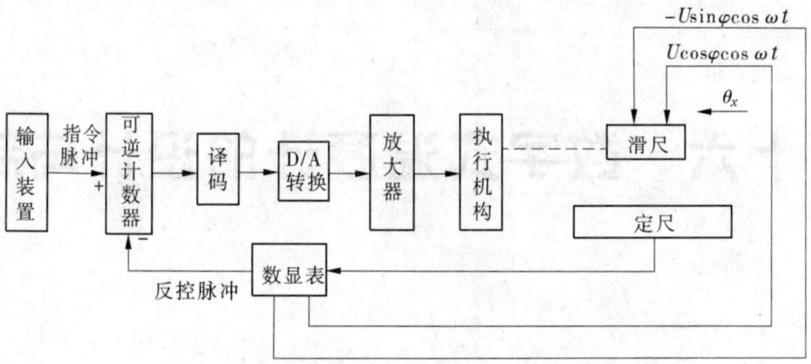

图 15-31　鉴幅型滑尺励磁定位控制的原理框图

编码器主要分为脉冲盘式和码盘式两大类。脉冲盘式编码器不能直接输出数字编码,需要增加有关数字电路才可能得到数字编码。码盘式编码器也称为绝对编码器,它将角度或直线坐标转换为数字编码,能方便地与数字系统(如微机)连接。码盘式编码器按其结构可分为接触式、光电式和电磁式三种。

感应同步器是应用电磁感应定律把位移量转换成电量的传感器。按其用途可分为两大类:测量直线位移的线位移感应同步器和测量角位移的圆盘感应同步器。直线式感应同步器广泛应用于坐标镗床、坐标铣床及其他机床的定位、数控和数显。旋转式感应同步器常用于精密机床或测量仪器的分度装置等,也用于雷达天线定位跟踪。

频率式传感器是将被测非电量转换为频率量,即转换为一列频率与被测量有关的脉冲,然后在给定的时间内,通过电子电路累计这些脉冲数,从而测得被测量;或者用测量与被测量有关的脉冲周期的方法来测得被测量。频率式传感器体积小、重量小、分辨率高,由于传输的信号是一列脉冲信号,所以具有数字化技术的许多优点,是传感器技术发展的方向之一。

【项目训练】

1. 什么是莫尔效应？简述莫尔条纹的放大作用。
2. 简述光栅读数头的结构,说明其工作原理。
3. 简述光栅辨向电路的工作原理。
4. 简述脉冲盘式编码器和码盘式编码器的区别。
5. 8421 码制的码盘有何缺点？如何改进？
6. 简述脉冲盘式编码器的辨向原理。
7. 简述直线式感应同步器的工作原理。
8. 简述频率式传感器的基本工作原理。
9. 频率式传感器有几种类型？各有何特点？

项目十六　数字式温度计的设计与制作

【项目描述】

本项目要求设计与制作一个数字式温度计。

典型的温度测控系统是由模拟温度传感器、A/D 转换电路和单片机组成的。但是由于模拟温度传感器输出的为模拟信号，必须经过 A/D 转换环节获得数字信号后才能与单片机等微处理器接口，使得硬件电路结构复杂，成本较高。近年来，以 DS18B20 代表的新型单总线数字式温度传感器的突出优点使得它得到充分利用。DS18B20 集温度测量和 A/D 转换于一体，直接输出数字量，接口几乎不需要外围元件，硬件电路结构简单，传输距离远，可以很方便地实现多点测量，与单片机接口几乎不需要外围元件，使得硬件电路结构简单，广泛使用于距离远、节点分布多的场合。

通过本项目的学习，要求大家了解传感器与微机的接口电路，熟悉 A/D 转换器(ADC)的主要技术指标，能正确选择、连接微机的 ADC，熟悉传感器与微机的接口电路的设计方法。

【相关知识与技能】

任务一　传感器与微机接口技术

如图 16-1 所示，传感器与微机的接口电路主要由信号预处理电路、数据采集系统和计算机接口电路组成。其中，预处理电路把传感器输出的非电压量转换成具有一定幅值的电压量；数据采集系统把模拟电压量转换成数字量；计算机接口电路把 A/D 转换后的数字信号送入计算机，并把计算机发出的控制信号送至输入接口的各功能部件；计算机还可通过其他接口把信息数据送往显示器、控制器、打印机等。由于信号预处理电路因被测量和传感器而不同，因此传感器的信号处理技术是构成不同系统的关键。

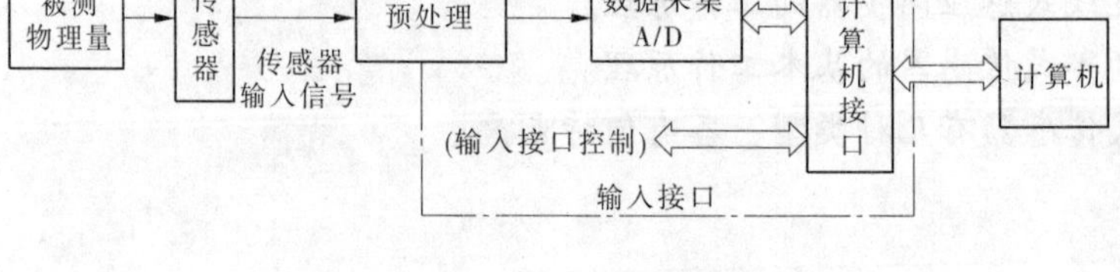

图 16-1　传感器与微机的接口框图

一、信号预处理

（一）开关式输出信号的预处理

如图 16-2 (a)所示，在输入传感器的物理量小于某阈值的范围内，传感器处于“关”的状态，而当输入量大于该阈值时，传感器处于“开”的状态，这类传感器称为开关式传感器。实际上，由于输入信号总存在噪声叠加成分，传感器不能在阈值点准确地发生跃变，如图 16-2(b)所示。另外，无接触式传感器的输出也不是理想的开关特性，而是具有一定的线性过渡。因此，为了消除噪声及改善特性，常接入具有迟滞特性的电路，称为鉴别器或称脉冲整形电路，多使用施密特触发器，如图 16-2 (c) 所示。经处理后的特性如图 16-2(d)所示。

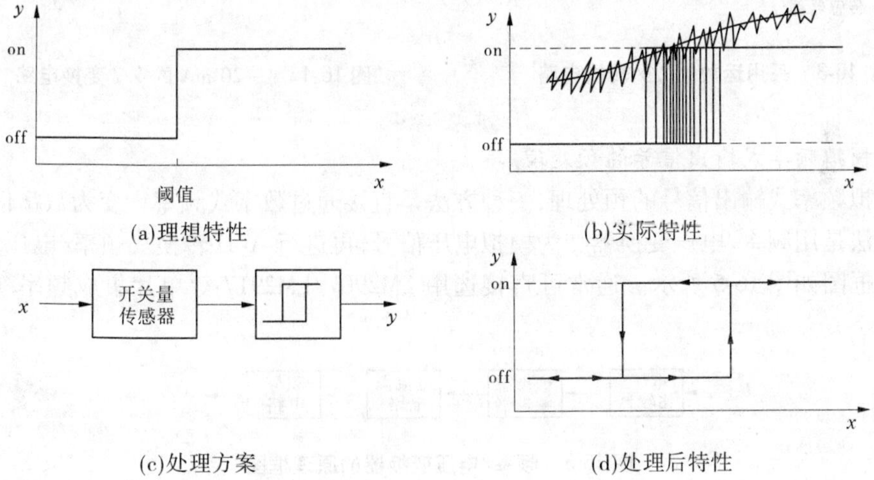

图 16-2　开关量传感器特性示意图

（二）模拟连续式输出信号的预处理

模拟连续式传感器的输出参量可以归纳为五种形式：电压、电流、电阻、电容和电感。这些参量必须先转换成电压量信号，然后进行放大及带宽处理才能进行 A/D 转换。

1. 电流/电压变换(*I/V* 变换)

I/V 变换器的作用是将电流信号变换为标准的电压信号，它不仅要求具有恒压性能，而且要求输出电压随负载电阻变化所引起的变化量不能超过允许值。

I/V 转换电路可由运算放大器组成，如图 16-3 所示。电路的输出电压 $U_o = -I_s R_f$。一般 R_f 比较大，若传感器内部电容量较大时容易振荡，需要消振电容 C_f。因此，该电路不适用于高频。当运算放大器直接接到高阻抗的传感器时，需要加保护电路。当信号较大时，可在运算放大器输入端用正、反向并联的二极管保护；当信号较小时，可在运算放大器输入端串联 100 kΩ 的电阻保护。

2. 电压/电流变换(*V/I* 变换)

V/I 变换器的作用是将电压信号变换为标准的电流信号，它不仅要求具有恒流性能，而且要求输出电流随负载电阻变化所引起的变化量不能超过允许值。

传感器与微型机之间要进行远距离信号传输，更可靠的方法是使用具有恒流输出的 V/I 变换器，产生 4 ~ 20 mA 的统一标准信号，即规定传感器从零到满量程的统一输出信号为 4 ~ 20 mA 的恒定直流电流，如图 16-4 所示。

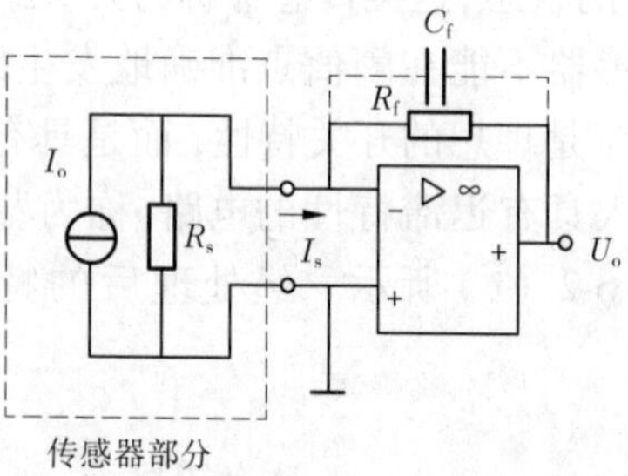

图 16-3 采用运放的 I/V 转换电路

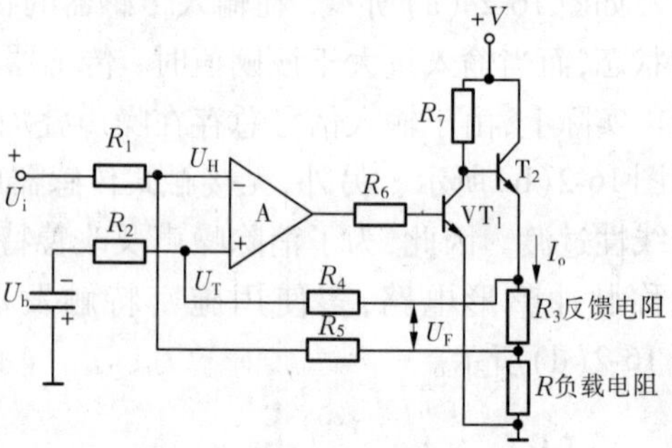

图 16-4 4 ~ 20 mA 的 V/I 变换电路

3. 模拟频率式输出信号的预处理

模拟频率式输出信号的预处理，一种方法是直接通过数字式频率计变为数字信号；另一种方法是用频率/电压变换器变为模拟电压信号，再进行 A/D 转换。频率/电压变换器的原理框图如图 16-5 所示。通常可直接选用 LM2907/LM2917 等单片集成频率/电压变换器。

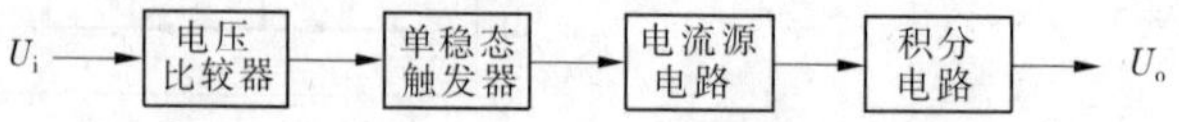

图 16-5 频率/电压变换器的原理框图

4. 数字式输出信号的预处理

数字式输出信号分为数字脉冲式输出信号和数字编码式输出信号。数字脉冲式输出信号可直接将输出脉冲经整形电路后接至数字计数器，得到数字信号。数字编码式输出信号通常采用格雷码而不用 8421 二进制码，以避免在两种码数交界处产生计数错误。因此，需要将格雷码转换成二进制或二—十进制码。

传感器信号的预处理应根据传感器输出信号的特点及后续检测电路对信号的要求选择不同的电路。

二、数据采集

传感器输出的信号经预处理变为模拟电压信号后，需转换成数字量才能进行数字显示或送入计算机。这种把模拟信号数字化的过程称为数据采集。

（一）数据采集系统

典型的数据采集系统由传感器（T）、放大器（IA）、模拟多路开关（MUX）、采样保持器（SHA）、A/D 转换器、计算机（MPS）或数字逻辑电路组成。根据它们在电路中的位置可分为同时采集、高速采集、分时采集和差动结构四种配置，如图 16-6 所示。

(1)同时采集系统。图 16-6(a)为同时采集系统配置方案,可对各通道传感器输出量同时进行采集和保持,然后分时转换和存储,可保证获得各采样点同一时刻的模拟量。

(2)高速采集系统。图 16-6(b)为高速采集系统配置方案,在时实控制中对多个模拟信号同时进行实时测量是很有必要的。

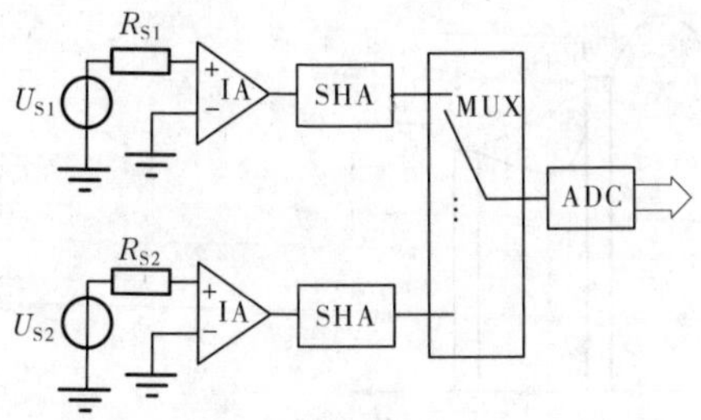

(a)同时采集

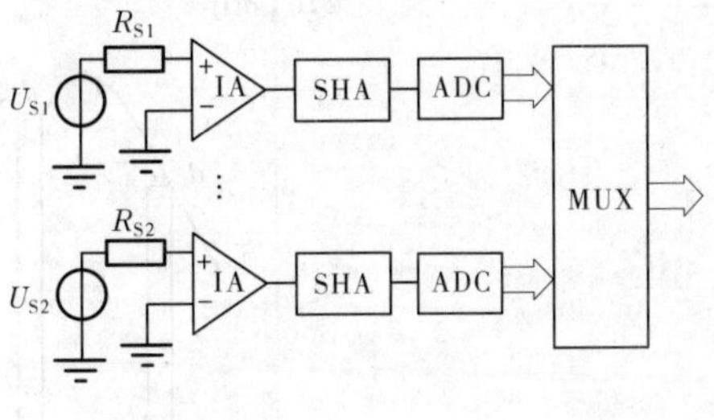

(b)高速采集

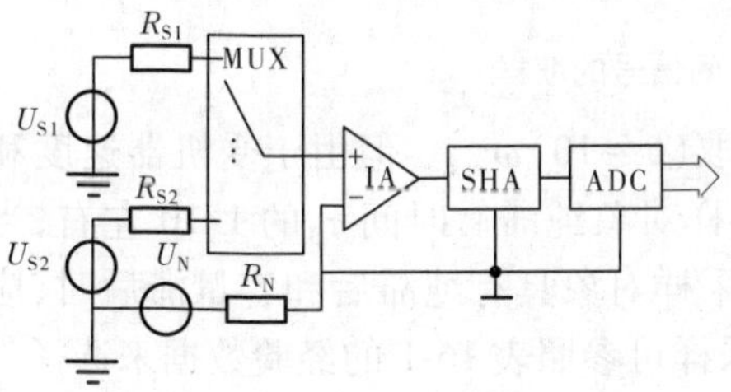

(c)分时采集

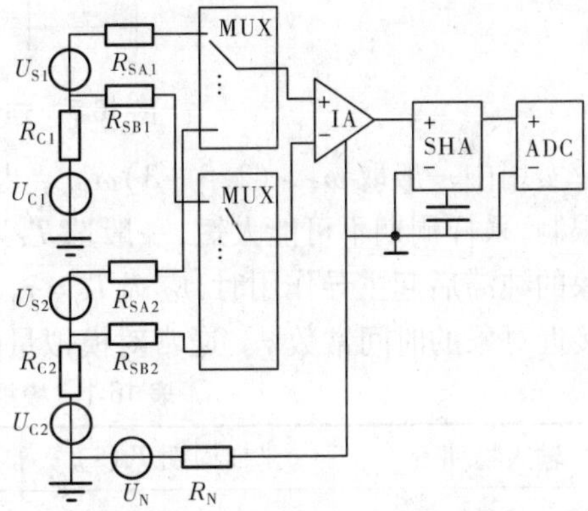

(d)差动结构

图 16-6　数据采集系统的配置

(3)分时采集系统。图 16-6(c)为分时采集系统配置方案,这种系统价格低,具有通用性,传感器与仪表放大器匹配灵活,有的已实现集成化,在高精度、高分辨率的系统中,可降低 IA 和 ADC 的成本,但对 MUX 的精度要求很高,这是因为输入的模拟量往往是微伏级的。这种系统每采样一次便进行一次 A/D 转换并送入内存后方才对下一采样点采样。这样,每个采样点值间存在一个时差(几十微秒到几百微秒),使各通道采样值在时轴上产生扭斜现象。输入通道数越多,扭斜现象越严重,不适合采集高速变化的模拟量。

(4)差动结构分时采集系统。在各输入信号以一个公共点为参考点时,公共点可能与 IA 和 ADC 的参考点处于不同电位而引入干扰电压 U_N,从而造成测量误差。采用如图 16-6(d)所示的差动配置方式可抑制共模干扰,其中 MUX 可采用双输出器件,也可用两个 MUX 并联。显然,图 16-6(a)、(b)两种方案的成本较高,但在 8 ~ 10 位以下的较低精度系统中,经济上也十分实惠。

(二)采样周期的选择

采样就是以相等的时间间隔对某个连续时间信号 $a(t)$ 取样,得到对应的离散时间信号的过程,如图 16-7 所示。其中,t_1、t_2、…为各采样时刻, d_1、d_2、…为各时刻的采样值,两次采样之间的时间间隔称为采样周期 T_S。图中虚线表示再现原来的连续时间信号。可以看出，采样周期越短，误差越小；采样周期越长，失真越大。为了尽可能保持被采样信号的真实性，采样周期不宜过长。根据香农采样定理：对一个具有有限频谱（$\omega_{min} < \omega < \omega_{max}$）的连续信号进行采样，当采样频率 $\omega_S = 2\pi/T_S \geq 2\omega_{max}$ 时，采样结果可不失真。

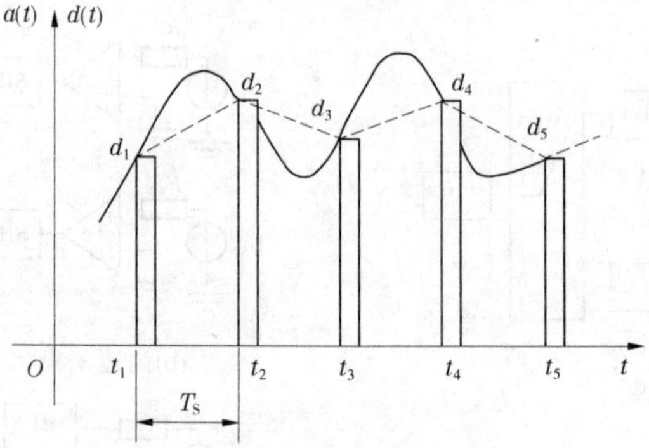

图 16-7　连续时间信号的取样

实用中一般取 $\omega_S > (2.5 \sim 3)\omega_{max}$，也可取 $(5 \sim 10)\omega_{max}$。但由于受机器速度和容量的限制，采样周期不可能太短，一般选 T_S 为采样对象纯滞后时间 τ_0 的 1/10 左右；当采样对象的纯滞后起主导作用时，应选 $T_S = \tau_0$；当采样对象具有纯滞后和容量滞后时，应选择 T_S 接近对象的时间常数 τ。通常对模拟量的采样可参照表 16-1 的经验数据来选择。

表 16-1　模拟量采样周期参照表

输入物理量	采样周期 T_S(s)	说明
流量	1 ~ 5	一般选用 1 ~ 2 s
压力	3 ~ 10	一般选用 6 ~ 8 s
液位	6 ~ 8	
温度	15 ~ 20	串级系统 $T_S = \tau_0$，副环 $T_S = (1/5 \sim 1/4) \times$ 主环 T_S
成分	15 ~ 20	

（三）量化噪声（量化误差）

模拟信号是连续的，而数字信号是离散的，每个数又是用有限个数码来表示的，两者之间不可避免地存在误差，称为量化噪声。一般 A/D 转换的量化噪声有 1 LSB 和 $\frac{1}{2}$LSB 两种。

三、ADC 接口技术

（一）A/D 转换器（ADC）的主要技术指标

1. 分辨率

分辨率表示 ADC 对输入量微小变化的敏感度，它等于输出数字量最低位一个字（1 LSB）所代表的输入模拟电压值。如输入满量程模拟电压为 U_m 的 N 位 ADC，其分辨率为

$$1\ \text{LSB} = \frac{U_m}{2^N - 1} \approx \frac{U_m}{2^N} \tag{16-1}$$

ADC 的位数越多,分辨率越高。因此,分辨率也可以用 A/D 转换的位数表示。

2. 精度

精度分为绝对精度和相对精度。

绝对精度是指输入模拟信号的实际电压值与被转换成数字信号的理论电压值之间的差值。它包括量化误差、线性误差和零位误差。绝对精度常用 LSB 的倍数来表示,常见的有 ±1/2 LSB 和 ±1 LSB。

相对精度是指绝对误差与满刻度值的百分比。由于输入满刻度值可根据需要设定,因此相对误差也常用 LSB 为单位来表示。

可见,精度与分辨率相关,但却是两个不同的概念。相同位数的 ADC,其精度可能不同。

3. 量程(满刻度范围)

量程是指输入模拟电压的变化范围。例如,某转换器具有 10 V 的单极性范围,或 −5 ~ 5 V的双极性范围,则它们的量程都为 10 V。

应当指出,满刻度只是个名义值,实际的 A/D、D/A 转换器的最大输出值总是比满刻度值小 $1/2^N$。例如,满刻度值为 10 V 的 10 位 A/D 转换器,其实际最大输出值为 $10 \times (1 - 1/2^{10})$ V。

4. 线性度误差

理想转换器特性应该是线性的,即模拟量输入与数字量输出成线性关系。线性度误差是转换器实际的模拟数字转换关系与理想直线不同而出现的误差,通常也用 LSB 的倍数来表示。

5. 转换时间

转换时间指从发出启动转换脉冲开始到输出稳定的二进制代码,即完成一次转换所需要的最长时间。转换时间与转换器工作原理及其位数有关。同种工作原理的转换器,通常位数越多,其转换时间则越长。对大多数 ADC 来说,转换时间就是转换频率(转换的时钟频率)的倒数。

(二) ADC 的选择与使用

按 A/D 转换的原理,ADC 主要分为比较型和积分型两大类。其中,常用的是逐次逼近型、双积分型和 V/F 变换型(电荷平衡式)。逐次逼近型 ADC 的特点是转换速度较高(1 μs ~ 1 ms),8 ~ 14 位中等精度,输出为瞬时值,抗干扰能力差;双积分 ADC 测量的是信号平均值,对常态噪声有很强的抑制能力,精度很高,分辨率达 10 ~ 20 位,价格低,但转换速度较慢(4 ms ~ 1 s);V/F 转换器是由积分器、比较器和整形电路构成的 VFC 电路,把模拟电压变换成相应频率的脉冲信号,其频率正比于输入电压值,然后用频率计测量。VFC 能快速响应,抗干扰性能好,能连续转换,适用于输入信号动态范围宽和需要远距离传送的场合,但转换速度慢。

在实际使用中,应根据具体情况选用合适的 ADC 芯片。例如,某测温系统的输入范围为 0 ~ 500 ℃,要求测量分辨力时的温度为 2.5 ℃,转换时间在 1 ms 之内,可选用分辨率为 8 位的逐次比较式 ADC0809 芯片,如果要求测量分辨率时的温度为 0.5 ℃(满量程的 1/1 000),转换时间为 0.5 s,则可选用双积分型 ADC 芯片 14433。

ADC 转换完成后,将发出结束信号,以示主机可以从转换器读取数据。结束信号可以用来向 CPU 发出中断申请,CPU 响应中断后,在中断服务子程序中读取数据;也可用延时等待和查询的方法来确定转换是否结束,以读取数据。

(三)单片机的采集接口电路及 A/D 转换器

传感器采集接口电路的系统框图如图 16-8 所示。

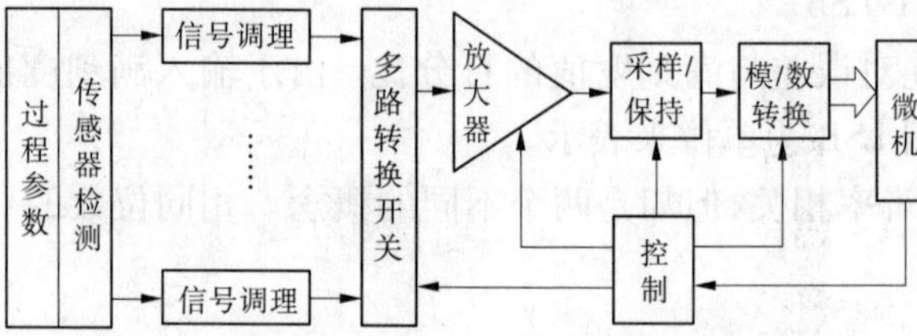

图 16-8 传感器采集接口电路的系统框图

单片机常用的 A/D 转换器及接口电路有 ADC0808、ADC0809 。ADC0809/0808 芯片的引脚图如图 16-9 所示。它是 8 路输入通道、8 位逐次逼近式 A/D 转换器,可分时转换 8 路模拟信号。$IN_0 \sim IN_7$ 为 8 路模拟量输入信号端,$D_0 \sim D_7$ 为 8 位数字量输出信号端,A、B、C 为通道选择地址信号输入端。

(四)ADC0809/0808 与单片机的连接

ADC0809/0808 与 8031 单片机的硬件连接如图 16-10 所示。

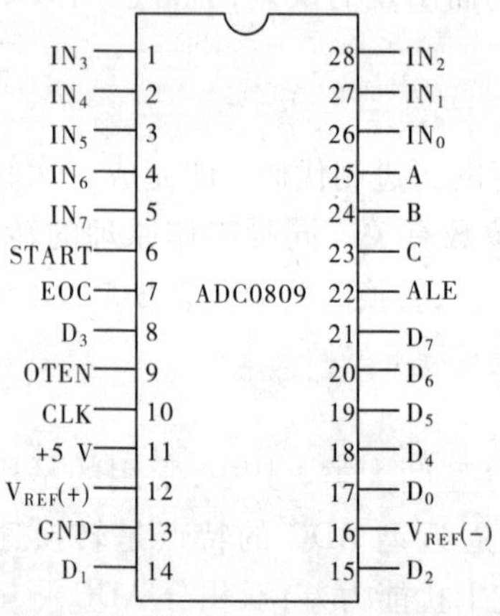

图 16-9 ADC0809/0808 芯片的引脚图

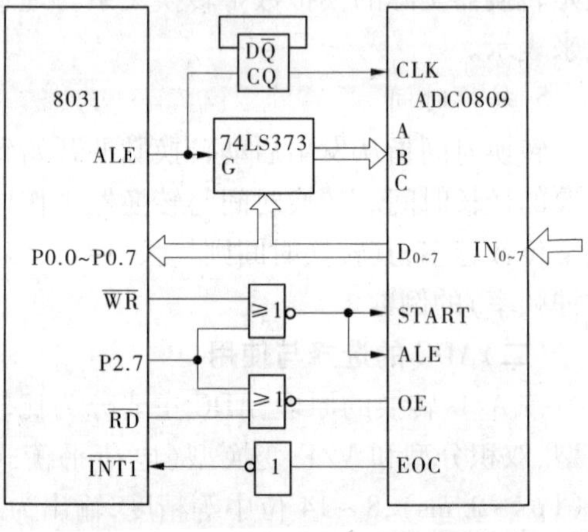

图 16-10 ADC0808/0809 与单片机的硬件连接

8031 的 8 路连续采样程序如下(略去伪指令 ORG 等):

```
        MOV     DPTR,#7FF8H        ;设置外设(A/D)口地址和通道号
        MOV     R0,#40H            ;设置数据指针
        MOV     IE,#84H            ;允许外部中断 1 中断
        SETB    IT1                ;置边沿触发方式
```

```
        MOVX  @DPTR,A          ;启动转换
LOOP:   CJNE  R0,#48,LOOP      ;判8个通道是否完毕
        RET                    ;返回主程序
AINT:   MOVX  A,@DPTR          ;输入数据
        MOV   @R0, A
        INC   DPTR             ;修改指针
        INC   R0
        MOVX  @DPTR,A          ;启动转换
        RETI                   ;中断返回
```

【项目实施】

任务二　数字式温度计的设计与制作

在设计与制作数字式温度计之前，首先介绍一下数字温度传感器 DS18B20。

数字温度传感器 DS18B20 是美国 DALLAS 公司推出的一种可组网的数字式温度传感器，能够直接读取被测物体的温度值。具有 TO－92、TSOC、SOIC 多种封装形式，可以适应不同的环境需求。

一、数字温度传感器 DS18B20

（一）DS18B20 主要特性

（1）单总线接口方式，与微处理器连接时仅需要一条信号线即可实现双向通信。

（2）使用中无须外部器件，可以利用数据线或外部电源提供电能，供电电压范围为 3.3～5.5 V。

（3）直接读出数字量，工作可靠，精度高，且通过编程可实现 9～12 位分辨率读出温度数据，转换温度数据最多仅需要 750 ms。

（4）温度测量范围为 －55～＋125 ℃，－10～＋85 ℃的测量精度可达 ±0.5 ℃。

（5）可设定非易失的报警上下限值，一旦测量温度超过此设定值，即可给出报警标志。

（6）每片 DS18B20 上有唯一的 64 b 识别码，可轻松组建分布式温度测量测量网络。

（二）DS18B20 的内部结构

DS18B20 采用 3 脚 TO－92 封装，形如三极管，如图 16-11（a）图所示，同时也有 8 脚 SOIC 封装，如图 16-11（b）所示，还有 6 脚的 TSOC 封装。

DS18B20 内部结构框图如图 16-12 所示。内部结构主要由四部分组成：64 位光刻 ROM、温度传感器、非挥发的温度报警触发器 TH 和 TL、配置寄存器。

64 位光刻 ROM：光刻 ROM 中的 64 位序列号是出厂前被光刻好的，它可以看作是该 DS18B20 的地址序列码。64 位光刻 ROM 的排列是：开始 8 位（28H）是产品类型标号，接着的 48 位是该 DS18B20 自身的序列号，最后 8 位是前面 56 位的循环冗余校验码（CRC =

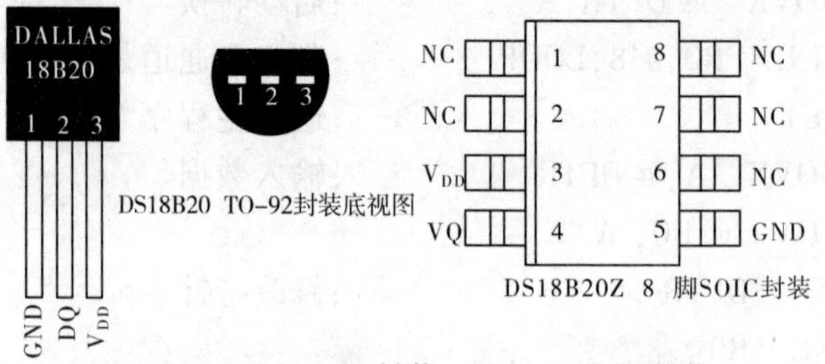

(a)DS18B20 TO-92封装 (b)SOIC封装

图 16-11 数字温度传感器 DS18B20

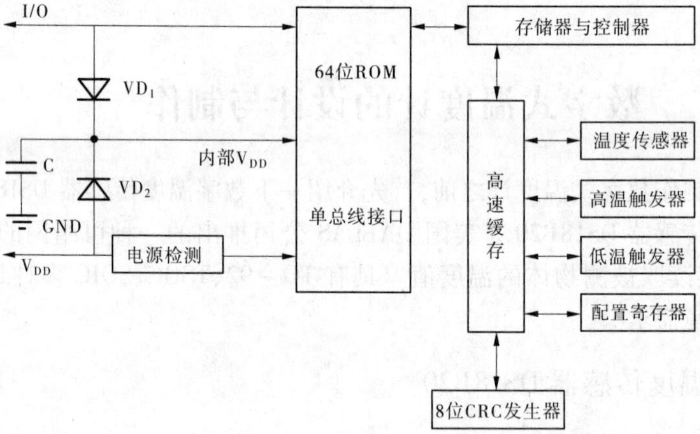

图 16-12 DS18B20 内部结构框图

X8 + X5 + X4 + 1）。光刻 ROM 的作用是使每一个 DS18B20 都各不相同，这样就可以达到一根总线上挂接多个 DS18B20 的目的。

温度传感器：DS18B20 的温度数据用高低两个字节的补码来表示，如图 16-13 所示，$S=1$时表示温度为负，$S=0$ 时表示温度为正。DS18B20 温度传感器的内部存储器包括一个高速暂存 RAM 和一个非易失性的可电擦除的 EEPRAM，后者存放高温度和低温度触发器 TH、TL 和结构寄存器。DS18B20 检测到温度值经转换为数字量后，自动存入存储器中，并与设定值 TH 或 TL 进行比较，当测量温度超出给定范围时就输出报警信号，并自动识别是高温超限还是低温超限。高速暂存器内有 8 个字节，从低到高分别是温度低字节、温度高字节、上限报警温度 TH、下限报警温度 TL、结构寄存器、三个保留字节。

2^3	2^2	2^1	2^0	2^1	2^2	2^3	2^4	LSB

Msb 单位℃ Lsb

S	*S*	*S*	*S*	*S*	2^6	2^5	2^4	MSB

图 16-13 温度数据字节表示

配置寄存器:主要用于确定温度转换的分辨率。

(三)DS18B20 的硬件连接方式

DS18B20 与主机的连接非常简单,主要是指数据线和电源的连接,将 DS18B20 的数据信号线(DQ)与主机的一位具有三态功能的双向口相连接,就可实现数据的传输。DS18B20 采用两种供电方式,外部电源供电(V_{DD}接电源)和数据线供电(V_{DD}和 GND 接地)方式。为保证在有效的 DS18B20 时钟周期内提供足够的电流,采用外部电源单独供电时,要在数据线上加 1 个 4.7 kΩ 上拉电阻即可,若采用数据线供电,除加一个 4.7 kΩ 上拉电阻外,要加一个 MOSFET 管来完成对总线的上拉,这种方式主要用于外部电源供电不方便的场合,而且测温网络中传感器的数量有限制。

(四)DS18B20 的工作过程

由于 DS18B20 单总线通信功能是分时完成的,它有严格的时隙概念,因此读写时序很重要。主机对 DS18B20 的各种操作必须按协议进行。由于 DS18B20 是一个典型的单总线传感器,其命令序列如下:

第一步:初始化。

第二步:ROM 命令(跟随需要交换的数据)。

第三步:功能命令(跟随需要交换的数据)。

初始化时首先控制器发出一个复位脉冲,使 DS18B20 复位:先将数据线拉低并保持 480~960 μs,再释放数据线,由上拉电阻拉高 15~60 μs 后由 DS18B20 发出 60~240 μs 的低电平作为应答信号。

在主机检测到应答脉冲后,就可以发出 ROM 命令。当主机在单总线上连接多个从机设备时,可指定操作某个从机设备。这些命令还允许主机能够检测到总线上有多少个从机设备,以及其设备类型或者有没有设备处于报警状态。主机在发出功能命令之前,必须发送适当的 ROM 命令。

当主机发出 ROM 命令以访问某个指定的 DS18B20 时,接着就可以发出某个功能命令。这些命令允许主机写入或读出 DS18B20 暂存器,启动温度转换以及判断其供电方式等。

对 DS18B20 访问是由主机发出特定的读写时间片来完成的。写时间片时主机将数据线从高电平拉低 1 μs 以上,紧接着送出写数据("0"或"1")保持 60 μs,DS18B20 在数据线拉低 15 μs 后对数据线采样。在两次写时间片之间必须有一个最小 1 μs 的恢复时间(高电平),并且一个写时间片的周期不能小于 60 μs。读时间片时主机将数据线从高电平拉低 1 μs 以上,DS18B20 在拉低信号线 15 μs 后送出有效数据,为了读取正确数据,主机必须停止将数据线拉低,然后在 15 μs 的时刻内将数据读走。两次读时间片的恢复时间和写时间片要求一致。

二、AT89C2051 单片机

AT89C2051 是美国 ATMEL 公司生产的低电压、高性能 CMOS 8 位单片机,有 20 个引脚,如图 16 14 所示,片内含 2 kb 的可反复擦写的只读程序存储器(EPROM)和 128 b 的随机存取数据存储器(RAM)器件采用 ATMEL 公司的高密度、非易失性存储技术生产,兼容标准 MCS－51 指令系统，片内置通用 8 位中央处理器和 Flash 存储单元，功能强大。AT89C2051 单片机可用于许多高性价比的应用场合。

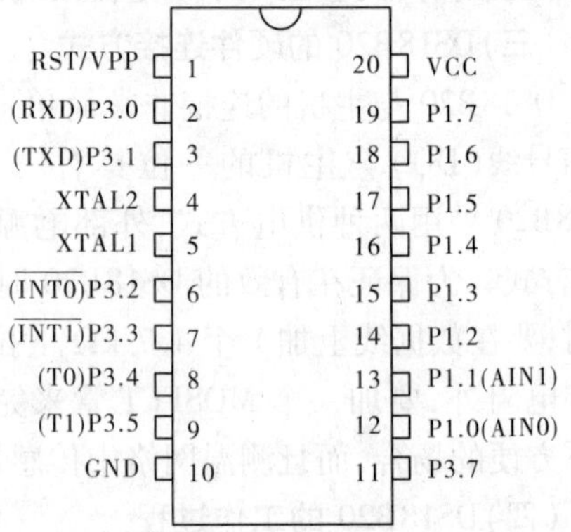

图 16-14 AT89C2051

AT89C2051 单片机主要功能特性如下：

(1)兼容 MCS－51 指令系统。

(2)具有 32 个双向 I/O 口，两个 16 位可编程定时/计数器。

(3)具有 1 个串行中断，两个外部中断源。

(4)可直接驱动 LED。

(5)具有低功耗空闲和掉电模式。

(6)4 kb 可反复擦写(>1 000 次)FLASH ROM。

(7)全静态操作 0～24 MHz。

(8)具有 128×8 b 内部 RAM。

AT89C2051 提供以下标准功能：具有 2 kb Flash 闪速存储器、128 b 内部 RAM、15 个 I/O 口线、两个 16 位定时/计数器、一个 5 向量两级中断结构、一个全双工串行通信口，内置一个精密比较器、片内振荡器及时钟电路，同时，AT89C2051 可降至 0 Hz 的静态逻辑操作，并支持两种软件可选的节电工作模式。空闲方式停止 CPU 的工作，但允许 RAM、定时/计数器、串行通信口及中断系统继续工作。掉电方式保存 RAM 中的内容，但振荡器停止工作并禁止其他所有部件工作直到下一个硬件复位。

该款芯片的超低功耗和良好的性能价格比使其非常适合嵌入式产品应用，所以 AT89C2051 的推出为许多嵌入式测控系统设计提供了灵活方便、低成本的解决方案。

三、AT89C2051 与 DS18B20 组成的测温系统

由于 DS18B20 工作时将温度信号直接转换成串行数字信号供微机处理，因此它与微机的接口电路相当简单，系统硬件原理图如图 16-15 所示。对于单总线传感器而言，数据总线只有 I/O 一根线，加上电源及地线，测量部分敷设的电缆最多也就 3 根线。在多点温度检测时，可以将多个 DS18B20 并联到这 3 根(或 2 根)线上，微机的 CPU 只需一根端口线就能与多个 DS18B20 通信。采用 DS18B20 作为温度传感器，占用微处理器端口资源很少，既方便了接口部分的电路设计，又节省了大量的信号线。上述这些优点使它非常适合应用于远距离多点温度检测系统。

实时温度检测系统硬件由温度传感器 DS18B20、单片机 AT89C2051 和显示元件三部分组成，DS18B20 为单总线温度传感器，温度测量范围为 －55～＋125 ℃，分辨率为 0.062 5 ℃；5 位 LED 数码管动态显示温度值，温度精确到小数点后两位。图 16-15 中，DS18B20 的工作电源采用外部电源供电方式，它的 I/O 数据总线直接与 AT89C2051 的 P3.7 脚相连，R_1 为上拉电阻。

系统硬件原理图中，核心部件是单片机 AT89C2051。它既是单总线的总线控制器，又

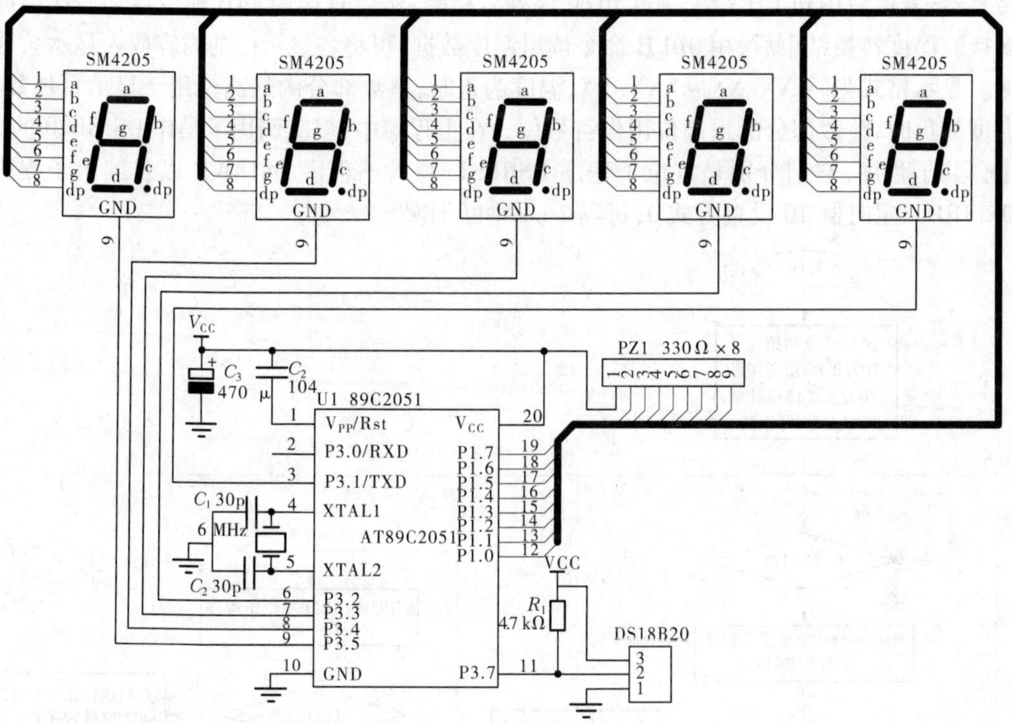

图 16-15　系统硬件原理图

要完成实时数据处理以及温度显示输出。

在单片机应用系统中，LED 数码管的显示常用到两种方法：静态显示和动态显示。所谓静态显示，就是每一个显示器都要占用单独的具有锁存功能的 I/O 接口，用于笔画段字形代码。工作时，单片机只需将被显示的段码放入对应的 I/O 接口即可，当更新数据时，再发送新的段码。静态显示数据稳定，虽然占用 CPU 时间很少，但使用了较多的硬件。动态显示的主要目的是简化硬件电路。通常将所有显示位的段选线分别并联在一起，由一个单片机的 8 位 I/O 口控制，形成段选线的多路复用。而各位数码管的共阳极或共阴极分别由单片机独立的 I/O 口线控制，顺序循环地点亮每位数码管，这样的数码管驱动方式就称为动态扫描。在这种方式中，虽然每一时刻只选通一位数码管，但由于人眼具有一定的“视觉暂留”，只要延时时间设置恰当，便会感觉到多位数码管同时被点亮了，同样也可以得到稳定的数据显示。系统中采用了动态显示的方式。AT89C2051 的 P1 口是一个 8 位双向 I/O 端口，分别与 5 位共阴极数码管 SM4205 各段的引脚相连接。由于各位的段选线并联，段码的输出对各位来说都是相同的。排阻 PZ1 为每一段提供了 10 mA 以上的显示工作电流。P3.1 ~ P3.5 分别与各数码管的 GND 引脚相连接，用于控制切换显示位。

四、软件设计

测温系统程序流程图如图 16-16 所示。AT89C2051 系统初始化后进入主程序。在本系统中，主程序每隔 1 s 进行一次温度测量。由于单总线上只挂接了 1 个 DS18B20 温度传感器,复位后用0CCH命令跳过ROM序列号检测,然后直接用44H命令启动一次温度转换。温度转换结束后,用0BEH命令读出温度数据,再将各显示位的内容放入显示缓冲区。显示格式为 -XX.XX~XXX.XX,温度为正时,整数部分的最高位用于显示百位数;温度为负时,整数部分的最高位用作符号位。在主程序中,多次调用了操作DS18B20的3个公共子程序,它们分别是复位子程序DSREST、写入子程序DS18WR以及读出子程序DS18RD。定时器T0设置方式0,每隔2 ms中断1次。

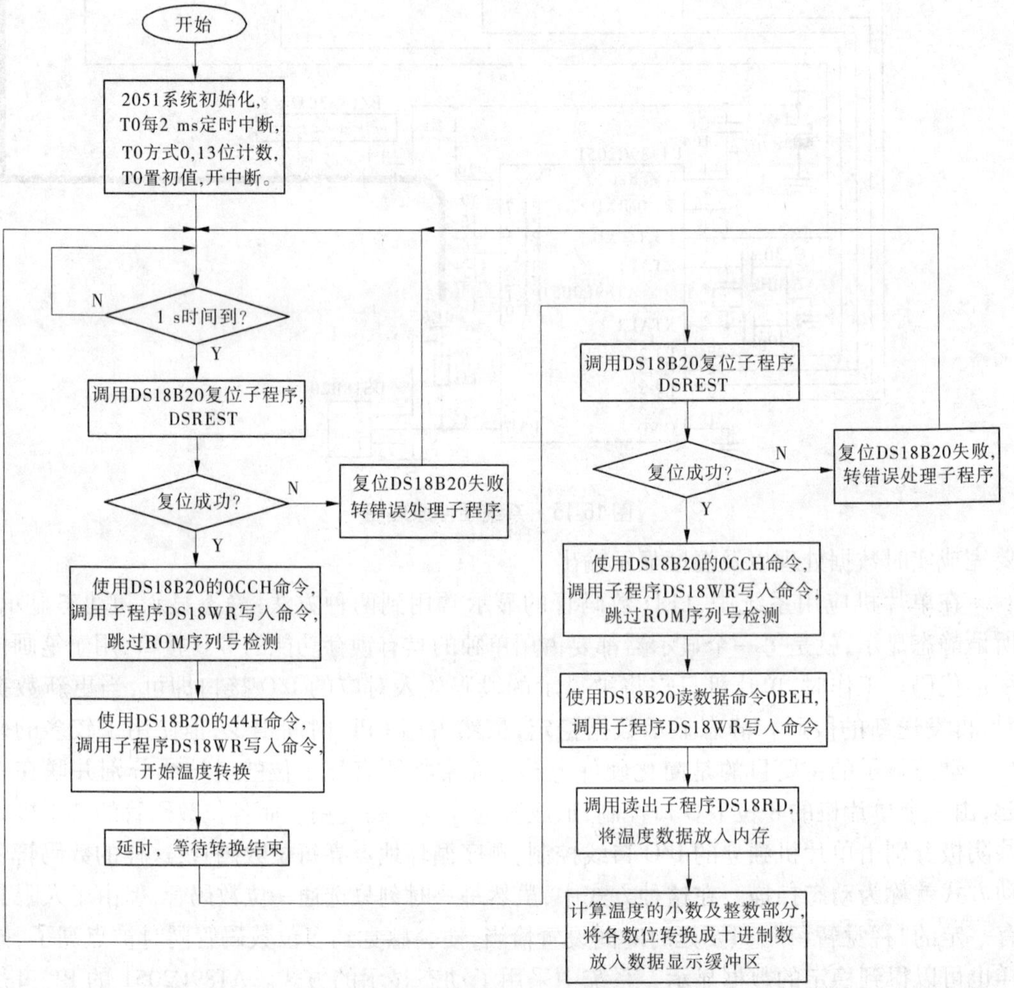

图16-16 测温系统程序流程图

中断服务程序流程图见图16-17。AT89C2051在中断处理时,先确定要显示的是第几位,然后从显示缓冲区中取出该位内容,再转换成段码送到P1端口。接下来,P3.1~P3.5中对应该位的引脚送出低电平,点亮LED数码管。这样,用5个数码管依次接通的方法,实现了温度数据的动态显示。

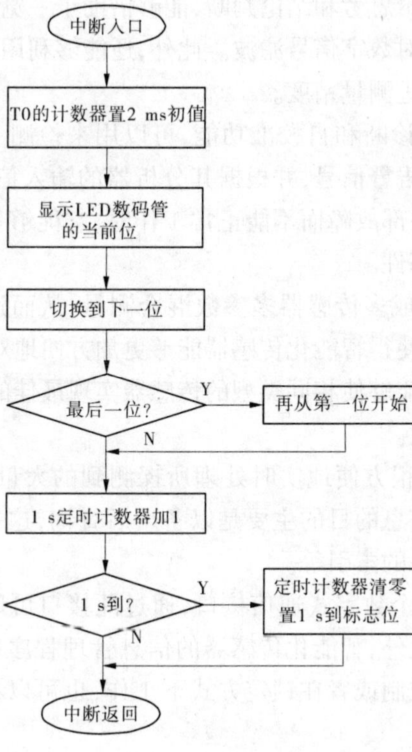

图 16-17　中断服务程序流程图

【项目拓展】

任务三　智能传感器

一、智能传感器的概念和特点

进入20世纪70年代,微处理器举世瞩目的成就也对仪器仪表的发展起了巨大的推动作用。所有以微处理器为基础的测控系统都根据传感器所采集的数据作出实时决策。随着系统自动化程度和复杂性的增加,对传感器的精度、可靠性和响应要求越来越高。传统的传感器功能单一、体积大,它的性能和工作容量已不能适应以微处理器为基础构成的多种多样测控系统的要求。为了满足测量和控制系统日益自动化的需求,仪器仪表界提出了研制以微处理器控制的新型传感器系统,把传感器的发展推到一个更高的层次上。人们把这种与专用微处理器相结合组成的新概念传感器称为Smart传感器,也称为智能传感器。

与传统的传感器相比,智能传感器功能强大,而且其精度更高、价格更低、处理质量也更好。智能传感器具有以下特点:

(1)智能传感器不但能够对信息进行处理、分析和调节,能够对所测的数值及其误差进行补偿,而且能够进行逻辑思考和结论判断,能够借助于一览表对非线性信号进行线性化处理,借助于软件滤波器对数字信号滤波。此外,还能够利用软件实现非线性补偿或其他更复杂的环境补偿,以改进测量精度。

(2)智能传感器具有自诊断和自校准功能,可以用来检测工作环境。当工作环境临近其极限条件时,它将发出告警信号,并根据其分析器的输入信号给出相关的诊断信息。当智能化传感器由于某些内部故障而不能正常工作时,它能够借助于其内部检测链路找出异常现象或出现故障的部件。

(3)智能传感器能够完成多传感器多参数混合测量,从而进一步拓宽了其探测与应用领域,而微处理器的介入使得智能化传感器能够更加方便地对多种信号进行实时处理。此外,其灵活的配置功能既能够使相同类型的传感器实现最佳的工作性能,也能够使它们适合于各不相同的工作环境。

(4)智能传感器既能够很方便地实时处理所探测到的大量数据,也可以根据需要将它们存储起来。存储大量信息的目的主要是以备事后查询,这一类信息包括设备的历史信息以及有关探测分析结果的索引等。

(5)智能传感器备有一个数字式通信接口,通过此接口可以直接与其所属计算机进行通信联络和交换信息。此外,智能化传感器的信息管理程序也非常简单方便,例如,可以对探测系统进行远距离控制或者在锁定方式下工作,也可以将所测的数据发送给远程用户等。

二、智能传感器的基本结构

智能传感器依其功能可划分为两个部分,即基本传感器部分及其信号处理单元,如图16-18所示。这两部分既可以集成在一起设置,形成一个整体,封装在一个表壳内,也可以远离设置,特别在测量现场的环境比较差的情况下,分开并远离设置有利于电子元器件和微处理器的保护,也便于远程控制和操作。采用整体封装式还是远离分装式,应由使用场合和条件而定。

基本传感器应执行下列三项基本任务:

(1)用相应的传感器测量需要的被测参数。

(2)将传感器的识别特征存入可编程的只读存储器中。

(3)将传感器计量的特性存入同一只读存储器中,以便校准计算。

信号处理单元应完成下列三项基本任务:

(1)为所有部分提供相应的电源。

(2)用微处理器计算上述对应的只读存储器中的被测量,并校正传感器敏感的非被测量。

(3)通信网络以数字形式传输数据(如读数、状态、内检等项)并接收指令和数据。

此外,智能传感器也可以作为分布式处理系统的组成单元,受中央计算机控制,如图16-19所示。其中每一个单元代表一个智能传感器,含有基本传感器、信号调理电路和一个微处理器。各单元的接口电路直接挂在分时数字总线上,以便与中央计算机通信。

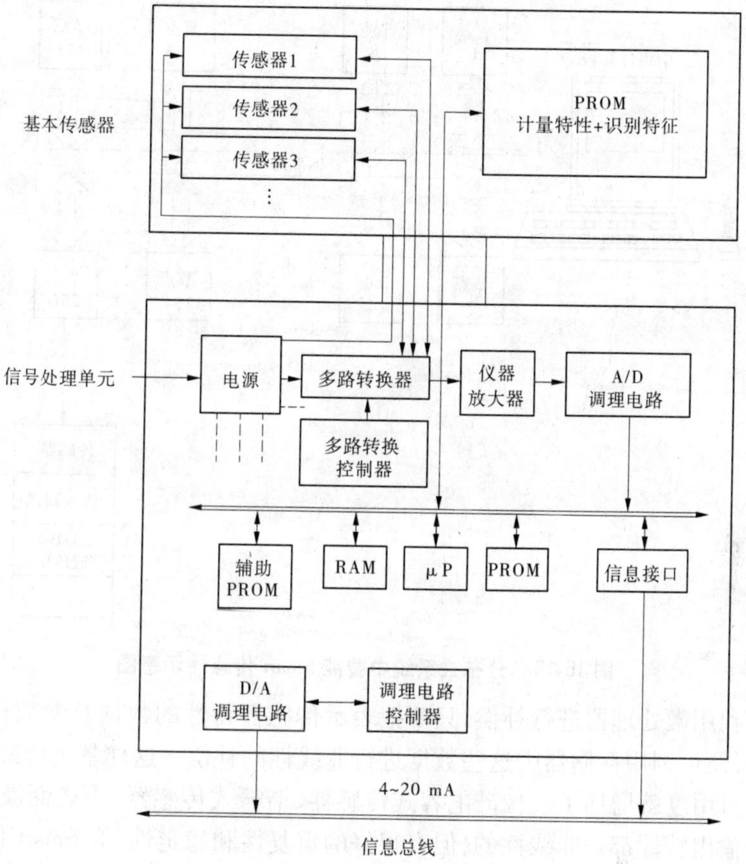

图16-18　智能传感器的基本结构方案

（一）智能传感器的基本传感器

基本传感器是构成智能传感器的基础，它在很大程度上决定着智能传感器的性能。因此，基本传感器的选用、设计至关重要。近十余年来，随着微机械加工工艺的逐步成熟，相继加工出许多实用的高性能微结构传感器，不仅有单参数测量的，还开发了多参数测量的。

硅材料的许多物理效应适于制作多种敏感机理的固态传感器，这不仅因为硅具有优良的物理性质，也因为它与硅集成电路工艺有很好的相容性。与其他敏感材料相比，硅材料更方便制作多种集成传感器。当然，石英、陶瓷等材料也是制作先进传感器的优良材料。这些先进传感器为设计智能传感器提供了基础。

为了省去 A/D 和 D/A 变换，进一步提高智能传感器的精度，发展直接数字或准数字式的传感器，并与微处理器控制系统配套，这是理想的选择。硅谐振式传感器为准数字输出，它不需 A/D 变换，可简便地与微处理器接口构成智能传感器。当今，微型谐振传感器被认为是用于精密测量的、一种有发展前景的新型传感器。

过去，在传感器设计和生产中，最希望传感器的输入—输出特性是线性的，而在智能传感器的设计思想中，不需要基本传感器是线性传感器，只要求其特性有好的重复性。而

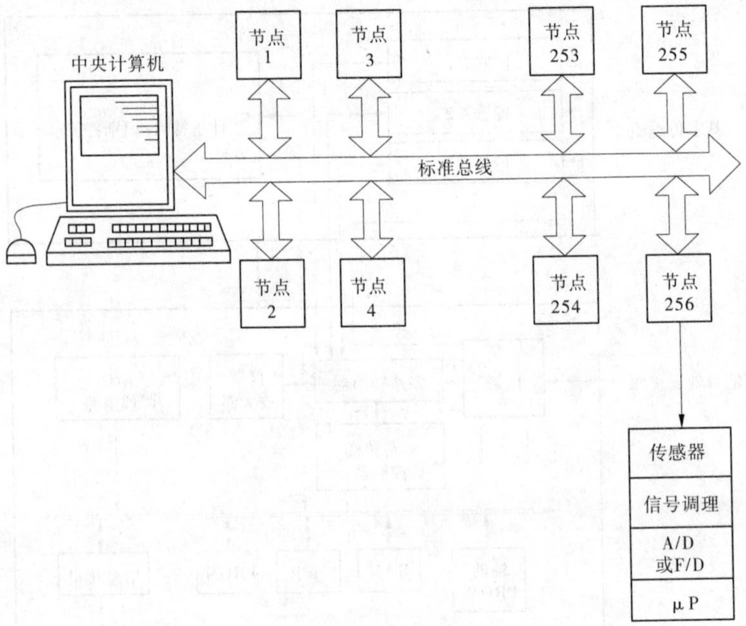

图 16-19　分布式系统中智能 Smart 传感器示意图

非线性度可利用微处理器进行补偿，只要把表示传感器特性的数据及参数存入微处理器的存储器中，便可利用存储器中这些数据进行非线性的补偿。这样基本传感器的研究、设计和选用的自由度就增加了。像硅电容式传感器、谐振式传感器、声表面波式传感器，它们的输入—输出特性都是非线性的，但有很好的重复性和稳定性，为 Smart 传感器的优选者。

传感器的迟滞现象仍是一个困难的问题，主要因为引起迟滞的机理非常复杂，利用微处理器还不能彻底消除其影响，只能有所改善。因此，在传感器的设计和生产阶段，应从材料选用、工作应力、生产检验、热处理和稳定处理上采取措施，力求减小传感器的迟滞误差。传感器的长期稳定性表现为传感器输出信号的缓慢变化，称为漂移，这是另一个比较难以校正和补偿的问题，亦应在传感器生产阶段设法减少加工材料的物理缺陷和内在特性对传感器长期稳定性的影响。

总之，在智能传感器的设计中，对基本传感器的某些固有缺陷，且不易在系统中进行补偿的，应在传感器生产阶段尽量对其补偿，然后在系统中再对其进行改善。这是设计智能传感器的主要思路。例如，在生产电阻型传感器中加入正或负温度系数电阻，就可以对其进行温度补偿。

（二）智能传感器中的软件

智能传感器一般具有实时性很强的功能，尤其动态测量时常要求在几个微秒内完成数据的采样、处理、计算和输出。智能传感器的一系列工作都是在软件（程序）支持下进行的，它能实现硬件难以实现的功能。如功能多少、使用方便与否、工作可靠与否、基本传感器的性能等，都在很大程度上依赖于软件设计的质量。软件设计主要包括下列一些内容。

1. 标度变换

在被测信号变换成数字量后,往往还要变换成人们所熟悉的测量值,如压力、温度、流量等。这是因为被测对象,如数据的量纲和 A/D 变换的输入值不同,经 A/D 变换后得到一系列的数码,必须把它变换成带有量纲的数据后才能运算、显示、打印输出。这种变换叫标度变换。

2. 数字调零

在检测系统的输入电路中,一般都存在零点漂移、增益偏差和器件参数不稳定等现象。它们会影响测量数据的准确性,必须对其进行自动校准。在实际应用中,常常采用各种程序来实现偏差校准,称为数字调零。除数字调零外,还可在系统开机或每隔一定时间自动测量基准参数实现自动校准。

3. 非线性补偿

在检测系统中,希望传感器具有线性特性,这样不但读数方便,而且使仪表在整个刻度范围内灵敏度一致,从而便于对系统进行分析处理。但是,传感器的输入—输出特性往往有一定的非线性,为此必须对其进行补偿和校正。

用微处理器进行非线性补偿常采用插值方法实现。首先用实验方法测出传感器的特性曲线,然后进行分段插值,只要插值点数取得合理且足够多,即可获得良好的线性度。

在某些检测系统中,有时参数的计算非常复杂,仍采用计算法会增加编写程序的工作量和占用计算时间。对于这些检测系统,采用查表的数据处理方法,经微处理器对非线性进行补偿更合适。

4. 温度补偿

环境温度的变化会给测量结果带来不可忽视的误差。在 Smart 传感器的检测系统中,要实现传感器的温度补偿,只要能建立起表达温度变化的数学模型(如多项式),用插值或查表的数据处理方法,便可有效地实现温度补偿。也可在线用测温元件测出传感器所处周围的环境温度,测温元件的输出经过放大和 A/D 变换送到微处理器处理即可实现温度误差的校正。

5. 数字滤波

当传感器信号经过 A/D 变换输入微处理器时,经常混进如尖脉冲之类的随机噪声干扰,尤其在传感器输出电压低的情况下,这种干扰更不可忽视,必须予以削弱或滤除。对于周期性的工频(50 Hz)干扰,采用积分时间等于 20 ms 的整数倍的双积分 A/D 变换器,可以有效地消除其影响。对于随机干扰信号,利用软件数字滤波技术有助于解决这个问题。

总之,采用了数字补偿技术,使传感器的精度比不补偿时能提高一个数量级。

任务四 智能传感器的应用

目前,智能传感器多用于压力、振动、冲击、加速度、流量、温湿度的测量,如美国霍尼韦尔公司的 ST3000 系列全智能变送器和德国斯特曼公司的二维加速度传感器就属于这一类传感器。另外,智能传感器在空间技术研究领域亦有比较成功的应用实例。

需要特别指出的一点是，目前的智能传感器系统本身尽管全都是数字式的，但其通信协议却仍需借助于4～20 mA的标准模拟信号来实现。一些国际性标准化研究机构目前正在积极研究推出相关的通用现场总线数字信号传输标准。不过，目前过渡阶段仍大多采用远距离总线寻址传感器（HART）协议，即Highway Addressable Remote Transducer。这是一种适用于智能传感器的通信协议，与目前使用4～20 mA模拟信号的系统完全兼容，模拟信号和数字信号可以同时进行通信，从而使不同生产厂家的产品具有通用性。

一、光电式智能压力传感器

图16-20所示为一种光电式智能压力传感器，它使用了一个红外发光二极管和两个光敏二极管，通过光学方法来测量压力敏感元件（膜片）的位移，如图16-20（a）所示。提供参考信号基准的光敏二极管和提供被测压力信号的光敏二极管制作在同一芯片上，因而受温度和老化的影响相同，可以消除温漂和老化带来的误差。

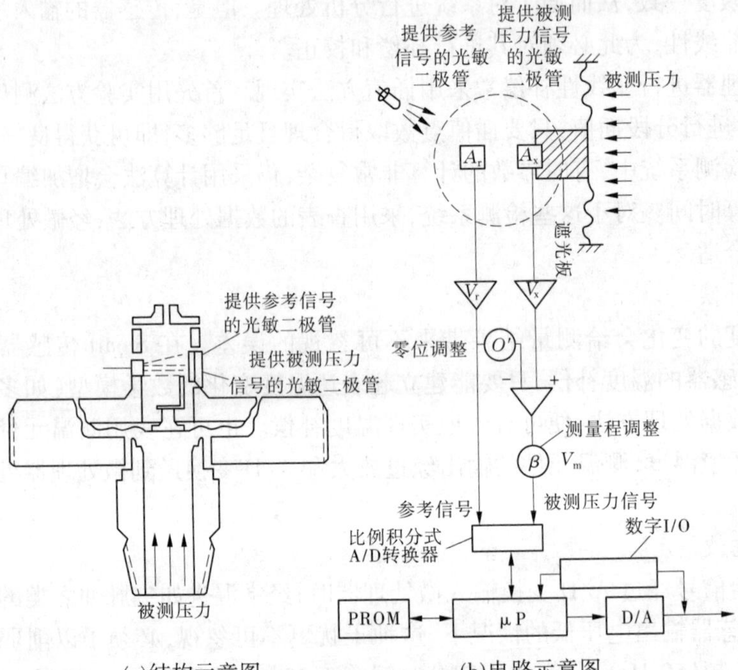

图16-20　光电式智能压力传感器

两个二极管受同一光源（发光二极管）的照射，随着感压膜片的位移，固定在膜片中心上的起窗口作用的遮光板将遮隔一部分射向测量二极管的光，而起提供参考信号的二极管则连续检测光源的光强。两个电压信号 V_x 和 V_r 分别由测量二极管和提供参考信号的二极管产生，用一台比例积分式A/D转换器来获得仅与二极管照射面积 A_x、A_r 以及零位调整和满量程调整给定的转角 α 和 β 有关的数字输出，如图16-20（b）所示。至于二极管的非线性、膜片的非线性可由微处理器校正。在标定时，将这些非线性特性存入可编程只读存储器中进行编程，在测量时即可通过微处理器运算实现非线性补偿。

上述思路就是智能传感器的设计途径，它不追求在基本传感器上获得线性特性，认可其重复性好的非线性，而后采用专用的可编程补偿方法获得良好的线性度。

该智能传感器的综合精度在 0～120 kPa 量程内可达到 0.05%，重复性为 0.005%。可输出模拟信号和数字信号。

二、智能差压传感器

图 16-21(a)所示为智能差压传感器，由基本传感器、微处理器和现场通信器组成。传感器采用扩散硅力敏元件，它是一个多功能器件，即在同一单晶硅芯片上扩散有可测差压、静压和温度的多功能传感器，如图 16-21(b)所示。该传感器输出的差压、静压和温度三个信号经前置放大、A/D 变换，送入微处理器中。其中，静压和温度信号用于对差压进行补偿，处理后的差压数字信号再经 D/A 变成 4～20 mA 的标准信号输出，也可经由数字接口直接输出数字信号，如图 16-21(c)所示。

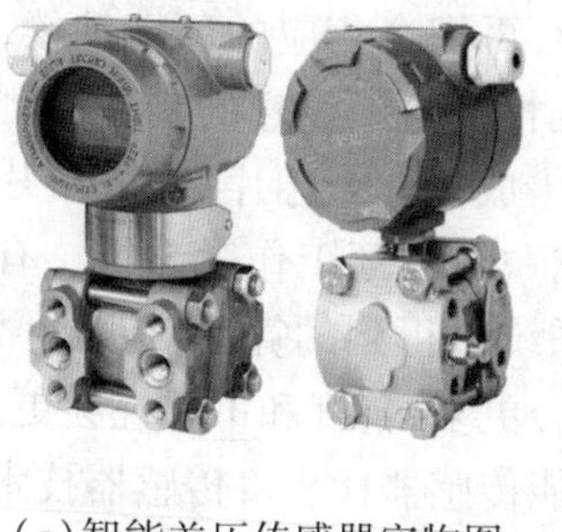

(a)智能差压传感器实物图

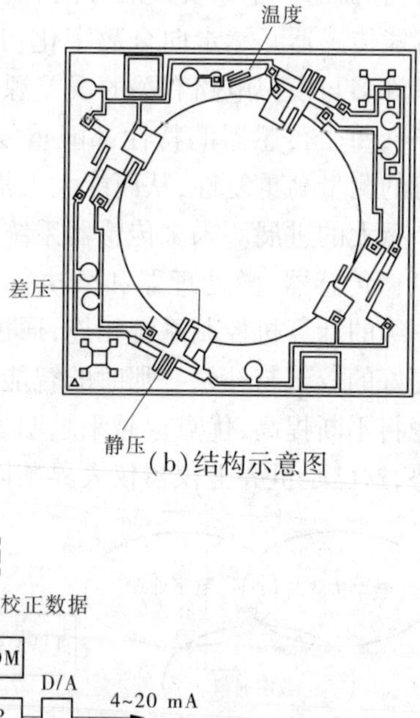

(b)结构示意图

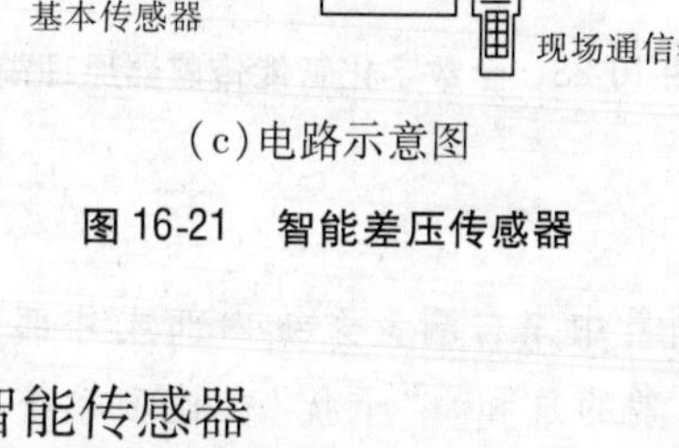

(c)电路示意图

图 16-21　智能差压传感器

三、三维多功能单片智能传感器

目前，已开发的三维多功能的单片智能传感器，是把传感器、数据传送、存储及运算模块集成为以硅片为基础的超大规模集成电路的智能传感器。它已将平面集成发展成三维集成，实现了多层结构，如图 16-22 所示。在硅片上分层集成了敏感元件、电源、记忆、传输等多个部分，日本的 3DIC 研制计划中设计的视觉传感器就是一例。它将光电转换等检测功能和特征抽取等信息处理功能集成在一硅基片上。其基本工艺过程是先在硅衬底上制成二维集成电路，然后在上面依次用 CDV 法淀积 SiO_2 层，腐蚀 SiO_2 后再用 CDV 法淀积多晶硅，然后用激光退火晶化形成第二层硅片，在第二层硅片上制成二维集成电路，依次一层一层地做成 3DIC。

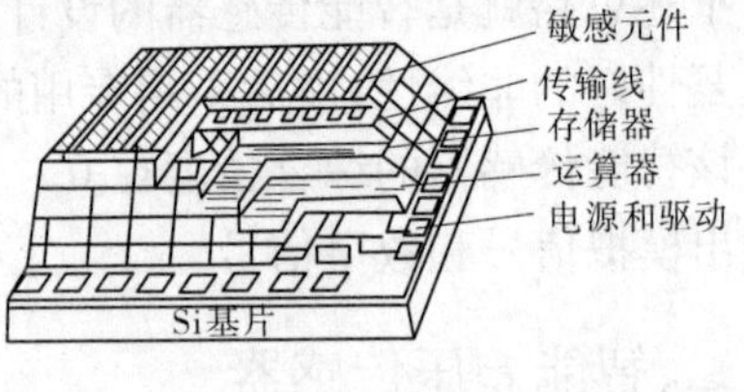

图 16-22　三维多功能单片智能传感器

目前用这种技术已制成两层 10 bit 线性图像传感器，上面一层是 PN 结光敏二极管，下面一层是信号处理电路，其光谱效应线宽为 400 ~ 700 mm。这种将二维集成发展成三维集成的技术，可实现多层结构，将传感器功能、逻辑功能和记忆功能等集成在一个硅片上，这是智能传感器的一个重要发展方向。

今后的智能传感器必然走向全数字化，其原理如图 16-23 所示。这种全数字化智能传感器能消除许多与模拟电路有关的误差源（例如总的测量回路中无须再用 A/D 和 D/A 变换器）。这样，每个传感器的特性都能重复地得到补偿，再配合相应的环境补偿，就可获得前所未有的测量高重复性，从而能大大提高测量准确性。这一设想的实现对测量与控制将是一个重大的进展。未来传感器系统很可能全部集成在一个芯片上（或多片模块上），其中包括微传感器、微处理器和微执行器，它们构成一个闭环工作微系统。有数字接口与更高一级的计算机控制系统相连，通过利用专家系统中得到的算法对基本微传感器部分提供更好的校正与补偿。那时的智能传感器功能会更多，精度和可靠性会更高，智能化的程度也将不断提高，优点会越来越明显。总之，智能传感器代表着传感器技术今后发展的大趋势，这已是世界上仪器仪表界共同瞩目的研究内容。

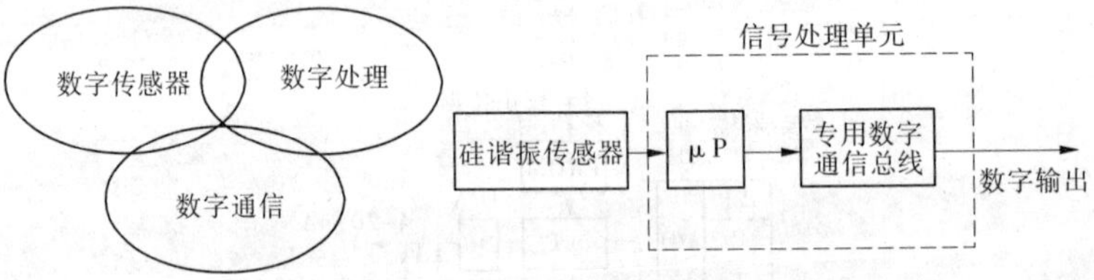

图 16-23　全数字化智能传感器原理简图

【项目小结】

干扰（也叫噪声）是指测量中来自测量系统内部或外部、影响测量装置或传输环节正常工作和测试结果的各种因素的总和。“干扰”在检测系统中是一种无用信号，它会在测量结果中产生误差。抑制干扰的方法有：消除或抑制干扰源；破坏干扰途径；削弱接收电路对干扰的敏感性。

传感器与微机的接口电路主要由信号预处理电路、数据采集系统和计算机接口电路组成。其中,预处理电路把传感器输出的非电压量转换成具有一定幅值的电压量;数据采集系统把模拟电压量转换成数字量;计算机接口电路把 A/D 转换后的数字信号送入计算机,并把计算机发出的控制信号送至输入接口的各功能部件,计算机还可通过其他接口把信息数据送往显示器、控制器、打印机等。

由于 DS18B20 集温度测量和 A/D 转换于一体,直接输出数字量,接口几乎不需要外围元件,传输距离远,所以由它和单片机组成测温系统的硬件电路结构简单,可以很方便地实现多点测量。

为了满足测量和控制系统日益自动化的需求,仪器仪表界提出了研制以微处理器控制的新型传感器系统,把传感器的发展推到一个更高的层次上。人们把这种与专用微处理器相结合组成的新概念传感器称为智能传感器。与传统的传感器相比,智能传感器功能强大,而且其精度更高、价格更便宜、处理质量更好。

智能传感器依其功能可划分为两个部分,即基本传感器部分及其信号处理单元,这两部分可以集成在一起设置,形成一个整体,封装在一个表壳内,也可以远离设置,特别在测量现场的环境比较差的情况下,分开并远离设置有利于电子元器件和微处理器的保护,也便于远程控制和操作。

【项目训练】

1. 处理电路的作用是什么?试简述模拟量连续式传感器预处理电路的基本工作原理。
2. 检测系统中常用的 A/D 转换器有哪几种?各有什么特点?分别适用于什么场合?
3. 测量信号输入 A/D 转换器前是否一定要加采样保持电路?为什么?
4. A/D 转换器的主要性能指标有哪些?
5. DS18B20 有哪些主要特性?
6. 简述 AT89C2051 与 DS18B20 组成的测温系统的工作原理。
7. 什么叫智能传感器?
8. 与传统的传感器相比,智能传感器有何特点?
9. 智能传感器依其功能可划分为几部分?各部分有何基本任务?
10. 简述智能传感器今后的发展趋势。

参 考 文 献

[1] 谭秋林. 红外光学气体传感器及检测系统[M]. 北京：机械工业出版社,2014.
[2] 宋雪臣. 传感器原理与应用[M]. 北京:北京理工大学出版社,2013.
[3] 王俊峰,等. 传感器原理与应用[M]. 2 版. 北京：电子工业出版社,2011.
[4] 戴焯. 传感器原理与应用[M]. 北京:北京理工大学出版社,2010.
[5] 陈黎敏. 传感器技术及其应用[M]. 北京:机械工业出版社,2009.
[6] 于彤. 传感器原理及应用[M]. 北京：机械工业出版社,2007.
[7] 武昌俊. 自动检测技术及应用[M]. 北京:机械工业出版社,2007.